U0300790

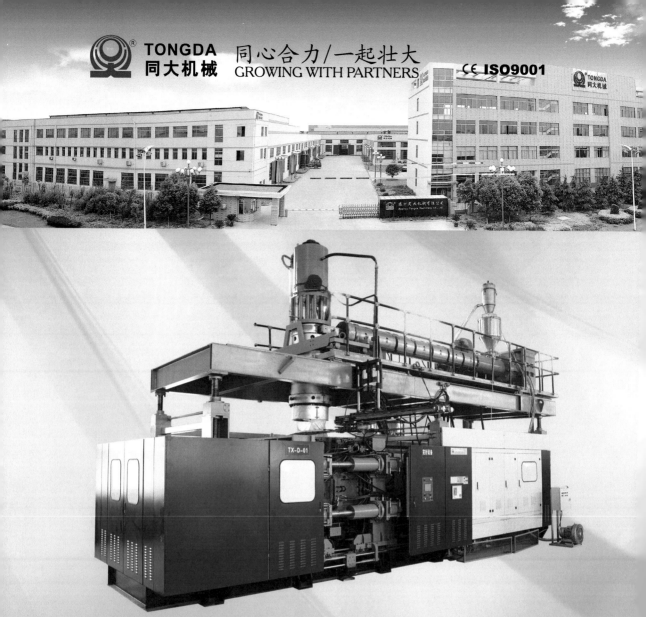

苏州同大机械有限公司位于江苏张家港凤凰镇凤凰大道八号。公司致力于挤出吹塑中空成型机的研究与开发，年产量达550台，其中40%销往包括美国、英国、澳洲在内的世界各地。60%内销各省地区。2L~2000L全系列机型，造就了当今同大机械，已连续七年被中国塑料机械工业协会评为前三强；是中国塑料机械工业行业协会副会长单位。

苏州同大机械有限公司拥有两个省级技术研究中心，与六所大学开展了多个项目的技术合作研究；拥有专利权75项，其中发明专利权35项。获得国家火炬计划项目证书一项，中国机械行业科技进步奖二项，中国优秀发明奖二项，江苏省科技奖一项，江苏省重大科技成果转化项目一项。获得国家新产品奖、江苏省高新技术产品、苏州名牌产品等荣誉称号。

苏州同大机械有限公司已经通过ISO9001质量管理体系认证，欧盟CE产品安全认证。

同心合力，一起壮大。

地址：江苏张家港市凤凰镇凤凰大道八号　　　　邮编：215614
电话：86-512-56370127　56370128　56370199　58433998　　传真：86-512-58433198
网址：www.tongdamachina.com
电子信箱：tongda@pack.net.cn　sztd@tongdamachine.com

挤出吹塑新技术

New Technology in Extrusion Blow Molding

邱建成　徐文良　主编　　　　何建领　贾 辉　副主编

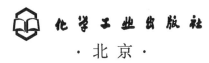

化学工业出版社
·北京·

本书全面介绍了挤出吹塑方面的新技术、新工艺、新设备、新配方，是作者们近年来研究成果的总结，同时也是挤出吹塑行业近年来研究成果的集成。第1章挤出中空吹塑成型知识基础与技术创新；第2章挤出中空吹塑成型机基础结构的创新设计；第3章挤出中空吹塑成型模具；第4章挤出中空吹塑成型机的调试与修理；第5章挤出中空吹塑成型常用原料与选用；第6章常用吹塑制品成型工艺。本书适合于从事挤出中空吹塑成型设备、辅助设备、成型工艺研究和设计的工程师，也可作为吹塑制品工厂技术管理、设备操作、维修与保养、吹塑工艺控制与调整工作的技术人员，以及塑料机械、塑料工艺的大中专师生作为重要参考书使用。

图书在版编目（CIP）数据

挤出吹塑新技术/邱建成，徐文良主编 .—北京：
化学工业出版社，2018.4 （2021.1重印）
ISBN 978-7-122-31626-4

Ⅰ.①挤…　Ⅱ.①邱…　②徐…　Ⅲ.①挤出吹塑
Ⅳ.①TQ320.66

中国版本图书馆 CIP 数据核字（2018）第 040814 号

责任编辑：赵卫娟　　　　　　　　　　　　美术编辑：王晓宇
责任校对：宋　玮　　　　　　　　　　　　装帧设计：仙境设计

出版发行：化学工业出版社（北京市东城区青年湖南街 13 号　邮政编码 100011）
印　　装：北京虎彩文化传播有限公司
787mm×1092mm　1/16　印张 20¾　字数 507 千字　2021 年 1 月北京第 1 版第 2 次印刷

购书咨询：010-64518888　　　　　　　售后服务：010-64518899
网　　址：http://www.cip.com.cn
凡购买本书，如有缺损质量问题，本社销售中心负责调换。

定　　价：**128.00 元**　　　　　　　　　　　　
京化广临字 2018——11

编委会人员名单

主　编：邱建成　徐文良

副主编：何建领　贾　辉

顾　问：杨卫民　吴洪涛　谢林生

参与编写人员：

邱建成　徐文良　何建领　贾　辉　马建军　肖志林

徐彦飞　秦　超　刘　俊　赵　松　肖宇韬　吴国春

董尚举　陈　华　李　明　吴春笋　张　萍　杨卫民

吴洪涛　谢林生　陈　柏　张云灿　马云鹏　张礼华

谢鹏程　焦志伟　朱建新　胡　刚　林一波　邱　睿

王建波　史长平　何海潮　方安乐

序

"吹塑"技术的起源可追溯到我国古老的民间艺术——"吹糖人",据说其创始人是明朝军师刘伯温,距今至少有 600 多年的历史。现代塑料加工领域的吹塑成型技术进步则是缘于现代塑料工业的迅猛发展。自 20 世纪 80 年代以来,吹塑成型技术及产品应用日新月异,从一次性使用的矿泉水瓶到琳琅满目的各类日用品容器,不断地改变着人们的消费习惯,从而极大地提升了塑料包装行业的经济地位。近年来,吹塑制品的应用还进一步延伸到汽车、办公设备、家用电器、医疗等领域,从材料、工艺到装备的技术创新也不断涌现。

基于当前的技术发展状况,常用于中空吹塑成型的热塑性树脂有聚乙烯、聚丙烯、聚氯乙烯和热塑性聚酯等。根据型坯成型方式的不同,中空吹塑工艺可分为注射吹塑、挤出吹塑两大类,本书主要介绍挤出吹塑新技术。

本书内容丰富。全面系统地介绍了挤出中空吹塑成型知识基础与技术创新,设备基础结构的创新设计,成型模具的创新设计,设备调试与维修,常用原料选择与改性技术,常见成型工艺问题与解决方法等。

本书注重创新。每章都包含了近年来国内外挤出吹塑成型领域的技术创新点,其中有不少是作者团队产学研合作取得的原创性成果。例如,在第 1 章中介绍的微层中空吹塑成型技术,就是邱建成先生预见到北京化工大学的扭转层叠微层挤出研究基础可望在挤出吹塑领域实现应用,而合作开展并取得突破的一项创新成果。

本书实用性强。作者从用户的视角深入浅出地介绍挤出吹塑技术,图文并茂,阐述清晰,图片资料大量采自生产现场,具有很强的原创性和实用性。

本书的作者邱建成先生是塑料加工领域的知名专家。他在吹塑制品加工企业工作多年,目前在苏州同大机械有限公司从事挤出吹塑成型装备研发,非常注重技术创新和产学研合作,因此,他开发的设备能够主动对接用户需求,他的著作也受到产学研各界的喜爱。《挤出吹塑新技术》这本书,不仅适合从事技术管理、设备操作、维修与保养、吹塑工艺控制的广大工程技术人员阅读,也可作为职业技术学校、大中专学校和高等院校相关专业的教学参考书。

杨卫民
2017 年 12 月于北京

前言 Foreword

近 10 年来，塑料制品加工技术发展迅速，塑料挤出中空吹塑技术也与其他塑料加工技术一样进入快速发展轨道，许多挤出中空吹塑成型制品已经具有了较大的生产与销售规模。新的吹塑制品层出不穷，新技术的研究也进入了快车道。随着这一行业的高速发展，带动了更多的人群进入这个行业创业与工作，但是由于工作经验与相关知识的缺乏，在努力创造财富的同时，也出现了较多的失误与经济损失，实为可惜。

本书作者们一直在挤出吹塑技术研究的前沿领域工作，近年来研究的微层吹塑技术、机头复合流道技术、挤出机高效挤出塑化技术、大中型吹塑机全电动驱动技术、塑料配方的纳米材料增强增韧技术、塑料晶型改性技术、深拉伸吹塑成型技术等对挤出中空吹塑行业将会产生较为长远的影响。同时我们也深切感受到具有现实设计与实际操作双重指导意义的专业技术书籍是多么的重要，希望能够通过编写本书对挤出吹塑行业的同仁们提供一些有益的建议，为中国挤出吹塑行业的创新、创造做出一份努力。

本书可给进行中空吹塑机设计、制造的工程技术人员提供一些吹塑机设计的新思路，给挤出吹塑制品加工的工程技术人员和操作人员提供一些产品研发、设备引进与购置、操作、调试、维修、吹塑工艺控制与调整等方面的参考意见与建议，从而减少工厂在产品研发、设备购置过程中的失误，少走一些弯路。同时，也可作为塑料机械、塑料加工与成型技术专业的大中专学生的参考书，在挤出吹塑制品工厂也可作为培训参考书。本书真实地反映了近年来挤出吹塑中空成型机的常规设备、工艺状况以及技术进步，并对这些先进技术进行了详细介绍。如果本书能够在挤出吹塑设备设计、技术创新，以及吹塑机引进、购置乃至操作、维修、保养等实际工作中提供一些有价值的帮助，作为本书的编写者，我们将感到十分欣慰。

本书共分 6 章，分别为挤出中空吹塑成型知识基础与技术创新、挤出中空吹塑成型机基础结构的创新设计、挤出中空吹塑成型模具、挤出中空吹塑成型机的调试与修理、挤出中空吹塑成型常用原料与选用、常用吹塑制品成型工艺。

本书的主编邱建成先生是塑料中空吹塑行业方面的资深专家，是中国塑料加工工业协会特聘专家、中国包装联合会塑料制品包装委员会专家组成员、中国托盘委专家组成员，在中空吹塑制品开发、挤出中空吹塑设备研制、改进、调试、维修、吹塑工艺控制等方面积累了许多理论知识与实践经验。编著有多本有关塑料中空吹塑技术方面的著作，并且发表多篇技术论文。其他作者均为苏州同大机械有限公司省级机电技术研究中心、吹塑技术研究中心、研究生工作站卓有成就的工程技术人员。

本书的编写专门聘请了技术顾问组，成员有：杨卫民、吴洪涛、谢林生教授，他们均是从事机电技术、化学工程方面研究的知名教授，在各自的研究领域中取得了丰硕的成果。

　　在本书的编写过程中，得到了苏州同大机械有限公司、张家港市同大机械有限公司、苏州同大模具有限公司、张家港市锦华模具有限公司、南京强韧塑胶有限责任公司、西安云鹏塑料科技有限公司、江苏大道机电科技有限公司等厂家的管理者与工程技术人员的大力支持与帮助，得到了南京航空航天大学机电学院、北京化工大学机电学院、华东工业大学机电学院、江苏科技大学机电学院等大学的多位教授与研究人员的大力支持与帮助，在此谨对上述企业与大学的有关人员以及参考文献中相关著作的各位作者表示衷心的感谢。

　　本书作者在十分繁忙的工作中挤出时间将自己多年的研究成果整理出来，与国内外同行就这些问题进行讨论与研究，其中不足之处，敬请广大读者批评指正。

编委会

2018 年 3 月

目 录 CONTENTS

第 1 章 挤出中空吹塑成型知识基础与技术创新 / 001

1.1 基本术语与常用专业词汇 / 001
   1.1.1 设备类名词 / 001
   1.1.2 模具类名词 / 001
   1.1.3 动作类名词 / 002
   1.1.4 材料类名词 / 002
1.2 挤出吹塑产品的创新设计 / 002
   1.2.1 包装容器的创新设计 / 002
   1.2.2 吹塑托盘的创新设计 / 007
1.3 挤出中空吹塑成型新技术 / 011
   1.3.1 微层中空吹塑成型技术 / 012
   1.3.2 深拉伸中空吹塑成型技术 / 015
   1.3.3 预成型中空吹塑成型技术 / 017
   1.3.4 多重壁中空吹塑成型技术 / 018
   1.3.5 全电动驱动中空成型机节能技术 / 019
   1.3.6 电液混合驱动中空成型机节能技术 / 020
   1.3.7 电磁感应加热节能技术 / 021
1.4 挤出中空吹塑成型机的分类与选型 / 023
   1.4.1 吹塑设备命名 / 023
   1.4.2 吹塑设备分类 / 023
   1.4.3 吹塑设备选型 / 026
1.5 挤出中空成型机发展趋势与展望 / 030
   1.5.1 创新设计理念，推动吹塑机技术革新 / 030
   1.5.2 快速发展中的新技术、新工艺 / 030
   1.5.3 挤出吹塑机技术研究重点与发展趋势 / 033

第 2 章 挤出中空吹塑成型机基础结构的创新设计 / 035

2.1 基本组成与结构的创新设计 / 035
   2.1.1 塑料塑化挤出装置的创新设计 / 036
   2.1.2 型坯成型机头与流道创新设计 / 049
   2.1.3 扁平储料机头的创新设计 / 056
   2.1.4 合模机定型装置的创新设计与节能 / 058

    2.1.5　超大型合模机模板力学性能的计算机工程分析 / 064

    2.1.6　吹气装置与型坯扩张装置的创新设计 / 067

    2.1.7　制品取出装置的创新设计 / 069

    2.1.8　型坯转移装置的创新设计 / 070

    2.1.9　轴向与径向型坯控制系统的创新设计 / 071

    2.1.10　常规吹塑制品的芯模、口模修整技术 / 074

    2.1.11　口模和芯模尺寸的近似计算 / 075

  2.2　辅助设备与智能化生产线构成 / 076

    2.2.1　原料混合、计量、上料系统与干燥系统 / 076

    2.2.2　压缩空气的制冷与干燥系统 / 083

    2.2.3　模具的温度控制与除湿设备 / 085

    2.2.4　回料的粉碎与输送、存储设备 / 088

    2.2.5　设备及模具冷却水的软化处理与回用系统 / 090

    2.2.6　机器人智能去飞边系统 / 095

    2.2.7　模内贴标设备与产品检测设备 / 096

    2.2.8　产品自动包装与输送设备 / 098

  2.3　电脑辅助设计软件在挤出中空吹塑成型机设计中的应用 / 099

    2.3.1　大型三维设计软件在结构优化设计中的应用 / 100

    2.3.2　熔体分析软件在机头优化设计中的应用 / 101

    2.3.3　熔体分析软件在螺杆优化设计中的应用 / 103

    2.3.4　数控加工中心在机头关键零件加工中的应用 / 104

第 3 章　挤出中空吹塑成型模具　　　　/ 106

3.1　模具的结构 / 106

  3.1.1　型腔及嵌块 / 108

  3.1.2　排气系统与噪声控制 / 111

  3.1.3　尾料槽与制品局部增厚技术 / 115

  3.1.4　冷却结构 / 116

  3.1.5　防止形成水垢的冷却水设计 / 118

  3.1.6　模具的精确控温技术 / 122

3.2　模具材料的选用与热处理 / 123

  3.2.1　吹塑模具材料的选用 / 123

  3.2.2　吹塑模具材料的特点 / 125

  3.2.3　几种模具材料的镜面加工性能 / 125

3.2.4 吹塑模具选用材料的注意事项 / 126

3.2.5 模具的热处理 / 126

3.3 模具的数控加工与刀具选择 / 126

3.3.1 模具的数控加工 / 127

3.3.2 数控机床刀具选择 / 128

3.4 现代先进技术在模具设计中的应用 / 128

3.4.1 三维坐标测量仪在模具设计中的应用 / 129

3.4.2 利用热分析软件优化模具冷却水道设计 / 130

3.5 常用挤出吹塑模具的结构、使用与维护 / 130

3.5.1 瓶形模具 / 130

3.5.2 桶形模具 / 132

3.5.3 大型工业件模具 / 134

3.5.4 高质量表面吹塑制品模具 / 136

3.5.5 负压牵引无飞边吹塑模具 / 137

第4章 挤出中空吹塑成型机的调试与修理 ——————— / 139

4.1 挤出机的调试与修理 / 139

4.1.1 普通单螺杆挤出机 / 140

4.1.2 IKV 单螺杆挤出机 / 141

4.1.3 螺杆、机筒常见故障与原因分析 / 142

4.2 型坯成型机头的调试与修理 / 147

4.2.1 直接挤出式机头的调试与修理 / 147

4.2.2 储料式机头的调试与修理 / 148

4.2.3 多层型坯机头的调试与修理 / 151

4.2.4 轴向型坯控制系统的调试与修理 / 153

4.2.5 径向型坯控制系统的调试与修理 / 154

4.3 主液压系统的调试与修理 / 155

4.3.1 液压油的选用及更换 / 158

4.3.2 液压元器件的调试与修理 / 161

4.4 液压伺服系统的调试与修理 / 171

4.4.1 液压油的选用与更换 / 171

4.4.2 液压伺服系统的清洗 / 171

4.4.3 电液伺服阀的类型 / 172

4.4.4 液压伺服阀与相关配件的选用及调试 / 172

4.5 成型合模机构的调试与修理 / 175
　　4.5.1 两板直压式锁模装置 / 176
　　4.5.2 三板联动式锁模装置 / 176
　　4.5.3 两板销锁式锁模装置 / 177
4.6 电气控制系统的调试与维护 / 180
　　4.6.1 温度控制系统 / 181
　　4.6.2 挤出机速度控制系统 / 183
　　4.6.3 设备动作程序控制系统 / 185
　　4.6.4 壁厚控制系统 / 189
　　4.6.5 互联网远程通信技术对中空成型机电控技术的影响 / 194
　　4.6.6 气候变化对电控系统的影响及处理措施 / 195

第 5 章　挤出中空吹塑成型常用原料与选用 / 196

5.1 聚乙烯 / 196
　　5.1.1 常用聚乙烯的性能 / 197
　　5.1.2 聚乙烯的其他特性 / 201
　　5.1.3 聚乙烯吹塑成型条件对产品性能的影响 / 202
5.2 聚丙烯 / 203
　　5.2.1 聚丙烯的性能 / 203
　　5.2.2 聚丙烯的填充与共混改性 / 207
　　5.2.3 聚丙烯吹塑容器 / 208
5.3 聚氯乙烯 / 210
　　5.3.1 聚氯乙烯的性能 / 210
　　5.3.2 聚氯乙烯挤出吹塑中空容器配方原则 / 211
5.4 ABS / 212
　　5.4.1 ABS 的化学性能 / 214
　　5.4.2 ABS 塑料的成型加工 / 215
5.5 聚碳酸酯 / 218
　　5.5.1 聚碳酸酯中空容器特性 / 219
　　5.5.2 聚碳酸酯制品使用注意事项 / 219
　　5.5.3 聚碳酸酯对模具及机器的要求 / 220
5.6 PET / 221
　　5.6.1 PET 树脂的一般特性 / 221
　　5.6.2 PET 制品的性能 / 221

　　5.6.3　PET 树脂选用 / 222

　　5.6.4　PET 树脂加工前的预干燥处理 / 222

　　5.6.5　PET 塑料瓶的回收处理 / 222

5.7　常用吹塑制品配方与材料改性 / 223

　　5.7.1　常用吹塑制品的配方技术 / 223

　　5.7.2　填充改性技术 / 227

　　5.7.3　塑料共混改性技术 / 233

　　5.7.4　纳米材料复合改性技术 / 240

　　5.7.5　刚性粒子增韧改性技术 / 241

　　5.7.6　功能化改性技术 / 246

　　5.7.7　晶型改性技术 / 252

第 6 章　常用吹塑制品成型工艺 　　　　　/ 256

6.1　纯净水 PC 桶 / 258

　　6.1.1　PC 桶的原料选择 / 258

　　6.1.2　挤出吹塑中空成型机的选型 / 259

　　6.1.3　PC 桶成型工艺 / 259

　　6.1.4　吹塑成型过程中的问题及解决方法 / 262

6.2　常用 PE 塑料包装桶 / 263

　　6.2.1　分类与性能要求 / 264

　　6.2.2　挤出吹塑中空成型机的选型 / 269

　　6.2.3　20~30L 危包桶配方与成型工艺 / 269

　　6.2.4　200L 环塑料桶成型工艺 / 274

6.3　各种异形吹塑产品的成型工艺 / 282

　　6.3.1　汽车配件及各类风管成型工艺 / 282

　　6.3.2　双层壁工具包装箱的成型工艺 / 285

6.4　IBC 大型塑料桶的成型工艺 / 287

　　6.4.1　IBC 大型塑料桶的含义 / 287

　　6.4.2　吹塑内胆的成型 / 288

　　6.4.3　其他需要注意的事项 / 291

6.5　塑料吹塑托盘成型工艺 / 291

6.6　三维吹塑制品成型工艺 / 294

　　6.6.1　三维吹塑制品成型方法 / 294

　　6.6.2　三维吹塑成型方法的分类 / 295

6.6.3　机器人柔性吹塑成型方法 / 298

6.6.4　三维中空吹塑设备 / 299

6.7　汽车塑料燃油箱成型工艺与设备 / 301

6.8　TPE等热塑性弹性体的吹塑成型工艺与设备 / 305

6.9　微发泡吹塑成型技术 / 306

6.9.1　物理发泡技术 / 306

6.9.2　化学发泡技术 / 308

附录　《直接接触药品的包装材料和容器生产洁净室（区）要求》————— / 310

参考文献————— / 317

第1章

挤出中空吹塑成型知识基础与技术创新

基本术语与常用专业词汇

经过近几十年的高速发展，挤出中空吹塑成型机越来越多地应用到塑料制品的生产中，中空设备的生产厂家对设备、模具、工艺、材料等方面所使用的术语有所不同，有的会有较大的差异。下面从 4 个方面进行介绍。

1.1.1 设备类名词

吹塑设备采用名称见表 1-1。

表 1-1 吹塑设备采用名称

序号	常用名称	其他名称	序号	常用名称	其他名称
1	挤出机	押出机	10	合模机构	成型机、合模机、合模装置、模架
2	机筒	螺筒			
3	加热器	加热圈	11	料位位移传感器	机头长电子尺
4	温控仪	温控器、温控表	12	芯模位移传感器	机头短电子尺
5	减速箱	变速器	13	模板位移传感器	模板电子尺
6	电动机	电机	14	液压系统	油压系统
7	储料机头	储料模头	15	电控系统	电气系统
8	芯模	模芯、杯芯	16	预夹装置	夹坯装置
9	口模	模套、杯套	17	吹气装置	吹涨装置

1.1.2 模具类名词

吹塑模具采用名称见表 1-2。

表 1-2 吹塑模具采用名称

序号	常用名称	其他名称	序号	常用名称	其他名称
1	模具切口	夹坯口、剪坯口	2	嵌件	镶件

续表

序号	常用名称	其他名称	序号	常用名称	其他名称
3	排气装置	放气装置	5	吹气杆	吹气嘴、吹针
4	模腔	型腔	6	尾料槽	余料槽

1.1.3　动作类名词

吹塑工艺动作类名称见表1-3。

表 1-3　吹塑工艺动作类名称

序号	常用名称	其他名称	序号	常用名称	其他名称
1	锁模压力	迫紧压力	4	预吹气	低压吹气
2	锁模	迫紧	5	成型吹气	高压吹气
3	合模	闭模	6	射料	压料

1.1.4　材料类名词

塑料材料常用名称见表1-4。

表 1-4　塑料材料常用名称

序号	常用名称	其他名称	序号	常用名称	其他名称
1	塑料原料	塑料粒子	2	色母料	色母粒

这些名词的不同称谓，有可能在技术与业务交流时发生理解上的分歧，在设备的调试和修理过程中，因为理解的差异而造成时间上的耽搁，所以，建议业内人员尽量使用普遍采用的术语来进行技术与业务方面的交流。

1.2　挤出吹塑产品的创新设计

挤出吹塑中空容器的品种五花八门，样式繁多，在人们的生产、生活中扮演着十分重要的角色。图1-1为挤出吹塑制品部分样品。

由于挤出吹塑制品的品种繁多，在本书中只能选择几种具有代表性的产品设计进行简单介绍。

1.2.1　包装容器的创新设计

本书所涉及的包装容器主要指塑料包装容器。随着石油化工行业的高速发展，塑料工业发展迅猛，塑料包装容器在很多方面已取代用金属、玻璃、陶瓷、木材等材料制作的包装容器，显示出了强大的生命力，这些产品设计的创新给人们的生产、生活带来了便利，也改善了人们的生活质量。

1.2.1.1　塑料包装容器的特点

塑料包装容器的优点如下。

① 塑料密度小、质轻，可透明也可不透明。

图 1-1　挤出吹塑制品部分样品

② 易于成型加工，只要更换模具，即可得到不同形状的容器，并容易大批量生产。

③ 包装效果好，易于着色，色泽鲜艳，可根据需要制作不同种类的包装容器，取得最佳包装效果。

④ 有较好的耐腐蚀、耐酸碱、耐油、耐冲击性能，并有较好的机械强度。

塑料包装容器也有不足之处。

① 塑料在高温下易软化变形，故使用温度受到限制。

② 容器表面硬度低，易于磨损或划破；在光氧和热氧作用下，塑料会产生降解、变脆、性能降低等老化现象。

③ 导电性差，易产生静电积聚等。

1.2.1.2　塑料包装容器的分类

① 按所用原料性质分类，主要有聚乙烯（PE）、聚丙烯（PP）、聚苯乙烯（PS）、聚氯乙烯（PVC）、聚酯（PET）、聚碳酸酯（PC）等容器。

② 按容器成型方法分类，主要有吹塑成型、挤出成型、注射成型、拉伸成型、滚塑成型、真空成型等容器。

③ 按造型和用途分类，主要有塑料箱、塑料桶、塑料瓶、塑料袋、塑料软管等。

塑料包装容器一般采用模塑法制得，其形态主要取决于成型方法及使用的模具。有时相同（或相似）的形态也可以采用不同的方法制得。例如，中空容器一般采用吹塑成型的方法制得，但也常常采用滚塑的方法制造（尤其是特大型容器、小批量容器或异形容器）；周转箱一般采用注射成型的方法制造，但在一些比较特殊的情况下，为适应使用的需要采用钙塑板拼裁制造（具有质轻、价廉的优点，但强度稍逊）或者由预发泡聚苯乙烯珠粒模塑成型（具有特别突出的隔热性能及良好的缓冲抗震能力），甚至采用片材热成型的方法制造（成本低但强度有限）。

1.2.1.3　塑料包装容器材料的选用

由于塑料的品种很多，因此其材料的选择是复杂的，包装同一种商品可用不同的材料，包装不同商品可用同一材料，但成型工艺方法可能不同。例如：包装洗发液，可用 PP、PVC 材料；PET 材料，可用来包装食用油、碳酸饮料；HDPE 材料，采用注射成型时，可加工成箱类容器，而采用吹塑成型时，又可加工成包装化妆品的中空容器。

了解塑料包装容器常用的各种塑料的特性，对于正确选用塑料包装容器是十分重要的，因为塑料包装容器的材质决定着塑料包装容器的基本特性。具有相同或相似形态的塑料包装容器，由于材质的不同，其使用性能上可能有极其巨大的差异。例如，聚碳酸酯吹塑瓶和普通的聚酯拉伸吹塑瓶，均具有极其良好的透明性与光泽度，在外观上是极为相似的，但聚碳酸酯瓶的耐高温性能突出（可经受 120℃ 以上的高温消毒），但阻隔性能差；而普通聚酯拉伸吹塑瓶阻隔性能好，但耐热性能差（一般推荐在 60℃ 以下的温度下使用）。又如聚乙烯容器耐酸、碱性好，但不耐众多的有机溶剂；而尼龙容器耐烃类及有机溶剂，但耐酸碱性较差（特别是耐酸性能差）等；聚碳酸酯瓶可用于高温下灌装商品（如果汁）的包装，但如将聚碳酸酯瓶用于盛装需要有良好阻隔性的碳酸饮料（需防止饮料中的二氧化碳逃逸）或者食用油（要防止氧气进入瓶中，以免食用油氧化、酸败），则不能很好地保护商品，得不到理想的包装效果，而采用普通聚酯拉伸瓶包装碳酸饮料，可有效地防止饮料中的二氧化碳逃逸（聚酯拉伸瓶的阻隔性能优良），将其用于食用油的包装，可延缓食用油的氧化变质，延长其保质期（聚酯拉伸瓶阻隔氧气的性能好，可有效地防止大气中的氧通过容器的器壁进入瓶中），但将其用于包装高温填充的果汁之类的商品，在高温填充时，聚酯拉伸瓶会发生严重的变质而失去使用价值。聚乙烯瓶可以盛装酸碱之类的物质而不宜盛装苯、甲苯之类的有机溶剂（聚乙烯瓶溶胀，强度明显下降或者有机溶剂通过容器壁逃逸），而尼龙容器虽不宜储存酸碱之类的物质，但用于盛装苯、二甲苯之类的有机溶剂则是十分合适的。多层复合容器 PE/PA/PE 和 PE 单层容器，在外观上差不多完全相同，即使是塑料制品行业中的行家里手，也很难就外观上的不同将它们分开，但两种容器在性能上的差异非常大，特别是对氧、二氧化碳、氮气以及有机溶剂的阻隔性能方面，可相差数十倍乃至数百倍之多，因此绝不能仅从塑料容器的外观来判断其适应性，而要把握塑料容器的基本特点，否则往往会因塑料容器的选用不当而造成巨大的损失。因此在选用塑料容器时，一定要充分了解塑料的有关性能。

塑料包装容器材料的选择一般可从以下 5 个方面考虑。

① 防护、保护性能　根据被包装物品的特性选择塑料包装材料。主要考虑塑料的强度、透明性、光泽性、透气和透湿性、耐热和耐酸碱性等。

② 商品性　主要从美观和促销的角度考虑。

③ 经济性　从成本的角度考虑，选择合适的原材料和加工成型方法。

④ 安全、卫生性　要求塑料材料卫生可靠、无毒。

⑤ 废弃物处理　主要是从节约资源和环境保护的角度考虑，要求我们要有可持续发展的眼光，这就要求我们考虑问题不仅要从当前的需要出发，而且要考虑其对今后长远的影响，要造福于子孙后代。其最为基本的要求是，要尽可能节约资源及对环境不产生有害的影响。就塑料包装容器而言，其生产过程中对环境的有害影响尚不严重。要处理好塑料包装容器与环境保护之间的关系，还有许许多多的问题有待我们去着手解决。工业发达国家通过多年的探索，对塑料包装材料提出了"3R1D"的原则，值得我们借鉴。所谓 3R，即塑料包装废弃物的减量化（reduce）、塑料包装的再使用（reuse）以及塑料包装的回收利用（recycle）。所谓 1D，即发展分解型塑料包装材料（dissolve）。

1.2.1.4　塑料包装容器的设计基础

塑料包装容器品种繁多、性能各异，要真正设计好塑料包装容器亦非易事。

（1）塑料包装容器设计的一般原则

塑料包装容器主要根据使用要求进行设计，设计时应考虑的一般原则如下。

① 充分发挥塑料的力学性能，避免或弥补其不足。主要应考虑塑料的强度、刚性、韧性、弹性以及对应力的敏感性等机械特性。

② 塑料的成型性以及成型工艺对容器设计的影响。塑料的成型特性包括流动性、结晶性、收缩性、热稳定性、固化特性及分子取向等。

③ 塑料容器在成型后的收缩情况，以及各向收缩率的差异和由此可能引起的翘曲、变形等。

④ 塑料容器的形状，在保证使用要求的前提下应有利于成型，同时还应能适应高效冷却定型（热塑性塑料）或快速受热固化（热固性塑料）。

⑤ 塑料容器设计应考虑成型模具的总体结构，尽可能使模具结构简单，同时应考虑模具零件的形状及其制造工艺，以便使制品具有较好的经济性。

（2）塑料包装容器创新设计的主要内容

塑料包装容器设计的内容包括 3 大方面。

① 功能结构设计　功能结构设计是塑料包装容器设计的核心，是与包装容器功能有关的要素，如形状、尺寸、精度、表面粗糙度、螺纹、孔等。

② 工艺结构设计　从塑料成型加工工艺的角度考虑，容器设计应考虑的工艺因素包括壁厚、脱模斜度、加强筋、支承面、圆角等。

③ 造型结构设计　塑料容器结构设计的主要内容包括容器的形状、尺寸、精度、表面粗糙度、壁厚、斜度、加强筋、支承面、圆角、螺纹、孔、嵌件以及容器的表面文字、商标、图案等。

（3）塑料包装容器设计的程序

掌握恰当的设计程序是实现塑料包装容器正确设计的重要条件。由于塑料的复杂性及其应用的多样性，不同的塑料包装容器可以采取不同的设计程序。就通常情况而言，塑料包装容器设计的一般程序如下。

① 详细了解制品的功能、环境条件和载荷条件　在设计制品之前，应列出塑料制品应具备的功能、环境条件、载荷条件（动载荷或静载荷），了解零部件之间的联系和对制品功能的影响。制品功能确定得越准确、越详细，制品设计考虑的限制因素就越全面，设计出的制品就能较好地满足使用要求。其中，尤为重要的是了解塑料制品应具备某些特殊的性能，例如光学透明性、耐化学品性、耐高温、耐冲击或耐辐射等性能，就可缩小选择材料的范围。

② 材料选择　塑料包装容器的材料选择是复杂的。不仅要保证实现制品的功能和性能，也要考虑可加工性和生产成本。

③ 成型加工方法的选择　不同的加工方法适用于不同形状和尺寸的制品。加工精度和生产率，要有相应的成型模具和设备作保障。成型加工方法的选择主要根据制品尺寸、形状、生产数量、制品性能等加以考虑。设计者通过分析比较，可选择一种或两种候选材料及其相关的一种或两种成型加工方法。

④ 塑料制品初步设计，绘制制品草图　初步设计的主要内容为制品的形状、尺寸、壁厚、加强筋、孔的位置等。在初步设计时应考虑制品在成型加工、模具设计和制造方面的问题。

⑤ 样品制造，进行模拟试验或实际使用条件的试验　试验样品的制造可以按照初步设计的要求，设计加工模具，按确定的材料和成型工艺方法制造样品，也可以用其他简便方法制造样品，然后进行各种模拟试验或实际使用条件的试验。样品制造和样品试验通常要进行多次。如果初步设计有几种设计方案，在初步试验的基础上，通过评价几种初步设计方案的优劣，选择最佳设计方案，包括确定塑料材料和成型工艺方法，以满足制品的使用要求。在近年的技术创新研究中，许多吹塑制品采用3D打印的办法来成型样品，经过相关测试后，再进行吹塑模具的设计、改进、制造，相对来说，尽管目前3D打印的单个成本较高，但从总体投入来看，采用3D打印还是会节省一些资金投入的。

⑥ 制品设计，绘制正规制品图纸　在大量试验的基础上，综合考虑塑料制品的物理性能、使用寿命、成型工艺性和经济性等多方面的因素，选择最佳制品设计方案，绘制正规制品图。图纸上必须注明塑料品种牌号。近年来一些塑料吹塑工程结构件的研制过程没有经过较长时间的试验与反复测试就开始规模化推广，可能在未来几年会出现大批量的更换或影响工程质量与安全使用问题，值得引起人们的高度重视。

⑦ 编制塑料包装容器设计说明书或技术条件等技术文件　几种超大型吹塑制品外观见图 1-2。

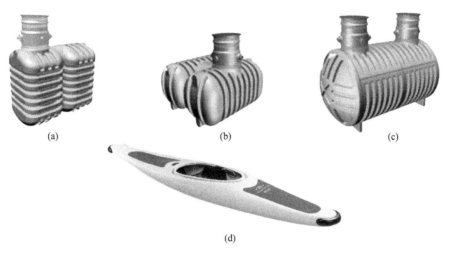

图 1-2　几种超大型吹塑制品外观

1.2.2　吹塑托盘的创新设计

托盘是对产品进行装卸、存储时能够对产品起到负荷作用的垫板，其能够适用于各种形状的商品。

托盘根据材质不同主要分成木制托盘、纸托盘、钢制托盘、塑料托盘和其他复合托盘等。其中塑料托盘根据不同的工艺可分为注塑托盘、压铸托盘、滚塑托盘和吹塑托盘等。在国内市场中运用最普遍的托盘有木制托盘、注塑托盘、钢托盘和吹塑托盘。然而，吹塑托盘具有耐低温、耐化学腐蚀、耐潮湿、耐环境应力开裂、耐冲击、耐化学药品、耐积压、耐磨且综合成本低等优点，见表 1-5。

表 1-5　不同材质托盘的性能

对比内容	托盘分类			
	木托盘	注塑托盘	钢托盘	中空吹塑托盘
耐低温性	☆☆☆☆	☆☆	☆☆☆☆	☆☆☆☆☆
耐腐蚀性	☆☆	☆☆☆☆	☆	☆☆☆☆☆
耐潮湿性	☆	☆☆☆☆☆	☆☆	☆☆☆☆☆
耐虫蛀性	☆	☆☆☆☆☆	☆☆☆☆☆	☆☆☆☆☆
清洗性	☆	☆☆☆☆☆	☆☆☆	☆☆☆☆☆
使用寿命	☆☆	☆☆☆	☆☆☆☆	☆☆☆☆☆
承载性能	☆☆	☆☆☆	☆☆☆☆☆	☆☆☆☆
保护所载物体	☆	☆☆☆☆	☆☆	☆☆☆☆☆
托盘价格	☆☆☆☆☆	☆☆☆	☆☆	☆☆
托盘重量	☆☆☆☆	☆☆☆	☆	☆☆☆
保护自动包装机	☆☆☆	☆☆☆	☆	☆☆☆☆☆
使用性能	☆☆☆	☆☆☆☆☆	☆☆☆	☆☆☆☆☆
综合性价比	☆☆	☆☆☆	☆☆☆	☆☆☆☆☆

注：☆越多在此项中的性能越优越。

表 1-6 所示为几种不同托盘综合成本比较，以塑料净重 9kg，产品 1000 件，动载 1t，静载 1.5t，2 年内使用状况为例。

表 1-6　几种不同材质和成型方法的托盘综合成本比较

类型	单价/元	数量/个	使用寿命/月	材质	置换	2 年总金额/元	实际成本/元
吹塑托盘	160	1000	24	HDPE	3 件换 1 件	160000	107000
注塑托盘	130	1000×2	12	PP 注塑料	2 件换 1 件	260000	130000
木托盘	50	1000×4	6	普通木材	0	200000	200000

1.2.2.1　双面吹塑托盘

我国对吹塑托盘的研发起步比较晚，在 20 世纪 80 年代才开始对高密度聚乙烯吹塑托盘进行研发制造。首先面市的只有双面吹塑托盘。经过几十年的发展，我国在对吹塑托盘成型技术上不断进行探究及试验，在这一领域取得了较大的突破。如今，增加了许多创新设计的吹塑托盘，见图 1-3。

图 1-3　大型四向吹塑双面托盘使用状态

双面吹塑托盘是最先推出的吹塑托盘，叉口的方向可分为两向进叉和四向进叉，叉口形式为外叉口（图 1-4），其设计可以追溯到 30 多年以前，相对来说，其模具及成型工艺较为简单与成熟。

目前，新一代的内叉口双面吹塑托盘已上市，如张家港同大机械有限公司近年来研发出来的内叉口双面吹塑托盘（图 1-5）。

内叉口（图 1-5）双面吹塑托盘是根据客户对外叉口（图 1-4）双面吹塑托盘使用情况而实施的改进方案。

内叉口双面吹塑托盘的优势：由于叉口内翻，叉口处的壁厚较厚，在使用时，其叉口处耐用性及承载力更好；此外由于叉口内翻，同样规格的托盘，内叉口的托盘比外叉口的托盘占地面积小，在使用过程中可减少放置空间。

图 1-4　外叉口吹塑托盘

图 1-5　内叉口吹塑托盘

1.2.2.2　九脚围板箱托盘

九脚围板箱吹塑托盘组合图见图 1-6。

九脚单面吹塑托盘见图 1-7。

图 1-6　九脚围板箱吹塑托盘组合图

图 1-7　九脚单面吹塑托盘

九脚围板箱托盘主要用于重要的机电零部件、汽车零部件的仓储及运输。市场中主要采用木制围板箱及注塑围板箱，它们的主要缺点是使用寿命较短、空置堆放比较占地方。目前，市场上已出现了可拆卸的九脚围板箱吹塑托盘（图 1-8）。

九脚围板箱托盘（图 1-8）由九脚单面托盘（图 1-7）衍变而成，在九脚单面托盘周边设有翻卷而形成一条方槽，便于放入围板，顶部盖上吹塑盖板（图 1-6）。这种形式的围板箱与注塑、木质卡板箱相比较，优势在于：使用寿命长；空载放置时，吹塑围板箱托盘可灵活拆卸，托盘与盖板套叠放置后占地面积小。

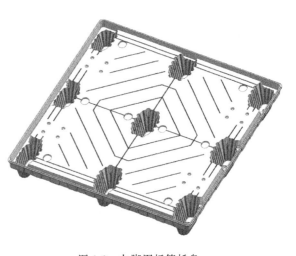

图 1-8　九脚围板箱托盘

图 1-9 为九脚围板箱外观。

图 1-9 九脚围板箱外观

1.2.2.3 川字型单面吹塑托盘

注塑川字型单面托盘在市场中应用非常广泛，但是一次整体吹塑成型的川字型吹塑托盘较少，图 1-10 所示的一次整体吹塑成型的吹塑托盘，它的结构赋予了其多重优点：①自适应性比较强，能配合机械铲车与手动液压车使用；②能上货架及冷库货架使用。川字型吹塑单面托盘局部区域拉伸比由于超出了吹塑工艺的拉伸比范围，不容易成型。在市场中，大多都是由组合式川字型吹塑托盘（图 1-11）来弥补吹塑托盘在这方面的缺陷。由于组合式川字型吹塑托盘工序多，导致托盘价格较高，与其他工艺的川字型单面托盘相比竞争力偏低。

近几年来，张家港同大机械有限公司通过对成型工艺的研究及合理设计，成功研制出货架川字型吹塑托盘，见图 1-10。一次整体吹塑成型与组合式川字型吹塑托盘比较，减少了安装人工成本。川字型单面吹塑托盘具有四向进叉功能；上平面设有可内置方管口，内置方管后，上平面在承载后不易变形。底部平面承载条局部区域由上下型坯挤压成型，此处壁厚较厚，强度提高较大。在货架承载时，这部分区域在货架上使用时底部镂空，容易导致整块托盘弯曲，但是如果将此处的壁厚加厚，提高弯曲强度，则可较好地适应货架上的应用。

组合式川字型吹塑单面托盘（图 1-11）是近年来主流的吹塑货架托盘，但之前组合式吹塑川字型托盘未设有方管口，它在货架上使用时，弯曲强度较为欠缺，只能承受较轻的物品。

图 1-10 川字型吹塑单面托盘

图 1-11 组合式川字型吹塑单面托盘

　　根据客户要求，张家港同大机械有限公司改进了托盘的设计：在托盘上平面板及下平面承载条都设有方管槽，加入方管后，能较大地提高承载性能及弯曲强度，满足较重载荷时使用。

1.2.2.4　免卸货吹塑托盘

　　免人工卸货吹塑托盘见图 1-12。

　　免卸货吹塑托盘是一种特殊托盘，主要用于袋包装物料的堆码仓储与产品出入库时的免人工卸货装车，配套多齿叉车使用。

　　这类吹塑托盘设有承载货物的多齿槽面，其与地面接触的是下平面；上部的多齿槽便于多齿叉车卸货使用，下部的两处进叉口方便普通叉车运输及堆码货物使用。

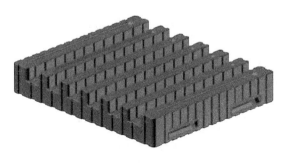

图 1-12　免人工卸货吹塑托盘

　　目前，张家港同大机械有限公司研制了多种规格的免人工卸货吹塑托盘，适合不同产品的免人工卸货使用。此外，为了进一步减少各种不同产品在进出库时的人工操作，还研制了多种不同规格的可循环使用的吹塑型滑托盘，实现货物运输过程的全部机械化操作。

1.2.2.5　防渗漏吹塑托盘

　　化学品防渗漏吹塑托盘（图 1-13）拉伸比较大，不易采用常规的吹塑工艺成型，市场中常见的产品大多都是滚塑托盘，滚塑托盘最大的缺点是生产周期太长，产量低，能耗大。

　　张家港同大机械有限公司采用特殊的吹塑成型工艺研制了此产品。化学品防渗漏吹塑托盘具有四向进叉功能，类似于单面吹塑托盘，内部设有渗液腔，托盘上部可放置 4 个 200L 危包桶，运输时随着危包桶一起运输，可预防在运输化学品液体时危包桶发生泄漏，等到达目的地时可通过侧面的排液孔，将托盘内的化学液体排入指定位置。这种化学品防渗漏吹塑托盘也常用于化工厂的生产与仓储场地。

图 1-13　化学品防渗漏吹塑托盘

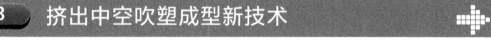

1.3　挤出中空吹塑成型新技术

　　随着挤出中空吹塑技术研究的深入，各种新技术层出不穷，目前已经得到应用的主要有微层中空吹塑成型技术、深拉伸中空吹塑成型技术、预成型中空吹塑成型技术、多重壁中空吹塑成型技术、全电动驱动中空成型机节能技术、电液混合驱动中空成型机节能技术、电磁感应加热节能技术等。为了使读者有一个大概的了解，下面将分别进行介绍。

1.3.1　微层中空吹塑成型技术

微层中空吹塑成型技术是近年来我国在挤出吹塑中空成型机前沿技术研究方面厂校合作的典范，该项新技术由苏州同大机械有限公司与北京化工大学机电学院合作完成。经过两年多的理论研究、计算机设计等方面的工作，投资研制了世界首台微层吹塑机生产线，该生产线采用双工位设计，可成型容量为 30～35L 的 49 层微层的塑料容器，实现智能化控制与生产。该生产线经过多次试车试验生产，在多项关键技术上已经取得了重大技术突破，从理论上和实践方面证明了微层中空吹塑成型的可行性与产品性能的独特性。该生产线已经申请多项国家发明专利和多个国家与地区的发明专利。

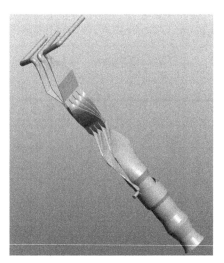

图 1-14　微层 49 层流道示意图

图 1-14 为微层 49 层流道示意图。

什么是微层中空吹塑技术？具备什么样的条件可以称为微层中空吹塑技术？这项新技术具有什么特点，下面将尽可能多地介绍这项新技术的独特性以及采用这项新技术成型的塑料容器的独特性能。

微层中空吹塑技术是微纳层中空吹塑技术的简称。目前常规的多层吹塑容器如轿车的塑料燃油箱一般只是 6 层，而微层吹塑容器目前可以达到 49～200 层，这种层与层的界面在显微镜下面显示得非常清晰，是其他常用的吹塑技术不可能达到的。

在自然界和社会现实的工业产品应用中，许多性能优异的材料大多采用层状复合结构，如树木、竹、骨、贝壳、玻璃钢、防弹衣、新型装甲车外壳、阻隔包装膜、消声瓦等。但工业应用的层状结构连接通常为机械连接、胶接连接和混合连接，难以实现微纳米层厚，并且层数一般不超过 10 层。微层吹塑共挤技术采用共挤出的形式，具有可连续生产的优点，但该技术与目前常规应用的共挤出技术存在本质差别，它采用 3 种塑料原料，分别投入 3 台挤出机塑化挤出，在汇流处叠合成多层的片状熔体材料，然后流经特殊设计的分层叠加单元进行切割分层，然后多层复合材料经转换段形成塑料型坯，再经定型口模形成理想的复合塑料型坯，最后在模腔内吹塑成型。复合塑料型坯的层数和层厚具有可设计性，分别由微层共挤系统中分层单元个数和 3 台挤出机的转速比控制，理论上层数可以达到千层以上，单层层厚可达微米甚至纳米级；从目前的工程技术水平来看，3 种以上塑料实现 200 层以内是可行的。其结构特点是性质不同的两种高分子材料交替叠合，呈现出规整的双连续结构，从结构上来看，类似于布鞋的千层底。此种结构在力学、阻隔和导电等性能测试方面显示出许多独特优点。

微层共挤成型中空容器具有优异的阻隔性、阻气性、防潮性、遮光性、保鲜性、健康性、无害性等性能，以及超强的力学性能，微层厚度达到纳米级别时将可能应用于航海、航空、航天等高新科技领域。

苏州同大机械有限公司近年研制的 TDB-30W 微层吹塑中空成型机生产线包括挤出机、微层机头、开合模机构、机架、液压系统、电气系统、后冷却自动去飞边系统。该成型机生产线可生产最大容量为 30～35L 的制品，主机部分由 3 台 70mm 挤出机同时向微层机头主供料（3 种料进料比例为 1∶1∶1，可以通过调整挤出机速度调整各种原料的使用比例），可通过微层机头实现 48 层叠层、另外一台挤出机做型坯外包供料，成型 49 层塑料型坯，最后在模腔内吹塑成型制品。

（1）49 层微层吹塑机的关键技术

① 微层技术。由多台挤出机向机头内部供料，经过流道形成一个多层型坯，多层型坯经过多个叠层器进行叠层，制成一个由交替微层材料构成的叠层塑料型坯。这些微层可以是几分之一毫米到几十分之一毫米厚，它们是一种新型叠层倍增技术与独特的模头几何结构联合作用的结果，从而形成了具有更多层数的结构；理论上这种叠层可达到 3072 层以上。

② 采用微层共挤挤出吹塑技术成型的 49～193 层的 30L 塑料桶制品，具有很好的阻渗性能，在相同壁厚的情况下，塑料制品力学性能可较大幅度提高。此外，还可以在此基础上，采用三套微层挤出系统进行堆层叠加。该叠层技术可使原来 49 层的微层挤出吹塑成型增加到 193 层的塑料桶或塑料容器。

③ 微层共挤挤出圆形料坯，经过层叠器的料坯已经达到微层结构，微层料坯需经过转换器将片材型坯转换成多个叠合的圆形塑料型坯，目前的试验生产线已经达到 49 层。

④ 微层共挤挤出圆形料坯的关键技术在于对叠层的交错搭接与相互包络、形成熔接线的高度增强熔接，极大地增强了熔接线的强度，提高了塑料桶或塑料容器的强度与力学性能。

⑤ 微层共挤挤出吹塑成型技术还适于需要特别增强的超强塑料容器制品的生产，可采用多种不同组分的塑料原料与高度增强的塑料进行微层吹塑成型，生产超高强度的塑料容器，满足一些特殊需求。

（2）微层中空吹塑技术与常用吹塑技术的比较

传统的多层中空吹塑成型是采用几台挤出机将各自塑化的树脂，同时挤入多层机头，通过歧管形成同心的多层结构，并通过芯棒成为多层型坯，然后再进行吹塑。也有的是采用特殊的储料缸机头形成 3～5 层的多层型坯。在储料缸内各种塑化塑料是彼此分开的，各储料缸的挤出可以分别进行。然后采用环形活塞将各种塑料压出，在机头顶端各层塑料熔融黏结形成多层型坯。多层吹塑的关键是控制各层塑料间的熔接。黏结方式有两种：一是至少在一层内混入有黏结性的树脂，这种方式层数较少，并能保持一定的强度，但成本较高。混入有黏结性树脂的量，需在不损害各层树脂的阻隔性和强度等性能的范围内。二是增设黏结材料层，使黏结剂介于各层界面之间，因为需要增加挤出黏结材料用的挤出机，使设备及操作变得复杂。

与传统的多层中空吹塑成型相比，TDB-30W 微层吹塑中空成型机生产线采用微层技术，共挤出工艺生产的结构层数远远超过 3 层、6 层，可以达到 49 层或 193 层，目前的试验机组达到 49 层。以下是部分技术优点。

① 改进阻隔性能。产品中的阻隔层数量大幅度增加，使气体和水分子的扩散途径更加"曲折艰难"。

② 节约高成本物料。聚合物的许多关键性质不会随着层厚的降低而成比例降低，因此采用微层技术后，可以节约高成本的高性能树脂，同时制品性质又能达到希望的水平。

③ 新的性能组合。相同的聚合物，分散为一层或两层，还是分散为许多超薄的层，对最终产品的性能有不同的影响。

图 1-15 为 49 层微层吹塑型坯断面显微放大图及 49 层 25L 塑料桶。

通过对 49 层微层中空成型机的多次试验，证明了 49 层微层吹塑成型技术的工程可行性，同时也发现了微层吹塑桶的许多优点，如前面所说，微层吹塑技术的应用，可以实现高强度塑料桶、高强度塑料容器的批量成型，从目前测试的情况来看，采用同样材料配方的情

（a）　　　　　　　　　　　（b）

图 1-15　（a）49 层微层局部型坯断面显微图（300 倍）及（b）49 层 25L 塑料桶

况下，49 层微层吹塑技术与普通吹塑桶相比，冲击强度可以提高 1.4～1.5 倍。此外，在保障产品质量的情况下，可以有效降低塑料原料的生产成本。

（3）微层中空吹塑技术展望

通过在塑料中添加碳纤维、玻璃纤维、石墨烯等高强度增强材料等，可达到增强塑料制品各种物理特性的目标。多层技术就是利用某些层的特殊功能，并将多种特殊功能进行组合。在微层吹塑技术中，各特殊功能复合层不仅仅是一层、两层，往往能达到几十层乃至几百层。微层技术可将塑料合金从概念推进到实际运用中。

① 在航空航天工业中复合材料的使用比例越来越高。空客 A380 飞机结构重量的 25% 为复合材料，波音 787 飞机中复合材料占其结构重量的 50%。欧洲的 A400M 属于新一代大型军用运输机，复合材料占其结构重量的 35%～40%，碳纤维复合材料占机翼结构重量的 85%。这些复合材料工艺主要为粘接、模压、树脂传递模塑、纤维缠绕、拉挤等。采用微层技术可获得高强度材料（碳纤维）和微层塑料复合的新型材料，其可塑性强，可将多个零件组合成一个零件而提升其品质。特别是直升机、战斗机的燃油箱制造，采用微层吹塑技术具有较大的技术优势。

② 采用微层吹塑技术制造坦克、装甲车使用的高强度燃油箱，可以大大提升燃油箱的抗冲击强度，减轻燃油箱的重量。

③ 在船舶与海洋工程领域大型塑料容器制品有着广阔的发展前景，可推进船艇轻量化。利用微层中空吹塑成型技术可使这类大型、超大型高分子中空容器加工制造工艺更加简化，成本降低而性能更优越。

④ 在汽车工业中，采用微层吹塑技术成型轿车、大型卡车，特别是军用各种车辆的燃油箱具有独特的技术优势。

⑤ 在消防领域的应用。国外一家公司在 K2013 展会上展出了世界上第一个热塑性吹塑成型的灭火器。将微层吹塑技术运用于这些潜在领域将进一步降低材料成本，提高其抗冲击强度。

⑥ 在传统市场的运用。微层吹塑技术制造的高阻隔性容器可提升食品药品的安全性，可以用于饮料包装、新鲜食品封装运输等。

⑦ 对于微层吹塑技术来说，在未来一个相当长的时间内，除了机械设备的不断研究创新以外，高性能的塑料原料是制约其能否顺利发展的一个非常重要的因素。

⑧ 对于微层中空吹塑来说，对其本身技术的研究将是重中之重，特别是不同的塑料材料对成型后制品特性的影响，在复杂的成型机头流道中的熔体流动特性等理论与工程实际的结合方面，将对工程研发人员提出更多的要求与挑战，许多未知的领域值得进行深入的研究与创新。

除各种潜在的市场外，微层中空吹塑成型技术将对传统吹塑领域带来革命性的改变。微层技术制品的阻透性、机械强度都远远高于传统的吹塑工艺制品。微层吹塑中空成型机生产线如果需要用于燃油箱吹塑，使用 6 台挤出机，微层层数可以增加到 98 层或者 194 层。

1.3.2　深拉伸中空吹塑成型技术

一般吹塑成型机理：塑料型坯在模具内通过内部的气压向模腔内壁延伸，直至贴合内壁，并保持一定压力定型，从而得到制品。但是有些产品拉伸比较大，塑料型坯在沿模腔内壁拉伸时减薄严重，从而使某些延伸性差的部分壁厚变得过薄而导致不能成型制品。所以需要抛弃以往的思路，开辟新的方法，在不改变制品形状的情况下，通过特殊的成型工艺使某些不易吹胀的部位与周边的壁厚一样均匀，这样就能大大提高产品性能和使用价值。

深拉伸中空吹塑成型主要用于拉伸比（B/A）≥0.5 的中空制品，如果拉伸比 $0.5 \leqslant B/A \leqslant 1.2$，中空制品四周壁厚都较为均匀（能达到客户要求）且易成型，则不需要采用深拉伸中空吹塑成型。因为深拉伸中空吹塑成型所使用的模具及设备都需要特殊的改造，会增加一定的成本。

张家港同大机械在近几年研发了两种深拉伸中空吹塑成型工艺，即图 1-16 所示深拉伸辅助模成型工艺以及图 1-17 所示深拉伸旋转模辅助成型工艺。根据这两种成型工艺，成功研发了川字型吹塑托盘以及在进一步试验中的化学品防渗漏吹塑托盘。

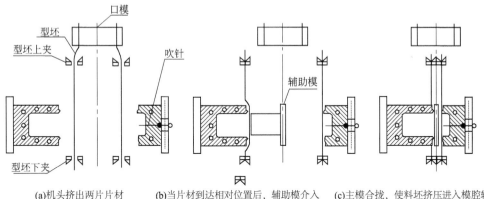

(a)机头挤出两片片材　　(b)当片材到达相对位置后，辅助模介入　　(c)主模合拢，使料坯挤压进入模腔较深处的一方

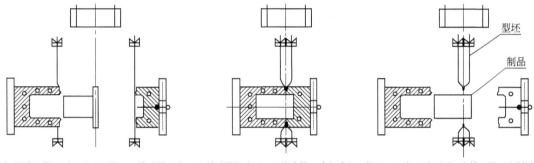

(d)型坯跟随主模同时运动（开模），辅助模退出　　(e)辅助模推出后，主模合拢，内部吹气，保压　　(f)保压成型后，主模开模，取制品

图 1-16　深拉伸辅助模成型工艺

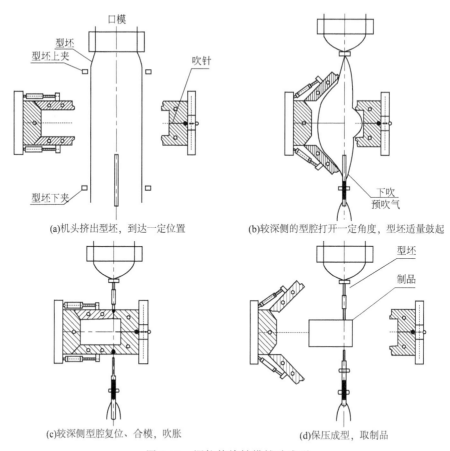

(a)机头挤出型坯，到达一定位置　　　　　　(b)较深侧的型腔打开一定角度，型坯适量鼓起

(c)较深侧型腔复位、合模，吹胀　　　　　　　(d)保压成型，取制品

图 1-17　深拉伸旋转模辅助成型

以上两种深拉伸成型工艺都能做出拉伸比较大的产品，它们各有各的优点。

（1）深拉伸辅助模成型工艺优点

① 模具简单，只需要增加一个仿凹模的凸模辅助模，不管制品有多么复杂，在第一次预成型时，凹模内的型坯都能靠辅助模挤压贴合凹模内壁。

② 这种成型方法生产的制品不仅壁厚比较均匀，而且周边可做成直角，底角也不必为防止壁厚减薄故意做成圆角。

（2）深拉伸旋转模辅助成型工艺优点

① 相对于深拉伸辅助模成型，吹塑设备不需要任何改造，但是模具加工比较复杂。

② 深拉伸旋转模辅助成型由制品底部对应的凹模模体及周围的 4 块凹模侧板构成，通过铰链安装，分别利用油缸驱动，这 4 块侧板可以像花瓣一样或开或合地工作。

③ 由于凹模呈花瓣式开合结构，所以制品侧面可适当增加深的图案雕花，或者纵横起筋，不用担心制品脱模问题。

④ 4 块凹模侧板还可将制品外壁做成倒锥形。

⑤ 由于拼块模具结构本身具有脱模特别方便的特点，从成型到制品取出及对其精加工的过程容易实现自动化生产。

可采用深拉伸吹塑成型工艺成型的吹塑制品见图 1-18。

预计随着深拉伸吹塑成型技术研究工作的不断深入，将有更多的很难采用传统吹塑成型技术制造的（如各种航空箱、空投箱类的容器）制品可以采用这种吹塑成型工艺来制造。

图 1-18　可采用深拉伸吹塑成型工艺制作的各种 HMWHDPE 包装箱

1.3.3　预成型中空吹塑成型技术

预成型中空吹塑成型技术是近几年发展起来的一种新的吹塑成型技术，一般常用于外观形状奇特、不规则的异形吹塑容器及制品的吹塑成型（如一些车用小型吹塑制品），在常规生产中较为少见，所以人们对这种成型方法比较陌生。

预成型中空吹塑成型技术一般用于汽车塑料异形吹塑件的生产，目前一些量少的异形吹塑件采用手工方式生产的较多，异形产品吹塑生产的时候，塑料型坯挤出后，操作人员采用手工挤压、拉伸的方式，先将型坯做出一个近似异形制品外形的型坯，然后手工将型坯移动到模具合模位置，进行吹塑成型。

（1）手工预成型的特点

① 手工操作需要相当熟练的操作技术，而且合模时容易出现安全事故。

② 操作人员手工操作可塑性较大，可以根据产品的外形进行随意的预成型，从而达到产品的成型要求。

③ 由于操作人员手工操作，重复性较差，产品质量的稳定性难以得到保障。

鉴于操作人员手工操作的危险性与制成品的质量稳定性差等多方面原因，近年来开发了一种全自动化生产的预成型吹塑机生产线，这种新的成型方法与设备可以保障操作人员的安全与产品质量的稳定，对于一些采用其他吹塑成型方法难以成型的异形吹塑件，可以采用这种方法进行生产，见图 1-19。

（2）预成型中空吹塑成型工艺过程

塑料型坯被挤出后，先在一个预成型模具中进行预成型，预成型模具具有牵引、推拉等功能，将圆筒状塑料型坯成型为一个近似于制品形状的型坯，然后预成型模具快速开模，预成型好的型坯被快速移送到成型模具中吹塑成型为制品。制品吹胀冷却定型后开模，后面的工艺与普通吹塑成型方法类似。

预成型中空吹塑成型技术的自动化吹塑生产线与常规吹塑方法生产线有较大的差别，主要在于增加了预成型的模具工位，预成型模具也相应复杂一些，预成型模具需要进行温度控制，保障型坯温度的稳定性，以防止型坯过快冷却；预成型模具的变形较大的位置可使用牵引活动块或采用负压牵引，以使型坯实现预成型，预成型后的型坯由机械手快速转移到成型模具位置，成型模具快速合模并吹塑成型。

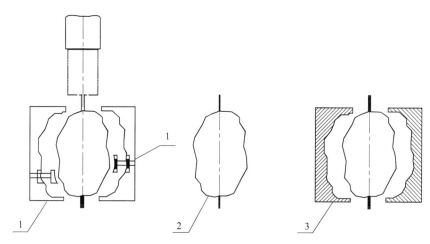

图 1-19　预成型吹塑工艺示意图
1—预成型工位的模具；2—预成型后的塑料型坯；3—吹塑成型工位

　　预成型中空吹塑成型的生产线基本上是专机专用，所以，只有当某个特殊吹塑产品需要大批量生产时，才能有较好的经济效益；因此，使用这种预成型吹塑技术的生产线目前较为少见，必须向吹塑机设备生产厂家定制。

1.3.4　多重壁中空吹塑成型技术

　　多重壁吹塑容器由两层或多层型坯组成，两层或多层型坯之间有一定的间隙，成型后的制品可在间隙内填充其他液态或气态物质，来提高吹塑容器的抗冲击性能。

　　例如，很多 SUV 汽车采用的是中空吹塑油箱，为了提高汽车内部使用空间，设计师一般把油箱悬挂在底盘下面，在高速行驶中，有时不注意会有硬物磕碰油箱，存在着安全隐患，见图 1-20。而多重壁的油箱（图 1-21）相对就比较安全。

　　图 1-22 为多重壁油箱结构示意图，苏州同大机械有限公司正在研发多重壁容器吹塑工艺在汽车塑料燃油箱、塑料化工桶、军用车辆塑料汽油桶等更广阔领域的应用空间。

　　图 1-23 为多重壁吹塑容器制造工艺。

　　① 多重壁型坯口模与传统的口模不一样，它具有把储料腔内的塑化料分为两股或多股型坯挤出的功能。

图 1-20　被撞破的汽车塑料燃油箱

图 1-21　多重壁吹塑成型燃油箱设计图

② 两股型坯挤出到达下包封后，下包封封口、两股型坯之间由系统监测充气，达到一定量后，口模包封封口，使两股型坯之间产生一个空气夹层。

③ 模具开始合模，通过下吹鼓气，使内层与外层型坯同时向模具型腔靠拢，通过气压监控，来判定模具内部成型状况。由于有空气夹层，内、外层不会黏结到一起。

④ 保压一定时间后，取出制品，形成双重壁制品。后续还能在空气夹层中填充其他液态或气态物质来提高容器的抗冲击性。

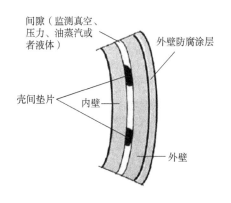

图 1-22　多重壁油箱结构示意图

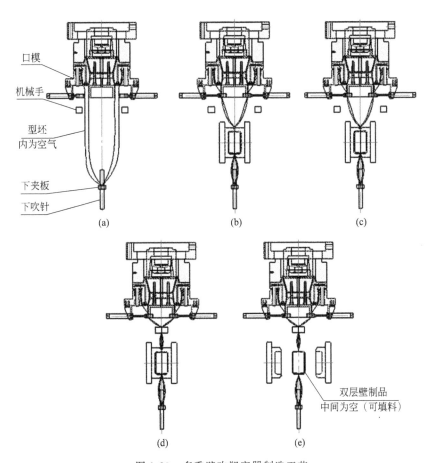

图 1-23　多重壁吹塑容器制造工艺

1.3.5　全电动驱动中空成型机节能技术

近年来，国内外吹塑机制造企业努力推出全电动吹塑机组或吹塑机生产线，全电动吹塑机生产线对合模机的开合模、移模装置，机头的型坯控制装置，吹气装置等动力装置全部采用了伺服电动机驱动，彻底免除了液压系统的漏油现象，使吹塑机在高度洁净厂房生产成为可能；同时，全电动吹塑机除了有效降低能耗、低噪声和确保成品不被污染外，全电动控制系统更可确保每次运作都达最精准状态，使生产过程保持高度的重复性、稳定性。

全电动吹塑机组和常规的液压机器相比，产能可提高 10％～25％，综合能耗可降低 30％～40％，故障率大大降低，维护成本大幅下降。

图 1-24 为两种国外知名品牌全电动吹塑机外观。

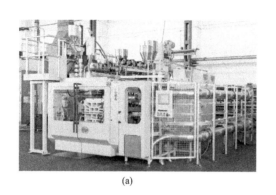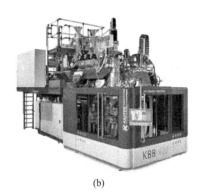

(a)　　　　　　　　　　　　　　　　(b)

图 1-24　两种国外知名品牌全电动吹塑机

图 1-25 为国产全电动双工位吹塑机生产线。

图 1-25　国产全电动双工位吹塑机生产线

苏州同大机械有限公司近年来加快对全电动吹塑机的研究步伐，已研制成功 TDB-30D 全电动 30L 三层吹塑机组，可用于生产 30L 系列的塑料桶。其伺服电动型坯控制装置，合模机合模、移模装置均有较大的创新。

随着全电动伺服驱动技术的不断成熟与进步，采用伺服电动机驱动的吹塑机将更加成熟与可靠，在未来几年的技术研发与技术创新中，全电动伺服驱动吹塑机将获得较快的发展，值得更多的关注。

1.3.6　电液混合驱动中空成型机节能技术

由于吹塑制品千差万别，品种繁多，许多吹塑制品存在模具抽芯、多方向开合等要求，这些模具的抽芯、移动、多方向开合等动作的实现，在目前情况下，多数只能采用液压油缸推动。因此，在未来的一个较长时间内，电液混合驱动技术将可能长期存在。即吹塑机组主体采用伺服电动机进行驱动，如合模机开合模、移模、塑料型坯的控制、吹气装置的上下移动等；挤出机采用变频电动机或直流电动机驱动；模具本身的运动则采用液压驱动来完成。这种电液混合驱动的方式的节能效果与液压驱动相比，也是比较显著的，设备的稳定性、可靠性也会提高较多。

具体采用哪种驱动方式，主要取决于吹塑制品成型的特性。预计未来几年内，这类吹塑机的机型会更加多样化。

1.3.7　电磁感应加热节能技术

（1）电磁感应加热的工作原理

① 电磁加热器　电磁加热器是一种利用电磁感应原理将电能转化成热能的装置，电磁加热控制器将 220V、50/60Hz 的交流电整流变成直流电，再将直流电转成频率为 20～40kHz 的高频高压电，或者 380V、50/60Hz 的三相交流电转换成直流电，再将直流电转换成 10～30kHz 的高频低压大电流电，用来加热工业产品。

② 电磁加热圈　高速变化的高频高压电流流过线圈会产生高速变化的交变磁场，当用含铁质容器放置上面时，容器表面即具切割交变磁力线而在容器底部金属部分产生交变的电流（即涡流），涡流使容器底部的铁原子高速无规则运动，原子互相碰撞、摩擦而产生热能。从而起到加热的效果。即是通过把电能转化为磁能，使被加热钢体表面产生感应涡流的一种加热方式。这种方式从根本上解决了电热片、电热圈等通过热传导方式加热产生的热效率低下的问题。

图 1-26 为电磁感应加热在挤出机上的应用示意图。

（2）传统电阻加热的缺点

① 热损失较大　现在常用的加热方式，是由电阻丝绕制，圈的内外双面发热，其内面（紧贴料筒部分）的热传导到料筒上，而外面的热量大部分散失到空气中，造成电能的直接损失与浪费。

由于热量大量散失，周围环境温度升高，尤其是夏天对生产环境影响很大，现场工作温度有的已经超过了 45℃，有些企业不得不采用空调降低温度，这又造成能源的二次浪费。

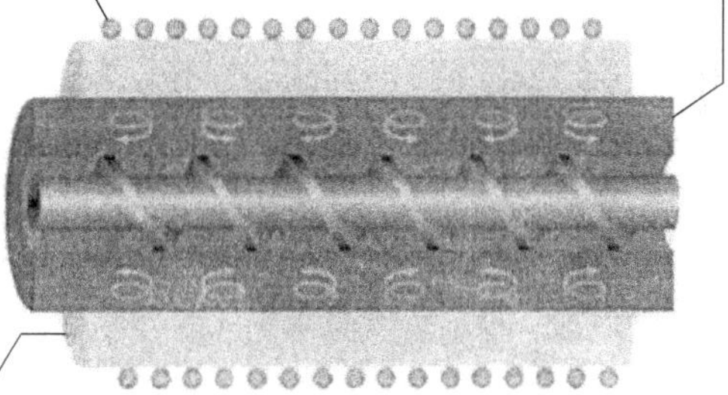

② 使用寿命短、维修量大　电热管由于采用电阻丝发热，其加热温度高达 300℃ 左右，热滞后较大，不易精确控温，电阻丝容易因高温老化而烧断，维修的工作量相对较大。

图 1-26　电磁感应加热在挤出机上的应用示意图

（3）高频加热产品的优势

① 寿命长　电磁加热因线圈本身基本不会产生热量，寿命长，无需检修，无维护、更换成本；加热部分采用环形电缆结构，电缆本身不会产生热量，并可承受 500℃ 以上高温，使用寿命可达 10 年。

② 安全可靠　料筒外壁经高频电磁作用发热，热量利用充分，基本无散失。热量聚集

于加热体内部，电磁线圈表面温度略高于室温，可以安全触摸，无须高温防护，安全可靠。

③ 高效节能　采用内热加热方式，加热体内部分子直接感应磁能而生热，热启动非常快，平均预热时间比电阻圈加热方式缩短 60％以上，同时热效率高达 90％以上，在同等条件下，比电阻圈加热节电 30％～70％，提高了能效。

④ 准确控温　线圈本身不发热，热阻滞小、热惯性低，料筒内外壁温度一致，温度控制实时准确，明显改善产品质量，生产效率高。

⑤ 绝缘性好　电磁线圈为专用耐高温高压特种电缆线绕制，绝缘性能好，无需与罐体外壁直接接触，绝无漏电、短路故障，安全无忧。

⑥ 改善工作环境　经过电磁加热设备改造的挤出机，采用内加热方式，热量聚集于加热体内部，外部热量耗散几乎没有（相对较少），环境温度从原来电阻圈加热时的 100℃以上降低至常温，大大改善了生产现场的工作环境。

⑦ 节电分析　电磁加热器在塑料机械上节能 30％～70％是怎么来的？

a. 相比电阻加热，电磁加热器多了一层保温层，热能利用率提高。

b. 相比电阻加热，电磁加热器直接作用于料管加热，减少了热传递而产生的热能损耗。

c. 相比电阻加热，电磁加热器的加热速度要快 25％以上，减少了加热时间。

d. 相比电阻加热，电磁加热器的加热速度快，生产效率提高，使电机处在饱和状态，减少了高功率低需求造成的电能损耗。

传统的加热行业，普遍采用电阻丝和石英加热方式，而这种传统的加热方式热效率比较低，电阻丝和石英主要是靠通电后自身发热，然后在把热量传递到料筒上，从而加热物料，这种加热方式的热量利用率最高只有 50％，另外 50％的热量都散发到空气中，所有传统的电阻丝加热方式的电能损失高达 50％以上。电磁感应加热是通过电流产生磁场，使得铁质金属管道自身发热，再加上隔热材质，防止管道热量的散发，热利用率高达 95％以上，理论上节电效果可达到 50％以上，但考虑到不同质量的电磁感应加热控制器的能量转换效率是不同的，以及不同的生产设备和环境，所以电磁加热节能的效果一般至少能够达到 30％，最高能够达到 70％。

图 1-27 为两种用于塑料机械行业的电磁感应加热控制器外观。

(a)　　　　　　　　　　　　　　　(b)

图 1-27　两种用于塑料机械行业的电磁感应加热控制器外观

从近几年电磁感应加热在中空吹塑机方面的应用情况看，用于大中型机头时节能效果更为显著，特别是多层大型与超大型的机头加热采用这项节能技术更为实用，在机头从冷状态加热到工作状态时，其节能效果明显，通常可缩短加热时间一半以上，加热效果更好，此项节能技术已经基本成熟，吹塑制品厂家可以与有关厂家合作进行设备节能改造。此外，订购吹塑机新设备时，也可以与设备制造厂家专门定制这项新技术的节能型设备。

1.4　挤出中空吹塑成型机的分类与选型

挤出中空吹塑成型机的品种与规格很多，国内外各主要中空成型机制造厂家均有各自的命名方法。在此，对国内中空成型机主要制造厂家的分类方法进行介绍。

1.4.1　吹塑设备命名

挤出中空吹塑成型机的命名方法较多，目前常用的主要有 3 类：第 1 类为学名命名法；第 2 类为厂名命名法；第 3 类为设备特点命名法。

（1）学名命名法

学名命名法基本分为两种：一种为汉语拼音命名法；另一种为英语名称命名法。

① 汉语拼音命名法　塑料吹塑机分别采用塑料、吹塑、机器的第 1 个汉语拼音字母作为名称前面的编号，后面加上设备能够加工吹塑容器的容积值。如秦川机械发展股份公司制造的 SCJ1000 中空成型机，其含义为塑料吹塑机，该机可吹塑容积为 1000L 的容器。

② 英语名称命名法　即是采用英语 "blow moulding machine" 中的大写字母 BM 命名。如广东金明塑胶设备有限公司制造的 BM230，其含义也是吹塑机，该机可吹塑容积为 230L 的容器。采用英语名称命名，设备出口时方便国外客户选择。

（2）厂名命名法

厂名命名法又称公司名称命名法，是以公司名称具有代表性的特征名词汉语拼音的第 1 个字母组合为主体，后面加上设备能吹塑加工容器的容积值。如苏州同大机械有限公司制造的 TDB-250L，其含义为同大机械制造的吹塑机，可吹塑容积为 250L 的容器（即 T—同、D—大、B—blow）。

（3）设备特点命名法

一部分中空成型机由于其设备与其他类似中空成型机相比具有一些明显的特点，因此，制造厂家通常根据设备的特点进行命名。如 HTⅡ-18L 代表的含义是：高速、双直线导轨、双工位、可成型 18L 容器的中空成型机。

此外，吹塑机目前已经基本采用可生产容器的容积大小来进行命名，不以螺杆直径命名，请业内人士注意这种变化。

1.4.2　吹塑设备分类

按照所吹塑制品、塑料原料和挤出塑料型坯的不同，挤出吹塑可分为多层中空成型和单层中空成型两类。因此，目前比较常用的挤出吹塑中空成型机主要有多层中空成型机和单层中空成型机两种类型。它们均有连续挤出和间歇挤出两种挤出方式。按照合模机构工位的数量，还有单工位、双工位、多工位之分，以单工位和双工位的中空成型机居多。

随着中空成型机研发工作的深入和市场的进一步扩展，多组中空成型机联控的高速生产线已经初见端倪。随着吹塑制品业集中度的提高，这种高速、高产量的全自动数字联控的中空成型机生产线将会加快普及与发展。

（1）连续式单工位中空成型机

图 1-28 为连续式单工位中空成型机。

图 1-28　连续式单工位中空成型机外形

图 1-29 为连续式双工位中空成型机。

如图 1-28 所示，连续式单工位中空成型机工作过程中，电动机带动挤出机连续挤出，单工位的合模机构在型坯挤出后向机头下方移动，型坯挤出到位后，模具将塑料型坯夹住后合模并向外移出，上吹气杆从上方向下插入瓶口处的型坯内，导入压缩空气将型坯吹胀为所需形状的制品。此时，挤出机仍在挤出型坯过程中。制品冷却定型后，合模机构开模，制品脱模，下一个型坯已经基本挤出到位，合模机构带动模具回到机头下方，继续下一个工作循环。

这种连续式单工位中空成型机比较适合容积在 5L 以下的且产品批量较小的吹塑制品的成型生产。

（2）连续式双工位中空成型机

图 1-29　连续式双工位中空成型机外形

如图 1-29 所示，连续式双工位中空成型机具有一套挤出机与机头，两套合模机构与上吹装置以及两套完全相同的模具。工作时电动机带动挤出机连续挤出，机头不断地挤出塑料型坯，一个工位的合模机构带动模具向机头下方移动，模具夹住型坯后向外移出，上吹气杆从模具瓶口处向内插入型坯，导入压缩空气将型坯吹胀定型。由于挤出机不断挤出型坯，另一个工位的合模机构带动模具向机头下方移动，模具将挤出到位的型坯夹住并移出，同样，上吹气杆从模具瓶口处插入型坯内，压缩空气将型坯吹胀并且使之定型。此时，第一个工位的制品已经冷却定型并脱模，再次向机头下方移动，型坯挤出到位后，即开始下一个工作循环。

这种连续式双工位中空成型机比较适合容积在 30L 以下且批量较大的吹塑制品成型，目前这种机型正在向高速、自动去制品飞边和余料、自动检测制品、自动输送、自动包装等方向发展，其制品层数可达到 9 层，机头与模具数可达到 12 个，并且可以由多台机组连成生产规模较大的吹塑生产线。

（3）间歇式单工位中空成型机

图 1-30 为间歇式单工位中空成型机。

间歇式单工位中空成型机工作过程是：电动机通过减速箱齿轮带动挤出机螺杆运转，将经过加热的塑料熔体挤出到储料机头内储存，待储料量达到设定值时，储料机头上部的伺服液压缸带动机头芯模开口向下移动，主液压缸带动压料活塞将塑料熔体挤出成为可控制的塑料型坯。塑料型坯挤出到设定长度时，安装了模具的合模机构开始合模并吹胀成型。这时挤出机仍然在运转并向储料机头中储料，以备下一个循环使用。制品冷却定型后，合模机构带动模具打开，脱模并取出制品，紧接着再进入下一个工作循环。

图 1-30　间歇式单工位中空成型机外形

这种间歇式单工位中空成型机的规格型号在国际上从 5L 到 10000L 均已有制造，国内中空成型机制造行业的设备规格型号也较多，可生产 2000L 以内的吹塑制品与相关工业吹塑配件。

图 1-31 为国产 IBC 塑料桶专用中空成型机外形与 IBC 塑料桶外观；图 1-32 为吹塑托盘专用中空成型机外形。

(a)　　　　　　　　　　　　　　　(b)

图 1-31　国产 IBC 塑料桶专用中空成型机外形与 IBC 塑料桶外观

到目前为止，国内设计、制造的大型中空成型机可生产的塑料容器容积已经达到 10000L，更大容积、制品单重更重的中空成型机也正在研发之中。

图 1-33 所示为一种 5000L 单工位中空成型机示意图。

图 1-32　吹塑托盘专用中空成型机外形

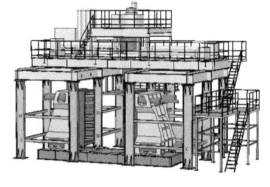

图 1-33　三层 5000L 中空成型机外形示意图

1.4.3　吹塑设备选型

（1）中空成型机主要国内厂家产品的技术参数

国内已有多家中空成型机制造厂家形成较大的生产规模，其中苏州同大机械有限公司已经获得江苏省塑料机械出口基地授牌，连续 6 年被评为中空吹塑机行业产销量首位。表 1-7 中列出的是部分中空成型机的技术参数。

表 1-7　苏州同大机械有限公司部分大型中空成型机技术参数

机器型号	TDB-120F	TDB-160F	TDB-250F	TDB-2000L
制品容量/L	120	160	250	2000
螺杆直径/mm	100	100	120	120×2
螺杆长径比(L/D)	25～30	25～30	28～32	32
螺杆电机功率/kW	45～75	45～90	132	132×2
螺杆加热功率/kW	8.4～10.5	12.1～14	16.2～23.6	6×6×2
螺杆加热区段	4～5	5～6	6	6
HDPE 挤出量/(kg/h)	180～280	180～350	360	380×2
油泵电机功率/kW	37	37	22	11+15=26
锁模力/kN	470～650	740～850	860	3000
开合模行程/mm	500～1300	500～1400	800～1800	400～2600
模具最大尺寸/mm	850×1250	900×1450	1200×1720	1800×2200
机头储料量/L	12.8	18	22	100
最大口模直径/mm	420	510	620	1660×120
机头加热区数	5	5	6	16
机头加热功率/kW	10.8	12	15	90

续表

机 器 型 号	TDB-120F	TDB-160F	TDB-250F	TDB-2000L
吹气压力/MPa	0.8	0.8	0.8	1.0
气体用量/(m³/min)	1.6	1.6	2.0	5.0
冷却水压力/MPa	0.3	0.3	0.3	0.3
用水量/(m³/h)	150	180	300	350
机器外形尺寸长×宽×高/(m×m×m)	5.2×2.5×4.2	5.8×2.9×4.4	7.8×2.9×5.4	11.5×9×7.5
机器重量/t	17	19	38	70～75

注：随着创新与改进工作的不断进行，选择吹塑机型号时，应该注意各吹塑机制造厂家的参数变化。

表 1-8 为苏州同大机械有限公司双工位中小型中空成型机技术参数。

表 1-8　苏州同大机械有限公司双工位中小型中空成型机技术参数

机 器 型 号	HTⅡ-3L/6	HTⅡ-5L	HTⅡ-12L	HTⅡ-30L
制品容量/L	3/6	5	12	30
螺杆直径/mm	70	60、70、80	90	100
螺杆长径比(L/D)	25	22～30	22～30	28
螺杆电机功率/kW	22	18.5～22～30	37～45	90
螺杆加热功率/kW	4.7	5.1～6.7～8.2	7.3～9.1	9.1
螺杆加热区段	3	3～4	4	4
HDPE 挤出量/(kg/h)	100	60～80	130～160	250
油泵电机功率/kW	11	7.5	11	22
锁模力/kN	76	60	110	250
开合模行程/mm	160～320	148～508	240～620	420～920
模具最大尺寸(宽×高)/(mm×mm)	450×250	370×390	530×510	680×750
最大口模直径/mm	30	145	220	620
机头加热区数	9	3	3	6
机头加热功率/kW	4.3	2.5	2.6	15
六模头中心距/mm	70			
四模头中心距/mm	100			
储料量/L				4
吹气压力/MPa	0.6	0.6	0.6	0.6
气体用量/(m³/min)	0.4	0.4	0.8	0.8
冷却水压力/MPa	0.3	0.3	0.3	0.3
用水量/(m³/h)	80	60	60	100
机器外形尺寸长×宽×高/(m×m×m)	2.8×2.7×2.5	5.8×2.9×4.4	7.8×2.9×5.4	5.9×3.4×3.9
机器重量/t	5	7.8	10.8	18

（2）挤出吹塑中空成型机型谱

《塑料挤出吹塑中空成型机》专业标准，标准号为 JB/T 8539—2013。标准中规定的中空成型机的基本技术参数见表 1-9（随着市场的需求，其吹塑制品容积的变化更为细化）。挤出吹塑中空成型机的挤出机部分的基本技术参数应满足 JB/T 8061—2011《单螺杆塑料挤出机》或相应种类的挤出机标准的规定，合模机构的基本技术参数应符合表 1-10 的相关规定。

表 1-9　挤出吹塑中空成型机的基本技术参数

最大制品容积/L	锁模力/kN	塑化能力/(kg/h)	储料量/L
1	≥15	12	
2	≥25	20	
5	≥40	40	
10	≥60	50	
25	≥120	105	≥2
50	≥180	150	≥5
60	≥200	110	≥6
80	≥250	120	≥8
100	≥300	≥120	≥10
120	≥350	≥120	≥12
150	≥400	≥200	≥15
200	≥450	≥200	≥20
300	≥600	≥300	≥25
400	≥750	≥300	≥30
500	≥850	≥350	≥35
1000	≥1500	≥400	≥55
2000	≥2000	≥450	≥75

注：随着各种不同的工程使用的吹塑制品的不断问世，厚壁吹塑制品的生产已经开始广泛使用，因此表 1-9 内规定的一些参数早已不能代表现有技术水平。

表 1-10　合模机构的基本技术参数

最大制品容积/L	锁模力/kN	模板尺寸 ≥长×宽/(mm×mm)	启闭模时间/s	塑化能力/(kg/h)
1	20	350×280	2.3	12
2	30	380×340	2.6	12
5	40	450×380	3.5	40
10	60	550×400	5.3	40
25	100	725×550	7	80
50	250	900×800	11	105

续表

最大制品容积/L	锁模力/kN	模板尺寸 ≥长×宽/(mm×mm)	启闭模时间/s	塑化能力/(kg/h)
100	300	1000×850	—	105
200	400	1200×900	—	185
350	—	—	—	—
500	—	—	—	—

注：《塑料挤出吹塑中空成型机》专业标准新的标准正在修订过程中，新标准将会有较多的地方进行修改，可及时参照新标准的要求进行。

（3）设备选型

国内挤出吹塑中空成型机的制造水平近几年来进步很快，其型号规格众多，已经超过相关标准规定的技术参数，同时中空成型机主要生产厂家，其设备的技术水平与制造工艺水平已接近世界先进水平，部分机型已经达到世界先进水平。

设备的选型主要可根据制品厂家的生产规模、制品样式与型号，以及技术、资金、管理等各方面的状况进行综合评价。

① 生产规模及制品样式　制品生产规模的大小及所需要生产的制品容积主要决定了设备的选型，如需要加工 5L 系列容积的包装桶，宜选择 5L 系列的中空成型机，如果制品生产规模较大，需要供货的规模大，则可选择 5L 双工位中空成型机。生产规模较小时，可选择单工位的中空成型机。

一些特殊吹塑制品不是以容积来衡量的，如多数的汽车用吹塑配件及一些工业配件，则可根据需要成型制品的尺寸来选择所需设备，有时可采取特别配置的方法来选择型号，如生产汽车扰流板时，因其制品的自重较轻，长度较长，可选择 5～7L 的储料机头，80～100L 的合模机构，以保证其制品的正常生产。

② 技术水平　制品厂家的技术水平有时也决定了设备的选择，操作、维修人员技术水平较高时，可选择配置较为高端的设备，其设备的稳定性、可靠性、制品产量、质量均可达到较高水平，同时也会需要具有较高技能的人员进行维护与操作。制品厂家可根据自身所具有的技术水平进行设备的选择，使其达到人与设备的良好组合。

③ 资金状况　一般来说，配置较为高端的设备价格会高一些，而普通配置的设备价格相对较低，可根据资金状况进行设备的选择。

④ 管理水平　配置较为高端、自动化程度高的设备所需要的管理更为精细，除需要配置具有较高素质的技术人员以外，也需要进行较为精确、细致的管理工作。

适用，耐用，设备制造、安装质量优良，生产效率高，性能价格比等是设备选型时需要优先考虑的因素。

⑤ 理性选择设备供应商　随着多年来市场选择和竞争的结果，一些吹塑机制造商为适应市场的变化，努力研发市场适销对路的设备，走出了一条较快的发展之路，一些厂家在市场的变化面前，没有较好地适应市场的变化，设备未能尽快地加以改进，市场的销售量越来越小，企业难以为继。为此，吹塑制品生产厂家有必要慎重选择设备制造商，不以价格低廉为第一考虑因素，以免在设备的使用周期内遇到售后服务方面的一些困难。

1.5　挤出中空成型机发展趋势与展望

1.5.1　创新设计理念， 推动吹塑机技术革新

① 经济的快速发展推动了挤出中空成型设备的设计理念的不断转变。将工程设计与工业设计紧密结合，从实用和艺术的综合角度出发，实现产品功能与形式的完美结合，进而达到优化产品结构、提升产品性能、重塑产品品牌形象的目的。

图 1-34　全新的吹塑机智能化生产线

图 1-34 所示吹塑机智能化生产线是苏州同大机械有限公司吹塑技术研究中心采用模块化设计与工业设计相结合研发的新一代吹塑机生产线，在充分保障吹塑成型工艺基本功能的情况下，对吹塑机生产线的外观设计和人机配合方面下了大量的工夫，使设备的外观以及维护等得到了较大的提升。

② 模块化是在传统设计基础上发展起来的一种新的设计思想，现已被广泛应用，尤其是信息时代电子产品不断推陈出新，模块化设计的产品正在不断涌现。力求以少量的模块组成尽可能多的产品，并在满足要求的基础上使产品精度高、性能稳定、结构简单、成本低廉。模块化技术设计可简化产品的连接结构和部件数量，使所设计的产品由多个功能模块组成。

③ 标准件普及理念。现如今大多数挤出中空设备生产厂家使用的液压油源、液压油缸、机械手、冷却水排等仍然停留在自产自销的阶段。扩大标准件使用范围对于企业来说可以缩短设备生产周期，降低设备维护成本。从模具行业、汽车行业等可以看出标准化的优势以及在国内中空吹塑机行业推广标准化制造的紧迫性和必要性。

④ 大量引入现代机床设计理念与成熟方法，提高吹塑机生产线的使用效能、人机功能、节能功效、稳定性与可靠性。

1.5.2　快速发展中的新技术、 新工艺

① 如何实现单螺杆的高产、低能耗，实现高效熔融和混合以及实现精密挤出将是今后单螺杆挤出机的研究方向。IKV 结构挤出机具有强制进料、强制冷却的优点，其机筒加料段衬套上开有宽而深且形状不同的纵向沟槽，并设计有强制冷却的夹套结构，这样就可以极大地提高物料输送效率，从而使挤出量保持稳定。目前一些大型的中空成型机制造厂家在IKV 结构螺杆的基础上，将分离螺杆、屏障型螺杆形式和 IKV 结构形式完美结合在一起，研制出了高效、综合性能优良的单螺杆挤出机，并且已将其应用在大型中空成型机上，取得了较好的效果。这种优异的螺杆目前还没有实现系列化，随着加工技术水平不断提高，对挤出机产量及稳定性提出了更高要求，该类型螺杆将很快普及。虽然机筒衬套沟槽显著地提高了固体输送效率并实现了熔融物料的稳定输送，但是，其在理论上的缺陷也不可避免地导致挤出过程中出现了巨大的剪切热和压力梯度以及严重的设备磨损问题。潘龙在《螺旋沟槽单

螺杆挤出机新型挤出理论研究》中创新性地提出了依托于双螺棱推动理论下的固体输送段正位移输送机理，新的环保高效的塑化方式如超声波塑化、微波塑化及激光塑化等。目前德国IKV研究中心对注射成型机的超声波塑化方式进行了研究，并取得了可喜的进展。

苏州同大机械有限公司吹塑技术研究中心研制成功系列化的高性能HMWHDPE挤出塑化装置，挤出机规格为70mm、80mm、90mm、100mm、120mm、150mm，长径比达32：1，其各项性能均达到了世界先进水平。

② 旋转挤出中空吹塑设备因为各个模具速度不同，需要为每个模具挤出相应的管坯，因此其重复精度很低，要保证其精度，势必增加飞边。新型的旋转吹塑设备，在模头下方的位置速度是相同的，这样只需要挤出相同的管坯，因此具有很高的重复定位精度。旋转挤出中空吹塑是一种相当高效的挤出中空设备，以TECHNE的ROTAX机型为例。ROTAX是一台旋转型全电动吹塑机，其旋转框架上可安装24副模具，采用双模头生产典型益生菌奶瓶每小时超过5万只。Urola的M系列电液复合旋转吹塑设备也具有很高的生产效率。图1-35为旋转吹塑机生产线外观图。

(a)   (b)

图1-35　旋转吹塑机生产线外观图

③ 传统的吹塑过程中，吹塑模具夹持住由挤出机头挤出的管坯，同一塑料型坯下只有一个模腔，只能成型一个制品。串联吹塑是一个塑料型坯成型多个制品，从而使产量翻倍。目前国外Bekum、Kautex等厂家以及国内一些厂家都推出了串联吹塑设备。新型的串联吹塑模具，除了有一对口对口模腔外，还有一个单独吹塑的模腔。口对口的制品由横向插入的吹针进行吹气，单独吹塑的模腔由下吹针吹气，国内一些吹塑机制造企业也在抓紧进行这方面的研发工作。图1-36为口对口吹塑工艺示意图。

④ 异形吹塑制品（汽车用风管等）成型工艺中，传统方法是通过手工将料坯摆放进模腔内，这种方法成品率极低而且安全事故频发。针对这种情况，Kautex等知名吹塑厂商开发了智能化的吹塑设备，使用机器人进行放料坯、取制品等动作。也可以采用吸管坯的方法成型三维弯管。华南理工大学黄汉雄发明了一种采用风动力牵引三维吹塑设备，利用风环产生的气流牵引型坯沿着弯曲状的模腔移动，其结构紧凑、能耗低、易于实现、生产成本低，大幅度减少飞边，产品的力学性能好。图1-37为气流牵引吹塑成型实物图。

苏州同大机械有限公司近年来结合吹塑机生产线的创新设计，成功研究出适应于多种不同规格、不同型号、不同塑料材料的负压牵引吹塑机生产线与配套模具及工艺技术，其吹塑机生产线与相关负压牵引技术已经实现全部配套。

⑤ 中空挤出吹塑行业的传统多层技术，一般通过圆柱多层嵌套，每层由独立的挤出机系统供料。微层吹塑技术指制品由几十乃至上千微层堆叠而成。美国陶氏化学的Crabtree

和另外几位研究人员开发出了这种技术,在物料进入机头之前,产生一种物料交替的微层叠层。微层可能是几分之几毫米,将新型层增技术与独特的机头几何技术结合在一起,得到具有更多层数的结构。他们在实验室成功开发成型了一个350mL的波士顿圆瓶,圆瓶具有1.25mm的壁厚,包含33层HDPE和LLDPE的交替层。陶氏使用了一套包含两台38.1mm和一台32mm挤出机的共挤系统,以及自己设计的供料头和"层倍增器",所用直角式模头的直径为25.4mm,固定模头间隙为1.5mm,该模头与多层薄膜模头相比,采用了更加特殊的设计,以实现对微层流动路径的控制。陶氏还生产了一种30多层的瓶,在不发泡的微层间交替发泡材料层,因而Boston圆瓶减重30%。

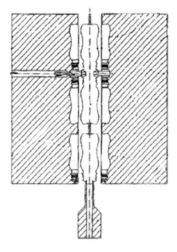

图1-36　口对口吹塑工艺示意图

图1-37　气流牵引吹塑成型实物图

苏州同大机械有限公司与北京化工大学合作,研制了制品容量达到30L的49层微层吹塑机生产线。

图1-38是苏州同大机械有限公司同北京化工大学合作研发的微层挤出机机头,采用3套70挤出机供料,可以生产49层或193层的30L以下吹塑制品。

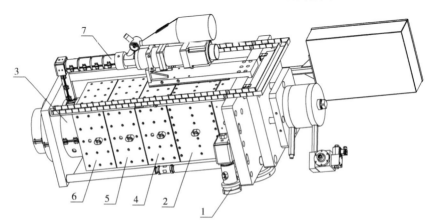

图1-38　30L 49层微层吹塑机头外观
1—机头接头;2~6—机头主体;7—液位线挤出机

1.5.3 挤出吹塑机技术研究重点与发展趋势

随着国内外吹塑制品市场的不断发展以及技术要求的提高，挤出吹塑中空成型机的研发将可能出现以下一些重点研究方向。

① 大型、超大型挤出吹塑专用中空成型机的研制。

② 多层、多工位高速大中型中空成型机的研制。

③ 全电动、电动与液压系统相结合的高速中空成型机的研制。

④ 配套齐全的吹塑生产线的研制。

⑤ 具有远程网络服务功能的全自动吹塑生产线的研制。

中空成型机的零部件与电气控制系统以及相关配套主要有以下几个方面。

① 电气自动化控制系统方面

a. 设备主机与辅机的联控技术。

b. 远程通信、控制与调整技术。

c. 多机联控技术等。

中空吹塑机设备主机与配套辅机的联控技术是发挥中空成型机组最大效能的一个重要手段，目前正在向高速、自动化、耐用等方面发展。

中空成型机自动控制系统的远程通信、控制与调整技术是近年的技术开发重点，这些远程控制技术的发展与研发，反过来会促进中空成型机控制技术的进步与发展。

多机联控技术可将多套中空成型机组进行联合控制，并且将加工后的产品通过辅助设备进行检验、分类、包装等作业，以最大限度地减少人力投入，实现较大规模的生产，以提高生产效率与经济效益。

② 合模机构装置方面　配置较为全面的合模机构主要包括：底座、液压油缸、模板、下部吹胀装置、预夹装置、扩坯装置、安全门、模板同步合模装置以及合模机构移出装置等。合模机构应能实现模具的快速开合模、慢速开合模、四开模的上下开合模、塑料型坯的扩坯、预夹与吹胀、高压锁模、制品低高压吹胀成型、安全门的开合以及模具的快速更换等功能。合模机构近年来的主要变化是进一步向节能和高效化发展。

挤出吹塑中空成型机的合模机构大量采用了以下一些装置：三板两拉杆合模装置；两板合模装置；销锁装置；滚珠直线导轨与伺服电动机带动同步滚珠丝杠驱动模板等应用装置。

近年来磁性快速换模系统在大型注塑机上应用较快，对于提高大型注塑机的换模速度和提高模具的稳定性起到了较好的作用，预计未来几年将在大中型中空成型机的合模机构的模板上得到较快的应用。磁性快速换模将会成为合模机构的技术创新重点之一。

此外，三板两拉杆合模机构的液压缸快速充液技术与节能技术，以及销锁装置机构、强磁性锁模机构的不断改进与研发也是合模机构的创新重点。

为了适应三维吹塑的技术要求，合模机构的多维控制与结构的改进将会成为技术创新重点之一。同时，机械加工机床方面的一些成熟技术将被移植到合模机构中并得到更多改进。

此外，多工位大中型合模机构将会获得较快发展，以适应吹塑客户降低成本、提高产能的要求。

近年内，可能研制出采用电动驱动或电液混合驱动的节能型合模机成型装置，从而达到节能、高效等效果。

③ 配套的吹塑模具方面　随着现代科学技术的发展进步，新的吹塑制品和包装物不断

出现，各类吹塑模具设计与制造正在步入快速发展的道路，这些高新技术的大力推广应用，不但促进了各类吹塑模具的设计、制造技术的进步，也加快了各种吹塑产品的更新换代与升级。预计随着这些高新技术的进一步发展和推广应用，各类吹塑模具的制造周期会进一步缩短，制造成本有可能进一步降低，模具的制造质量也会有较大的提高。

目前吹塑模具的研发重点主要集中在以下一些方面。

a. 自动去飞边技术。

b. 高质量表面成型技术。

c. 定点负压成型技术。

d. 多种三维成型技术。

e. 特殊吹塑制品成型技术（包括预成型技术）。

f. 深拉伸吹塑模具技术。

自动去飞边对于提高设备的生产效率，减轻操作人员的劳动强度发挥了较大的作用，此类模具的应用范围将不断扩大。

包装物表面质量和吹塑制品表面质量要求的提高，促进了成型高表面质量吹塑制品制造技术的进步。因此在未来高质量表面模具的比例将会更高。

许多工业件吹塑制品的壁厚与表面质量要求接近苛刻，采用严格的型坯控制仍然难以达到相关的技术要求，一些吹胀比变化较大制品的吹塑成型，对模具的要求也会更高，近年正在研发中的吹塑模具定点负压技术是解决吹塑制品吹胀比相差较大的方法之一，预计这一方法将会得到更多的研究与应用。

三维吹塑技术是吹塑异形工业件的较好方法，随着异形吹塑制品市场的不断扩大，应用于三维吹塑的模具将得到较快的研发与实际应用。

特殊吹塑制品的成型技术方面目前比较成熟的是吹塑制品预成型技术，采用这一技术可以成型一些特殊吹塑制品，以及普通吹塑方法难以成型的吹塑制品，预成型技术将随着应用的扩大不断获得进步。

深拉伸吹塑成型技术与高质量表面技术结合可制造采用普通吹塑方法难成型的特殊吹塑容器制品，这项技术在未来几年内将得到较快的发展。

多重壁吹塑成型技术与液态相变防弹技术相结合将可能在一些需要特别防护的吹塑容器制品、夹壁吹塑制品成型方面发挥其特有的优势。

④ 高效挤出塑化方面

a. 电磁感应加热技术将获得较快发展。

b. 高效挤出、塑化性能优良、混合均匀、节能的挤出机将会得到推广应用。

⑤ 高性能塑料机头方面

a. 快速换料、换色的机头。

b. 塑料型坯壁厚控制更加准确的机头。

c. 多色、多层机头、多种塑料共挤机头等。

d. 微层机头的设计与制造技术。随着吹塑制品市场的不断变化与发展，随着设备生产厂家的不断研究创新，将有更多新的技术与新的吹塑机生产线问世。

第 2 章

挤出中空吹塑成型机基础结构的创新设计

2.1 基本组成与结构的创新设计

　　国内挤出吹塑中空成型机经过近 50 年的发展与进步，尤其是改革开放以来的独立研发与技术交流，其技术水平已经基本接近发达国家同类设备的水平，并在国内形成多家具有独立研发能力和较大生产规模的中空成型机设备制造厂家。国产各种规格的中空成型机早已走出国门，销售到海外多个国家。随着计算机设计、计算机制造、计算机工程技术、计算机测量技术、快速成型技术的迅速发展与应用，国内挤出吹塑中空成型机的研制能力快速增强，在构成中空吹塑成型设备的许多重要零部件方面已经取得重大技术突破与进展。

　　当前，缩短吹塑制品生产周期、提高生产效率是大中型挤吹中空塑料成型机的重要发展方向之一。为此，其开发重点主要是提高机器的塑化能力。开发高塑化性能和高输送能力的螺杆机筒，大力推广、应用带强制喂料和强制冷却的高产量塑化挤出的 IKV 结构。提高吹气压力、使用低温干燥高压空气吹塑是缩短吹塑冷却成型时间及提高制品质量的关键。

　　在提高储料式机头、连续挤出机头的性能方面，可研发高性能双层、多层心形包络流道、多种复合流道结合的储料式机头和连续挤出机头。先进先出、快捷换色换料以及清理方便是高性能储料式机头的重要特征。在研制开发新的吹塑机过程中，应用先进的 CAD/CAE/CAM 技术，采用优质的钢材和精密的加工设备，研制新的吹塑机组与吹塑机生产线。

　　近年来，插销式、扣套式无拉杆合模机构发展较快，它具有锁模力大、分布均匀、装卸模具容易、容模量大、节能等方面的优点，因此，应在大型挤吹中空塑料成型机中推广使用。此外，插销式无拉杆合模机构的导向运动部件应采用摩擦系数小、运动平稳、运行精度高的滚珠直线导轨，快速移模由伺服电机通过滚珠丝杠来实现。高压锁模是由一模板上的插销插入另一模板上的锁紧套后，分布在其中一个模板左右两侧的两对以上的锁模油缸通过拉紧另一模板来实现的，反之，则为高压开模。液压同步驱动无拉杆合模机构是一种最新的合模机构，它采用互相对称的两套液压驱动机构，同步驱动各自的模板。由于模板中心受驱动油缸的作用力，所以能降低模板的重量，减小锁模变形量，从而使装卸模具更容易，容模量更大，更适合机械手的操作，性能上比插销式无拉杆合模机构更具有优越性，值得推广应用。苏州同大机械有限公司工程技术研究中心研制的扣套式外挂两板无拉杆合模机系统，具有锁模力大、使用寿命长、容模量大、模板刚度大、变形特别小、运行稳定等诸多优点。

　　加快研发并推广应用柔性环径向壁厚控制系统（PWDS），它与轴向壁厚控制系统（AWDS）联合作用，可获得最佳的型坯及更为理想的制品壁厚分布。目前在用的伺服电动机驱动的塑料型坯控制系统，其轴向有效拉力分别达到 30t、120t、200t、250t、300t，可对大中型吹塑机的轴向塑料型坯控制实现全电动伺服驱动，较好地解决了塑料型坯的控制问题，同时彻底解决了液压伺服控制系统漏油、维护费用高、维护技术要求高等长期困扰制品企业的一系列难题。

　　近年来，全电动中空成型机得到了高速发展。食品包装对卫生性要求较高，由于全电动中空成型机比带有液压系统的中空成型机更容易达到高洁净度技术要求，所以现在很多吹塑制品企业开始新增全电动中空成型机。

　　多层吹塑中空成型机也是未来发展的一种趋势，多层塑料制品相比单层塑料制品有较好的阻隔性和强度，有些易挥发性液体包装就需要用到多层塑料桶，以减少挥发。多层中空塑料制品的强度根据层数的不同相比单层塑料制品会有不同程度的提高。

　　挤出吹塑成型吹塑机智能化生产线的设计与研制近几年来发展速度很快，批量生产规模较大的吹塑产品已经实现智能化，更多的大型吹塑制品由于批量的增加与市场的扩展，智能化吹塑机生产线正在研制之中，在未来几年内，可望更多的吹塑制品实现全自动智能化的吹塑生产。

2.1.1　塑料塑化挤出装置的创新设计

　　挤出吹塑中空成型机的塑化装置包括塑化平台、挤出机等。目前国内外挤出吹塑中空成型机使用最多的是单螺杆。

　　随着工业技术的发展，塑化平台从以往的单一功能发展到具有升降、转动、左右平移等复合功能。

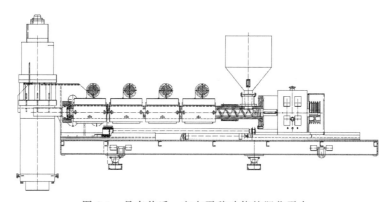

图 2-1　具有前后、左右平移功能的塑化平台

　　图 2-1 为可以前后、左右平移的塑化平台，在高速生产机型中还要求机头在短时间内抬升一定高度，因此还需增加转动功能。在设计塑化平台时，还要从提高使用方便性、装配快速准确方面入手，做到电气线路、气路、水路横平竖直、整齐划一、易于辨识等。同时，设计平台时，要采用国际通用的标准，注重安全方面的考虑。

　　挤出吹塑中空成型机多数采用普通单螺杆挤出机，挤出机主要包括驱动装置、机筒螺杆、加热冷却装置、换网装置，如图 2-2 所示。驱动装置一般采用直流电机或三相异步电机（配变频器）输出转速和扭矩，再通过皮带或联轴器连接到减速机。近年来很多厂家采用减速机直连电机的形式，其结构紧凑、效率高、美观、噪声低；大功率电机直连减速机是未来多年的发展趋势。低速大扭矩交流伺服电机在低速范围下具有较好的转矩输出特性，其结构简单、体积小、效率高、响应迅速、过载能力强；采用低速大扭矩交流伺服电机直接驱动螺杆，可以省去减速机，实现对机械负载的直驱，提高系统的传动效率和控制精度以及系统运行的可靠性，降低能耗。目前在注塑机行业已经实现伺服电机直驱螺杆，挤出吹塑中空成型机领域只有国外少数厂家可以提供。采用伺服电机直驱是未来挤出吹塑中空成型机的一个发展方向。

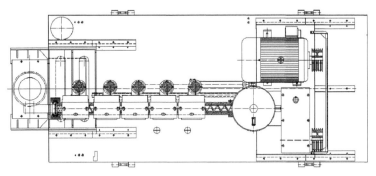

图 2-2　塑化平台俯视图

2.1.1.1　机筒沟槽

早期的机筒内部是全部光滑的。1968 年，德国亚琛工业大学塑料加工研究所研发的机筒开槽挤出机，被作为轴向直槽机筒螺杆挤出机的标志。随着螺杆转动，螺杆螺槽内物料与机筒和机筒沟槽内物料存在相对运动，聚合物材料之间的内摩擦系数是聚合物材料与光滑金属间外摩擦系数的 1.5～5 倍，因此沟槽机筒单螺杆挤出机能显著地提高固体物料输送效率。随后国内外众多先驱对机筒沟槽参数进一步深入研究，在槽轴向长度、槽深度、槽数量、槽锥度、加工工艺参数等方面已经得到很好的验证。直开槽加料段的沟槽结构形式通常是直线型，与螺杆轴线平行。直开槽的断面形式有矩形、三角形、锯齿形等。矩形断面沟槽多用于粒状原料，圆形（三角形）断面沟槽用于加工粉状原料。沟槽的长度在（2.5～6）D（D 为螺杆直径）范围内。沟槽个数大约为螺杆直径的 1/10。沟槽深度必须大于颗粒的最大尺寸，一般在 1～4mm。沟槽宽度与螺杆直径有关，沟槽尺寸如表 2-1 所示。

表 2-1　机筒沟槽基本尺寸

螺杆直径/mm	45	60	90	120	150
沟槽个数	4	6	8	12	16
槽宽/mm	8	8	10	10	10
槽深/mm	3	3	4	4	4

很多情况下，机筒的开槽处设计为单独的零件，该零件称为开槽衬套。

（1）开槽衬套沟槽的基本数据

开槽衬套沟槽的最优化形状设计应该由塑料材料试验来确定，从试验中得出沟槽的数量 n 近似为：

$$D/10 \leqslant n < (D/10 + 2)$$

(2-1)

式中　D——螺杆直径；

　　　n——沟槽的数量。

加工 HDPE 或 HMWHDPE 粉料时，开槽衬套的轴向锥形沟槽参数可参考表 2-2 选择。

表 2-2　加工 HDPE 或 HMWHDPE 粉料的开槽衬套轴向锥形沟槽参数

衬套内径 D/mm	沟槽总宽度 B/mm	沟槽起始深度 h/mm	沟槽数量 n	沟槽宽度 b/mm
65	65	3.89	9～10	7.22,6.50
90	90	4.9	10～11	9.00,8.18
120	120	6.01	11～12	10.91
150	150	7.04	12～18	12.50

沟槽的入料锥角为 β，对于 HDPE，β 可取 15°；对于 HMWHDPE 粉料，β 可取至 5°。沟槽的长度 L，根据试验与实际应用，L 可取（3～5）D（D 为螺杆直径）。

加工粒料时，开槽衬套的沟槽深度、宽度与塑料原料的尺寸、形状有关，沟槽的宽度应大于粒料的平均尺寸，沟槽深度 h 可取粒料平均尺寸的 1/2，沟槽宽度 b 可参考表 2-3 选择。

表 2-3　加工粒料的开槽衬套沟槽宽度

衬套内径 D/mm	沟槽宽度 b/mm
65	9
120	12

需要强调说明的是：机筒进料端开槽的数据由于挤出机采用的塑料原料的不同，或者采用的原料分子量的不同，其具体参数也会不同，需要针对不同的塑料原料及其分子量来确定这些具体参数的设置。

（2）开槽衬套的温度控制

开槽衬套在充分冷却的情况下，加工 HMWHDPE 粉料时，产量可以提高 180%，能效可提高 20% 以上，这是因为衬套被充分冷却时，在进料段建立了很高的压力，因此需要增加螺杆的工作扭矩。因为 HMWHDPE 粉料的剪切应力较高，可以明显提高输送能力，所以也利于提高能效。

但开槽衬套充分冷却需要消耗较大的能量，会使螺杆的驱动装置增加能量或使机筒增加升温的能耗。因此改善开槽衬套挤出机的能效主要是选择较好的衬套冷却温度，理论分析与实践证明，一般情况下，只要塑料原料固体床与衬套接触的界面上不产生塑料熔膜，较高的衬套温度和较低的螺杆温度有利于提高挤出机的产量。

根据塑料原料品种的不同，衬套温度也不同，对于普通的 HDPE、LDPE、PP 等，衬套温度低一些（40～60℃）；对于 HMWHDPE、LLDPE 等，衬套温度高一些（60～90℃）；对于一些工程塑料衬套温度可更高一些，如 ABS 为 90～110℃，PA6 为 140～180℃。此外，开槽挤出机开始工作时，开槽衬套的温度可以设置高一些，有利于适当降低开机时的功率输入，正常运行后，可以适当降低衬套的温度，以保证输送量的稳定。可在挤出机开槽衬套的部位设置自动控温装置，使挤出机的运行状况处于较好的节能状态和适用不同塑料原料对衬套温度的要求。

（3）减少开槽衬套及进料段前端磨损的措施

从多年使用的情况来看，IKV 结构还是存在一些缺陷，比如螺杆与机筒的进料段前端 4～10 倍螺杆直径的区域以及开槽衬套磨损较快，磨损后生产效率会很快下降；虽然加强这一区段的冷却能够减缓部分磨损，也能部分提高挤出量，但冷却所带走的能量会明显偏高。在这一部位上，采用双金属螺杆和双金属机筒可明显使耐磨性能提高 1～2 倍，价格提高约 50%。从投入产出比来说是可行的。目前，多家螺杆制造公司已经能较好地制作双金属螺杆和双金属机筒，采用高压速（HP/HVOF）全面合金披覆的熔射技术使合金层全面覆盖螺杆的所有表面。并将机筒的表面合金含钨由 10% 提高到 30% 及 50%，能较好地解决 IKV 螺杆进料段前端螺杆、机筒磨损较快的问题。同时改善螺杆进料段的设计也能提高耐磨的能力，如将进料段螺棱设计成双螺棱结构能有效改善磨损情况。

提高固体物料输送效率的最新研究是机筒上开设与螺杆螺纹方向相反的螺旋沟槽，从而实现固体物料的正位移输送。在提高固体物料的输送效率的同时，也要提高物料的熔融效果，因此，螺杆的设计必须采用更加复杂的结构。螺旋沟槽机筒将是机筒的发展趋势之一。

2.1.1.2　螺杆

在挤出机的各个环节中，螺杆的设计是关键的一环，螺杆的性能决定了一台挤出机的生产率、塑化质量、添加物的分散性、熔体温度、动力消耗等，从而直接影响到挤出机的应用范围和生产效率。通过螺杆的转动对塑料产生挤压的作用，塑料在机筒中才可以发生移动、增压以及从摩擦中获取部分热量，塑料在机筒中移动的过程中获得混合和塑化，黏流态的熔体在被挤压而流经口模时，获得所需的形状而成型。与机筒一样，螺杆也是用高强度、耐热和耐腐蚀的合金钢制造而成。

熔体在螺杆、机筒中的流动示意图见图 2-3。

表示螺杆特征的基本参数包括：直径、长径比、压缩比、螺距、螺槽深度、螺旋角、螺杆和机筒的间隙等。

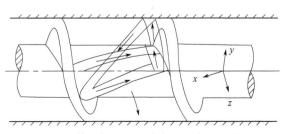

图 2-3　熔体在螺杆、机筒中的流动示意图

最常见的螺杆直径 D 为 45～150mm。螺杆直径增大，挤出机的生产效率也显著提高。螺杆工作部分有效长度与直径之比（简称长径比，表示为 L/D）通常为 10～42。L/D 大，能改善物料温度分布，有利于塑料的混合和塑化，并能减少漏流和逆流，提高挤出机的生产能力，可用于多种塑料的挤出；但 L/D 过大时，会使塑料受热时间增加而发生降解，同时因螺杆自重增加，自由端挠曲下垂，容易引起机筒与螺杆间的摩擦而擦伤，并使制造加工困难。过短的螺杆，容易引起混炼的塑化不良。根据塑料熔料的特性，可从以下几个方面来考虑选择长径比。

（1）短螺杆的优点

① 物料在机筒内停留时间短，塑料受热时间短，可减少降解的机会。

② 塑化的机器占用空间小。

③ 扭矩要求低，使螺杆强度和驱动功率要求会低一些。换件修理时成本也低一些。

（2）长螺杆的优点

① 有更高的生产效率和熔体挤出量。

② 塑化熔融效果更好，有更好的混炼和更加均匀的输出。

③ 熔体具有较高的挤出压力。

④ 能够充分利用热能，相对节能。

机筒内径与螺杆直径差的一半称间隙 δ，它能影响挤出机的生产能力，随着 δ 的增大，生产率降低。通常 δ 控制在 0.1～0.6mm 为宜。δ 越小，物料受到的剪切作用越大，有利于塑化，但 δ 过小，强烈的剪切作用容易引起物料出现热机械降解，同时易使螺杆被抱住或与机筒壁摩擦，而且，δ 太小时，物料的漏流和逆流几乎没有，在一定程度上影响熔体的混合。螺旋角 ϕ 是螺纹与螺杆横断面的夹角，随着 ϕ 增大，挤出机的生产能力提高，但对塑料产生的剪切作用和挤压力减小，通常螺旋角为 $10°～30°$，沿螺杆长度的变化方向而改变，常采用等距螺杆，取螺距等于直径，ϕ 的值约为 $17°41'$；压缩比越大，塑料受到的挤压比也就越大。螺槽浅时，能对塑料产生较高的剪切速率，有利于机筒壁和物料间的传热，物料混合和塑化效率越高，反而生产会降低；反之，螺槽深时，情况刚好相反。因此，热塑性材料（如聚氯乙烯）宜用深螺槽螺杆；而熔体黏度低和热稳定性较高的塑料（如聚酰胺），宜用浅螺槽螺杆。

常用的挤出吹塑中空成型机中较多采用普通单螺杆，螺杆的转速一般在 100r/min 以内。这类普通螺杆结构上可以分为加料段、压缩段、计量段与混炼段（见图 2-4）。

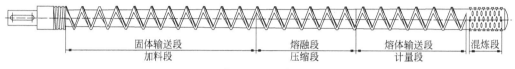

图 2-4　普通三段式单螺杆结构

普通单螺杆的特点：长径比 L/D 为 $(15～28):1$；进料段长度为 $(4～8)D$；计量段长度为 $(6～10)D$。

普通单螺杆的工作过程：塑料进入固体输送段，随着螺杆的旋转，塑料在多种摩擦力共同作用下被强制地往前输送，塑料也由松散状态压缩成密实状态（改善了物料的传热性，有助于塑料的融化，这个密实的固态料块在基础理论的文献中常被称为"固体塞"）。在传导热的作用下，与机筒接触的塑料开始熔化，产生一个薄的熔膜。熔膜中由于各部分熔体间的运动速度不同，在塑料的大分子之间通过内摩擦也产生了大量的热量，这种作用产生的热量称为剪切热。在传导热和剪切热的共同作用下，在压力升高的同时，塑料逐渐融化，最后由固体状态变成流动着的熔体状态。流动的熔体由于多种复杂原因，可能存在温度、速度、压力等差异，熔体通过混炼段提高了混合的均匀度，降低了在温度、速度、压力方面的差异。

塑料有热固性和热塑性两大类。热固性塑料成型固化后，不能再加热熔融成型，而热塑性塑料成型后的制品可再加热熔融成型其他制品。

热塑性塑料随着温度的改变，产生玻璃态、高弹态和黏流态三态变化，随温度重复变动，三态产生重复变化。

玻璃态：塑料呈现为刚硬固体；热运动能小，分子间作用力大，形变主要由键角变形所贡献；除去外力后，形变瞬时恢复，属于普弹形变。

高弹态：塑料呈现为类橡胶物质；形变是链段取向引起大分子橡胶呈现黏流态的结果，形变值大；除去外力后，形变可恢复，但有时间依赖性，属于高弹形变。

黏流态：塑料呈现为高黏性熔体；热能进一步激化了链状分子的相对滑移运动；形变不

可逆，属于塑性形变。

塑料玻璃态时可切削加工。高弹态时可拉伸加工，如拉丝纺织、挤管、吹塑和热成型等。黏流态时可进行涂覆、滚塑和注塑等加工。

当温度高于黏流态时，塑料就会产生热分解，当温度低于玻璃态时，塑料就会产生脆化。当塑料温度高于黏流态或低于玻璃态时，均使热塑性塑料趋向严重的恶化和破坏，所以在加工或使用塑料制品时，要避开这两种温度区域。

为适应不同状态的要求，通常将挤出机的螺杆分成三段：加料段 L_1（又称固体输送段）、熔融段 L_2（称压缩段）、均化段 L_3（称计量段）。这就是通常所说的三段式螺杆。塑料在这三段中的挤出过程是不同的。加料段的作用是将料斗供给的料送往压缩段，塑料在移动过程中一般保持固体状态，由于受热而部分熔化。加料段的长度随塑料种类不同，可从料斗不远处起至螺杆总长 75% 止。大体上说，挤出结晶聚合物最长，硬性无定形聚合物次之，软性无定形聚合物最短。由于加料段不一定要产生压缩作用，故其螺槽容积可以保持不变，螺旋角的大小对送料能力影响较大，实际影响着挤出机的生产率。通常粉状物料的螺旋角为 30° 左右时生产率最高，方块状物料螺旋角宜选 15° 左右，而球形物料宜选 17° 左右。

加料段螺杆的主要参数：螺旋升角 ψ 一般取 17°～20°，螺槽深度 H_1 是在确定均化段螺槽深度后，再由螺杆的几何压缩比 ε 来计算。加料段长度 L_1 由经验公式确定：对非结晶型高聚物，$L_1 =$（10%～20%）L；对于结晶型高聚物，$L_1 =$（60%～65%）L。

压缩段（迁移段）的作用是压实物料，使物料由固体转化为熔融体，并排除物料中的空气；为起到将物料中气体推回至加料段、压实物料和物料熔化时体积减小的作用，本段螺杆应对塑料产生较大的剪切作用和压缩。为此，通常使螺槽容积逐渐缩减，缩减的程度由塑料的压缩率（制品的密度/塑料的表观密度）决定。压缩比除与塑料的压缩率有关外，还与塑料的形态有关，粉料密度小，夹带的空气多，需较大的压缩比（可达 4～5），而粒料仅 2.5～3。压缩段的长度主要和塑料的熔点等性能有关。熔化温度范围宽的塑料，如聚氯乙烯 150℃ 以上开始熔化，压缩段最长，可达螺杆全长的 100%（渐变型），熔化温度范围窄的聚乙烯（低密度聚乙烯 105～120℃，高密度聚乙烯 125～135℃）等，压缩段为螺杆全长的 45%～50%；熔化温度范围很窄的大多数聚合物如聚酰胺等，压缩段甚至只有一个螺距的长度。

压缩比 ε：一般指几何压缩比，它是螺杆加料段第一个螺槽容积和均化段最后一个螺槽容积之比。要有足够的压缩比，需把小块状的塑料压实成为密实的熔体而不含气泡。压缩比低时容易夹杂气泡。当回收料、粉末料或微小料较多时，压缩比可选择高些。但是，压缩比较高时，聚烯烃在渐变段容易产生融料块，导致螺杆和机筒的磨损加快。

均化段（计量段）的作用是将熔融物料，定容（定量）定压地送入机头，使其在口模中成型。均化段的螺槽容积与加料段一样恒定不变。为避免物料因滞留在螺杆头端面死角处，引起分解，螺杆头部常设计成锥形或半圆形；有些螺杆的均化段是一表面完全平滑的杆体，称为鱼雷头，但也有刻上凹槽或铣刻成花纹的。鱼雷头具有搅拌和节制物料、消除流动时脉动（脉冲）现象的作用，伴随物料压力的增大，料层厚度的降低，加热状况的改善，能进一步提高螺杆塑化效率。本段可为螺杆全长 20%～25%。

均化段螺杆的重要参数：螺槽深度 $H_3 =$（0.02～0.06）D_s（螺杆外直径），长度 $L_3 =$（20%～25%）L。

普通单螺杆为了增大挤出量，必须提高螺杆转速或加深计量段槽深。这必然使固体熔体相变点往机头方向移动，如果不加大螺杆的长径比，便有可能在挤出制品中混有未熔化的固体残余物，使塑化质量下降。普通螺杆还有一个较大的缺点，即有较高的压力波动、温度波动和产量波动，直接导致制品尺寸波动和性能下降。这些不足主要是由普通螺杆的先天不足所造成的，因此，出现了许多新型的螺杆设计。

新型螺杆设计根据加工物料的特性而各有不同，在挤出中空吹塑行业主要采用 HDPE、ABS、PVC、PC 等。新型螺杆的结构形式很多，目前各国已公示的专利大约有 300 种，主要有分流型、屏障型、分离型、变流道型、强制输送的 IKV 系统等。下面对各功能型螺杆作简单介绍。

分流型螺杆是指在螺杆一定部分安装销子、圆柱、锥体等分流元件，或直接在螺杆上沟槽增加凸起、开分流孔的螺杆。图 2-5 所示 3 种分流型螺杆分流元件位于螺杆的头部，分别是经典的 DIS 螺杆（具有贯穿孔）、具有 4 组斜槽分流元件的串联螺杆、疏松连续分流元件螺杆。

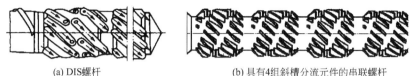

(a) DIS螺杆　　　　　　　　(b) 具有4组斜槽分流元件的串联螺杆

(c) 疏松连续分流元件螺杆

图 2-5　分流型螺杆

分流型螺杆分流元件一般设在螺杆的熔融段尾部（促进物料熔融）或螺杆头部（促进物料混合）。普通螺杆整块的固体从大块逐渐熔化到完全熔化需较长时间，有分流元件的螺杆，塑料通过分流元件时，固相团块被剪切分离，形成细小的固相颗粒，熔化时间大大缩短。设置在计量段或螺杆头部的分流元件能打乱料流、减少温度波动和压力波动。因此合理设计分流元件既能提高螺杆产量也能提高螺杆塑化质量。

分离型螺杆是指能将螺槽中固液相快速分离挤出的螺杆，典型分离型螺杆有 BM 螺杆和 XLK 螺杆等，BM 型分离螺杆在挤出中空行业使用较为普遍。BM 型分离螺杆指在物料开始熔融的区域设置两条螺距不等螺纹，如图 2-6 所示。

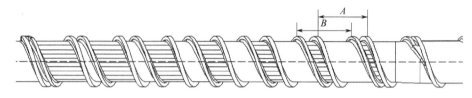

图 2-6　分离型螺杆

主螺纹螺距为 A，副螺纹螺距为 B，副螺纹与机筒的间隙比主螺纹与机筒间隙大，因此固相熔融形成的熔膜越过间隙进入液相槽中，未熔固相仍留在固相槽内。图 2-6 中带有横杠的螺槽为液相槽，主螺纹螺槽为固相槽，从图中可以清楚看出，随着物料前进方向固相区间越来越窄，液相区间越来越宽的结构，适应了熔融理论所指出的液相越来越多，固相越来越少到消失的现象。分离型螺杆具有如下优点：①加速固相熔化；②有效减少压力波动、温度波动、产量波动；③减少塑化后熔体中的气泡量。从以上可以看出，在螺杆上设置分离功能段能提高塑化的产量和稳定性。

变流道型螺杆是通过塑料在螺杆上流道截面形状或截面积大小的变化，来达到保证塑料塑化和增强混炼的目的，其主要代表是波形螺杆，见图 2-7。

图 2-7　波形螺杆

波形螺杆的特点是在计量段螺槽底径根据一定的规律作波状变化，这样计量段的槽有规律的深浅变化。螺槽与机筒间距最小时称为波峰，间距最大时称为波谷。每当熔料流到波峰处，由于螺槽较浅，剪切作用加剧，内部发热增多，促进了固相的熔化。但波峰的高剪切时间较短，熔料迅速流向波谷，波谷处螺槽深，截面积大，熔料停留时间长，剪切作用减弱。熔料经历几个波峰波谷循环能使固相快速熔化，加速了机械混合和热量扩散。波形螺杆与屏障型螺杆、分离型螺杆相比较，在整个螺杆上没有死角，不易因为高剪切造成塑料分解；塑料中混入的金属杂质或其他硬质颗粒无法通过屏障型或分离型螺杆，而波形螺杆没有这个弊病。

经典 IKV 螺杆与普通螺杆相比，螺杆上 3 个功能段是（输送段、塑化段、均化段）分别独立完成的。从图 2-8 可以看出，在直径 45mm 螺杆的第二段螺纹上沿轴杆轴向铣有几条均布的沟槽，塑料在这些分流槽的作用下，通过机械位移的办法，固液相之间进行了强烈的混合和热交换，最后完全熔融。螺杆的第三段实际是一个销钉型分流元件，塑料在该段实现温度均化、压力均化、组分均化。实践证明：IKV 在保证塑化质量好的前提下，产量可以大幅度提高。

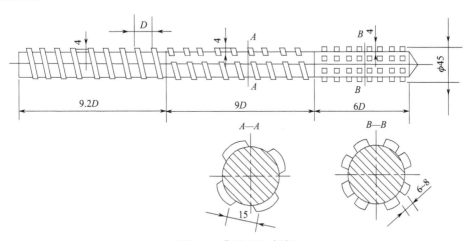

图 2-8　典型 IKV 螺杆

中空挤出吹塑机用来吹塑 HDPE 制品时，通常将各种助剂与回料、新料按一定比例混合，这就需要挤出机具有较为广泛的适应性。图 2-9 中在螺杆的熔融段增加了一条反向螺纹，反向螺纹是一个带锥度的螺纹，当物料通过反向螺纹时，由于与机筒的间隙变小，加剧了物料内部的剪切作用，加速了固体团块的分散。此螺杆在螺杆头部增加一段 5D 以上分流原件，在螺杆尾部采用沟槽机筒强制送料，螺杆的产量高而且塑化质量好。异形分离型螺杆见图 2-10。

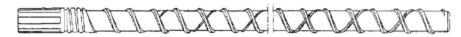

图 2-9　Kautex 螺杆

图 2-10　异形分离型螺杆

在加工高分子量聚乙烯时，由于其分子量较高，分子链之间缠结密度大，熔体黏度极高，临界剪切速率很低。在吹塑一些大型塑料桶与储槽、大型路障、吹塑托盘、汽车保险杠与油箱、大型航标主体、桌面板、工矿设备的零部件等时都会用到高分子量聚乙烯，因为高分子量聚乙烯与普通聚乙烯相比，具有自润滑性、耐冲击、耐磨损、耐腐蚀、耐应力开裂、强度高等优点。

但是，现有普通螺杆在塑化这类物料时，不仅产量不高，塑化质量也不太稳定。苏州同大机械有限公司研制出了适应此类物料的专用挤出机，见图 2-11。

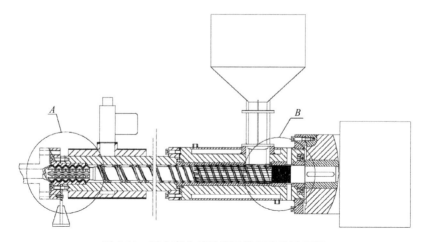

图 2-11　同大高分子量聚乙烯挤出机示意图

从图 2-11 中可以看出，该挤出机的机筒采用沟槽结构，在这一部位上，采用双金属螺杆和双金属机筒可以明显使耐磨性能提高 1～2 倍，价格仅提高 50%。输送段螺纹增加一副螺纹（螺棱较主螺纹窄一些），形成双螺棱结构，能有效改善磨损情况。螺杆的第二段采用分离型，且副螺纹具有一定的锥度，在整个分离段不存在死角位置，因此混入物料中的微小硬质颗粒可以顺利通过，大大提高螺杆的适应性。螺杆头部采用齿式分流元件，物料经过此处时，经过 12 次强烈剪切和混合，针对高分子量的聚乙烯能实现温度均匀、压力均匀、组分均匀。经实际挤出验证该挤出机同普通螺杆相比产量提高 180%，塑化质量也大大提高。

螺杆是挤出机的关键部件，螺杆的材料必须具备耐高温、耐磨损、耐腐蚀、高强度等特性，同时还应具有切削性能好、热处理后残余应力小、热变形小等特点。

对于挤出机螺杆的材料，有如下几点要求。

① 力学性能高。要有足够的强度，以适应高温、高压的工作条件，提高螺杆的使用寿命。

② 机械加工性能好。要有较好的切削加工性能和热处理性能。

③ 耐腐蚀和抗磨性能好。

④ 取材容易。

为提高螺杆的耐磨性能，对单螺杆来说可采用整根螺杆超音速火焰喷涂的加工工艺；这种加工工艺是一种新型的热喷涂技术。其工作原理是：由小孔进入燃烧室的液体燃烧，如煤油，经雾化与氧气混合后点燃，发生强烈的气相反应，燃烧放出的热能使产物剧烈膨胀，流经喷嘴时受到约束形成超音速高温焰流。此焰流喷涂至基体表面，形成高质量涂层。超音速喷涂碳化钨，可以有效地抑制碳化钨在喷涂过程中的分解，涂层不仅结合强度高，且致密，耐磨损性能优越，其耐磨性能超过等离子喷涂涂层，也超过了电镀硬铬层，已经广泛地应用在高效螺杆的生产加工中。图 2-12 为螺杆表面碳化钨喷涂处理外观图。

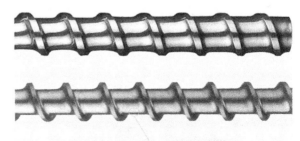

熔射碳化钨螺杆

图 2-12　螺杆表面碳化钨喷涂处理外观图

双螺杆常采用螺棱堆焊镍基合金粉，镍基合金粉内加一定量的碳化钨。堆焊合金通常是沿螺棱表面加工出一条 U 形槽，然后沿 U 形槽堆焊出合金条，来改善螺杆表面的硬度。

在挤出机螺杆与机筒的材料与热处理方面，近几年技术进步较快，吹塑制品生产厂家可以根据自己产品的特性提出技术要求，定制不同材质的挤出机螺杆与机筒。

2.1.1.3　挤出机的传动与驱动装置

挤出机的驱动装置主要由电动机（交流或直流）＋联轴器（皮带）＋减速箱组成。在挤出普通聚乙烯物料时一般采用变频器驱动交流电机，而在挤出高分子量聚乙烯物料时，因其需要更大的扭矩，而采用直流电动机驱动。这种驱动形式受电机结构及工作原理的限制，其控制和响应相对较慢，加减速时间相对较长，不利于系统实现闭环控制。由于减速机的存在，系统维护成本较高。

目前在挤出中空吹塑行业也紧随注塑机行业引入了低速大转矩永磁电机直接驱动螺杆。低速大转矩永磁电机在低速范围下具有非常好的转矩输出特性，其结构简单、体积小、效率高、响应迅速、过载能力强、可靠性高，这不仅可以满足挤出机对速度和转矩的需求，而且可以省去减速机，实现对机械负载的直驱，可以在很大程度上提高系统的传动效率与控制精度以及系统运行的可靠性，降低系统维护成本，降低能耗。国外已有同行将低速大转矩永磁电动机应用于中空挤出吹塑机，并取得较好的效果，但是对于 35kW 以上的直驱永磁电动机还未见报道。

（1）挤出机的传动装置

挤出机的传动装置采用减速箱，有多种形式的减速箱可供选择，通常采用低重心的减速箱。图 2-13 为两种低重心单螺杆挤出机专用减速箱。

这种形式的减速箱重心较低，有利于降低中空成型机上部平台的重心，减少设备的振动，增强整体设备的稳定性，同时有利于降低设备的总体高度。

图 2-14 为两种不同形式的单螺杆挤出机减速箱。

图 2-15 所示为大中型中空成型机的挤出机示意图。

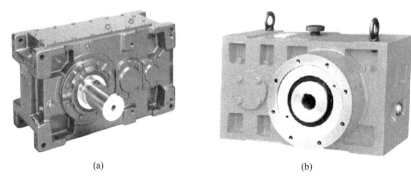

图 2-13 两种低重心单螺杆挤出机专用减速箱

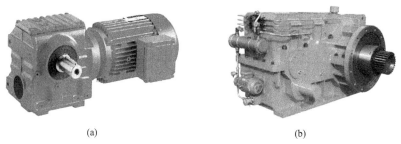

图 2-14 两种不同形式的单螺杆挤出机减速箱

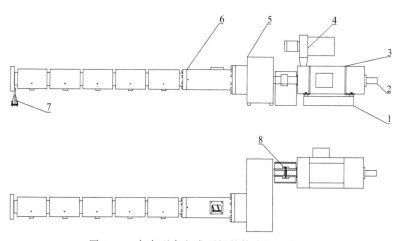

图 2-15 大中型中空成型机的挤出机示意图

1—机架；2—测速发电机；3—直流电动机；4—冷却风机；5—减速箱；6—挤出机；7—前支架；8—联轴器

图 2-15 所示的大中型中空成型机的挤出机工作原理：直流电动机 3 转动时通过联轴器 8 带动减速箱的轴转动，减速箱经过减速后，带动挤出机的螺杆转动，输送经过加热后的熔融塑料。在挤出机的出口端设置了前支架 7，以保持挤出机的稳定性。直流电动机的下部设置机架 1，用于支承直流电动机。测速发电机用于检测直流电动机的转速，以方便控制直流电动机的转速。冷却风机对直流电动机进行冷却，防止因温度过高而损害直流电动机。

此外，现在许多中空成型机的挤出机电动机采用变频器控制转速，其基本机械结构差不多，只是在直流电动机的位置安装了三相异步电动机。

（2）挤出机的驱动装置

挤出机减速箱主要是直流电动机或变频电动机通过联轴器或带轮传动来驱动的。由于HMWHDPE（高分子量高密度聚乙烯）等塑料材料所具有的黏弹性较高的特性，因此需要挤出输送的启动力矩较大。目前，中空成型机采用直流电动机或变频电动机进行驱动的较多，从实际使用的效果来看，这两种驱动方式均能满足使用的要求。

对于大型以及超大型中空成型机的挤出机，从多年使用的状况来看，一般采用直流电动机进行驱动比采用变频电动机的启动力矩会好一些，特别是加工分子量较高、熔体黏度较高的塑料材料时更是这样。

从近几年的变频器的研发与技术进步情况来看，一些变频器的启动力矩也在提升，值得关注。

直流电动机驱动器是一种将三相交流电转换为直流电的电子整流装置，它主要由可控硅元件和电路控制板组成，到目前为止，经历了多种控制模式的转变过程，已实现数字化电路控制。

变频器是一种使输送到异步电动机的三相交流电的工作频率发生变化的电子装置，使三相异步电动机转速随供电频率变化而发生改变。

图 2-16 为两种直流电动机驱动器外形。

图 2-17 为几种变频器的外形。

图 2-16　两种直流电动机驱动器外形　　　　图 2-17　几种变频器的外形

国内多家企业的直流驱动器产品在挤出吹塑中空成型机设备上使用良好。直流电动机驱动器（调速器）的接线简图如图 2-18 所示。

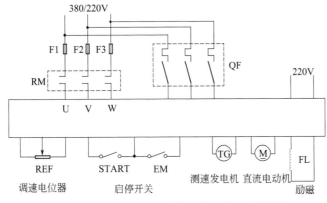

图 2-18　直流电动机驱动器（调速器）接线简图

图 2-19 所示为变频器外部接线简图。

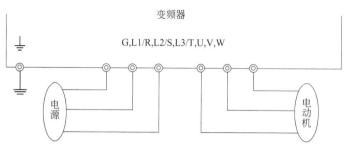

图 2-19　变频器外部接线简图

特别注意：图 2-18、图 2-19 所示均为接线简图，在具体接线工作中，需要按照控制器产品的安装、使用说明书进行认真操作。因为设备制造厂家的不同，具体接线会有较大的差别，需要区别对待。

挤出机的驱动电机是降低能耗的关键部件，几种不同驱动方式的电动机见图 2-20。

① 永磁同步电动机　永磁体作为转子产生旋转磁场，三相定子绕组在旋转磁场作用下通过电枢反应，感应三相对称电流，此时转子动能转化为电能，永磁同步电机作发电机用；此外，当定子侧通入三相对称电流，由于三相定子在空间位置上相差120°，所以三相定子电流在空间中产生旋转磁场，转子在旋转磁场中受到电磁力作用运动，此时电能转化为动能，永磁同步电机作电动机用。永磁同步电机与普通交流变频电机相比，具有高效率、高力矩惯量比、高能量密度等优点，是一种环保低碳电机。普通交流电机采用变频器驱动，永磁同步电动机需要采用专用驱动器驱动。

图 2-20　几种不同驱动方式的电动机外形

永磁同步电动机与普通异步电动机相比，具有如下优势。

a. 效率高。这里所说的效率高，不仅指额定功率点的效率高于普通三相异步电动机，而是指其在整个调速范围内的平均效率。永磁同步电动机的励磁磁场由永磁体提供，转子不需要励磁电流，电机效率提高，与异步电动机相比，任意转速点均节约电能，尤其在转速较低的时候，这种优势尤其明显。

b. 启动转矩。永磁同步电动机一般也采用异步启动方式，由于永磁同步电动机正常工作时转子绕组不起作用，在设计永磁电动机时，可使转子绕组完全满足高启动转矩的要求，例如使启动转矩倍数由 1.8 倍上升到 2.5 倍，甚至更大。

c. 对电网运行的影响。因为异步电动机的功率因数较低，异步电动机启动时，要从电网中吸收大量的无功电流，造成电网输变电设备及发电设备中有大量无功电流，进而使电网的品质因数下降，加重了电网、变电设备及发电设备的负荷，同时无功电流在电网、输变电设备及发电设备中均要消耗部分电能,造成电力电网效率下降,影响了电能的有效利用。同样,由于异步电动机的效率低,要满足输出功率的要求,势必要从电网多吸收电能,进一步增加了电网能量的损失,加重了电网负荷。在永磁电动机转子中无感应电流励磁,电机的功率因数高,提高了电网的品质因数,使电网中不再需安装补偿器。同时,因永磁电动机的高效率,也节约了电能。

d. 体积小,重量轻。由于使用了高性能的永磁材料提供磁场,使得永磁电动机的气隙磁场较感应电动机大为增强,永磁电动机的体积和重量较感应电动机可大为缩小。例如11kW 的异步电动机重量为 220kg,而永磁电动机仅为 92kg,相当于异步电动机重量的 45.8%。

基于以上对比优势,目前,永磁同步电动机比普通三相异步电动机更高效,更加节能。

② 直驱伺服电动机　直驱伺服电动机的连接外观见图 2-21。

直驱伺服电动机的技术优势如下。

a. 取代减速机构,节约设备成本。

b. 降低噪声。

c. 全速度范围、宽负载范围内保持高效率。

d. 功率因数高。

e. 提高动态响应。

f. 结构紧凑,减小设备体积以及占地面积。

g. 提高控制精度,提升制品品质。

h. 提高 MTBF(平均无故障时间)指标。

图 2-21　直驱伺服电动机连接外观

i. 减少日常维护工作量。

j. 螺杆拆装方便。

目前采直驱伺服电动机的塑机应用领域是塑料管材生产线、注塑机等。在挤出吹塑机行业,在一些吹塑机制造厂家进行了直驱伺服电动机直接启动挤出机螺杆研究与试验,但有待于进一步的试用。

2.1.2　型坯成型机头与流道创新设计

2.1.2.1　型坯成型机头简介

机头是挤出机的成型部件,主要包括机头、芯棒、口模、芯模、调节螺钉等,机头与挤出机相连,挤出机为机头提供塑化好的具有一定温度、压力、黏度、流道速度的塑料熔体,塑料熔体进入机头后,原来的螺旋运动方式转变为直线运动,熔体在流道内的流动剪切过程使塑料熔体进一步塑化均匀,熔体在流道内经过减压使速度均匀一致,熔体经过进一步压缩增压产生必要的成型压力使挤出制品密实,熔体最后经过机头成型段和口模的定型作用成为具有一定截面形状尺寸的型坯,型坯再经过后续的加工和冷却成型即成为制品。机头有单层、双层、多层和单模头、双模头、多模头多种形式。无论什么形式的机头都可归纳为直接挤出机头和储料机头。

在塑料机头的设计过程中,目前一些中空成型机制造厂家已经采用计算机工程模拟分析软件对机头内部的流道、熔体分布、压力降、熔体流动速度、熔体温度变化、零部件受力状况等诸多技术参数进行分析研究,使其具有更好的流变性能,使塑料熔体具有更好的型坯结构,同时更易于塑料原料的换料与换色,并且已经取得较为理想的使用效果。

图 2-22 所示为 3 种多模头形式的塑料机头外形。

(a) 六模头塑料机头

(b) 四模头塑料机头

(c) 三模头塑料机头

图 2-22 3 种多模头形式的塑料机头外形

图 2-23 所示为两种双层塑料机头的外形。图 2-23 （a）可以同时成型两个双层塑料型坯；图 2-23 （b）可以成型一个双层塑料型坯，主要用来生产 5～10L 润滑油包装桶。

塑料机头是保障成型塑料型坯的重要部件，它的结构形式、参数设计、工艺调整等会直接影响塑料型坯的质量，当吹塑设备到达生产厂家以后，对其各项工艺参数的仔细调整就是最重要的了。

从机头的结构形式来看，不管是单层型坯还是多层型坯机头，主要是两大类：一类是直接挤出式机头；另一类是储料式机头。

(a) 双模头的双层塑料机头 (b) 单模头的双层塑料机头

图 2-23 两种双层塑料机头外形

图 2-24 所示是两种储料机头的外形，它们主要用来生产单层型坯的大中型塑料吹塑制品。

图 2-25 所示是一种超大扁平型储料机头外形，该储料机头由苏州同大机械有限公司研发，可用于生产超大型的扁平类中空吹塑制品。

(a)   (b)

图 2-24 两种大型储料机头的外形

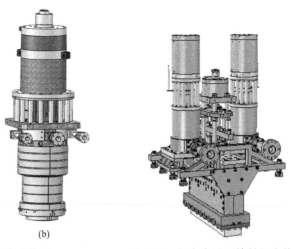
图 2-25 超大扁平型储料机头外形

在小型中空机中多采用直接挤出机头，同时配有双工位的合模系统，这样生产效率高，可满足小型制品生产的要求。大中型中空机通常采用储料式机头。

（1）直接挤出式机头

直接挤出式机头可分为中心进料式直角机头和侧向进料式直角机头。为了保障熔融的塑料在机头中不会因为阻滞而发生材料的降解，机头内的流道和口模、芯模均应设计制作成流线型的形状，并且要尽量提高表面光洁度。

中心进料式直角机头与侧向进料式直角机头各有特点，分别介绍如下。

① 中心进料式直角机头的结构特点　直角机头是型坯的挤出方向与挤出机螺杆的轴心方向相互垂直的一种机头形式。此机头在内部设有分流梭、分流筋、芯棒等部分，以形成需要的型坯。此机头的内部流道相对较短，塑料熔体在流道内停留的时间基本一致，型坯圆周方向的壁厚比较均匀，熔体流动速度比较均匀，容易实现对挤出机型坯壁厚的调节。图 2-26所示为中心进料式直角机头示意图。

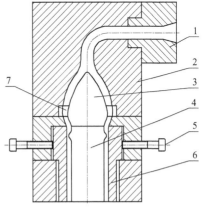

如图 2-26 所示，从挤出机挤出的聚合物熔体，经挤出机接头 1，从分流梭 3 顶端的中心位置进入机头，向下按圆周方向分布流过分流筋 7，分成若干股熔体，在芯棒 4 处重新汇合，挤出型坯。

中心进料式直角机头的熔体流道相对较短，其在机头内部停留的时间基本一致，型坯圆周方向的壁厚比较均匀，熔体流动速度也比较均匀，容易实现对挤出型坯的壁厚调节。熔体在机头内部的降解较小，这类机头适合于 PVC 等热塑性塑料。

图 2-26　中心进料式直角机头示意图
1—挤出机接头；2—直角连接体；3—分流梭；
4—芯棒；5—调节螺栓；6—口模；7—分流筋

聚合物熔体经过分流筋 7（支架）时，会使型坯形成多条熔接线，这种熔接线的周向强度较差，特别是生产薄壁制品时，在熔接线处的机械强度有可能明显降低。同时，制品转换颜色时（由深色转换为浅色时），有可能在型坯的熔接线位置出现多条深浅不一的熔接线，影响制品的外观质量。

型坯产生这种熔接线的主要原因如下。

a. 熔体经过分流梭分流后，熔体压力降低。

b. 在分流梭的表面，熔体受到的剪切速率较大，其纵向分子的取向较大。

c. 熔体受分流梭的阻碍，使其流动速度降低。

为了改善型坯在熔接线上的缺陷，提高熔接线的结合强度，可使聚合物分子重新缠结。

a. 熔体汇合后在机头内部的停留时间是提高熔接线强度比较有效的方法，可以在分流梭处设置 U 形流道，适当加长流道的尺寸，减小分流梭的夹角，设置释放槽，提高流道的表面光洁度等。

b. 适当提高机头的加热温度。

c. 增加机头内部的熔体压力。如设计相互错位的双环式分流梭，使型坯的熔接线相互错位，即熔接线不穿过整个型坯壁，使其起到一层增强另一层的作用。还可以在芯棒处增加节流环，以及在芯棒处增设螺纹槽等。

d. 设计机头时，可以适当加长熔体汇合后的直线段长度，减小分流梭夹角等。

e. 对于设备使用厂家，可以通过改进塑料配方的形式来改进熔体熔接线强度低与壁厚不均匀的状况；配方的设计需要根据产品的性能确定。

② 侧向进料式直角机头的结构特点　侧向进料式直角机头的聚合物熔体是从侧向进料

口进入机头芯棒后，经过分流槽周向分流，从周向流动逐渐过渡到轴向流动。分流槽的形状对型坯的周向壁厚均匀性有较大的影响。分流槽的形状设计有环状、心形、螺旋形等。

a. 环形侧向进料式直角机头。机头芯棒在熔体的入口部位，开设环形槽使进入机头的熔体分成两股环形流入芯棒，环形槽的流动断面设置较大，熔体的流动阻力较小，使两股环形熔体可以快速地沿环形槽的周向流动，并在与入料口相对的另一侧相汇合，形成环形熔体，沿轴向方向往下挤出成型坯。

图 2-27 所示为环形侧向进料式直角机头示意图。

如图 2-27 所示，这种机头的结构简单，紧凑，流动长度较短，型坯只有一条熔接线。但由于熔体在环形槽形成环向流动，这样就造成熔体在入口处压力较高，熔体熔接处压力较低，型坯容易出现周向的波动，影响型坯壁厚的均匀性和稳定性，这种结构的机头主要适用于中小容量的聚烯烃吹塑制品的加工。

b. 心形侧向进料式直角机头。机头芯棒在熔体的入口部位，设计成为心形。进入机头的熔体被分成两个方向流动，在周向流动的同时，还沿轴向往下流动，最后汇合成一条熔接线，挤出成为型坯。图 2-28 为心形侧向进料式直角机头示意图。

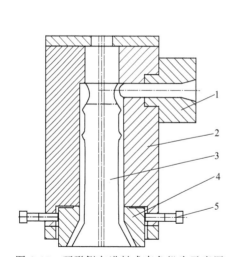 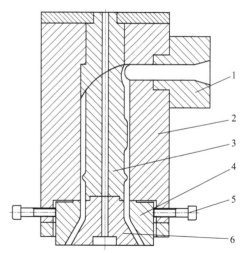

图 2-27　环形侧向进料式直角机头示意图
1—挤出机接头；2—机头外部；
3—芯棒；4—口模；5—调节螺栓

图 2-28　心形侧向进料式直角机头示意图
1—挤出机接头；2—机头外部；3—芯棒；
4—口模；5—调节螺栓；6—芯模

如图 2-28 所示，这种心形机头的入口处，虽然熔体的压力最高，但是熔体到型坯出口处的流道也最长；汇合熔接处的熔体压力虽然低，但是流道也较短。这样就可以通过流道的长度来补偿熔体周向压力的差异，保证熔体沿周向以比较均匀的速度流动，从而使挤出的型坯壁厚比较均匀。这种机头的流道设计成流线型，熔体流动通畅，流速高，机头内部的熔体量较少，比较容易清理，适用于经常变换塑料品种和制品颜色的场合。它适用于聚烯烃塑料，同时也适用于热塑性塑料（如 PVC 等塑料）的成型。

为了减小熔体汇合熔接线对制品力学性能的影响，机头芯棒可以有多种心形的设计，也可以设置两个熔体入口处，使流道的入口错开180°，熔体被分成两个分流，分别进入内、外心形流道成交叉流动，形成两个环层，它们的汇合熔接线正好错开180°，即内层的汇合熔接线完全被外层所包覆。这种方法还可以提高制品周向壁厚的均匀性。

c. 螺旋形侧向进料式直角机头。机头芯棒在熔体的入口部位，设计成为螺旋形，类似于挤出吹膜的螺旋形机头。图 2-29 为螺旋形侧向进料式直角机头示意图。

如图 2-29 所示，塑料熔体从螺旋形芯棒的一侧进入机头，再流入单头或多头螺旋流道。这时，大部分熔体沿螺旋流道流动，少部分熔体沿轴向漏流；最后，熔体沿芯棒轴向流动，挤出成为型坯。芯棒螺旋流道的深度，从进料口向出料口逐步变浅，使熔体在流道中的压力损失得到逐步的补偿。改变螺旋流道的头数、流道的长度、流道的截面积以及螺旋的角度等，可以调整和改善型坯周向壁厚的均匀性。

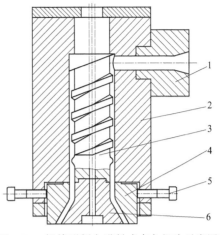

图 2-29 螺旋形侧向进料式直角机头示意图
1—挤出机接头；2—机头外部；3—芯棒；
4—口模；5—调节螺栓；6—芯模

这种螺旋形的机头，结构紧凑，熔体流动的均匀性好，型坯没有汇合熔接线，型坯均匀，常用于聚烯烃塑料的吹塑成型以及要求制品没有汇合熔接线的产品加工。

此外，近年来出现的复合流道技术将几种流道的优点结合在一起，使塑料型坯壁厚更加均匀，换色、换料更为快速方便。

（2）储料式机头

生产大中型中空制品时多采用储料式机头。将储料型腔设计在机头流道内，可以保证塑料材料的"先进先出"，进入储料型腔的熔体先从机头的芯模和口模之间挤出，这样先进入的熔体就有较长的松弛时间进行应力释放。这种机头型坯挤出的速度较快，可减轻型坯自重造成的壁厚不均匀性，进一步通过型坯壁厚控制系统来调节型坯的壁厚，保证吹塑制品壁厚的均匀性。

图 2-30 所示为大型储料式机头示意图。

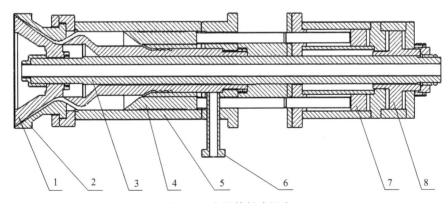

图 2-30 大型储料式机头
1—芯模；2—口模；3—芯棒；4—环形压料活塞；5—机头外筒；6—进料口；7—压料油缸；8—伺服油缸

储料式机头主要包括：圆环形的机筒、压料活塞、可上下移动的芯棒、压料油缸、伺服油缸、可调节的口模、芯模、电加热器、电热偶、位移传感器、伺服阀等零件以及冷却装置。有的储料式机头还包括顶出装置、上部预夹装置、上部扩坯装置、型坯切断装置、径向伺服控制装置等。

双层心形包络流道的储料式机头是一种高性能储料式机头，其原理是将熔合缝区分成两处并错开分布，型坯被完整的熔料层所覆盖，提高了熔体融合缝区的强度，近几年在国内主要几家大型中空成型机生产厂家已广泛使用。图 2-31 为双层心形包络流道储料机头的示意图。

储料机头内部采用螺旋流道有利于提高塑料型坯的均匀性与消除熔接线，特别是生产高强度塑料制品时效果更为明显。目前国内各个中空成型机生产厂家都在积极开展这方面的研究，苏州同大机械有限公司成功研制了采用复合流道技术的储料式机头，有效地提高了塑料型坯的壁厚均匀性，加快了换色、换料的速度，缩短了换色、换料的时间。

流道采用流线形设计与制造可避免出现滞留区，有利于改善塑料熔体的流动与融合。机头流道表面（含芯模、口模表面）应该高度抛光，以防止熔体流过这些表面时发生滞留与积料，此外，如果流道不光滑，极易产生熔体破裂、制品表面质量差等缺陷。

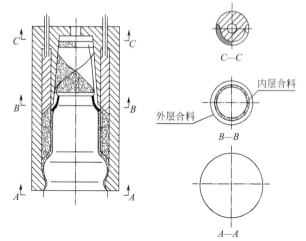

图 2-31　双层心形包络流道储料机头的示意图

2.1.2.2　塑料型坯成型机头流道设计的创新

机头流道设计需要重点考虑的问题是熔体流经不同界面流道时的流动特性。不同功能段流道过渡要平稳、光滑、无流动死角，特别是要考虑所加工塑料熔体的黏弹流变特性。压缩比用以稳定挤出所必须的机头压力并使挤出的塑料制品密实，机头压力的大小与塑料原料和制品截面形状密切相关并受挤出机类型和性能的制约。扩张角的作用是减压、降速，使熔体流速均匀，扩张角的大小与熔体黏弹性和黏度密切相关。压缩角决定了流体进入定型段前压力增大的快慢程度，合适的压缩角能实现制品的平稳挤出，压缩角太大将导致爬行挤出或制品表面波纹。分流角的大小对挤出的影响不像压缩角那么敏感，但角度的明显偏大或偏小都将导致挤出不稳。定型段要有足够的长度，以便消除熔体在前面流道流动过程中产生的记忆效应，并在此区间形成完全均匀一致向前流动的熔体。口模间隙与制品厚度并非一一对应关系，除考虑出模膨胀、拉伸收缩、冷却收缩外，还应考虑后续成型方式和产品特点。异形制品口模形状要与制品截面形状相适应，不能完全对应，要充分考虑到出模膨胀和拉伸变形。

目前国内外中空成型机的常规成型机头主要采用单一的心形流道技术或单一的螺旋流道技术。心形流道主要有单包络、双包络两种，即使采用双包络心形流道技术，流道内的塑料流体的流动仍然不均匀，尤其是加工高分子量的聚乙烯塑料时，塑料熔体在成型机头中容易出现密度不一致的情况，塑料型坯挤出时，则容易出现壁厚分布不均的现象，最终影响吹塑制品的综合性能。单一的螺旋流道技术虽然解决了塑料熔接痕的问题，但是螺旋流道的前端流道容易造成塑料熔体的滞留，使换色、换料周期延长，影响换色、换料工作的进行，加大了换色、换料的成本。

流道设计在中空机机头上极为重要，目前苏州同大机械有限公司采用了心形流道、螺旋流道复合叠加的技术，研制了一种新型复合流道（图 2-32），该复合流道发挥两种流道的各自优势。将心形流道设计为上部流道，下部流道为螺旋流道，从心形流道流动的塑料熔体经过下部流道的重新分布，在流道内部形成多层熔体流动。另外，将原来流道中流动的单层熔体转变成为 13～129 层的塑料熔体流动，彻底消除了熔体熔接痕，解决了心形流道产生熔体熔接痕强度不足的问题，熔体经过重新分布后，各个部位的密度已经实现基本一致，壁厚分布均匀。

这种复合流道的结构如图 2-33 所示。

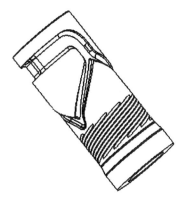

图 2-32　复合流道示意图

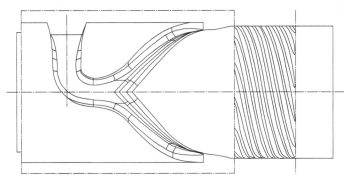

图 2-33　复合流道设计图

上部心形流道计算机工程模拟分析过程：对流道几何参数进行设计时，采用了先进的 CAE 技术与传统经验相结合的方式，对机头流道内聚合物成型加工的过程进行仿真模拟优化，使所设计的机头流道与聚合物的加工性能更符合，提高一次试模的成功率，缩短设计周期，节省了设计、制造成本。

图 2-34、图 2-35 分别为计算机模拟仿真上部流道的压力分布和温度分布图。

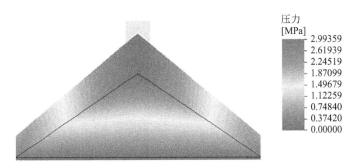

压力
[MPa]
2.99359
2.61939
2.24519
1.87099
1.49679
1.12259
0.74840
0.37420
0.00000

图 2-34　上部流道压力分布图

从图中可以看出，上部流道设计是比较适合所加工的多种塑料原料的，从流道内部温度变化情况来看，其变化值较小，影响熔体的密度变化较少。上部流道熔体压力分布比较合理，在流向下部流道时，压力分布基本趋向一致，这样流向下部流道的熔体的密度、温度、压力基本一致，经过下部流道的进一步均衡，熔体的密度、温度、压力变化取向更为稳定，稳定的熔体流向储料缸以后，能够保证注塑型坯的均匀性有较大幅度的提高。型坯质量与均匀性的提高在多次生产实际中得到了证实，恰好验证了模拟仿真结果的合理性和实用性。

在研制成型机头的复合流道技术过程中，对复合流道的几何参数进行设计时，采用了计

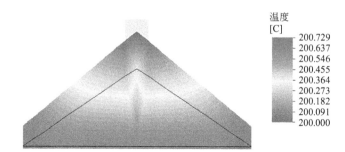

图 2-35　上部流道温度变化图

算机工程分析软件进行模拟试验，并且结合生产实际中多年积累的经验，对机头流道内聚合物成型加工的过程进行计算机仿真模拟优化，使所设计的机头流道与聚合物的加工性能更符合，提高一次试模的成功率，缩短设计周期，节省研制成本。

　　在这种复合流道的数控加工中，采用了高精密度的数控加工中心，较大幅度地提高了这些精密零部件的加工精度，见图 2-36。经过精密加工以后，其流道的精度，表面光洁度得到了有效的保障，因此吹塑机设备的稳定性和耐用度得到提高。

　　复合流道外观图见图 2-37。

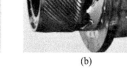

图 2-36　高精密度数控加工中心正
在加工复合流道零部件　　　图 2-37　复合流道外观

　　近年来，很多吹塑机机头流道采用复合流道的形式，结构形式也各有千秋，针对不同塑料与分子量的变化，机头结构也不会一成不变。随着研究工作的深入，将可能有更多的高效、高质量的机头面世。

2.1.3　扁平储料机头的创新设计

　　扁平储料机头在中空吹塑机上的应用不多，目前只有苏州同大机械有限公司制造的 TDB-2000L 和 TDB-1600L 设备在使用，此类机头特别适合做像吹塑托盘这样扁平状的中空制品。

　　图 2-38 为扁平储料机头结构示意图。

此扁平储料机头设有两个储料缸，分别由两个射料油缸控制压料动作，其储料量达到 100L 以上，内部流道设计合理，分流准确，压料时型坯平整，壁厚均匀。机头中间为壁厚调节油缸，用来控制口模开口的大小，径向间隙调整螺钉用来调节口模座的对中度，可以保证料坯出料的均匀性。该设计获得多项发明专利权。

综上所述，储料式机头的设计与很多因素相关，吹塑制品不同，技术参数也会发生较大的变化，设计师需要根据制品的要求来进行设计。对于工业吹塑制品，根据产品的不同吹胀比会有较大的变化，变化范围一般在 1.0～3.5 之间。吹胀比的变化对确定口模的直径至关重要。

机头的流道设计会影响到制品的成型，壁厚的均匀性，换色、换料的周期，机头的生产效率以及挤出机的挤出效率等，当机头内的流道压力设置较高时，型坯壁厚的均匀性能够获得改善，熔体的熔接线强度能获得增强，换色、换料的速

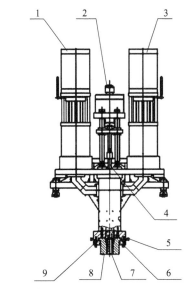

图 2-38　超大型扁平储料机头示意图
1—1# 储料缸；2—壁厚液压缸；3—2# 储料缸；
4—壁厚调节拉杆；5—口模径向间隙调整螺钉；
6—口模压板螺钉；7—芯模；8—口模；9—口模压板

度可以提高，但是过高的流道压力可能导致挤出机压力提高，输送速度降低，挤出机中熔体温度提高，并且导致储料机头内储料速度降低，影响生产效率的提高。当机头内的流道压力设置过低时，型坯的壁厚可能出现不均匀的状况，熔体的熔接线强度可能较低，换色、换料的时间较长，但能提高熔体的输送速度。

机头流道内压力设置与流道的断面尺寸、形状、挤出量、塑料原料的力学及化学性能等主要参数密切相关，需要根据所使用的塑料原料以及设备所要求的产量、熔体型坯的力学性能，以及换色、换料的时间要求来仔细分析确定。随着计算机分析工程技术的应用，设计师能够较为方便地进行机头各类技术参数的分析与修改，从而设计出技术性能较为优良的机头流道。

机头的流道（包括口模、芯模）的表面需高度抛光，以防止熔体出现滞留和内外表面不光洁的现象。

有些中空成型机制造厂家在单层储料机头储料腔的上部设计了溢料孔，以便快速换色和换料，同时也可以保障储料机头的安全运行。生产中一旦伺服液压系统出现意外故障，可控芯模不能向下移动，电控系统的保护同时失灵，而挤出机仍在不断挤出时，溢料孔对储料机头可起到最后的保护作用。

储料机头的圆环状压料活塞与圆环状机筒的内壁和圆形芯棒外圆之间的间隙设计及加工至关重要。在设计上，应该充分考虑所选用钢材的热膨胀系数以及塑料原料的工艺性。余料的顺畅溢出是评价储料机头优劣的一个重要参数，过多的余料溢出对于原料节约是不利的，但要使储料机头完全不发生余料溢出几乎是不可能的，设备制造和使用厂家都应该对此有足够的重视。

此外，双色与多色机头也是近几年技术创新的热点，苏州同大机械有限公司工程技术研究中心根据客户的需要已经研制出多款双色与多色塑料机头，满足了不同国家客户的需要。

几种多层机头示意图见图 2-39。

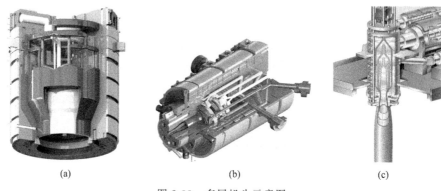

(a)　　　　　　　　　(b)　　　　　　　　　(c)

图 2-39　多层机头示意图

随着国内中空成型机的一些设备制造厂家采用先进的计算机工程（CAE）模拟分析软件对机头流道、心形包络结构设计、复合流道技术的进一步优化以及机头流道采用五轴联控数控加工机床加工与流道表面耐磨处理等先进技术的推广应用，将可能较快地促进国内中空成型机成套设计、制造技术的进步与发展。

2.1.4　合模机定型装置的创新设计与节能

合模机构主要用于固定吹塑模具，使塑料型坯能在模具中快速成型为吹塑制品。合模机构主要包括：底座、液压缸、模板、下部吹胀装置、预夹装置、扩坯装置、安全门、模板同步合模装置以及合模机构移出装置等。对于一些小型的合模机构，则要简单得多。合模机构应能实现模具的快速开合模、慢速开合模、四开模的上下开合模、模具嵌件及抽芯动作、塑料型坯的扩坯、预夹与吹胀、高压锁模、制品低高压吹胀成型、安全门的开合以及模具的快速更换等。

合模机构的主要变化是进一步向节能和高效化发展。早期的合模机构大都采用四板液压直动式，能耗较大。后来发展了液压节能型合模机构，即现在使用较广泛的四拉杆三板联动式（或是两拉杆三板联动式）。过去十几年中，市场上多数中空机的合模机构，无论其外部形状如何，实质上几乎都可归入三板联动式。它的主要特点是：将快速移模缸与增压缸分开，用较小的油缸推动三块模板的联动快移，在较小油泵站的条件下获得更高的移模速度。早期的三板联动式合模装置的一个主要缺点是带有 2～4 根拉杆，使装模空间受到一定限制。

近年来，大中型中空成型机多数采用两板销锁式合模机构，一些小型合模机构则经常采用肘杆式。两板合模机的形式近几年发展很快，已经出现多种结构。各设备生产厂家采用的合模机构均有不同。图 2-40 为两种不同合模机构外观。

（1）直压式合模机构

直压式合模机构已经较为少见，但是这种结构形式具有独特的代表性，往往在一些大型中空成型机得到应用。

图 2-41 所示是超大型中空成型机两板直压式合模机构的结构简图，它主要由固定在机架 6 上的四个上、下直压液压缸 2、两块大型模板 4、钢板组焊成的、槽状的、可以升降和移动的机架、预夹装置 7，以及可以升降的扩坯装置 8 等组成。大型模板底部的两侧各安装两个滚轮，滚轮在轨道上滚动。每块模板各有两个液压缸推动合模、开模。为了保障模板合

(a)

(b)

图 2-40　两种不同合模机构的外观

模时对准中心，模板合模、开模时，同步齿轮、齿条 3
及链条、链轮组成同步机构 5 来起同步保障作用。

　　模板合模、开模的液压缸动力由主液压系统提供，
其液压动作主要有快合模、慢合模，快开模、慢开模，
高压锁模等。高压锁模时的锁模力为 3000kN。

　　① 升降与移动　整个合模机构具有上下升降、前
后移动的功能，正常生产时，整个合模机构固定在大
型储料机头的正下方，以方便塑料型坯的成型。并且
可以将合模机构升到一个比较合适的位置，以减少储
料机头到模板的距离，从而减少塑料型坯的边料。此
外，对不同吹塑制品的模具安装也可以作适当的调整。
更换模具时，整个合模机构可以向操作方向移出一定
的距离，以方便模具的吊装更换，模具更换好后，整
个合模机构即往储料机头的正下方移动，并固定以方
便正常生产。合模机构的移进、移出是由一个较长的
液压缸来推动的，实现了移动平稳，速度适当的要求。

　　整个合模机构的升降是采用电机带动减速器及同
步蜗轮、蜗杆装置来实现的，具有升降速度平稳，可控制精度较高的特点（升降机构在图 2-
41 中未画出）。

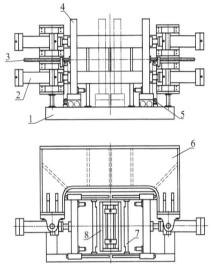

图 2-41　超大型两板直压式合模机构
1—底座；2—合模油缸；3—同步齿条；
4—模板；5—合模同步装置；6—机架；
7—预夹装置；8—扩坯装置

图 2-42　扩坯装置外观

　　② 扩坯装置的动作　扩坯装置安装在模
板中心的正下方位置，有两个扩张杆，具有
前后扩张、收缩，上下升降，吹气等功能。
扩张、收缩动作由气缸驱动，上下升降动作
由液压缸驱动。整个扩坯装置也可以升降一
定的行程，它的升降由电动机带动减速器及
同步装置来实现。升降过程采用控制按钮点
动的方式进行，升降动作平稳，可以较快地
实现上下对位动作。类似扩坯装置外观如图
2-42 所示。

③ 模板的对位 在两块模板的下部位置各安装两个螺杆，可以较好地调节模具的对位距离，从而实现模具的平稳合模，确保吹塑制品的正常成型。

④ 预夹装置的动作 型坯的预夹装置安装在型坯扩张装置的两侧，它的动作由气缸驱动，两边夹紧板的同步由同步链轮、链条来保障，预夹装置具有夹紧、放松两个主要动作，其动作迅速、夹紧力量较大，能较好地完成吹塑成型。

⑤ 合模机构的其他结构 合模机构上安装有安全门，以保证正常生产时操作人员的安全防护。安全门上还安装有磁场感应装置、液压保护开关等多种安全保护装置，以防止意外的发生。

合模机构上还附设有口模、芯模拆装装置，可以安全地实现对口模、芯模的拆卸和安装。该装置由手动液压泵实现拆装装置的升降动作，手工进行圆周方向的对位工作，对位精度可以达到±2mm 左右；可以非常方便、安全地实现对大型口模、芯模的拆装。

合模机构还附设有大量的液压管道、气动管道、水冷却管道、电气控制线路等，它们能保障合模机构各项功能的实现和动作的完成。

（2）三板四拉杆合模机构

三板四拉杆合模机构是目前在用的大中型吹塑设备中使用最多的一种合模机构，多数200L 全塑桶吹塑设备的合模机构采用这种结构形式，此外，有一种三板两拉杆合模装置是它的变形，在安装模具方面比三板四拉杆的合模装置更方便一些，在高压锁模的装置上，不同厂家采用了不同的结构形式，有采用增压液压缸的、有采用销锁液压缸的，还有采用直压油缸的。秦川塑料机械有限公司和苏州同大机械有限公司等公司生产的大中型中空成型机基本上都是采用了三板四拉杆合模机或者与其类似的三板两拉杆结构形式。三板四拉杆合模装置的结构简图如图 2-43 所示。

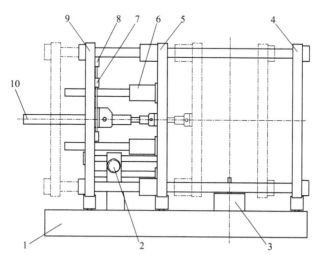

图 2-43 三板四拉杆合模装置结构简图

1—底座；2—同步齿条装置；3—扩坯装置；4—右模板；5—中模板；
6—锁模液压缸；7—挡板；8—挡板液压缸；9—左模板；10—合模液压缸

三板四拉杆合模机构的运动形式是：固定在左模板中间位置的小型合模液压缸 10 在油液的作用下推动中模板 5 向右模板 4 方向运动，同时，左模板在该液压缸的推动下则向外侧运动，右模板 4 在一端固定在左模板穿过中模板而另一端固定右模板的四根拉杆的拉动下，在同步齿条装置 2 的联动作用下向中模板移动，形成中模板与右模板的合模；反之，则为开模。高压锁模时，小型液压缸将模板推到合模位置，安装在左模板上的锁模挡板液压缸 8 下移，带动锁模挡板 7 也下移，安装在中模板上的两个大型锁模液压缸 6 在油液的推动下，活塞杆向锁模挡板方向推出，实现高压锁模。锁模到位后，即发出电信号，进行保压，吹塑制品即可吹胀成型。

这种合模机构多数还安装有型坯扩张装置与吹胀装置，有的还安装有预夹装置等，以实现产品的正常生产。目前多数设备厂家在中空成型机出厂前已经在合模机构上安装有自动加油装置，可以实现定时定量加注润滑油，确保合模机构在良好的润滑状态下工作。这种合模机构的特点是在它的有效行程内调整方便，开合模平稳可靠。

三板四拉杆结构的变种有三板两拉杆结构，其基本工作原理类似，只是在拉杆和模板的结构上进行了较多的改进，使吹塑制品成型时更加容易被取出。

（3）两板销锁式合模机构

两板销锁式机构的移模运动由液压缸或伺服电机驱动滚珠丝杠来实现，运动副采用了滚珠直线导轨，具有刚性高、运动精度高、运动轻快等特点，这种两板式合模装置的合模力由两对或三对位置可调的销锁液压缸来实现。为了方便模具安装，这些销锁油缸可以方便地从模板上取下来，并通过沿轴向的调整来适应不同的模具厚度的要求。销锁液压装置具有多种专利产品在使用。目前常见的两板销锁式合模机构如图 2-44 所示。

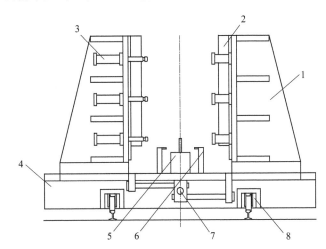

图 2-44　两板销锁式合模机构简图
1—模板；2—模具；3—销锁液压缸；4—合模机构底座；
5—下吹及扩坯装置；6—预夹装置；7—模板同步装置；8—合模机构移出装置

一些两板销锁式合模机构采用互相对称的两套液压缸驱动机构同步分别驱动各自的模板，由于模板中心受驱动液压缸的作用力，所以能降低模板的重量，减小锁紧变形量，装卸模具更容易、容模量更大、更适合机械手的操作，性能上比其他结构的合模机构更具有优越性，近年来这类合模机发展较快。

此外，两板合模机构的驱动装置采用伺服电动机驱动滚珠丝杠来进行开合模在技术上已经非常成熟，尤其是在中小型中空成型机合模机构上应用较多，在开合模速度调节与节能方面，这种驱动方式能够取得较好的效果。

图 2-45 为一种超大型两板合模机的外形。

该两板合模机由小型液压缸推动，采用 6 组销锁扣套式液压缸锁模，具有刚性好、运行平稳、节能、快速、锁模力矩大等特点。其模板宽度达到 1800mm，高度达到 2400mm，合模力达到 3000kN。

近年来关于合模机的全电动伺服驱动研制速度加快，一些中小型吹塑机的两板式合模机装置开始批量采用全电动伺服驱动装置，节能效果明显。苏州同大机械有限公司已经研制出 30L 系列的全电动伺服合模机装置，可达到快速、可靠、运行平稳、节能效果明显的目的。

（4）两板肘杆式合模机构

两板肘杆式合模机构具体结构见图 2-46。

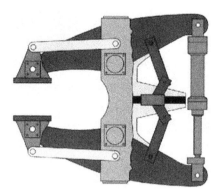

图 2-45 超大型合模机外形　　图 2-46 两板肘杆式合模机构示意图

这种合模机构目前多用于 30L 以下吹塑机的合模机中，这类合模机构具有多种变形结构，一些设计将液压缸改进为电动直线推杆，也有的改进为伺服电动机驱动，其具体结构基本类似。

下面介绍几种新型的锁模装置。

① 旋转式锁模装置　旋转式锁模装置如图 2-47 所示，主要包括：液压缸座 1、液压缸组件 2、偏转器支撑杆 3、偏转器组件 4、偏转杆 5、拉杆组件 6、右支座 7。其中偏转器由气缸、齿轮箱、带有内花键的齿轮、齿条、花键轴及偏转杆 5 组成。偏转杆设于油缸活塞杆内部，通过螺栓、螺母得到可靠连接。合模过程中，油缸活塞杆位于顶出位置，偏转杆与拉杆组件对中能够套合，模具闭合后偏转杆已在拉杆组件内部，通过偏转器组件带动偏转杆旋转并使油缸活塞杆后退，让偏转杆与拉杆组件顶死，使模具可靠闭合。开模时，偏转器反方

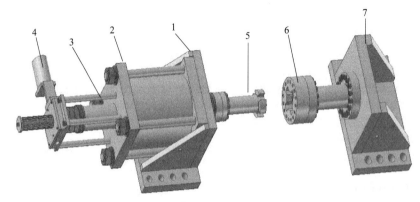

图 2-47 旋转式锁模装置示意图

1—液压缸座；2—液压缸组件；3—偏转器支撑杆；4—偏转器组件；5—偏转杆；6—拉杆组件；7—右支座

向旋转，到达与拉杆组件套合指定位置后，模板向两侧移动，当移动到一定位置时，油缸活塞杆回到初始位置，开模结束。

旋转式锁模装置具有安全、卫生、锁模效果高、生产效率高、易于零件更换、能耗低等优点，目前主要应用于大型、超大型两板合模机装置。

② 卡套式锁模装置　卡套式定型装置见图 2-48。主要包括：销锁液压缸 1、销锁液压缸座 1、销锁卡套外筒、卡套、移动套、销锁液压缸座 2、销锁液压缸 2。合模过程中，销锁液压缸 1 中活塞杆顶出到合适位置后，模板开始相互靠拢到相应位置，销锁液压缸 2 中的活塞杆向前运动，推动销锁卡套内的移动套，由于移动套的挤压卡套按照卡套滑板的导向相互合拢，销锁液压缸 1 中活塞杆后退直到卡套扣住活塞杆，从而使模具可靠合模。开模时，销锁液压缸 1 内的活塞杆向前顶，销锁液压缸 2 内活塞杆向后退，由于卡套内设有弹簧和高强磁铁，当移动套松开时，卡套向外扩张，当活塞杆回到初始位置时，模板开始分开，回到初始位置，活塞杆同时也回到初始位置，开模结束。

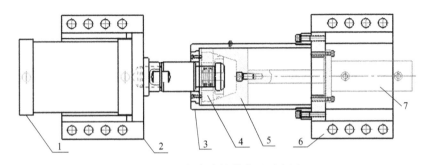

图 2-48　卡套式锁模装置示意图

1—销锁液压缸 1；2—销锁液压缸座 1；3—销锁卡套外筒；4—卡套；
5—移动套；6—销锁液压缸座 2；7—销锁液压缸 2

卡套式锁模装置具有结构简单、使用安全可靠、锁模效果好、生产效率高、零部件制造成本低、易于更换零件、低能耗、应用广泛等优点。卡套式锁模装置能适应大中小型两板合模机的锁模机构。

③ 液压-机械式锁模装置　液压-机械式锁模装置如图 2-49 所示，该装置由销锁杆油缸、销锁杆油缸座、销锁杆、销锁卡套油缸、销锁卡套、销锁卡套外筒组件等组成。

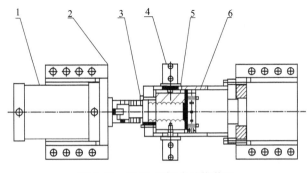

图 2-49　液压-机械式锁模装置

1—销锁杆油缸；2—销锁杆油缸座；3—销锁杆；4—销锁卡套油缸；5—销锁卡套；6—销锁卡套外筒组件

合模过程中，销锁杆油缸顶出至合适位置，模板靠拢直到模具闭合完毕，锁模卡套油缸活塞杆顶出至销锁卡套与销锁杆完全卡死，通过销锁杆油缸拉力完成模具锁模，使制品在模具内定型。开模过程中，销锁杆油缸卸油，锁模卡套油缸活塞杆回到初始位置，从而使销锁卡套与销锁杆分开，模板开始分开回到初始位置，销锁杆油缸活塞杆也回到初始位置，开模结束。

液压-机械式锁模装置优点：不需要消耗电能；能保障锁模的可靠性；结构简单而有利于缩小中空塑料成型机的整机体积。液压-机械式定型装置主要用于大型、超大型两板式合模机。

2.1.5　超大型合模机模板力学性能的计算机工程分析

合模机模板通常是经铸造或钢板组焊的一种高效且尽可能通过少量切削加工工艺方法制作而来，而吹塑机生产线的合模机的设计主要还是以经验为主，可能存在设计研发周期较长，稳定性上存在一定差异等问题，因此，采用较为先进的设计方法来缩短合模机的设计研发周期，确保合模机在运行中的可靠性、稳定性很有必要。本例采用有限元技术对 TDB-1600F 大型吹塑机合模机模板进行了分析，主要包括以下几点。

① 建立模板模型，为了提高仿真效果，将合模机模板简化，利用专业有限元网格划分软件建立网格模型，导入高级仿真模块中进行有限元力学分析。

② 按照计算公式中条件确定分析边界和力的分布情况，将求得的体载荷加载到结构中进行动力学分析。

③ 依据计算结果，对模板进行拓扑优化，依据拓扑优化后的密度云图，对密度集中度过高的位置进行重新设计以及结构改造，再重新分析变形及应力情况。

具体操作如下。

① 根据设计图纸，利用三维造型软件 Unigraphics NX 建立合模机模板的三维实体模型，并设置好相关的参数，模型如图 2-50 所示。

② 将三维图导成 X_T 文件备份，保存文件，进入软件高级仿真模块中，进行动力学仿真分析，在仿真导航器中选择新建 FEM 和仿真，如图 2-51 所示。

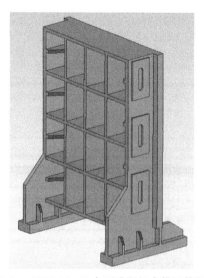

图 2-50　TDB-1600F 大型吹塑机合模机模板图

图 2-51　仿真软件图 1

③ 赋予零部件相关材料属性，在软件窗口栏中选择文件-ansys_fem1.fem，材料属

性选择 Steel，对三维实体进行材料指派，如图 2-52 所示。

④ 对模板进行有限元处理，进入 3D 四面体网格界面，选中实体，在不影响计算结果的情况下，删除一些实体小细节特征，比如圆角、倒角、小孔等，有利于网格的划分。

有限元网格的质量好坏，很大程度上影响分析计算的结果，当网格具有理想的形状时，计算结果最好。然而实际划分的网格往往不可能都达到理想的形状，会有网格变形，当网格变形超出一定限制时，计算精度会随变形的增加而显著下降。在划分网格过程中，网格变形程度要在一定的范围内。对于比较简单的结构，使用自动或半自动功能划分网格即可，生成的网格可以不用进行网格质量检查，直接用于模拟分析；而对于比较复杂的结构，划分网格时，一般要先对几何模型进行处理，对网格质量不合格的地方重新划分，避免影响计算精度。单元的网格质量直接关系到有限元模型分析的精度和收敛性，因此网格质量检测是网格划分过程中必不可少的一步。

图 2-52 仿真软件图 2

对实体模型划分网格后的效果见图 2-53。

⑤ 建立好网格后，在软件窗口栏中选择文件-ansys _ sim1. sim，进入载荷类型界面，在载荷类型中选择应力载荷，对模板合模驱动力进行理论计算：

锁模液压油缸压力 $p = 16\text{MPa}$。

油缸推杆面积 $S = (200^2/4 - 100^2/4) \quad \pi = 23562\text{mm}^2$。

模板总锁模力 $F = 6Sp = 2261952\text{N} \approx 2260\text{kN}$。

给定安全系数，将 F 设成 3000kN 进行强度分析，保留模板安全值。

⑥ 将约束应用于有限元对象，高级仿真中约束类型有很多，如图 2-54 所示。

图 2-53 仿真软件图 3

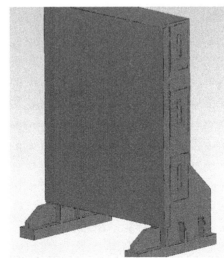

图 2-54 仿真软件图 4

⑦ 对有限元模型进行安全检查，无问题后方可进行求解，求解界面如图 2-55 所示。

图 2-55　仿真软件图 5

⑧ 提交求解后，在后处理器中双击文件，在 Solution 中得到计算结果的变形云图及应力云图，分别见图 2-56 和图 2-57。

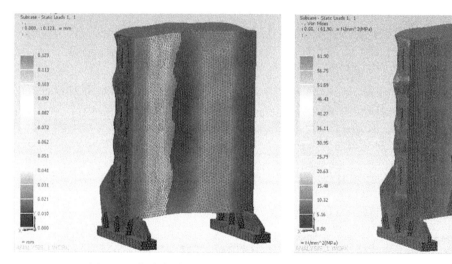

图 2-56　位移变形云图　　　　　　　　图 2-57　强度应力云图

通过位移变形云图可以得出，模板节点最大变形量和最小变形量，以及变形量极值分别所处的位置。同理，在强度应力云图中，可以观察出最大应力值和最小应力值，以及各自的分布位置区域。

然后，对合模机模板进行拓扑优化，对受力部位及支撑部位分别进行有增有减的钢板厚度试验以及结构改造，通过修改有限元建模模型，提交重新计算，分析结果是否符合要求，查找出问题，得到最佳设计效果。

根据尺寸要求及装配要求，将合模机模板分别进行背面筋板厚度增减模型计算，背部筋板加长、剪薄正面模板厚度后模型计算，背部加强筋条改造成米字布置或横向布置不同方式模型计算，通过性能提升对比与重量利用率对比，每 10mm 为一个单位进行一组数据分析，如表 2-4 所示。

表 2-4　模型计算结果　　%

方案	性能	1 个单位时	2 个单位时	3 个单位时
背部横纵向筋增厚（提升为正↑，减少为负↓）	位移量	1.51↑	15.47↑	7.54↑
	变形量	6.16↑	6.75↑	3.12↑
	质量	0.7↑	3.72↑	9.35↑
筋板加强模板面剪薄（提升为正↑，减少为负↓）	位移量	1.51↑	15.471↑	7.54↑
	变形量	6.16↑	6.75↑	3.12↑
	质量	0.7↑	3.72↑	9.35↑
	位移量	14.71↑	24.52↑	16.98↑
	变形量	11.87↑	16.83↑	9.12↑
	质量	6.27↓	5.52↓	0.45↓
	位移量	21.25↑	3.39↑	3.91↑
	变形量	10.65↑	0.87↑	1.65↑
	质量	1.08↓	2.53↓	5.01↓
背部加强筋更改造型（提升为正↑，减少为负↓）	位移量	7.18↓	5.28↓	8.26↓
	变形量	1.04↓	8.65↓	5.24↓
	质量	5.91↓	9.91↓	2.79↓

通过试验分析，模板受力主要取决于模板背板加强筋长短，即受挤压方向筋条尺寸。在剪薄其他尺寸的同时，通过云图观察得出既能保证力学性能不降低又能减轻整体模板重量的方案。

2.1.6　吹气装置与型坯扩张装置的创新设计

吹气装置与型坯扩张装置主要为成型产品提供气体压力、气体流速（决定了吹气时间）、预制坯形等，它们主要通过控制吹塑制品的壁厚分布来控制制品的性能。

型坯预处理包括了对型坯进行包封、撑料等，使型坯在模具闭合前达到较为理想的形状。通过型坯预处理，可以提高产品物化性能和外观质量。

图 2-58 所示的管坯扩张及包封机构一般用于底部吹气的大型平板制品，如托盘、桌面板等。其工艺过程为型坯到达预定位置，扩坯机构向外动作带动型坯动作（经过拉伸的型坯变得扁平），包封装置的机械作用将料坯底部粘接在一起，型坯内部形成一个封闭的空间。这样才能满足大型制品低压预吹气条件。图 2-59 为通用型底吹装置，具有型坯扩张功能及吹气功能，制品成型后吹针和撑料杆可向下抽离。在 200L 全塑桶的生产设备上，下吹装置还可进行桶口螺纹的旋转脱模以及对桶口螺纹的局部挤实压紧动作（一般采用下吹气杆在模具合模后、进入高压锁模前向上挤压 5mm），图 2-60 为苏州同大机械自主研发的 200L 双口桶下吹装置。图 2-61 为一种电液混合驱动的下吹装置设计图。

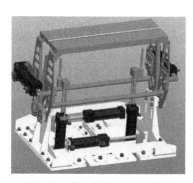

图 2-58　管坯扩张及包封机构

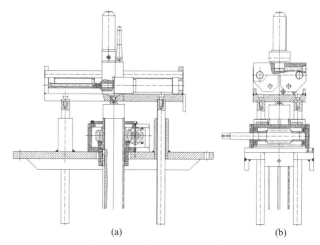

(a)　　　　　　　　(b)

图 2-59　通用型底部吹气装置

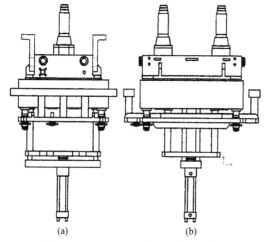

(a)　　　　　　(b)

图 2-60　200L 双口桶下吹装置结构

图 2-61　一种电液混合驱动的下吹装置外观

　　吹气装置除了底部吹气，还有上吹、侧吹等几种主要吹气方式。根据吹塑制品的成型特点，选择不同的吹气方式对制品的成型非常重要。对于小型吹塑制品而言，一般采用上部吹气装置，而多数上吹装置设置在机头的两侧、模具的上部。双工位的中空成型机则分别在机头两侧各安装一套上吹装置。图 2-62 所示为一种四头上部吹气装置。

　　型坯吹胀分为自由吹胀与约束吹胀两个阶段。从气体进入预制型坯开始到型坯与模具型腔接触时称为自由吹胀，这一过程中，型坯各个方向的形变都不受约束，因而型坯可在任意方向膨胀变形，型坯变形是比较均匀的。当型坯与模具型腔接触到与模具内壁完全贴合时称为约束吹胀，这一过程中，先与模具接触的型坯温度下降，黏度增大，变形能力变差，吹胀比小，壁厚较厚；没有接触模具型腔的型坯，温度相对较高，黏度相对较小（流动性好），变形能力较好，吹胀比大，壁厚较薄。温度、压力和时间是影响吹胀过程的主要工艺参数。吹胀压力使型坯变形紧密贴合模具，对产品进行保压。吹胀压力大小影响型坯形变速度，压力过小时，可能出现产品成型不饱满等缺陷；压力过大时，型坯在非拐角部位快速接触模具型腔，型坯过早进入约束吹胀过程，而拐角部位继续形变（大吹胀比），导致产品壁厚差异

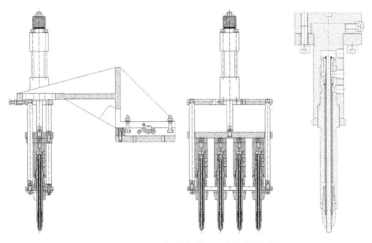

图 2-62　四头吹气装置及吹针结构

大。吹胀时间越长，产品的保压、冷却时间越长，才能保证产品具有良好的外观质量，防止出现严重的收缩变形。吹胀时间过长会提高产品生产周期，降低生产效率。吹气位置周围的型坯受力集中，变形快，从而使型坯变形不均匀。合理控制吹气位置，可提高制品质量和性能。闭合型坯的吹胀过程是拉伸流动，型坯的吹胀并不均匀，中心更趋于膨胀。

2.1.7　制品取出装置的创新设计

吹塑制品取出装置通常称为机械手，目前挤出吹塑机上用的机械手一般是气动控制的，也有电控以及液压控制的。气动控制的机械手其驱动系统由气缸、气阀、气罐、空压机组成（在整套设备中，不需要另外加气罐和空压机）。这类机械手电源方便、动作迅速、结构简单、造价较低、维修简单。但是，气动难以控制其行进速度，而且机械手抓举力有限。因此，在吹塑机设备中，机械手通常为专用机械手，其控制方便，结构较为单一。

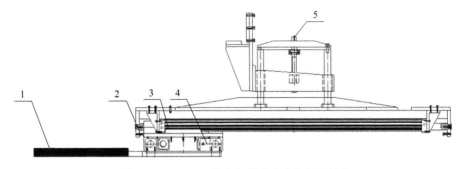

图 2-63　25L 以上吹塑机制品取出机械手结构
1—机械手夹板；2—行程限位螺钉；3—进退气缸；4—开合气缸；5—调节螺钉

图 2-63 所示为 25L 以上设备使用的机械手。机械手夹板中有冷却水循环冷却，防止料粘住，能较容易地放下制品。夹板内侧为锯齿形。

图 2-64 所示为 18L 以下塑料制品通用机械手。与 25L 以上塑料制品通用机械手相比较，最大的区别在于其机械手夹板没有通冷却水，这与设备的工艺有关。大型设备机械手取制品抓取废料部位，而小型设备机械手直接取制品，制品在取出前完成除溢（即去除飞边）。

机械手还有其他多种用途，如取料、放料、去除飞边、制品倒置等。这类机械手大多由

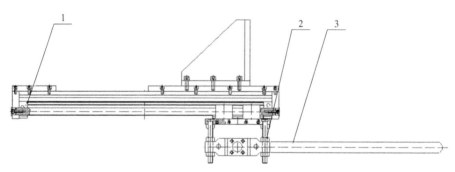

图 2-64　18L 以下吹塑机制品取出机械手结构
1—进退气缸；2—机械手夹板调节螺母；3—机械手夹板

图 2-65　6 轴机器人取件工作图

气动控制。机械手控制方式有点位控制和轨迹控制两种。完成简单的工艺动作一般用点位控制，较为复杂的，在空间有连续动作时，采用多轨迹控制，实际就是采用 6 轴机器人与相关夹具配合取出吹塑制品的智能化装置，见图 2-65。

挤出吹塑中空成型机不仅仅是生产出合格的制品，还要对制品做后处理（包括切割制品、打磨、焊接、灌装等），机械手要完成的不仅仅是简单的工艺动作，而是要替代人工完成流水线生产中的重复工作。所以，挤出吹塑中空机上的机械手将更加复杂化、智能化，机器人取件与全自动去飞边将会是挤出吹塑机智能化生产线上不可或缺的重要组成部分。

2.1.8　型坯转移装置的创新设计

随着多工位吹塑机生产线以及多层连续挤出塑料型坯的广泛应用，特别是大型、超大型双工位吹塑机生产线的应用，为了使节能效果更为明显，一些生产线配置了塑料型坯转移装置，见图 2-66。

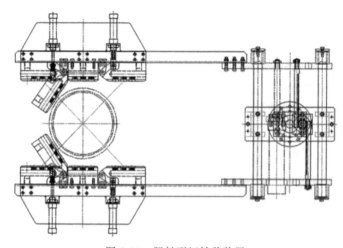

图 2-66　塑料型坯转移装置

塑料型坯转移装置的作用是将塑料型坯从挤出机头的下方转移到合模机的模具中去，然后进行吹塑成型。一般将型坯转移装置设计为可活动的夹持块，其夹持块上制作有多个环形孔槽，内部设置有孔，采用管道与负压装置连通，当控制阀打开时，环形槽处形成负压，并且靠近塑料型坯，靠负压吸住塑料型坯，并做向下运动，使型坯离开机头口模处，然后机械手将型坯带往合模机的模具中，进行吹塑成型。这种型坯转移装置可以采用机器人进行型坯转移，也可以采用其他移动方法。采用型坯转移装置带来的直接效果就是节能效果较好，特别是对于双工位大型或超大型吹塑机组来说，节能效果更加明显。

2.1.9　轴向与径向型坯控制系统的创新设计

电液型坯壁厚控制系统主要由液压伺服系统、塑料机头的伺服液压缸、电气控制器、电液伺服阀、料位传感器（电子尺）以及连接的管道等组成，通过对机头芯模或口模开口量的控制，来控制塑料型坯的厚薄变化，使吹塑制品达到一个较为理想的壁厚水平。

中空成型机机头的型坯壁厚控制技术是中空吹塑成型的关键技术之一，其作用在大型工件或精密吹塑件的成型方面尤其显著。壁厚控制技术不只是应用于储料式机头，也可以用于直接挤出式机头。

电液型坯壁厚控制系统可分为轴向壁厚控制技术（AWDS）和径向壁厚控制技术（PWDS）两种形式。

（1）轴向壁厚控制技术

目前中空成型机的成型机头一般都具有轴向型坯控制功能，其控制点从 64 点到 256 点不等。轴向壁厚控制的作用是：使得挤出的塑料型坯根据制品不同的吹胀比沿轴向获得不同的厚度，从而保证最终制品有比较均匀的壁厚分布，它是通过使芯模或口模根据预设位置作轴向运动而改变芯模、口模的开口量来达到改变塑料型坯壁厚的目的。

近年来，国内多家中空成型机设备制造厂家已开发出性能可靠的轴向壁厚数字化液压伺服控制系统（AWDS），控制点在 64 点和 100 点这两种形式的居多。它们采用 PLC 的 A/D 和 D/A 转换模块控制液压伺服阀的专用放大器控制电路，放大器控制电路驱动伺服阀和位移传感器工作，对于型坯壁厚每一点数据的修改和设定以及基本壁厚的设定非常方便。一些厂家在中空成型机上按照客户的要求安装进口型坯壁厚控制系统，这些控制系统多数采用的是 MOOG 公司的产品，使用性能上也很可靠。

国内已经有专业公司正在研究开发具有国际先进水平的可以控制四路的壁厚精确控制器，每路控制点为 100 点，可以实现对四个伺服阀的单独控制与调节，从试验的情况看，其控制精度已经远远超过国外发达国家的同类产品，其操作、维护上更为方便，使用寿命更长，产品价格远远低于国外同类产品。

图 2-67 所示为电液型坯轴向壁厚控制系统控制原理。

苏州同大机械有限公司不但研制了系列化的电液轴向伺服控制系统装置，近年研制成功了多款适合大中型吹塑机应用的全电动伺服控制轴向型坯控制系统，目前已经实现了系列化的研发与应用。其全电动伺服控制拉力分别达到 30t、120t、300t。全电动伺服型坯控制系统的对应曲线可扩展较多的点数，其控制精度明显高于电液控制系统，提高了塑料型坯的控制精度，有利于提高吹塑制品的控制精度以及运行的稳定性和可靠性，因此可较大地提高塑料型坯的控制精度，从而提高吹塑机的各项技术水平。

（2）电液径向（周向）壁厚控制技术

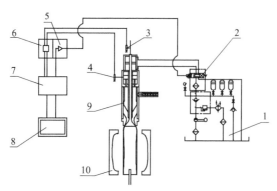

图 2-67　电液型坯轴向壁厚控制系统控制原理
1—伺服液压系统；2—电液伺服阀；3—芯模开口位移传感器；4—储料缸料位传感器；5—伺服阀放大器；
6—位移传感器变送器；7—PLC 数模转换器；8—触摸屏显示器；9—储料机头；10—模具

轴向壁厚控制虽然能改善吹塑制品高度方向的壁厚分布，但由于其压出的塑料型坯在水平截面内仍呈等壁厚圆形，对在某一对称方向有较大拉伸要求的制品则显得仍不是最佳，因此便产生了径向壁厚控制技术。径向控制技术可以使挤出的型坯在所要求的区段内呈非圆截面的变化。

轴向壁厚控制与径向壁厚控制联合作用，可获得更为理想的制品壁厚分布。

柔性环径向型坯控制包括柔性环芯模控制系统与柔性环口模控制系统，它是通过电液伺服控制薄壁柔性环在一个方向、两个对称方向上或多个方向的变形来改变挤出型坯的厚度。它的特点是无论吹制什么形状的制品，只要其口模直径不变，则径向控制都能发挥作用。

图 2-68 所示为柔性环径向壁厚控制系统（PWDS）。

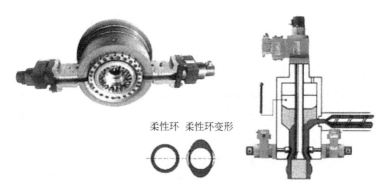

柔性环　柔性环变形

图 2-68　柔性环径向壁厚控制系统（PWDS）

图 2-69 为一种安装了柔性环径向壁厚控制系统的机头外形。

该机头为双机头设计，每个机头的柔性环口模分别安装了 2 组伺服液压缸，可实现两个塑料型坯的径向型坯壁厚的控制与调节。

苏州同大机械有限公司研制的柔性环径向型坯壁厚控制系统，口模、芯模柔性环的直径范围在 150～850mm，具有独特的设计，在安装、使用、维护、价格方面有诸多优势，可安装在多种规格的中空成型机口模上，口模柔性环的控制点可达 16 点，柔性环芯模调整点可达到 36 点。

应用于 TDB-250F 吹塑机的柔性环径向壁厚控制装置见图 2-70。

图 2-69　一种安装了柔性环径向壁厚
控制系统的机头外形

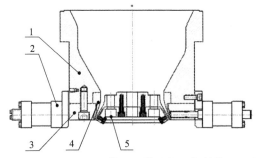

图 2-70　TDB-250F 口模、芯模柔性环控制装置示意图
1—口模固定套；2—伺服液压缸；3—口模压环；
4—柔性环口模；5—静态柔性环芯模

苏州同大机械有限公司研制的柔性环动态径向口模与静态柔性芯模的技术特点如下。

① 整体设计简单，调整方便快捷，耐用性能好。以 TDB-250F 柔性环控制系统为例，即使是柔性环常用的顶出点发生磨损或变形，只需要松开口模压环将柔性环变换一个位置就可以重新使用，对变形处进行稍微打磨抛光即可。

② 伺服液压缸的活塞杆内部设计有循环冷却水系统，可以有效减小模头环境热能对伺服液压缸的影响，并且其体积小，安装调试方便，易于保障伺服液压缸长期稳定运行。

③ 动态柔性环口模与静态芯模柔性环均采用国产优质合金钢精密加工而成，经过多次不同方式的材质处理，确保了其弹性足、回弹快捷、抗疲劳性能优良、经久耐用、性价比优良。

④ 可采用一组阀控制一组伺服液压缸，也可以采用一组阀控制多组伺服液压缸，有利于降低柔性环的制造成本，并且提高型坯的壁厚控制精度。

⑤ 可在圆周方向设置多组伺服液压缸，实现对不同控制点的控制，达到对复杂型坯实现多处、多点壁厚进行控制的目的。

⑥ 可实现对柔性环的定距离控制和伺服控制，有利于型坯壁厚的调整与控制。

柔性环径向控制系统可应用在模头圆周上任何位置，用来改变流道间隙，从而改变型坯壁厚的分布，为挤出吹塑开辟了全新的天地。它不仅是能制造更为复杂的部件，而且柔性环技术还将动态壁厚控制的应用延伸至几乎所有要求的模头形状，从而在未来不再会有径向壁厚控制应用上的限制，因为模头直径可以做得更小。同时，柔性环技术明显降低了生产成本，表现为通过改进吹塑件壁厚分布降低材料消耗，而且缩短了吹塑成型周期，当吹塑件中不必要的厚点被消除掉时，它会自然地缩短加工周期。这种柔性环动态控制系统不但适用于全新吹塑机的配套，同时也可以比较方便地实现现有吹塑机的技术升级和配套改进，有利于提高和发挥现有吹塑机设备的潜力，同时减少吹塑制品厂家的设备投资。几种形式的柔性环口模控制装置外形见图 2-71。

柔性环口模径向壁厚控制技术对于提高大型中空制品的质量是一个有效的方法，还能减轻制品的重量。以 200L 塑料桶容器为例，至少可节省 5%～10% 的原料。但是目前加工一套大型的柔性环口模径向壁厚控制装置的附加费用较高。随着对柔性环径向壁厚控制技术的深入研究，尤其是对柔性环芯模、口模设计、制造技术的国产化和批量生产，该技术将在更多中空成型机上获得应用与推广。

(a)　　　　　　　　　　　　　　　　(b)

图 2-71　几种形式的柔性环口模控制装置外形

2.1.10　常规吹塑制品的芯模、口模修整技术

对于圆形和近似圆形的吹塑制品，可以采用轴向和径向壁厚控制技术来改变型坯壁厚的均匀性，这样可以获得壁厚比较均匀的吹塑制品。但是，对于一些非圆形、非对称性的异形吹塑制品，即使采用轴向和径向型坯控制装置，也难以达到较为理想的型坯壁厚控制效果，因此，需要局部改变芯模、口模间的间隙宽度，以便局部改变型坯同一圆周内的壁厚（即型坯同一横截面的壁厚不一致），从而改善制品周向壁厚的均匀性。

局部改变口模、芯模之间的间隙宽度，可以通过将芯棒、芯模、口模的横截面设计为椭圆形或异形来实现。对于一些大批量的小型吹塑产品，采用这种异形化的机头设计，更能直接解决制品壁厚均匀化的问题。随着计算机辅助设计技术（CAD）和数控加工技术的进步与发展，特别是计算机吹塑分析软件的应用，这种异形化机头的机械加工技术也得到了较快发展。

（1）芯模的局部修整技术

芯模局部修整技术是在具有轴向壁厚控制功能的机头上，对其芯模的特定位置进行修形，从而在轴向控制的同时，近似在径向上获得壁厚的非圆变化量。

图 2-72 所示为芯模的局部修整示意图。图中 1 为修整区，S 为最大修整量，修整量 S 需要在修整过程中进行试验后确定，先进行较小量的修整，试验效果好以后即确定下来，并且做好有关记录。图中的虚线区为修整区域，它是一个由浅入深的渐变过渡区域；其表面光洁度应尽量提高，以利于型坯的挤出和制品壁厚的均匀。

（2）口模的局部修整技术

口模局部修整技术是在口模的特定位置上，对其进行修形，类似于芯模局部修形一样。到目前为止，虽然国内许多技术人员进行了不少这方面的技术研究工作，但多数还是在经验的基础上进行修形。所以，通常初次进行此项工作的人员，在这类修整中适宜选用多次小量切除的方法，通过多次试验与修整使型坯达到最佳状态。口模修整的具体形式如图 2-73 所示。

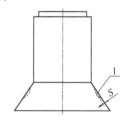
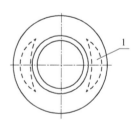

图 2-72　芯模的局部修整
示意图（1 为修整区）

如图 2-73 所示，口模的局部修整示意图中 1 指示的虚线区为口模修整区域，修整过程与芯模修整类似，需要采用逐步修整的方法来达到比较理想的效

果。上图是口模的主视图，下图是口模的俯视图。

随着计算机辅助设计技术和数控加工技术的大量采用，以及计算机工程分析模拟试验技术的应用，这种芯模、口模修形技术的定量修整理论也正在进一步的深入研究之中。国内目前已有一些专业公司在开展这方面的专业技术服务，从其工作已经取得的效果来看，对改善塑料吹塑制品的壁厚分布具有较好的作用，同时也有利于降低制品的自重并提高质量。

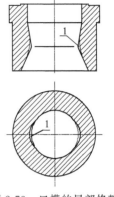

图 2-73　口模的局部修整示意图（1 为修整区）

在采用芯模、口模修整方法的时候，需要使型坯壁厚逐渐过渡，防止修整过量造成型坯壁厚严重不均匀、熔体流动速度差别太大的情况发生。

2.1.11　口模和芯模尺寸的近似计算

这里仅介绍采用 HDPE 吹塑成型时，可参考的一些方法。

塑料瓶径尺寸与吹塑制品最小直径是口模、芯模的控制因素，可用下面公式近似计算芯模、口模尺寸（连续挤出式机头）。

$$D_d = 0.5N_d \tag{2-2}$$

$$P_d \approx (D_d^2 - 2B_d t + 2t^2)^{1/2} \tag{2-3}$$

式中　D_d——口模直径

N_d——最小瓶颈直径；

P_d——芯模直径；

B_d——瓶子直径；

t——直径 B_d 处的瓶子壁厚。

该公式对于多数 PE 吹塑成型制品均适用，尤其适用于圆形塑料瓶和容器。

在公式中，数值 0.5 可根据采用塑料的熔体流动速率、模具温度、挤出速率、塑料瓶与容器的大小进行调整。

如果制品重量确定而壁厚待定时，可用下列公式近似计算。

$$P_d = [D_d^2 - 2(W/T^2)Ld]^{1/2} \tag{2-4}$$

式中　W——制品重量，g；

L——制品长度，mm；

d——塑料原料的密度，g/cm^3；

T——壁厚，mm。

该公式适用于大多数形状的吹塑制品，用于一些非规整的吹塑制品，效果会更明显一些。

对于采用型坯控制而不是自由流动的型坯来说，可以采用下面的公式进行计算：

$$D_d \approx 0.9N_d \tag{2-5}$$

$$P_d \approx (D_d^2 - 3.6B_d t + 3.6t^2)^{1/2} \tag{2-6}$$

$$P_{\mathrm{d}} \approx [D_{\mathrm{d}}^2 - 3.6(W/T^2)Ld]^{1/2} \qquad (2\text{-}7)$$

对于大多数自由流动型坯的 HDPE 吹塑制品来说，可用下面公式。

$$D_{\mathrm{d}} \approx 0.5N_{\mathrm{d}} \qquad (2\text{-}8)$$

$$A_{\mathrm{d}} \approx 0.5A_{\mathrm{b}} \qquad (2\text{-}9)$$

式中　D_{d}——口模直径；

　　　N_{d}——最小断面直径；

　　　A_{d}——口模横截面积；

　　　A_{b}——制品横截面积。

　　　也会有：

$$A_{\mathrm{b}} = W/(Ld) \qquad (2\text{-}10)$$

式中　W——制品重量，g；

　　　L——制品长度，mm；

　　　d——塑料原料的密度，g/cm³。

对于一些特殊吹塑制品来说，需要进行相关生产试验以后，才能确定口模、芯模的具体尺寸。此外，不同塑料原料的口模、芯模尺寸也会不同，需要在生产实践中不断总结经验。

此外，对于扩张性口模、芯模而言，口模、芯模出口处的角度一般可按照实际生产需要进行设计。一般芯模角度为 $45°\sim60°$ 较合适，芯模与口模之间的夹角一般为 $8°\sim15°$。

2.2　辅助设备与智能化生产线构成

挤出中空吹塑机的辅助设备对于提高主机的生产效率，保障产品质量，减轻操作工人劳动强度等起着十分重要的作用。

2.2.1　原料混合、计量、上料系统与干燥系统

2.2.1.1　原料混合设备

塑料混合机的名称较多，还有塑料混色机、塑料搅拌机、色母混色机、塑料混料机、塑料搅料机、塑料拌料机等。其实只是在各行各业应用中的命名不同而已，实际上都是一种搅拌、混色、拌料设备。

塑料混合机用途：在塑料行业中用于塑料颗粒混合，使不同塑料混合均匀，采用高速电机，混合的过程中不产生物料的溶解、挥发或变质。

塑料混合机结构特征如下。

① 整体机座结构坚固、运转平稳，搅拌桨叶片及物料接触处全用不锈钢制成，有良好的耐腐蚀性，保持物料的质量和清洁，不致变色。

② 传动机构采用高速电机带动蜗杆的立式搅拌桨叶片直接传动，使用时无过大响声，并有足够的储油量，能得到良好的润滑。

图 2-74 为一种混合机的简图。

① 减速器为混合机的主要传动结构，它位于桶体的底部，工作时装置在机座内，轴为空心并装有固定键，能使塑料立式混合机的搅拌桨自由装拆。

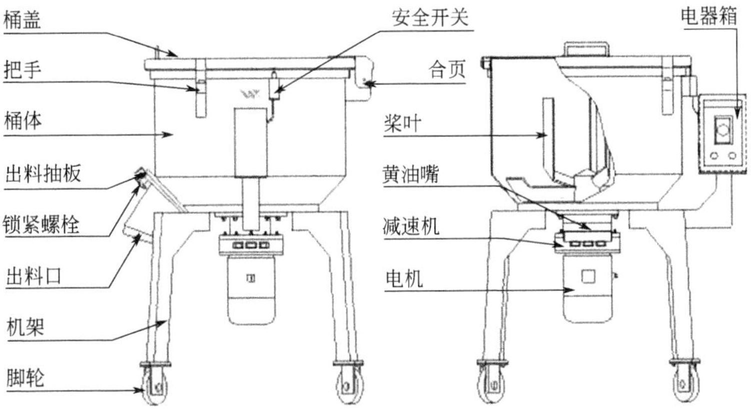

图 2-74　一种混合机简图

② 桶体为立体型，采用不锈钢制造，内装立式搅拌桨叶片，置于塑料混合机的高速器上。

③ 机座及电动机装置为一整体结构，电动机装在桶底最底部，电动机直接带动搅拌桨叶片，保持传动力。

④ 电器箱是控制机器运动的装置，它一般位于桶体的右侧。

图 2-75 为两种小型塑料混合机外观。

图 2-76 为一种大型塑料混合机，电机装在顶部，带动搅拌桨叶片高速旋转，需要一次混合较多原料时，可选用此类型的塑料混合机。

图 2-75　两种小型塑料混合机外观

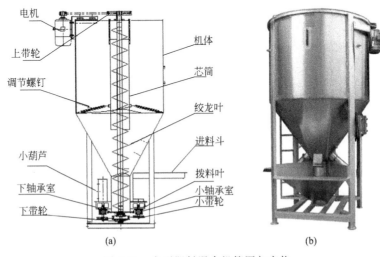

(a)　　　　　　(b)

图 2-76　大型塑料混合机简图与实物

2.2.1.2　原料计量装置

原料计量装置一般是将几种辅助原料和主原料按一定比例同时加入静态混料器，然后再搅拌均匀。计量的关键就是一个"准"字。计量一般采用称重计量方式。根据不同的称重方法，又可分为分批次累加计重、失重式计重和流动过程物料的连续计重 3 种。图 2-77 为两种称重式计量机示意图。

（1）称重式计量机计量步骤［见图 2-77（b）］。

① 将机器各储料桶储存满各种原料，然后根据生产需求设定好比例。

② 当左边料筒的阀门打开时，原料会依所设定的比例参数计量投料进入计量筒。

③ 左边料筒的阀门完成计量后会自动关闭，接着右边料筒的阀门会接着打开。

④ 其余的料筒计量加料原理相同。

⑤ 控制器的屏幕上会显示出投递的原料的总重量，本批次计量动作完成。

⑥ 开启搅拌电机，将原料搅拌均匀，同时称重仓计量开始添加。

⑦ 充分搅拌均匀后，挡料阀门开启，原料进入设备出口。

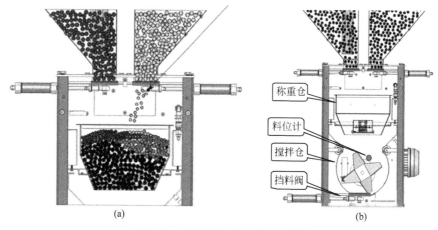

图 2-77　两种称重式计量机示意图

（2）称重式计量机自动控制原理

料位计检测到缺料信号时，称重仓阀门开启，放料进入搅拌仓，搅拌器开始搅拌，搅拌若干时间后，停止搅拌，挡料阀打开，放料，进入下一环节；挡料阀关闭，称重仓放料，进入下一循环；若料位计检测有料，称重仓阀门不打开。

2.2.1.3　原料上料系统

（1）塑料上料机的分类

塑料上料机的种类有很多种，根据塑料上料机的工作原理不同可分为真空气流输送式上料机和机械输送式上料机。真空气流输送式上料机又可分为上吸式上料机、下吹式上料机等；机械输送式上料机又可分为螺旋式上料机、带式上料机等。

真空吸料式自动上料机的工作原理：采用旋涡气泵（或是其他真空泵），将上料机料斗进行抽真空形成负压，再利用空气流动的特性实现塑料原料的流动而进行上料。当挤出机料斗中的塑料原料料位下降时，料斗中的料位传感器或料位开关发出上料信号，旋涡气泵得到上料指令后自动启动并抽料斗中的空气形成负压，塑料原料在大气压的作用下通过输送管道将塑料送入料斗中，当达到预设料位时，旋涡气泵得到满料的指令并停止转动，这时负压消失，上料动作停止。目前使用较多的真空泵是旋涡气泵，它的功率小，效率高，能较好地完成此类工作。

　　由于挤出吹塑中空成型机的特殊性，使用的原料中必然会有较多的回用料，所以与设备配套的自动上料机和注塑机的上料机有所不同，应注意克服塑料粉末的影响，防止其影响正常上料。与中空成型机配套的真空吸料式自动上料机一般都设有除尘装置，目前国内少数厂家制造的真空上料机设置有压缩空气自动除尘装置，能在每个上料周期里进行自动除尘。自动除尘装置不仅能提高上料速度，还能降低能耗。真空吸料式自动上料机上料垂直高度可达8m 左右，其上料量一般可达 600kg/h 以上，能很好地实现上料机的连续性工作和上料的正常运行，从而能很好地保障中空成型机组的连续运行。图 2-78 （a）所示为一种真空吸料式自动上料机结构示意图，图 2-78 （b）为一种脉冲式上料机外观。

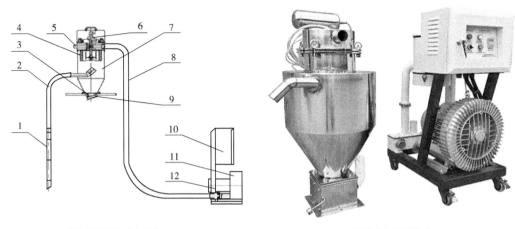

(a) 真空吸料式自动上料机　　　　　　　　(b) 脉冲式上料机外观

图 2-78　上料机的原理与外观

1—进料口；2—上料管道；3—行程开关；4—过滤器；5—小气缸；6—脉冲阀；7—料仓；
8—抽真空管道；9—下料斗；10—电控箱；11—旋涡气泵；12—电机架

　　螺旋管式自动上料机是通过安放在挤出机料斗上的电动机带动螺旋弹簧旋转，将塑料原料提带到料斗中来实现塑料原料上料的。

　　图 2-79 所示为两种螺旋管式自动上料机的外形。

　　螺旋管式自动上料机的工作原理及过程：当挤出上料斗中塑料原料料位下降时，料位传感器或料位开关发出上料信号，上料电动机得到上料指令后启动，电动机带动螺旋弹簧运转，将塑料原料带到挤出机的料斗中，当塑料原料达到预设料位时，料位传感器发出停止上料指令，电动机得到指令后停止转动，并进入下一个工作循环。目前这种上料设备主要用于上料垂直高度 6m 以下的大型中空机，具有上料稳定、

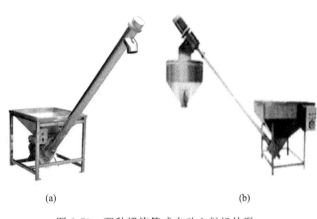

(a)　　　　　　　　(b)

图 2-79　两种螺旋管式自动上料机外形

产生的粉尘少、对边废塑料的颗粒大小要求不太严格等优点，但螺旋弹簧及塑料软管比较容易磨损和发生故障，注意不要将输送角度控制得过小，同时需要做好维护和保养工作。

（2）塑料原料集中供料设备

在一些中小型吹塑制品厂家，原料混合设备和上料设备基本上是分别设置的，还没有实现规模化和集成化。在一些较大规模的塑料制品生产厂家，由于生产规模较大，其设备集成化程度较高，基本将混料设备与上料设备连成一体，并实现了设备的自动控制。随着塑料加工产品质量要求的提高与自动化程度的提升，塑料辅助设备的使用与需求越来越受到重视。塑料企业在生产时，原料的输送一般可采用集中配料、输送和控制。选择一套适合的辅助上料设备不仅能提高产品的质量、产能，还能较好地降低能耗。从投资角度看，可降低投资成本，提高工作效率，降低人力成本，提高企业的综合竞争力。

在塑料原料的大料输送中，大多是利用气体输送方式，即利用气体流动将原料从某个地点输送到指定的位置。气体输送主要有低速低浓度输送、高速高浓度输送和文式管输送 3 大类型。

（3）塑料上料机的选择

针对目前国内多家吹塑工厂多年使用的中空成型机自动上料设备，从性价比、维护、保养等多方面综合考虑，当垂直上料高度在 6m 以下时，可选用真空吸料式自动上料机或螺旋管式自动上料机；当垂直上料高度在 6m 以上时，一般只能选用真空吸料式上料机。选用真空吸料式上料机时，可选用带吹气除尘装置的真空吸料式吹塑上料机，以减少生产现场的粉尘清理工作量。对于生产规模较大的中空吹塑工厂，可选择集中供料自动系统，以实现生产过程的自动化控制。从保证中空成型机生产稳定性考虑，选择塑料上料机时，可选择2～3倍容量的上料机或供料系统，以保障生产的顺利进行。图 2-80 为一种集中供料系统的示意图。

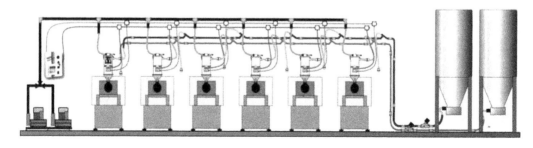

图 2-80　一种集中供料系统的示意图

2.2.1.4　原料干燥系统

塑料分为非吸湿性塑料和吸湿性塑料。对于非吸湿性塑料，水分或湿气只会黏附在其塑料颗粒的表面，PE、PP、PS 等塑料原料是非吸湿性塑料。吸湿性塑料会把水分和湿气吸到其颗粒内部，当塑料颗粒内部的水分没有排除干净时，用于生产会影响到产品的质量，PET、PC、ABS、PA、TPE、PU 等多数工程塑料都为吸湿性塑料。

挤出吹塑中空成型机加工塑料制品时，挤出机与机头是密闭高压的，如果塑料颗粒中或表面所含的水分被带入高温的挤出机和机头，水分的蒸发会使水蒸气被压入塑料型坯之中，使塑料型坯熔体强度大幅度降低，并使塑料制品中出现泡孔、斑纹、条纹等缺陷，同时还会降低塑料制品的冲击强度，影响产品质量的稳定性。对于 PA、PC、ABS 等工程塑料，水分含量过高时还会致使熔体分解，使生产无法正常进行。因此，含有水分的塑料原料在加工前必须经过干燥处理，而非吸湿性塑料和吸湿性塑料需要采用不同的干燥装置来去除水分。

（1）塑料原料干燥机的分类

目前常用的原料干燥设备主要有热风干燥机（也称热风干燥料斗）、高速混合机、除湿干燥机等。

① 热风干燥机。图 2-81 所示为两种热风干燥机的外形。

热风干燥机的工作原理：将空气由鼓风机经空气过滤器吸入机器中后，被压入加热的管道而升温，将高温空气送入装有塑料原料的干燥料斗中，使其在塑料原料中扩散以去除水分。

② 高速混合机。高速混合机通常只用于混合塑料原料，但在 PVC 制品加工中，也常用于干燥原料，以去除原料中的水分。它的工作原理是：高速混合机的外壳做成耐压夹套，夹套中可采用蒸汽加热，电动机带动可高速旋转的搅拌桨叶，塑料原料在高速旋转的搅拌桨叶的带动下高速运转，可自身产生热量，使塑料颗粒表面和其内部的水分很快蒸发排除。一般情况下，不用给夹套加热就可以干燥颗粒状的塑料原料。图 2-82 所示为两种高速混合机的外形。

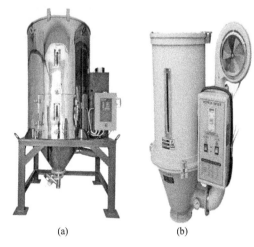

(a)　　　　　　　　(b)

图 2-81　两种热风干燥机外形

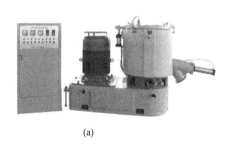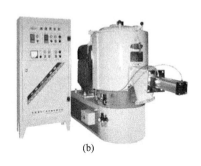

(a)　　　　　　　　　　　　(b)

图 2-82　两种高速混合机的外形

经过多家工厂的实践证明，采用高速混合机来干燥非吸湿性塑料和吸湿性塑料是可行的。目前，已知可以采用高速混合机干燥的塑料原料主要有 PE、PP、PA、ABS、PC 等。

③ 除湿干燥机。大多数工程塑料具有吸湿性，当塑料从防潮密封的包装袋中取出后、暴露在大气中时，就开始从大气中吸收湿气，在气候潮湿条件下吸湿的速度更快。如果是以一般热风式料桶干燥机进行塑料干燥，在潮湿的环境条件下，其效果并不理想，因为这种干燥机是以带有湿气的热空气去干燥塑料的，所以无法防止塑料继续吸收湿气。随着工程塑料被广泛使用，除湿干燥机已逐渐取代传统的热风干燥机。

a.除湿干燥机的种类。除湿干燥机可分为单机式与集中式。单机式除湿干燥机通常包括干燥机主机、干燥筒和吸料机，适用于少量多样的干燥，其优点是干燥效率高，且方便快速换料。图 2-83 所示为两种单机式除湿干燥机外形。

集中式干燥机包括一部干燥机主机和数个干燥桶，每个干燥桶有独立的加热控制器，可

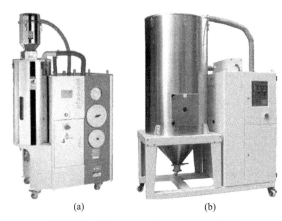

(a)　　　　　　　(b)

图 2-83　两种单机式除湿干燥机外形

以同时干燥几种不同的原料，并配合风量调节阀来控制每个干燥桶的风量。

b. 除湿干燥机的工作原理。图 2-84 所示为除湿干燥机的工作原理图。

除湿干燥机的蜂巢转轮采用高密度、高性能钛硅与分子筛复合而成，整个转轮就是一个高效吸湿体，可以处理 100%湿空气。转轮分为吸湿区、再除区和再生区，空气中的水分在吸湿区被吸附在转轮上后，将干燥后的空气连续不断地送出，同时吸收了水分的转轮转动到再生区，从逆方向送入的再生空气完全去除吸附在转轮上水分，经过不断的循环，可以去除塑料原料中所吸附的水分。

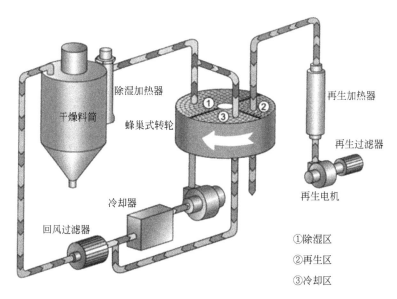

①除湿区
②再生区
③冷却区

图 2-84　除湿干燥机工作原理图

c. 除湿干燥机的优点。

· 可将塑料原料中的水分带走，以消除产品气泡的产生，使产品达到理想的力学性能、电气性能，降低生产成本。

· 防止不良品的产生，降低废料的产生。

· 因为除湿干燥机是利用非常干燥的空气来进行除湿工作的，故可以缩短烘料时间，节省工时，降低生产成本。

· 除湿干燥机的空气管路都采用密闭循环系统，并装有过滤器，因此不受外界气候影响，可以防止粉尘在厂内造成污染，改善工作环境。

（2）塑料原料干燥机的选择

根据制品来选择干燥机的品种，最重要的原则是适用，节约与节能应该也是比较主要的指标。对于非吸湿性塑料来说，小型塑料制品工厂可以选择小型的高速混合机，既可以进行混料作业，又可以进行除湿作业。进行 ABS 中空吹塑时，除选择热风干燥机和除湿干燥机以外，也可以选择高速混合机进行干燥作业与混料，设备选择的容量一般宜为制品需要容量的 2～3 倍。对于吸湿性塑料，如 PET 等塑料，可以选择除湿干燥机，为了保证机器长期的稳定运行，可以将除湿干燥机的容量适当地选择大一些，容量安全系数可在 2～5 倍。

2.2.2　压缩空气的制冷与干燥系统

2.2.2.1　空气冷干机的工作原理及概述

工业上曾有 3 种方法用于压缩空气的干燥处理。

第一种是利用吸附剂对压缩空气中的水蒸气进行选择性的吸附进行脱水干燥。例如，吸附式压缩空气干燥机，它的工作原理是通过"压力变化"来达到干燥效果。由于空气中容纳水汽的能力与压力成反比，干燥后的一部分空气减压膨胀至大气压，这种压力变化会使膨胀空气变得更干燥，然后让它流过未接通气流的需再生的干燥剂层，干燥的再生气洗出干燥剂里的水分，将其带出干燥器来达到除湿的目的。两塔循环工作，连续向用户提供干燥的压缩空气。吸附式压缩空气干燥机有无热再生吸附式干燥机和微热再生吸附式干燥机之分。图 2-85 为两种吸附式压缩空气干燥机的外形。

图 2-85　两种吸附式压缩空气干燥机外形

第二种是利用某些化学物质的潮解特性进行脱水干燥，如潮解式压缩空气干燥机。

第三种是当温度下降时，空气的含水能力也下降，原为气态的水分将变为液态。例如，冷冻式压缩空气干燥机，它的工作原理是：首先对压缩空气做冷却处理，使其中的气态水变为液态，再通过分离器使气液分离，最后由排水阀将水分排出，从而获得干燥的压缩空气。冷冻式压缩空气干燥机是现在使用最多的一种产品。

2.2.2.2　冷冻式压缩空气干燥机（冷干机）的使用

正确使用冷干机是获得所需露点压缩空气、节约再生能耗及延长设备使用寿命的重要前提。冷干机很少单独使用，几乎在所有气动管网中，冷干机都是与过滤器配套使用的。这既是满足用气质量的需要，也是冷干机本身能够正常工作的需要。一个典型的冷干机系统需在冷干机进气口前设置两台过滤器，在排气口后设置一台过滤器。

（1）主管路过滤器

它的作用是除去压缩空气进气中粒径较大的液态水滴和固体颗粒。冷干机如果长期处于大量液态水及固体杂质的状态下，除湿能力将逐渐降低，所以除水过滤器的设置非常必要，其精度一般在 3～25μm 之间选取。

（2）油雾过滤器

如果进入冷干机的空气中含有大量的油膜，会降低冷干机中换热器的换热效果，长此以往，冷干机的除水效果必将大打折扣，同时出口露点也会上升。一般空压机的排气含油量

（油雾及油蒸汽）都很小，即使是国产无油空压机排气也难以做到绝对无油，只有当空压机排气绝对无油时（如离心式空压机），才可以不用油雾过滤器。

（3）微油雾过滤器

经冷干机处理后去除了绝大部分水分，但由于各种原因，空气中可能还存在一定的杂质，或达不到工艺上要求的空气质量，此时就需要在冷干机出口处再安装一个微油雾过滤器。

精密过滤器精细分级如下。

① 主管路过滤器能除去大量的液体及 $3\mu m$ 以上固体微粒，达到最低残留油分含量仅 5×10^{-6}，有少量的水分、灰尘和油雾。用于空压机，后部冷却器之后，其他过滤器之前，作一般保护之用；用于冷干机之前，作前处理装置。

② 空气管路过滤器能滤除小至 $1\mu m$ 的液体及固体微粒，达到最低残油分含量仅 0.5×10^{-6}，有微量水分、灰尘和油雾。用于 A 级过滤器之前，作前处理之用；用于冷干机和吸干机之后，以进一步提高空气质量。

③ 超高效除油过滤器能滤除小至 $0.01\mu m$ 的液体及固体微粒，达到最低残油含量仅 0.001×10^{-6}，几乎所有的水分、灰尘和油都被去除。用于 H 级过滤和吸干机之前，起保护作用；用于冷干机之后，确保空气中不含油。

④ 活性炭微油雾过滤器能滤除小至 $0.01\mu m$ 的油雾及烃类化合物，达到最低残油含量仅 0.003×10^{-6}，不含水分、灰尘和油，无臭无味。起最后一道过滤作用，供一些必须使用高质量空气的单位，如食品工业、呼吸、无菌包装等。

压缩空气精密过滤器外观与滤芯外观见图 2-86。

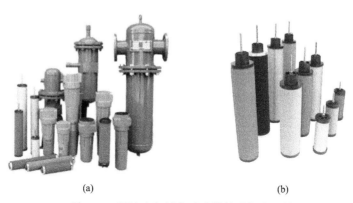

(a)　　　　　　　　　　　　　(b)

图 2-86　压缩空气精密过滤器外形与滤芯外观

2.2.2.3　冷干机制冷系统

冷干机是靠冷冻原理（图 2-87）工作的，所以制冷系统对设备的正常运行至关重要。

① 制冷压缩机是冷干机的动力源及心脏，为确保产品可靠和稳定的使用效果，避免压缩机漏氟，应选用高质量的制冷压缩机。为保护制冷压缩机，在使用过程中，要避免制冷压缩机受到强烈的碰撞、振动、倾覆等。

② 如果选用风冷式冷干机，则一定要注意环境温度不能太高，而且空气中不能有太多的灰尘，要保证通风口通畅。如果选用水冷型冷干机，一定要保证水源中不能有太多的杂质和污垢，同时要安装过滤器和进行软化处理，以保证水质。

③ 确定冷干机容量时，一般应该选择 2～3 倍理论需要量的冷干机，以确保生产过程中有足够的压缩空气经过冷却，从而确保生产的需要。

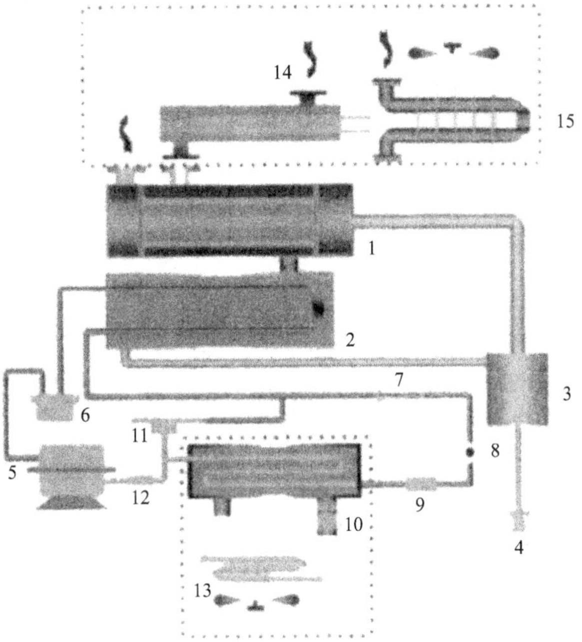

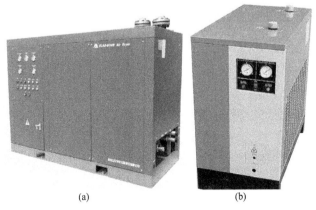

图 2-87　压缩空气冷干机工作原理

1—换热器；2—蒸发器；3—气液分离器；4—自动排水器；5—冷媒压缩机；6—汽化器；
7—热力膨胀阀；8—视镜；9—干燥过滤器；10—冷凝器（水冷）；11—热气旁通阀；
12—油分；13—冷凝器（风冷）；14—预冷器（水冷）；15—预冷器（风冷）

两种压缩空气冷干机外观见图 2-88。

(a)	(b)

图 2-88　两种压缩空气冷干机外观

2.2.3　模具的温度控制与除湿设备

吹塑模具的冷却方式主要有 3 种：第一种是利用自然水对模具进行冷却；第二种是采用冷却水塔对循环水进行散热后，再用水泵对循环水进行加压，输送到模具冷却水道，然后对模具进行冷却；第三种是采用冷水机对循环水进行制冷后，冷却模具。冷水机是一种水冷却设备，能提供恒温、恒流、恒压的冷却水。

冷水机的工作过程：先向机内水箱中注入一定量的水，通过制冷系统将水冷却，再由水泵将低温冷却水送入需冷却的设备或模具，冷却水将模具的热量带走时，会造成冷却水温度升高后再回流到水箱。冷却水温可根据要求自动调节，长期使用可节约用水。

冷水机与一般采用的水冷却设备完全不同，因为冷水机具有完全独立的制冷系统，不会受气温及环境的影响，水温可以在5~30℃范围内调节，因而可以达到高精度、高效率控制冷却水温度的目的。冷水机设有独立的水循环系统，冷水机内的水循环使用，可大量节约模具冷却用水。图2-89所示为两种冷水机外形。

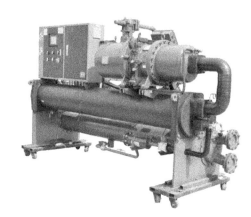

(a) 风冷式冷水机组   (b) 水冷式冷水机组

图 2-89　两种冷水机外形

2.2.3.1 工业冷水机的冷却工作原理

工业冷水机主要由3个相互关联的系统组成，即制冷剂循环系统、水循环系统、电气自控系统。

水冷式工业冷水机工作原理见图2-90。

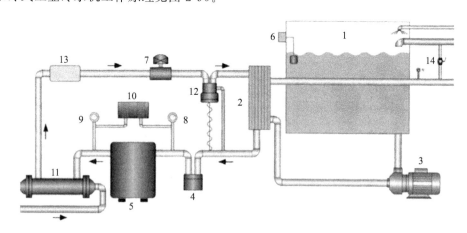

图 2-90　水冷式工业冷水机工作原理

1—水箱；2—蒸发器；3—循环水泵；4—气液分离器；5—压缩机；6—液位控制器；7—电磁阀；8—低压压力表；
9—高压压力表；10—压力开关；11—冷凝器；12—膨胀阀；13—干燥过滤器；14—压力调节阀

制冷剂循环过程：蒸发器中的液态制冷剂吸收水中的热量并开始蒸发，最终制冷剂与水之间形成一定的温度差，液态制冷剂完全蒸发变为气态后，被压缩机吸入并压缩（压力和温度增加），气态制冷剂通过冷凝器（风冷或水冷）吸收热量，凝结成液体，通过热力膨胀阀

（或毛细管）节流后，变成低温低压制冷剂进入蒸发器，完成制冷剂循环过程。

（1）制冷剂循环系统

主要由压缩机、冷凝器、储液器、干燥过滤器、热力膨胀阀、蒸发器、制冷剂等组成。

① 压缩机。压缩机是整个制冷剂循环系统中的核心部件，也是制冷剂压缩的动力源。它的作用是将输入的电能转化为机械能，将制冷剂压缩。

② 冷凝器。在制冷过程中，冷凝器起着输出热能并使制冷剂得以冷凝的作用。从制冷压缩机中排出的高压过热蒸汽进入冷凝器后，将其在工作过程中吸收的全部热量（包括从蒸发器和制冷压缩机中，以及在管道内所吸收的热量）都传递给周围介质（水或空气）带走，制冷剂高压过热蒸汽重新凝结成液体。根据冷却介质和冷却方式的不同，冷凝器可分为水冷式冷凝器、风冷式冷凝器、蒸发式冷凝器 3 类。

③ 储液器。储液器安装在冷凝器之后，与冷凝器的排液管是直接连通的。冷凝器的制冷剂液体应畅通无阻地流入储液器中，这样就可以充分利用冷凝器的冷却面积。另外，当蒸发器的热负荷变化时，制冷剂液体的需要量也随之变化，此时，储液器便起到调剂和储存制冷剂的作用。对于小型制冷装置系统，往往不安装储液器，而是利用冷凝器来调剂和储存制冷剂。

④ 干燥过滤器。在制冷循环中必须预防水分和污物（油污、铁屑、铜屑）等进入，水分的来源主要是新添加的制冷剂和润滑油所含的微量水分，或由于检修系统时空气进入而带来的水分。如果系统中的水分未排除干净，当制冷剂通过节流阀（热力膨胀阀或毛细管）时，因压力及温度的下降，有时水分会凝固成冰，使通道阻塞，影响制冷装置的正常运作。因此，在制冷系统中必须安装干燥过滤器。

⑤ 热力膨胀阀。热力膨胀阀在制冷系统中既是流量的调节阀，又是制冷设备中的节流阀，安装在干燥过滤器和蒸发器之间，它的感温包包在蒸发器的出口处。使高压常温的制冷剂液体在流经热力膨胀阀时节流降压，变为低温低压制冷剂湿蒸汽（大部分是液体，小部分是蒸汽）进入蒸发器，在蒸发器内汽化吸热，达到制冷的目的。

⑥ 蒸发器。蒸发器是依靠制冷剂液体的蒸发（实际上是沸腾）来吸收被冷却介质热量的换热设备。它在制冷系统中的功能是吸收热量（又称输出冷量）。为了保证蒸发过程能稳定持久的进行，必须不断地用制冷压缩机将蒸发的气体抽走，以保持一定的蒸发压力。

⑦ 制冷剂。在现代工业中使用的大多数工业冷水机均使用 R22 或 R12 作为制冷剂。制冷剂是制冷系统里的流动物质，它的主要作用是携带热量，并在状态变化时实现吸热和放热。

（2）水循环系统

水循环系统是由水泵将水从水箱抽出到用户需冷却的设备，冷冻水将热量带走后温度升高，再回到冷却水箱中。

（3）电气自控系统

电气自控系统包括电源部分和自动控制部分。

① 电源部分是通过接触器，对压缩机、风扇、水泵等供电。

② 自动控制部分包括小型 PLC 控制器、温控器、压力保护电路、延时器、继电器、各类电磁阀、过载保护电路等，通过相互组合达到根据水温自动启动和停止、保护等功能。

风冷式工业冷水机工作原理见图 2-91。

其工作原理与水冷式基本相同，只是冷凝器采用了风冷式，可在一些接冷却水管不方便的地方使用。

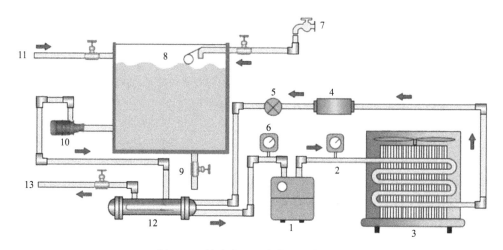

图 2-91　风冷式工业冷水机工作原理
1—压缩机；2—高压表；3—风冷冷凝器；4—干燥过滤器；5—膨胀阀；6—低压表；7—补给水；8—水箱；
9—排污口；10—冷冻水循环泵；11—冷冻水进水；12—蒸发器；13—冷冻水出水

2.2.3.2　模具除湿

常用的消除模具模腔冷凝水珠的方法如下。

① 适当提高模具冷却水的温度。这是最简单、最节约的方法。但是这样可能会延长产品冷却的时间，从而降低生产率。

② 在模具的上方加装热风环装置，使经过温度控制的加热空气吹向模腔表面，从而防止模腔的表面产生冷凝水珠。这种方法对于生产高质量表面的吹塑产品显得较为重要。

③ 在合模机周围设置局部的隔离空间，在这个隔离空间里面进行空气的恒温、恒湿处理，在一些高速吹塑机生产线上采用这种方法较好。

2.2.4　回料的粉碎与输送、存储设备

2.2.4.1　粉碎机

在塑料制品加工的过程中，不可避免地会产生废品和边废料，需要使用塑料粉碎设备。图 2-92 所示为两种塑料粉碎机的外形。

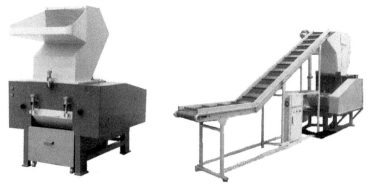

图 2-92　两种塑料粉碎机的外形

塑料粉碎机可分为剪切式粉碎机、冲击式粉碎机、压缩式粉碎机、研磨式粉碎机等。

塑料粉碎机的选用主要取决于被粉碎物料的种类、形状以及所需的粉碎程度，不同材质的塑料或者废旧塑料应采用不同的粉碎机。硬质聚氯乙烯、聚苯乙烯、有机玻璃、酚醛树脂、脲醛树脂、聚酯树脂等属于脆性塑料，一旦受到压缩力、冲击力的作用，极易脆裂，破碎成小块，对于这类塑料，适宜采用压缩式或冲击式粉碎设备进行粉碎；而对于在常温下就具有较高延展性的韧性塑料，如聚乙烯、聚丙烯、聚酰胺、ABS 塑料等，则只适宜采用剪切式粉碎机，因为它们受到外界压缩、折弯、冲击等力的作用时，一般不会开裂，难以破碎，不宜采用脆性塑料所使用的粉碎设备。此外，对于弹性材料、软质材料，最好采用低温研磨式粉碎机。挤出吹塑中空成型机一般配套选择剪切式粉碎机。

粉碎不同的产品时，粉碎机定刀和动刀的间隙可以不同，如粉碎各种塑料瓶类产品时，动刀和定刀的间隙可调整为 1～2mm；粉碎块类的塑料时，动刀和定刀的间隙可调整为 2～4mm。此外，筛板落孔直径的大小也需要根据料块的不同来确定。

图 2-93 为苏州同大机械有限公司研制的高强度塑料粉碎机示意图。

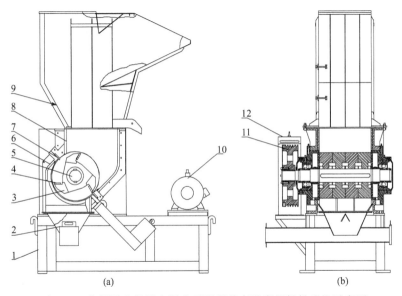

图 2-93　苏州同大机械有限公司研制的高强度塑料粉碎机示意图
1—机架；2—出料斗；3—转动刀台；4—动刀；5—主轴；6—下箱体；
7—定刀；8—上箱体；9—进料斗；10—电动机；11—皮带轮；12—护罩

图 2-93 所示为高强度塑料粉碎机的工作过程：中空成型过程中产生的塑料回用料从进料斗 9 送入，进入上箱体 8，电动机 10 通过皮带带动皮带轮 11，皮带轮安装在主轴 5 上，主轴 5 安装有可以作高速旋转的转动刀台 3，转动刀台 3 安装有多组动刀 4，动刀 4 与定刀 7 产生高速切割作用，将塑料回用料切割成小型颗粒，从出料斗 2 排出。

苏州同大机械有限公司已成功研制出系列高强度塑料粉碎机，可破碎厚度达 15～25cm 的高强度塑料料块。这种粉碎机可以配套自动输送料块的输送机和自动收集粉碎料的风送系统以及冷却水系统，实现单机的自动化生产。

对于 25～100L 系列的塑料桶，可以直接放进粉碎机进行粉碎，避免麻烦的锯割过程，降低了操作人员的劳动强度，提高了生产效率。该高强度粉碎机主要配套于 TDB-250L 以上的大型吹塑机生产线，从实际应用的情况看，与 TDB-1600L、TDB-2000L 生产线配套使用良好，大块塑料边料在粉碎中效果很好。此外，该机采用了双层设计，噪声小，粉碎效率高。

近几年来，随着大型、超大型挤出中空吹塑制品的不断问世，采用常规的塑料粉碎机来粉碎吹塑制品成型过程中的废品和边料已经显得效率低下，因此大型的塑料撕碎机得到较快的发展与应用，与塑料粉碎机连成生产线对大中型塑料制品进行撕碎与粉碎处理，改变了传统的废塑料制品处理方式。在减轻操作人员的劳动强度与保障安全操作方面能够发挥较好的作用。

图 2-94 所示为塑料撕碎机与粉碎机配套运行的示意图。

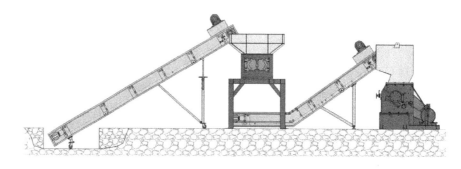

图 2-94　塑料撕碎机与粉碎机配套运行的示意图

塑料撕碎机与塑料粉碎机联动生产过程见图 2-95。

2.2.4.2　回料的输送、存储

从粉碎机料仓下来的回料一般通过风力输送到储料罐中以便回收再利用。风力的来源一般为离心风机，随着风力的流动将粉碎好的回料带到储料罐。图 2-96 所示为离心风机和储料罐的外形。

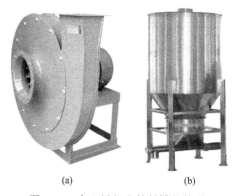

(a)　　　　　　(b)

图 2-95　塑料撕碎机与粉碎机联动生产线外观　　　图 2-96　离心风机和储料罐的外形

2.2.5　设备及模具冷却水的软化处理与回用系统

挤出中空吹塑机设备和模具冷却水的处理对吹塑设备运行的影响较大。地表水的水质要软一些，水中含有的矿物质相对要少一些，采用这类水做设备和模具的冷却水所发生的问题相对要少一些。由于地下水所含矿物质较多，如果不经过适当的处理，很容易在换热时产生水垢，随着水垢的不断沉积加厚，在模具与设备的一些冷却水道形成堵塞，甚至有可能造成设备和模具的损坏。因此，对冷却水进行相应的处理是保障设备和模具正常冷却和运行的重要条件之一。

目前常用的水软化处理或除垢处理方法有等离子交换水处理方法、反渗透水处理方法、磁化水处理方法、离子棒水处理方法等。

2.2.5.1 离子交换水处理方法

离子交换水处理方法主要是依靠钠离子交换器中的交换树脂进行软化处理。单纯的软化处理只能除去水中的钙、镁离子，而无法去除重碳酸盐硬度，经过钠离子交换后，进水中的重碳酸盐全部转化为碳酸氢钠。这样，如果原水硬度较大，软化水中就含有大量的碳酸氢钠，进入锅炉后碳酸氢钠产生化学反应，造成锅水中相对硬度增加。这种情况一方面影响锅炉的安全运行，引起锅水系统碱腐蚀，降低蒸汽质量，加大排污率；另一方面，蒸汽中二氧化碳含量增加，蒸汽冷凝后溶于凝结水中，使凝结水 pH 值降低，造成凝结水系统的酸腐蚀。通常当原水中硬度大于 2mmol/L 时，就必须进行软化与除碱联合水处理。

① 钠离子软化-加酸系统　经过钠离子软化后，在出水中加入酸中和水中的硬度，一般使用硫酸。中和后的水进入除碳器脱去生成的二氧化碳。此系统很简单，运行时只要控制加酸量，就可以保证出水不呈酸性，一般可控制软水残留硬度在 0.5mmol/L。

② 强酸性氢-钠串联离子交换系统　把进水分为两个部分：一部分进入氢离子交换器，其出水直接与另一部分原水混合，经氢离子交换器后出水的酸度和原水中的硬度发生中和，然后进入除碳器除去中和反应生成的 CO_2，再经钠离子交换器去除未经氢离子交换器的另一部分原水的硬度，其出水即为脱碱的软化水。经过氢离子交换器后，出水中含有与进水中强酸性阴离子相当量的强酸，因此出水呈酸性。

在氢-钠串联离子交换系统中，中和后的水一定要先通过除碳器，再进入钠离子交换器，否则含大量碳酸的水通过钠离子交换器又会重新产生硬度。

串联系统的优点：系统最后出水不会出现酸性，这是因为氢离子交换软化水和一定比例的原水混合后，再经钠离子交换处理，可保证不出酸性水，运行容易控制，氢离子交换树脂的交换能力可以得到充分利用，甚至可以运行到氢离子交换器出水硬度达到一定值或出现碱度，提高了氢离子交换器的处理能力。

串联系统的缺点：该系统相当于二级软化水处理，全部水都需经过钠离子交换器处理，故设备容量大，投资费用高；处理后出水硬度高于并联系统。

③ 强酸性氢-钠并联离子交换系统　进水分成两个部分：一部分通过氢离子交换器；另一部分通过钠离子交换器，然后把两部分交换后的水混合，可以达到软化与除碱目的。

并联系统的优点：一般控制氢离子交换器运行到漏钠失效，这样整个运行周期出水呈酸性，其酸度与进水中强酸性阴离子的总和等量。出水碱度低，使出水残留硬度降低至 0.5mmol/L 左右，且可随进水水质变化而随时调整；相同处理水量所需的设备容量小，故设备费用低，投资少。

并联系统的缺点：再生剂消耗量大，因为系统相当于一级软化处理；运行控制要求高，否则会出现酸性水，致使供水系统腐蚀，乃至用水设备腐蚀；氢离子交换器及再生设备均需采用耐酸材料衬里以防止设备腐蚀。

④ 弱酸性氢-钠串联离子交换系统　氢型弱酸性阳离子交换树脂只能与水中的碳酸盐类进行交换反应，交换后不产生强酸。

系统优点：氢型弱酸性阳离子交换树脂交换容量大，容易再生，较适用于碳酸盐硬度较高的原水处理；与强酸性氢-钠串联系统相比，不需要配水及混合水装置，故设备简单；氢型弱酸性阳离子交换树脂交换后出水不呈酸性，故系统运行安全可靠。

　　系统缺点：氢型弱酸性阳离子交换树脂较贵，故初始投资较大；系统相当于二级软化水处理，相同处理水量需要设备容量大，故投资费用较高。

　　由于中空吹塑模具很多是用铝合金制作，如果采用离子交换水处理方法来处理模具冷却水，则需要定期测试水的软化质量，特别是对冷却水中所含的钠离子要给予充分的重视。含有过多钠离子的冷却水对铝合金材料制成的模具会有较强的腐蚀作用，有可能较快地对铝合金模具的冷却水道产生腐蚀，进而使其失去应有的冷却功能。这种情况已经在多家吹塑制品厂家出现过，并且导致铝合金吹塑模具提前损坏，值得引起吹塑制品厂家管理人员和技术人员的重视。

　　离子交换水处理设备外观见图 2-97。

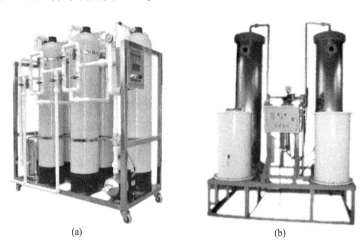

(a) 　　　　　　　　　　　　　(b)

图 2-97　两种不同规格型号的离子交换水处理设备外观

2.2.5.2　反渗透水处理方法

　　反渗透技术（简称 RO）是当今最先进、最节能的有效分离技术之一，是用足够大的压力把溶液中的溶剂（通常指水）通过反渗透膜（半透膜）分离出来，因和自然渗透方向相反，故称反渗透。反渗透水处理工艺是利用反渗透膜选择性地透过溶剂（通常是水）而截留离子物质，以膜两侧静压差为动力，克服溶剂的渗透压，使溶剂通过反渗透膜而实现对液体混合物的分离。

　　(1) 反渗透水处理工艺的分离原理

　　反渗透是一种以压力为推动力的膜分离过程。反渗透过程是自然界的逆过程。在使用过程中为产生反渗透压，需用水泵给含盐水溶液、含污废水施加压力，以克服自然渗透压，从而使水透过反渗透膜，而将水中溶解盐等杂质阻止在反渗透膜的另一侧。

　　反渗透水处理工艺是渗透作用的逆过程，实现反渗透有两个条件：一是外加压力必须大于溶液的渗透压；二是必须有一种高选择性、高透水性的半透膜。用于反渗透的半透膜表面微孔尺寸一般在 1nm 左右，能去除绝大部分离子、质量分数 90%～95% 的溶解固形物、95% 以上的溶解有机物、生物和胶体以及 80%～90% 的硅酸。

　　(2) 反渗透水处理工艺的工作原理

　　渗透现象在自然界中是比较常见的，比如将一根黄瓜放入盐水中，黄瓜就会因失水而变小。黄瓜中的水分子进入盐水溶液的过程就是渗透过程。如果用一个只有水分子才能透过的薄膜将一个水池隔断成两部分，在隔膜两边分别注入纯水和盐水到同一高度。过一段时间就可以发现纯水液面降低了，而盐水的液面升高了。我们把水分子透过这个隔膜迁移到盐水中的现象叫作渗透现象。盐水液面升高不是无止境的，到了一定高度就会达到一个平衡点。这时隔膜两端液面差所代表的压力被称为渗透压。渗透压的大小与盐水的浓度直接相关。这就是反渗透水处理工艺的工作原理。

（3）反渗透现象和反渗透净水技术

在以上装置达到平衡后，如果在盐水端液面上施加一定压力，此时，水分子就会由盐水端向纯水端迁移。液体分子在压力作用下由稀溶液向浓溶液迁移的过程称为反渗透现象。如果将盐水加入以上设施的一端，并在该端施加超过该盐水渗透压的压力，就可以在另一端得到纯水。反渗透设施生产纯水的关键有两个：一个是有选择性的膜，一般称为半透膜；另一个是有一定的压力。简单地说，反渗透半透膜上有众多的孔，这些孔的大小与水分子的大小相当，由于细菌、病毒、大部分有机污染物和水合离子均比水分子大得多，因此不能透过反渗透半透膜而与透过反渗透膜的水相分离。在水中的众多杂质中，溶解性盐类是最难清除的。因此，经常根据除盐率的高低来确定反渗透的净水效果；反渗透除盐率的高低主要取决于反渗透半透膜的选择性。目前，较高选择性的反渗透膜元件除盐率可以高达 99.7%。

（4）反渗透水处理工艺在含油废水中的运用

含油废水是一种量大面广的工业废水，若直接排入水体，会在水体表层产生油膜阻碍氧气溶入水中，从而致使水中缺氧、生物死亡、发出恶臭，严重污染生态环境。一般来说，含油废水中的油分以浮上油、分散油、乳化油 3 种状态存在，其中前两种比较好处理，经机械分离、凝聚沉淀和活性炭吸附，油分可降低到每升几毫克以下，而乳化油含有表面活性剂和起同样作用的有机物，油分以微米数量级大小的粒子存在，所以长期保持稳定，难以分离。对含乳化油的废水应用反渗透水处理工艺，不需破坏乳化液进行浓缩分离，其浓缩液采用焚烧处理，渗透液可进行回用或排放处理。在实际应用过程中，一般采用多种处理方法联合使用的方式，才能保证出水水质。

反渗透水处理设备外观见图 2-98。

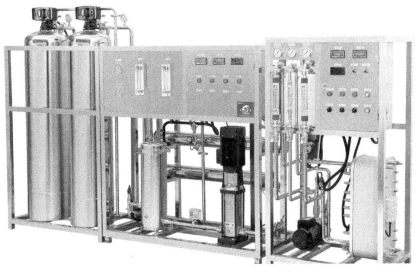

图 2-98 一种反渗透水处理设备外观

2.2.5.3　磁化水处理方法

利用磁场处理水（简称"磁化水"），可以防止水管道结垢。磁化水处理技术已经广泛应用于水处理系统，其在水处理装置抑垢中的功效是显而易见的，而且近年来磁化水技术还被应用到污水的工业处理中。

能制备磁化水的装置称为磁水器。按磁场形式可将磁水器分为永磁式和电磁式两种，按磁场位置又可将磁水器分为内磁式和外磁式两种。永磁式和电磁式磁水器在间隙磁场强度相同的情况下效果相同，但各有特点。永磁式磁水器的最大优点：不需外接电源，同时结构简单，操作维护方便，但其磁场强度受到磁性材料和充磁技术的限制，且存在随时间的延长或水温的提高而退磁的现象。

电磁式磁水器的优点：磁场强度容易调节，而且可以达到很高，同时磁场强度不受时间和温度影响，稳定性好，但其需要外界提供激磁电源。与内磁式磁水器相比，外磁式磁水器可能具有更大的优越性，其主要优点是检修时不必停水及拆卸管道，也不易引起磁短路现象。

图 2-99 所示为两种电磁式磁化水处理器的外形。

国内已经有多家企业生产磁化水处理器，中空吹塑制品厂家也可以根

(a)　　　　(b)

图 2-99　两种电磁式磁化水处理器的外形

据自己企业的需求来进行选用。从实际使用的效果来看，一般宜选用磁化水处理器厂家产品资料介绍的 2～3 倍容量的产品，这样，冷却水的除垢效果会更好一些。如果冷却水的管道较长，可以在管道的不同位置设置多个磁化水处理器，以达到更好的除垢效果。

2.2.5.4　离子棒水处理方法

（1）离子棒水处理器概述

离子棒水处理器是水处理领域中的一种新兴、先进的水处理设备。国内许多企业都在使用。离子棒水处理器取代了化学处理方法，取得很好的效果，被喻为水处理史上的一次革命。

图 2-100 所示为两种离子棒水处理器的外形。

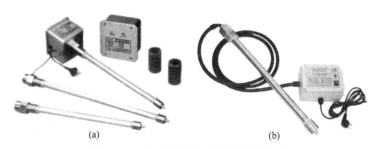

(a)　　　　(b)

图 2-100　两种离子棒水处理器的外形

（2）离子棒水处理器工作原理

① 防垢　离子棒水处理器通过高压静电电场的直接作用，改变水分子的电子结构，水偶极子将水中阴、阳离子包围，并按正负顺序呈链状整齐排列，使之不能自由运动，水中所含阳离子不致趋向器壁，阻止钙、镁离子在器壁上形成水垢，从而达到防垢的目的。

② 除垢　静电能破坏垢分子间的电子结合力，改变晶体结构，促使硬垢疏松，并且会

增大水偶极子的偶极距，增强其与盐类离子的水合能力，从而提高水垢的溶解速率，使已经产生的水垢能逐渐剥蚀、脱落，从而达到除垢的目的。

③ 除锈　锈垢是水垢的一种，除垢则能除锈。

④ 杀菌灭藻　离子棒水处理器产生一定量的活性氧如 O_2^-、OH、H_2O_2，这些活性氧能破坏生物细胞的离子通道，改变细菌和藻类生存的生物场，影响细菌生理代谢，从而起到杀菌灭藻作用。

离子棒水处理器是物理作用，在水中不发生化学作用，不会产生化学物质，排放出来的水对人类赖以生存的环境不产生影响，符合国际环境法规有关标准，是一种环保产品，值得推广使用。

2.2.5.5　水处理方法的选用

对于吹塑制品生产厂家来说，具体采用哪种水处理方法来处理设备和模具的冷却水，需要根据吹塑制品工厂所在地水质的具体情况，以及工厂的经济情况来决定。从近 20 年来具体使用的情况来看，通常情况下选用磁化水处理器或离子棒水处理器更方便经济，可较好地解决中空吹塑成型机设备和模具冷却水的水垢处理问题。

2.2.6　机器人智能去飞边系统

小型中空吹塑成型机一般采用带去飞边装置的模具来自动去除飞边料。由于去除飞边时多采用气动装置，打飞边装置和模具为一个整体，产生的冲击力会给设备带来震动，长时间会造成设备部件的松动甚至变形，所以这种方法只适合 25L 以下小型塑料制品的生产。目前切除大制品飞边的方法多为人工切割，劳动强度较大。因此，机器人智能去飞边系统的研发迫在眉睫，目前国内已有相关产品问世。随着机器人的高速发展，机器人智能化去飞边设备将会迅速地应用在中空吹塑成型机生产线上。去飞边吹塑模具外形见图 2-101。

一般情况下，机器人去飞边（见图 2-102）采用机器人夹持刀具进行切削的方法来去除吹塑制品的飞边与边料，对一些孔、槽，则采用钻头或铣刀进行钻孔或铣削加工。有些情况下，机器人可加装夹持装置，对吹塑制品进行转换工位等操作。

图 2-101　去飞边吹塑模具外形

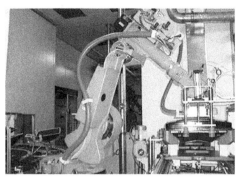

图 2-102　机器人去飞边装置

目前在国内吹塑制品行业机器人去飞边系统使用厂家不多，主要有以下几种原因。

① 机器人去飞边系统价格较高，暂时不利于普及。

② 大型、超大型吹塑制品的规模化产量太小，不利于机器人去飞边系统的应用。

③ 吹塑制品的成型工艺控制不是特别精准，吹塑制品吹塑成型后，尺寸精度偏差较大，

不利于机器人去飞边系统进行稳定操作。

2.2.7 模内贴标设备与产品检测设备

2.2.7.1 模内贴标机

模内贴标机的工作原理：将预先印好的涂有热熔胶的标签放入吹塑模具的模腔中，塑料熔体的热表面使标签的热熔胶黏性增加，将标签粘贴到容器的指定位置上。这种方法可以使标签与塑料制品融为一体，得到的标签镶嵌牢固，具有防水、防油、防霉、耐酸碱、耐摩擦、防冻、防水泡等性能，并具有良好的耐久性。标签与容器制品的结合极其自然，手感平滑，外表美观。

模内贴标机可以与中空成型机配套成为全自动生产线，制品吹塑、贴标一次完成。

图 2-103 为两种模内贴标机外观。

采用模内贴标时，标签在模腔内处于负压状态下，模具需设计为真空排气方

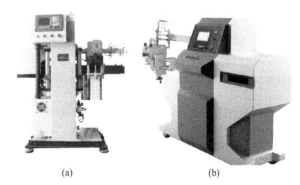

(a)   (b)

图 2-103　两种模内贴标机外观

式，以适应模内贴标与快速成型的需要。图 2-104 所示为全自动卧式圆瓶贴标机和在线贴标机的外形。

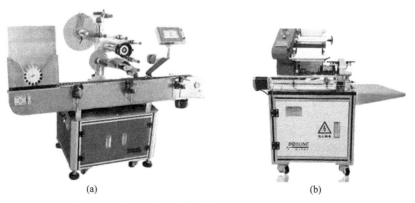

(a)   (b)

图 2-104　全自动卧式圆瓶贴标机和在线贴标机的外形

吹塑瓶子在吹塑成型以后再进行批量贴标，有利于提高产品的贴标质量和数量。

2.2.7.2 产品检测设备

（1）测漏机

为了适应快速灌装生产线对塑料容器的要求，许多中空成型机均配套了测漏机，以确保所生产的吹塑容器 100% 无泄漏，进而灌装时不会发生泄漏现象。

测漏机采用承受空气压力测试的方式测试塑料容器，在生产线上对每个经过的容器进行测试，其中不合格品会被测漏机自动剔出生产线，测漏机均已实现单机自动化操作。图 2-105 所示为两种测漏机的外形。

这些测漏机均可以与中空成型机配套组成吹塑生产线。

测漏机基本工作原理：当充气阀打开给空瓶充气时，会同时给气板上的两个传感器充气，当瓶内气体达到预设值时，瓶内压力传感器会向 CPU 主板传送终止充气信号，充气阀便关闭。然后测试瓶的瓶身在气压的作用下胀大，这段时间称为稳定时间。该过程完成后，分隔阀会把参考气压与瓶内气压分隔，于是又开始经过测量时间。此时被测试瓶的瓶身还会继续胀大，但胀大的速度已经慢了下来。此时参考气压比瓶内气压大，产生一个负的差压。当测试瓶有漏孔时，差压数值会比此值更大，而测漏机就是在好瓶与漏瓶之间找出一个适当的差压数值作为设定值，并在此基础上进行判断，把漏瓶自动检出排走。

（2）测厚仪

塑料容器的制品壁厚可以采用超声波测厚仪进行测试。测量时探头将超声波脉冲透过耦合剂到达被测体，一部分被物体表面反射，探头接收被测体底面反射的回波，精确地测量超声波往返时间并计算出厚度，然后采用数字显示出来。图 2-106 所示为超声波测厚仪的外形。

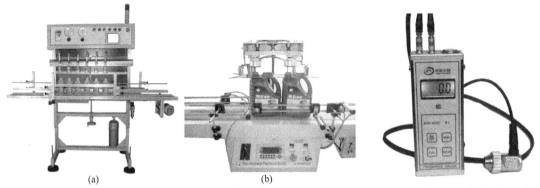

图 2-105　两种测漏机的外形　　　　　图 2-106　超声波测厚仪的外形

2.2.7.3　塑料桶切口机

切口机的应用提高了塑料瓶瓶口的质量，提高了劳动生产率。图 2-107 为两种在线瓶口切口机。

（a）　　　　　　　　　　　（b）

图 2-107　两种在线瓶口切口机

2.2.7.4　塑料盖组垫机

塑料盖组垫机的应用可替代大量手工作业，它可自动将垫片塞入瓶盖，垫片密封合理、速度快、效率高、产品安全卫生；全过程无人员接触，避免产品污染。理盖机构附加瓶盖剔除功能，保证所有出料瓶盖盖口向上，PLC 程序控制，定位准确，具有无片、无盖检测报警功能、计数功能，自动化程度高。

图 2-108 为两种不同形式的塑料盖组垫机。

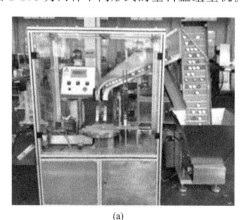 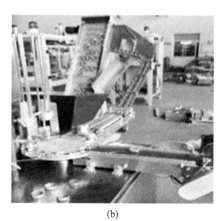

(a) (b)

图 2-108 两种不同形式的塑料盖组垫机

2.2.8 产品自动包装与输送设备

自动包装机（automatic packaging machine），一般分为半自动包装机和全自动包装机两种，物料可以是颗粒、片剂、液体、粉剂、膏体等形态。自动包装机具有自动完成计量、充料、制袋、封合、切断、输送、打印生产批号、可增加易切口、无料示警、搅拌等功能。

塑料瓶、桶全自动打包机代替了传统的手工包装，提高了生产效率，降低了人工成本，实现了完整的产品后处理自动化流水线生产，有效地避免了由于人手接触而产生的产品污染，广泛地应用于日化、食品、饮料、医药等领域。

塑料瓶、桶全自动打包机适用于各类型 PE、PP、PET 塑料瓶，占地小、速度快，自身带有输送带，可与生产线相连，包装尺寸可根据客户的实际生产需求定制，具有一定的可调整范围，PLC 控制系统及人机操作界面，操作简便，可解决不同塑料制品的包装难题。

图 2-109 为塑料瓶全自动打包机外观和包装后的产品。

图 2-109 塑料瓶、桶包装机与包装后的产品

图 2-110 所示为瓶装自动生产线的外形。

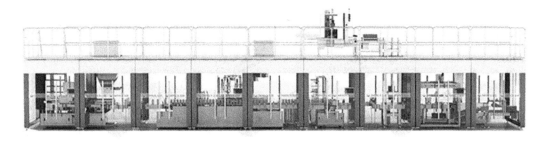

图 2-110　瓶装自动生产线的外形

自动包装机一般由以下几部分组成。

（1）机械部分

① 机械框架。

② 机械手夹取装置以及驱动气缸。

（2）电气部分

① 主控电路由变频器、可编程控制器（PLC）组成控制核心。

② 温控电路由智能型温控表、固态继电器、热电偶元件等组成，控温精确，显示直观，设定方便。

③ 由光电开关、电磁接近传感器等实现多点追踪与检测。

随着智能化程度的提高，包装机的操作、维护和日常保养更加方便简单，降低了对操作人员的专业技能要求。产品包装质量的好坏，直接与温度系统、主机转速精度、追踪系统的稳定性等息息相关。机器运行后，薄膜标记传感器不断地检测薄膜标记（色标），同时机械部分的追踪微动开关检测机械的位置，上述两种信号送至 PLC，经程序运算后，由 PLC 的输出 Y6（正追）、Y12（反追）控制追踪电机的正反追踪，对包装材料在生产过程中出现的误差及时发现同时准确地给予补偿和纠正，避免了包装材料的浪费。检测若在追踪预定次数后仍不能达到技术要求，可自动停机待检，避免废品的产生。由于采用了变频调速，大幅减少了链条传动，提高了机器运转的稳定性和可靠性，降低了机器运转的噪声，保证了该包装机高效、低损耗、自动检测等多功能、全自动的高技术水平。自动包装机所用传动系统虽然应用功能比较简单，但对传动的动态性能有较高的要求，系统要求较快的动态跟随性能和高稳速精度。

2.3　电脑辅助设计软件在挤出中空吹塑成型机设计中的应用

计算机辅助设计是利用计算机及图形处理能力和运算能力，对机械样品进行更为专业和精细的设计分析、优化与改良，使之达到理想的设计目标，并在一定程度完成局部的技术创新，获得新的技术成果。目前所有图纸几乎都是用各类二维 CAD 软件绘制的，二维 CAD软件让机械工程师从繁重的画图工作中解脱出来，有更多的时间进行设计，缩短了开发设计周期，提升了效率。CAD 技术已经从二维到三维交错使用，三维设计软件具有工程及产品的分析计算、几何建模、仿真与试验、绘制图形、工程数据库的管理、生成设计文件等功能。中空挤出吹塑行业需要对机械部件的结构强度、刚度、动力学特性、疲劳可靠性等进行校核，以及对熔体流道进行仿真分析。因此有时会需要使用专业的仿真分析软件，挤出中空吹塑行业常用的计算机辅助设计软件有二维绘图软件（CAXA、AUTOCAD）、三维绘图软件（CAXA 实体设计、Pro/ENGINEER、Solidworks 等）、仿真分析软件（Flow2000、ANSYS 等）。

2.3.1 大型三维设计软件在结构优化设计中的应用

结构优化设计有多种类型，按设计变量性质的不同，可以分为连续变量优化设计和离散变量优化设计。结构优化设计按难易层次可分为尺寸优化、形状优化和拓扑优化，其难度逐步增大。尺寸优化是指结构类型、材料、布局和外形几何都确定的情况下，通过优化各个组件的截面尺寸，即在优化设计过程中将结构的尺寸参数作为设计变量，以达到使结构最轻或最经济的目的。尺寸优化加上结构的形状设计变量，则是结构的形状优化。它是优化过程中通过设计变量来改变结构的边界，从而改变结构的形状，达到目标函数最优的目的。在尺寸优化的基础上，加上结构布局的形式，则结构优化进入了更高层次，也就是结构的拓扑优化，它为设计者提供一个概念性设计，使结构在布局上采用最优方案。结构优化技术的应用，对减轻结构重量和材料消耗、改善结构强度等都起到了良好效果。

模板是中空挤出吹塑机的关键机械部件，模板是保证模具可靠闭紧和实现模具启闭动作的主要部件，它在工作中的状态很大程度上决定了塑料制件的质量。通过优化模板的结构参数，提高模板刚度，降低模板重量，对于中空挤出行业的发展具有重要意义。现如今很多企业还依然采用焊接的方法组装模板，在结构上一直沿用过去的设计。随着塑料制品的多样化，对一些需要高压吹气同时具有深拉伸的平板制件，模板的刚性会有所欠缺。在此具体问题下，在三维软件（Pro/E、Solidworks）中进行三维造型，采用 ANSYS 软件的结构拓扑优化方法对模板进行拓扑优化分析。

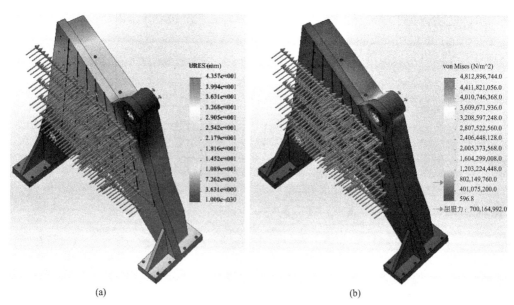

图 2-111　三维软件中的静力学分析

目前较为常用的三维软件具备辅助分析已经是必不可少的一部分。图 2-111 是中空吹塑机在锁模状态下，模板受力的线性静态分析结果。从图中可以清楚地看出，没有拉杆的两角变形量最大、拉杆区域受到的应力最大，这与实际情况相吻合。针对这一现状，对模板的尺寸和形状进行优化。图 2-112 是模板优化前后对比图，从图中可以看出，优化后的模板与之前的模板在结构形状上有很大的变化，在满载荷受力下，最大变形量大为减小，在模具安装区域应力分布均匀。

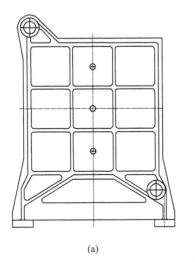
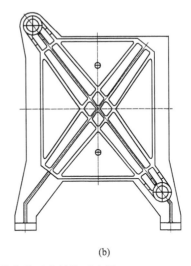

(a)　　　　　　　　　　　　　　　(b)

图 2-112　大型吹塑机模板优化前后的结构对比图

在挤出中空吹塑机中还有很多零部件是钢结构件，通过优化设计，可提高零部件刚度，降低原材料消耗，降低零部件制造组装成本，为企业带来强有力的市场竞争力。

2.3.2　熔体分析软件在机头优化设计中的应用

借助有限元等数值计算方法，在计算机上模拟聚合物熔体的真实流动情况，给出压力、温度、速度及应力、应变分布，预测最终产品的形状和质量，并以图形的形式直接显示出来，是挤出成型过程的计算机辅助工程的重要发展方向。在挤出中空吹塑行业常用的熔体分析软件有 Flow 2000、Polyflow 等。Flow2000 是加拿大未来技术公司开发的计算机辅助工程软件，应用高分子聚合物流变学的原理，将现代计算机技术和大量的塑料加工实际经验相结合，在计算机上模拟高分子材料在各种挤出模头中的流动，以现代图形技术显示各种流场（速度、压力、应力、温度等）并配以材料和模头设计库。如图 2-113 所示，Flow 2000 主界面共包括 10 个软件模块和 1 个计算模块，其中挤出吹塑模块可以适用于机头流道分析。该模块具有良好的用户界面，材料流变模型可以自选，基于有限元法，能够实现快速、方便的材料数据输入，可读 AutoCAD 的 DXF 文件，能在读入的几何分析模型中进行直接有限单元网格生成和边界划分，进行各种流场的求解。

Polyflow 软件对黏弹性材料的处理能力非常出色，因而得到广泛应用。ANSYS 在安装时会自动嵌入其他 CAD 系统，所以通过其他 CAD 系统中（Pro/E、Solidworks）菜单命令直接启动，见图 2-114。

在 ANSYS Workbench 主界面的工具箱中，单击 Analysis Systems，找到 Fluid Flow-Blow Molding（Polyflow）模块，即可创建对该模型的模拟分析项目。通过设置其网格模型，定义边界性质，设定物料参数及流道参数等进行计算分析、计算结果处理。Polyflow 对非牛顿流体及聚合物的非线性等具有较好的模拟性能，可模拟聚合物挤出、吹塑、压延成型，还可用于模拟电加热和其他较为复杂的计算模拟，如多区域模拟、逆向设计、共挤出、

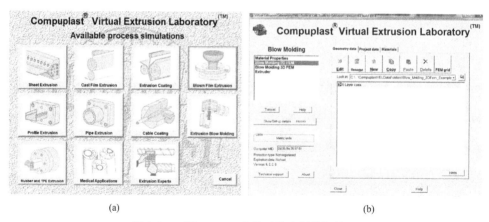

(a)   (b)

图 2-113   Flow 2000 主界面及吹塑模拟界面

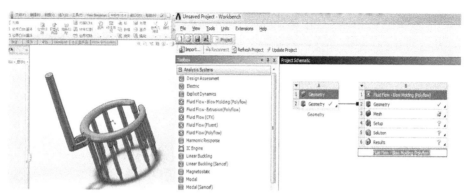

图 2-114   用其他 CAD 直接启动 ANSYS

带自由边界的 3D 挤出、具有时间依赖性的过程等。该软件的最大优点在于：它有大量的流体材料数据库及反映广义牛顿流体和黏弹性流体流变特性的本构方程的支持，适于对聚合物流体进行分析。在挤出中空吹塑 10L 以下小容积制品时，常常采用多模头，其生产速度快、效率高。多模头指同时挤出多个型坯供模具成型，在过去的经验设计中，当管坯数量大于或等于 3 时，一般采用偶数倍模头。通过对每个型坯流道进行节流来调节压力和速度平衡。这种设计在速度快、长生产周期下，稳定性较差，料坯随着生产时间的推移会出现挤出长度不一致、弯曲等弊病，需要在生产中进行修正调整。一般比较有难度的是多模头型坯熔体分析。

图 2-115 是三模头分流流道有限元模型。

通过对分流流道内熔体流动过程进行数值模拟，求解后获得分流流道的压力和速度变化云图，根据压力和速度变化云图可以对分流流道的压力变化和流动平衡性进行分析和讨论。最有效的填充模式是沿整个流道，假设步长有均等的压力降。通过对出口一定长度范围内均匀取点，查看压力降是否一致，如果不一致，调整各级分流道的截面形状和长度来匹配。这

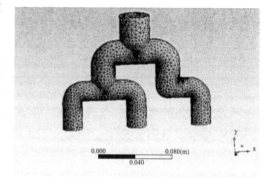

图 2-115   三模头分流流道有限元分析模型

种方式能降低加工制造成本，同时减少试验修正过程，能提高企业新产品的开发能力，提升市场竞争力。

多层共挤制品层数每增加一层，都会增加设备和生产工艺的复杂程度。对多层共挤复合而言，复合质量的好坏很大程度上取决于模头内每层材料在复合处达到的流速平衡性、压力平衡性以及黏度差异性。

双层共挤模头及汇流处速度云图见图 2-116。通过预设入口体积流率（螺杆转速）、调整交汇的间隙比例等措施，使两层在交汇处流速和压力基本一致，避免出现其中一层流速过快，在另一层上形成波纹。理论模拟和实际挤出仍然存在较大的差异，但是通过理论模拟能对工艺控制提供很有效的指导意义。

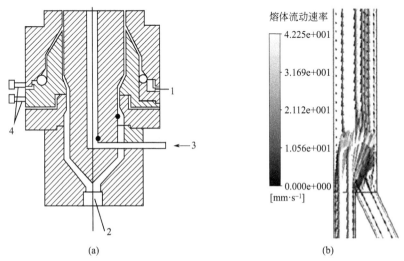

图 2-116 双层共挤模头及汇流处速度云图
1—外层进料口；2—内层进料口；3—压缩空气入口；4—调整螺钉

2.3.3 熔体分析软件在螺杆优化设计中的应用

在初期一般运用流体力学软件对单螺杆进行动态模拟仿真。由于单螺杆几何结构以及聚合物流变行为的复杂性，迄今没有针对螺杆挤出普遍适用的流场计算方法。在科研领域常运用 FLUENT、Flow 2000、Polyflow 等熔体分析软件模拟物料在挤出过程中状态，优化螺杆结构设计。在螺杆上一般对熔融段、混炼段可采用熔体分析软件分析。利用 FLUENT 软件对销钉机筒挤出机内物料流动与混合进行分析模拟，研究销钉数量、销钉排间距、螺槽宽度、拖曳速度对螺杆圆周展开面内物料流动与混合效果的影响。在模拟时简化模型，采用螺杆圆周展开面简化模型流场。随着 CAE 技术的飞速进步，通过三维软件造型，导入 ANSYS 软件，直接生成网格文件，再利用 Polyflow 求解不同参数下的速度场、压力场、剪切速率场和黏度场的分布。对多种结果进行分析，优化出最佳几何结构参数。

在 Polyflow 中，材料物性参数与边界条件、流体模型的选择非常重要，根据常用物料实测的物性参数来设置才能更加接近真实的挤出情况。入口和出口区域的流速也要根据实际螺杆工作时的体积流率来设置。

图 2-117 为混炼段速度、压力分布图。从图中可以看出，螺杆表面的物料流速较大，靠近机筒内壁部分法向速度为零，整个流场的速度是从螺杆到机筒逐渐递减的；压力沿挤出方

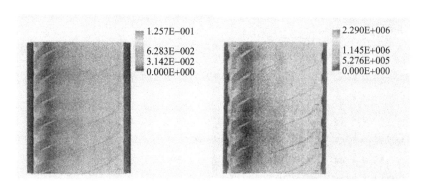

图 2-117　混炼段速度、压力分布图

向呈现波浪起伏且不断上升的趋势，螺纹混炼元件的压力沿着挤出方向不断增加，是一个增压的过程。这与实际挤出现象是相吻合的，充分说明仿真分析可以预测物料的流动情况，进而利用模拟结果优化螺杆结构设计。

2.3.4　数控加工中心在机头关键零件加工中的应用

在挤出中空吹塑机中，挤出机头是极其核心的部件，熔融的物料从机筒螺杆进入机头后，由机头内部流道使其形成可供吹塑型坯，是保证吹塑制品质量的关键环节。机头内有很多回转体零件，采用数控车床能够完成加工。在吹塑机头中有很多关键的零件必须采用 4 轴以上的加工中心才能保证设计的完整性与准确性。

图 2-118 是一种典型的吹塑机头内芯，加工工序为：粗车外圆、内孔→热处理→精车外圆、内孔→加工心形流道、螺旋流道（加工中心）→抛光。流道要求过渡光滑、顺畅、无死角，表面粗糙度 $Ra \leqslant 0.8\mu m$，在数控加工中需平行于轴线方向的 X 轴、刀具升降的 Z 轴和绕 X 轴旋转的 A 轴联动进给。因此需要配备数控分度头的三轴数控铣床或数控加工中心。

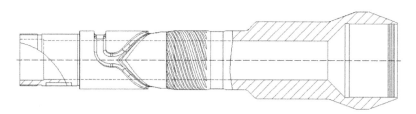

图 2-118　储料机头内芯

图 2-119 所示为分流器和分流器支架的结构，塑料通过分流器，由实心状变为管坯状。分流器的头部扩张角 θ 过大会使熔体流动阻力增加，加之分流器处温度较高，易导致物料过热分解；分流器的头部扩张角 θ 过小，会导致分流器结构过长，不利于物料均匀受热。头部圆角半径 R 过大，熔体在此处发生滞留而过热分解。分流器支架在图 2-119 的 A—A 剖视图中可见，其作用是支撑分流器及模芯，对物料有剪切作用。分流器支架的支撑筋数目越少，料流分束越少，熔接痕的数目越少。在常规加工中，一般采用车加工来完成分流梭外形加工，在实际使用过程中会出现管坯质量不稳定等。采用车铣复合加工中心加工此类零件，经三坐标测量机检测，分流器两端的同心度、轮廓度、定位孔的位置精度等都能完全满足设计要求。

　　吹塑机头种类多，零件批量小，因此采用加工中心加工流道类零件能大大提高生产灵活性、质量稳定性，能保证零件位置精度。

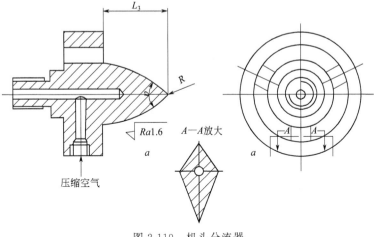

图 2-119　机头分流器

第 3 章

挤出中空吹塑成型模具

挤出中空吹塑成型是中空塑料制品的主要成型方法之一。在吹塑成型工艺中需满足以下几点。

（1）加工温度和螺杆转速

在既能挤出光滑而均匀的塑料型坯，又不会使螺杆系统超负荷的前提下，尽可能采用较低的加工温度和较快的螺杆转速，提高效率。

（2）成型空气压力

挤出中空吹塑成型的空气压力一般在 0.2～1.5MPa 范围内，主要根据塑料熔融黏度的高低来确定其大小。黏度低的，如尼龙、聚乙烯，易于流动吹胀，成型空气压力可小些；黏度高的，如聚甲醛、聚碳酸酯，流动及吹胀性较差，需要较高的压力。成型压力还与制品的大小、厚度有关。一般壁厚大容器所需要的成型压力大些，壁薄小容器成型压力小些。具体情况还需要实践操作后，一步步调整，以每递增 0.1MPa 或每递减 0.1MPa 的方法，直至试出制品。

（3）吹胀比

制品尺寸和型坯尺寸之比，称为吹胀比。型坯尺寸和质量一定时，制品尺寸越大，型坯吹胀比越大。增大吹胀比可以节约材料，但制品壁厚会变薄，成型困难，制品强度和刚度降低；吹胀比过小，制品有效容积减少，飞边增多；壁厚，冷却时间延长，成本增加。一般吹胀比为 2～4 倍，用于 1∶2 较为适宜，此时壁厚较为均匀。对于一些特殊吹塑成型制品，吹胀比会较小，吹胀比的确定需要根据吹塑制品来进行，当吹塑制品比较复杂时，吹胀比的确定可能需要多次试验才能得出较好的效果。

（4）模温和冷却时间

挤出吹塑的塑料型坯在成型时温度较高，需要在模内有一定的保压定型、冷却周期。模具温度过低，塑料冷却就过早，制品成型困难且表面不光泽；模具温度过高时，冷却时间较长，生产周期长；如果型坯冷却程度不够，则会出现制品脱模变形、收缩率大等不利情况。

因此，模具的结构、模具的排气、冷却与温度控制等参数的确定在挤出中空吹塑成型中是非常重要的，会直接影响吹塑制品质量的优劣。

3.1　模具的结构

挤出吹塑模具主要由两半阴模或半边阳模、半边阴模组成。吹塑模具赋予制品形状与尺寸。

挤出吹塑模具的设计、制造对制品的生产效率及性能具有很大的影响，如果设计、制造不合理，会使制品成型不良，出现大批量的废品或次品。

影响吹塑模具设计的因素有制品的形状和尺寸、注入压缩空气的形式及塑料的性能。根据制品的形状和尺寸需考虑模具的分型面；注入压缩空气的形式需考虑注入压缩空气的位置及其进气量够不够，能否瞬间吹胀；塑料的性能需考虑所选用模具材料及加工工艺。

（1）模具分型面

模具分型面的选择是制品成型好坏的第一要素，它是制品顺利成型和顺利脱模的重要条件。对于对称的吹塑容器，可以用制品的中心线（等分线）为分型面；对于一些均匀等厚的异形制品，也可以用等分线为分型面；但是，对于不等厚且异形的制品，型腔分型面需要仔细考虑，往往不在等分线上，如图 3-1 所示；对于一些特殊制品，还需设置多个分型面，如图 3-2 所示。

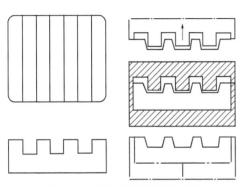

图 3-1　不等厚异形制品示意图

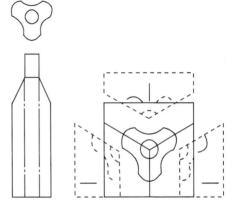

图 3-2　多个分型面制品示意图

还有些带有把手的容器，把手一般沿分型面设置，但是有些产品需要预埋把手来成型。一般把手采用嵌块来成型。

（2）型腔表面

吹塑模具型腔表面粗糙度一般是根据制品本身的表面要求以及制品的材料而确定的。对于一些制品表面要求不高的，表面可以做得比较粗糙。例如：水面上的浮体，物流中使用的托盘等一些比较大型的制品，表面做得粗糙些，利于整体的排气。然而，对于一些表面要求高透明或高光泽的容器，就需要进行抛光处理（如 PC 纯净水桶、ABS 汽车扰流板以及PET、PVC、PP 等吹塑容器）。

在吹塑制品中，PE 的产品最为广泛，要求吹塑模具型腔表面粗糙些，提高排气效率，不然塑料型坯与模具间会夹留有气泡，使制品出现"橘皮纹"的表面缺陷。因为用于 PE 吹塑的模具温度较低，型坯吹胀压力较小，吹胀的型坯不会楔入粗糙面的波谷，而是位于并跨过谷峰，所以，用于 PE 吹塑的模具表面粗糙些不会影响产品表面质量，反而有利于排气，提高成型质量。

吹塑模具型腔采用喷砂处理可以获得比较均匀的表面粗糙度。一般可以使用金刚砂、石英砂或硬砂砾进行喷砂处理。喷砂时，可根据制品的体积和原料的型号来选择合适的粒度。通常，对于较小的 PE 瓶模具，可以采用 $60^\#\sim120^\#$ 粒度；对于较大的制品模具，可以采用

$30^{\#}\sim40^{\#}$粒度；对于 LDPE 材料的吹塑模具，可采用较细的粒度；对于 HDPE 材料的常规吹塑模具，可采用较粗的粒度。

蚀刻型腔（又名皮纹处理）也可使其表面粗糙，它是在模具型腔表面上，通过化学方法或其他方法，使制品表面形成一定深度的花纹。蚀刻深度与制品材料及模具材料有关。皮纹蚀刻深度见表 3-1。每 0.025mm 的花纹深度取 $1.5°$ 的脱模锥度。经蚀刻的模腔对制品的黏附性较大，可采用脱模剂。

表 3-1 皮纹蚀刻深度的选择

皮纹蚀刻深度/mm	制品材料与模具材料	皮纹蚀刻深度/mm	制品材料与模具材料
0.3~2.5	HDPE 吹塑制品	0.064~0.075	钢制模具，表面硬度高的工程塑料
0.64~0.75	铝合金模具		

吹塑表面质量要求相当高的制品时，模具型腔表面需进行抛光。根据制品要求，抛光后有些可以进行亚光处理或用 $360^{\#}$ 的细砂擦拭模腔。

对于工程塑料的吹塑模腔，型腔一般不能喷砂，其表面可进行高度抛光处理，模具采用排气蚀刻花纹处理。

3.1.1 型腔及嵌块

（1）型腔尺寸

模具型腔尺寸主要是由制品的外形尺寸以及材料的收缩率来决定的。收缩率一般是指室温（20~22℃）下，模腔尺寸与成型 24h 后制品尺寸之间的比值。多数塑料制品的收缩是在制品成型 24h 以内发生的。

影响吹塑制品收缩率的因素很多，比如使用的材料不同、制品体积大小不同、制品壁厚不同、模具内成型周期不同、制品几何形状不同、室温不同等。此外，吹塑制品的 3 个成型方向的收缩率也不同，通常情况下，纵向的收缩率要比横向的稍大些。常用塑料吹塑制品的收缩率见表 3-2。

表 3-2 常用塑料吹塑制品的收缩率

塑料	制品收缩率/%	塑料	制品收缩率/%	塑料	制品收缩率/%
HDPE	1~6	PC	0.5~0.8	PS	0.6~0.8
LDPE	1~3	PA	0.5~2.2	SAN	0.6~0.8
PP	1~3	ABS	0.6~0.8	CA	0.6~0.8
PVC	0.6~0.8	POM	1~3		

吹塑制品的收缩率往往与制品的壁厚、重量、吹塑工艺、冷却定型时间、制品的形状等有关，制品的长度、宽度、厚度方向收缩率均不同，因此，一些工程吹塑件在设计时需要预先仔细测定收缩率。

对于一些安装精度要求较高的吹塑制品，需要针对吹塑设备、材料以及成型工艺等具体条件测定实际的收缩率，再根据实际情况确定是否需要制品定型架。

（2）模具嵌块

吹塑制品一般成批量投产（少则上千，多则上万，甚至更多），模具需要在高负荷下运行，对于模具的模口及切口等部位，既要确保制品成型，又要保证能切断型坯的余料，所以这些部位相接触的面积较小且较为锋利，容易磨损及损坏。为了保证其能够经久耐用，方便更改，通常都将这些部位制成嵌块，镶嵌在模具所需部位，如各类塑料桶的桶口部位、塑料瓶的瓶口及瓶底部位以及各种吹塑容器的下吹部位。

模具嵌块的设计需要根据吹塑制品的具体形状来确定，镶嵌块的材料常用淬火工具合金钢、铜铍合金等材料制作。

吹塑模具底部一般如图 3-3 所示，设置单独的嵌块，以挤压、封接型坯的一端，并切去尾料。

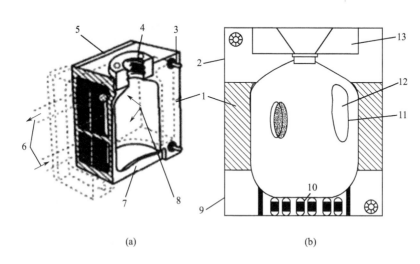

图 3-3　吹塑模具的结构

1—模体；2—肩部夹坯嵌块；3—导柱；4—模颈圈；5—模具背板；6—冷却水；7—模底夹坯刃口；8—模腔；
9—模底嵌块；10—尾料槽；11—把手夹坯刃口；12—把手孔；13—剪切块

在设计模具底部嵌块时需要考虑夹坯刃口与尾料槽，它们对吹塑制品的成型和性能有重要的影响。因此，模具设计需要注意以下几方面。

① 要有足够的强度、耐磨性和刚性，能承受反复合模过程中对挤压型坯熔体产生的压力。

② 模具嵌块常采用铜铍合金或淬火工具钢，铜铍合金嵌块的导热性能比较好，而钢制嵌块使用寿命更长。对于软质塑料（如 LDPE），嵌块一般可用铝制成，并可与模体做成一体。

③ 处于接合缝处的嵌块，需要了解接合缝是吹塑容器最薄弱的位置，此处的嵌块要做双重夹坯口尾料槽，以适当增加其厚度和强度（图 3-4）。

④ 应能切断尾料，形成整齐的切口。

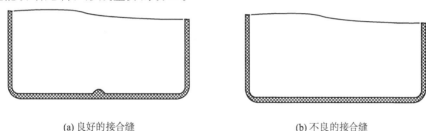

(a) 良好的接合缝　　　　　　　　(b) 不良的接合缝

图 3-4　容器底部接合缝

　　成型容器颈部的嵌块主要有模颈圈与剪切块，见图 3-3 的 4 与 13。剪切块位于模颈圈之上，有助于切去颈部余料，减少模颈圈的磨损。剪切块开口可以锥形的，夹角一般取 60°，见图 3-5（a）、（b），也可为杯形的，见图 3-5（c）。模颈圈与剪切块由工具钢制成，并硬化至 HRC56～58。

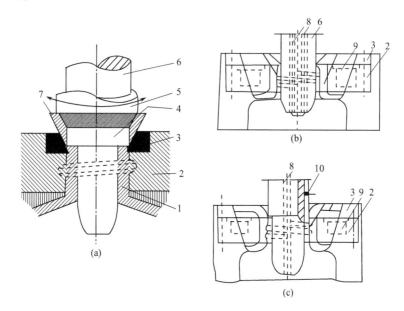

图 3-5　容器颈部的定径成型法

1—容器的颈部；2—横径圈；3—剪切块；4—剪切套；5—带齿旋转套筒；6—定径进气杆；
7—颈部余料；8—进气孔；9—冷却槽；10—排气孔

　　两种常用的颈部嵌块成型方法为颈部定径成型法和拱顶嵌块容器成型法。

　　定径进气杆插入型坯内时，可把型坯挤入模颈圈螺纹槽内，形成实心的螺纹，进气杆端部则可成型容器颈部的内表面。剪切块刃口与进气杆上的剪切套配合，切断颈部余料。这种成型容器颈部的方法叫定径成型法或模压法。

　　颈部定径成型法有两种方式：一种为进气杆上移式，见图 3-6；另一种为进气杆下移式，见图 3-7。当容器颈部偏心布置时，颈部的定径成型过程如图 3-8 所示。在合模后、进气杆下移之前，模具要如图 3-8（a）横向移动或如图 3-8（b）转移一定角度，其中后者适于容器颈部中心线与容器中心线成一角度的情况。

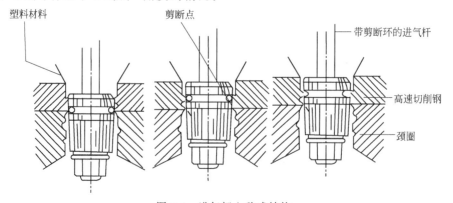

图 3-6　进气杆上移式结构

如图 3-6 所示，进气杆拉起时，进气杆上升，剪切了材料，使其颈部达到良好的成型效果。

如图 3-7 所示，模具合模后，带有剪断环的进气杆可下行一定距离，以达到剪断飞边材料的目的，其剪切效果较好。

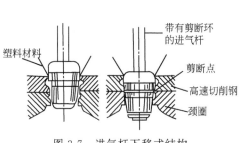

图 3-7　进气杆下移式结构

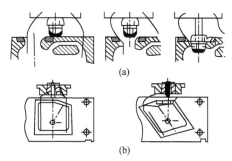

图 3-8　容器颈部偏心布置时的定径成型过程示意图

当设置有拱顶嵌块时，具有如图 3-9 所示的三种方法，采用哪种方法与容器的种类及修整类型有关。

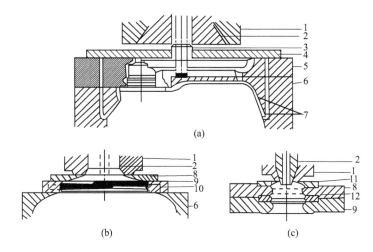

图 3-9　设置拱顶嵌块时容器颈部的成型示意图

1—机头口模；2—机头芯模；3—进气杆；4—滑动顶盖；5—模颈圈与拱顶嵌块；6—模具体；
7—夹坯刃口与余料槽；8—拱顶嵌块；9—模颈圈；10—冷却水；11—顶盖；12—刃口嵌块

图 3-9（a）所示的方法需采用进气杆，用于带把手与椭圆形容器的吹塑。成型后，修整装置从容器上切去拱顶，并用平面铣刀加工颈部内径。图 3-9（b）所示的方法用于广口容器的吹塑，不需采用进气杆，通过模具与机头的紧贴来封闭型坯。当用飞刀切削颈部内径时，可切去拱顶。图 3-9（c）所示的方法适用于各种容器的吹塑，也不需要进气杆，可在颈部成型形似滑轮的拱顶。修整时，把 V 带放入拱顶凹槽内，以使容器在固定刀刃上旋转，刀刃会切入拱顶底部的尖槽内。

3.1.2　排气系统与噪声控制

在模具设计、制造时，除了要考虑模具对后续产品加工性能及效率的影响外，还要考虑产品制造工艺对模具的要求，对大型制品、精密制品及产生易分解气体的树脂尤为重要。

3.1.2.1 吹塑成型时模具的排气

高表面质量吹塑模具型腔的排气设计特别重要（比如汽车扰流板、汽车保险杠、大型座椅、纯净水桶、高档包装瓶、包装桶等）。吹塑模具型腔的排气设计不好，可能会直接影响吹塑制品的成型和产品质量。吹胀成型时，如果模具不能尽快地排除型腔中的空气，塑料型坯就不能尽快地被吹胀，吹胀后也不能很好地与模具型腔接触，这样就会出现壁厚不均，表面出现条纹、凹痕等缺陷，表面的文字、图案、装饰等会不清晰，影响产品的外观质量。

一般情况下，吹塑模具的排气部位可选择在吹塑成型时空气最容易存留的部位，即吹塑制品最后吹胀成型的部位，如吹塑制品的角部以及空气不易排出的部位等。具体位置需根据吹塑产品来确定。

在模具设计与制造中可采取如下措施。

（1）制品表面设计

对进行制品表面设计时，可在模具中设计必要的文字、图案或凹槽，以利于模具的排气；但也要避免出现大面积的光面，或在光面上刻制较浅的花纹，也有利于模具的排气。

（2）模具型腔的处理

并不是所有模具型腔表面都是越光滑越好，稍粗糙的型腔表面不仅有利于模具的排气，还能提高制品的表面效果。型腔表面处理常用的方法有型腔表面喷砂、表面蚀刻花纹、型腔抛光等。但对一些表面要求非常高的制品，例如聚苯乙烯制成的高级化妆品容器，就不适用。

（3）排气孔或排气槽

解决模具排气问题最有效的方法是在模具型腔中及分型面上开设排气槽或排气孔，几种常用的排气方式如下。

① 排气孔结构　当需要在模具的某个部位开设排气孔时，可以采用图 3-10 所示的几种方式。

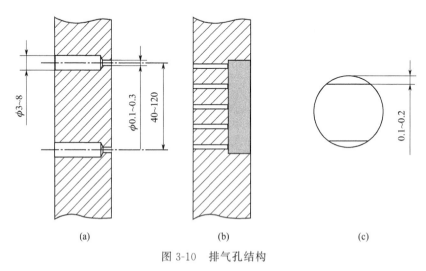

图 3-10　排气孔结构

当采用图 3-10（a）所示的排气孔结构时，由于靠近模具型腔的小孔容易被粉尘、物料以及杂质堵塞，导致后期的排气效果降低，在使用过程中，需注意对模具的排气部位进行经常性的维护和保养。同时，在模具制作时，可采用不容易生锈的材料来制作排气小孔，如采用肌肉注射用的不锈钢针头，可较好地解决 0.1～0.3mm 的小孔不好加工的问题，还可使排气小孔保持较长时间的通畅。

采用图 3-10（b）所示的多孔金属材料（铜或不锈钢用粉末冶金方法制成）来排气时，必要时可以对其金属表面进行机械加工或做成图案、文字、花纹等，在其背面钻出若干个小孔，以便空气从小孔中排出。在平时的模具保养中，需要保持多孔金属的空气通畅，尽量不要使其受到润滑油的污染，当排气不畅时，可以采用压缩空气从模具型腔的背面进行吹气。

采用图 3-10（c）所示的圆柱堵塞排气方式时，可以在模具需要排气的部位钻出 6～12mm 的圆形通孔，在通孔靠型腔的一边嵌入两边或多边磨去 0.1～0.2mm 的圆柱堵塞，利用其缝隙进行排气。圆柱堵塞可以采用铜质材料或不锈钢材料制成，以使模具具有较长时间的排气效果。

对于一些大面积的排气，可以采用图 3-11 所示的镶嵌结构形式。

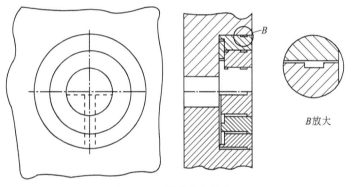

图 3-11　镶嵌排气结构

如图 3-11 所示，镶嵌结构的排气方式可以利用镶嵌件之间预先设定的间隙实现大面积排气，它既可以采用薄片叠片式结构，也可以采用同心圆式的圆环镶嵌件结构。在一些高质量表面的吹塑模具中，采用这种结构形式时，如果技术上处理不当，有可能会在排气部位留下痕迹，可在这些部位进行适当的技术处理，比如对制品表面的该部位进行装饰或制作标记等。

镶嵌结构的排气装置应该利于散热，以加快吹塑制品的成型，可以采用导热性能较好的铍铜合金或铝合金材料来制作。图 3-12 所示为常用镶嵌排气塞外观。

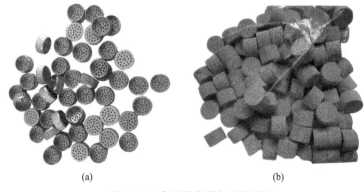

| (a) | (b) |

图 3-12　常用镶嵌排气塞的外观

② 在模具分型面上开设排气槽　在分型面上开设排气槽可快速地排出空气，一般排气槽设计在分型面的肩部与底部，有特别需要的可在特殊位置开设。排气槽的宽度一般为

5～25mm；排气槽的深度需根据制品生产工艺、容器容积与壁厚来进行选择，一般为0.01～0.2mm，容积越大，槽也越深。

③ 在模具型腔内开设排气孔　当需要在模具型腔内开设排气孔时，一般将靠近模具型腔的排气孔直径设计成0.1～0.3mm，直径过大，易在制品的表面留下凸点，直径过小，又会出现凹坑，且设计模具型腔内排气孔位置时，还需考虑到不干扰水冷却系统的布置。对于大容积的制品，排气孔直径可以大一些，并安装特定的排气塞进行排气。此外，还可在模具型腔内的嵌件处，设置排气槽。

（4）抽真空负压排气

在模具制造时，将模具的型腔内钻出一些小孔，使它们与真空负压系统相连，可以快速抽走模具型腔内存留的空气，使吹塑型坯与模腔紧密贴合。此外，这种方法也有利于制备一些需要拉深、吹塑制品内部不能充气、表面质量要求高、夹层中空等比较特殊的吹塑制品。抽真空排气系统需要与中空成型机的电气控制系统进行联控，才能有效地保障控制的准确性和可靠性。

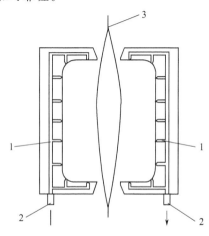

图 3-13　负压排气结构
1—排气孔；2—负压管道；3—塑料型坯

如图 3-13 所示，负压排气结构与真空吸塑成型方法类似，模具制作时，在模具的型腔内壁钻出一些小孔或制成一些镶嵌式的缝隙，它们与负压系统的管道相连接，在需要成型吹塑制品时，启动负压系统，抽走模具型腔中的空气，吹塑模具的型腔很快形成负压状态，可以使吹塑制品很好地与模具型腔相贴合，形成装饰花纹清晰的产品。

采用这样的负压排气系统能减少吹塑制品的成型时间、降低合模机构的合模力和吹胀气压、减少吹塑制品的收缩与变形。

采用负压排气结构时，目前有两种排气方式可供选择：一种是以压缩空气为气源，安装真空发生器的方式；另一种是采用真空泵抽空的方式。采用真空发生器的方式比较经济简便。

考虑到吹塑制品的表面质量要求比较高，一般都将排气方式设计成为排气孔方式。模具型腔一侧的微小气孔直径为0.1～0.2mm，深度为1～4mm，其小孔可采用不锈钢注射针头制作；模具外侧的通气孔直径3～10mm，需要进行负压排气时，将通气孔与负压管道相连，可以实现吹塑模具的快速排气。排气孔的间距在40～120mm之间，其具体尺寸主要根据吹塑产品的结构形式和表面质量要求来进行，结构复杂和表面质量要求高的产品选择排气孔的间距小些，反之，则可以选择稍大些。在同一副模具上，排气孔的直径和间距应基本一致。

目前模具的微孔已经广泛采用激光加工的方法来进行，孔的精度较容易得到保障。

3.1.2.2　吹胀成型压缩空气的排气处理与噪声控制

目前，吹胀气体通常采用直接排放的方法排出，但是，对于洁净厂房来说，对噪声与洁净度都有严格的要求，因此，对吹胀气体的排放必须采用相关的技术措施，目前主要采用的方法有两种。

① 安装管道直通厂房外进行直排，可通过安装地下管道的方法来解决。

② 安装消声器或消声阀解决噪声问题。

图 3-14 所示为几种小型消声器外观。

几种消声阀外观见图 3-15。

| (a) | (b) | (a) | (b) |

图 3-14　几种小型消声器外观　　　　图 3-15　几种消声阀外观

消声器与消声阀应该按照排放气体的容量来选择，一般来说，容量是实际需要容量的 2～3 倍较好，这样利于控制排气的噪声。

3.1.3　尾料槽与制品局部增厚技术

模具的尾料槽及产品合缝处的增厚技术：在模具夹坯口（切口）的外边增设尾料槽，可使制品的合缝处局部增厚。

许多工业件的吹塑制品与普通的吹塑制品的使用要求相差较大，工业件的吹塑制品有使用寿命长、强度高、耐冲击、耐环境应力开裂等许多特殊的要求，相对来说，其产品合缝处的要求就更高，近年来的产品合缝处增厚技术就是在多种尾料槽结构上发展起来的。

图 3-16 所示为吹塑模具切口及尾料槽结构。

(a) 普通式　　(b) 凸块式　　(c) 双凸块式　　(d) 对锥式　　(e) 对锥式改进型

图 3-16　吹塑模具切口及尾料槽结构

在实际生产中，图 3-16（d）、（e）所示结构的尾料槽对制品合缝处的增厚作用较为明显，其中前夹角为 30°，后夹角为 90°。其他尺寸需要根据制品的不同来选择，制品壁厚较大时，尺寸可以选择大一些。对于一些大型、超大型吹塑制品来说，建议采用图 3-16（e）所示对锥式改进型的尾料槽方式，这种形式的尾料槽有明显增强合缝处壁厚的效果，一般增强效果可以达到 2 倍以上。

吹塑模具夹坯口（切口）尺寸推荐见表 3-3。

表 3-3　夹坯口（切口）尺寸推荐

材料	b/mm	材料	b/mm
HDPE	0.1～4	PA	0.3～4
LDPE	0.1～4	POM	0.5～1
PP	0.3～2	LLDPE	0.1～4
ABS	0.3～1.5		
PS	0.3～1		

对于 HDPE 吹塑容器，其体积小于 200L 时，可以近似确定 b 为：

$$b = V/3$$

式中，b 为切口尺寸，mm；V 为容器容积，dm³。对于小瓶（小于 100mL），b 可以取 0.1～0.3mm。

3.1.4　冷却结构

对于挤出成型、注塑成型、中空吹塑成型等几乎所有的成型方法，生产率很大程度上取决于塑料的加热及冷却效率。冷却过程中，通过模具带走熔融塑料的热量，使制品冷却定型；在吹塑成型中，制品冷却时间占成型周期的 60%～80%，对大型及厚壁制品高达 90%。冷却时间太短，会导致产品翘曲及明显收缩。为了实现吹塑成型高速化，提升吹塑制品的冷却效率是最好的措施，它可以缩短成型周期、降低能耗。然而，冷却系统的作用不仅仅在于提高生产率，好的冷却水系统能提高制品的表面质量且使制品饱满。总而言之，冷却系统的好坏是衡量吹塑模具的重要指标之一。

吹塑制品的冷却方法可分外冷却、内冷却与后冷却 3 种。吹塑模具主要冷却系统由外冷却及后冷却组成。

（1）外冷却法

外冷却是指在模具壁内开设冷却系统，通过外壁传热来冷却吹塑制品。在模具壁内开设冷却系统是在模壁内纵、横方向钻出冷却孔道，见图 3-17。

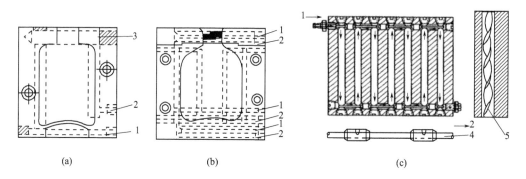

图 3-17　钻孔式冷却水通道
1—冷却水进口；2—冷却水出口；3—管塞；4—带堵塞的横杆；5—螺旋片

这种方式的冷却系统水路可以用机械加工制造，制造简单，方便，成本低。在孔道内设置的螺旋铜片或不锈钢螺旋片可使冷却水分为两股螺旋状的冷却水流，增加流体的湍流程度，使冷却水流沿着冷却水孔的外壁进行螺旋线运动，这样可以加快冷却速率，还可以减少冷却水道水垢的形成。钻孔式冷却通道易于清理，便于修改。

当有些模具内腔凸台比较高时，热量比较集中，而模具不能做纵、横方向冷却孔道时，可使用冷却棒来使模具冷却，见图 3-18。

图 3-18 中：D 为冷却棒直径，冷却孔尺寸 $D_1 = D + (0.1～0.2)$ mm（方便冷却棒装拆且不易脱落），冷却穴尺寸 $D_2 = 2D$（保证热量传导的快速性和稳定性）。

模具冷却棒具有很好的热传递性能，可以将一端的热量迅速传递到另一端，安装冷却棒后，在合适位置上接通冷却水，就实现了一个热转换过程。在放入冷却棒时，棒上必须涂上专用导热润滑剂。冷却棒底部用活动盲栓做堵头，能给以后的维修装拆带来很大的方便。模具冷却棒见图 3-19 。

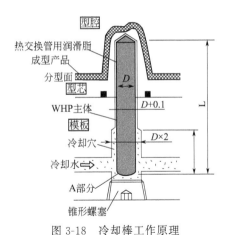

图 3-18　冷却棒工作原理

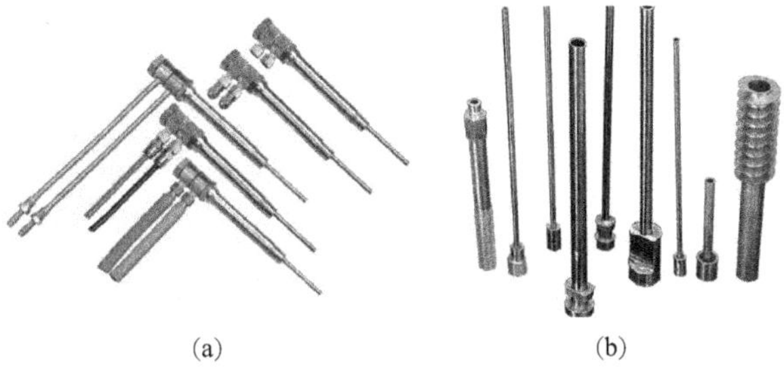

图 3-19　模具冷却棒外观

（2）内冷却法

吹塑制品冷却过程中，外壁因与低温模腔接触而被较快冷却，内壁与吹胀空气接触，其传热量很少，故冷却较慢。内、外壁冷却速率的差异可能使制品出现翘曲现象。一种解决方案是在模具内保压时间长一点，让制品完全定型后再取出，但这样整个周期就延长了，影响生产效率。为此，研究人员开发了各种内冷却方法，即把水雾、液态氮气或二氧化碳、制冷空气、循环空气或混合介质注入已吹胀的型坯内部，以快速冷却制品内壁。在内冷却中，最常用的是液态氮气与二氧化碳，因为它们干净，不与制品发生化学作用，适用于多种吹塑制品，见图 3-20。

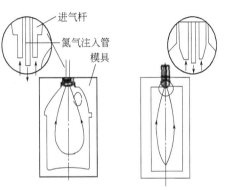

图 3-20　吹塑制品液氮内冷却法示意图

采用内冷却方法来成型吹塑制品，生产效率较高；但是需要控制好内冷却介质的温度，温度太低，会在塑料内部产生应变、内表面出现斑点等缺陷，影响某些尺寸（例如容器颈部尺寸）与容器的体积收缩率。

采用液氮进行吹塑内冷却的方法在挤出吹塑工艺中效果非常明显，它既可以当冷却剂，又可以作为吹胀气体使用，可使生产周期缩短 50%。缩短周期的时间长短主要取决于吹塑制品的性能，与制品的材料、重量、壁厚与形状等有关。吹塑制品定型保压时间大于 20s 时采用液氮吹塑工艺具有较好的经济效益。

（3）后冷却法

内、外冷却方法均是针对处于吹塑模具内的型坯而言的。若在较高温度下，尽快从模具内取出制品，置于后工位进行冷却，可明显缩短吹塑的成型周期，这种工序称为后冷却法。在脱模时，温度也不能过高，一般可在正常冷却时间的一半时开模，以保持制品的形状。图 3-21 所示为大型桶的切边与后冷却过程。

该塑料桶冷却系统具有自动取出制品的机构，其在模板开启之前夹持大桶顶部余料，并送至第一工位，在上、下端用被冷却的夹紧套夹持，切去上、下的余料。之后由夹紧套把大桶送至第二工位，中央冷却室及上、下冷却板贴近并包紧大桶，使之冷

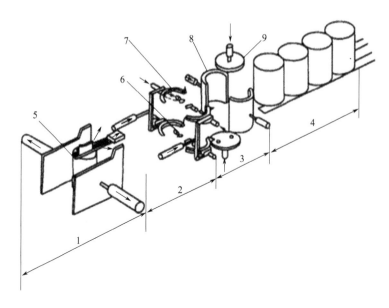

图 3-21　大型吹塑桶的后冷却示意图

1—取出夹持制品；2—第一工位去除边料；3—第二工位冷却制品；4—输送制品；5—制品取出装置；
6—切除边料装置；7—夹紧制品装置；8—中央冷却装置；9—上部冷却板

却。大桶的桶口朝下，可注入压缩空气（压力最高为 0.3MPa），并可排出，这样，在大桶内产生了对流传热效应。大桶外壁与冷却室的内壁紧密接触而得到冷却，大桶被冷却后送至输送带。这种后冷却方法，可减少吹塑制品在模具内定型的时间，能有效地降低生产周期，提高生产效率。

这种后冷却系统一般常用于 100～200L 塑料桶的吹塑生产中。

3.1.5　防止形成水垢的冷却水设计

制品的好坏绝大多数取决于模具的设计与加工是否合理，其中模具冷却系统是一个重要的因素，它的好坏直接影响到模具的寿命、制品的质量及生产效率等，所以，在设计模具时，冷却系统务必要考虑周到。

吹塑模具冷却主要是由 3 个因素决定：①冷却水的循环速度；②冷却水的温度；③冷却水循环系统的热传导效率。

水具有很好的传热性，是吹塑模具常规采用的主要冷却流体。硬水在引入模具冷却通道前要经软化处理。模具使用一段时间后，硬水在模具管道内受热蒸发后会沉积下硬水垢，这样局部水道可能会堵塞，降低传热性能。冷却水的软化处理可参看本书相关介绍。

通常在吹塑模具内部冷却水道中流动的冷却水会使模具温度降低 4～20℃，如果生产车间内环境温度较高，低温的冷却水会使空气中的湿气在模具表面凝结成为水珠，直接影响吹塑制品表面质量。水汽凝结现象可通过提高冷却水的温度来消除，也可以采用在吹塑机周边环境设置空调的办法来解决，还可以采用热风直接对准模具型腔表面进行吹风的办法解决，具体采用哪种方法解决，需要根据制品厂家的具体情况来考虑。

常见的模具冷却水道目前主要有 3 种方式。

① 模具型腔背面用机械铣切加工冷却水道或型腔背面的壁内铸造出冷却通道。在冷却

水槽两端安装进出水的接头，并用密封盖板将冷却水槽密封。这种形式内部冷却水流量较大，冷却效率高。密封盖板打开后即可清理冷却水道。在铸造水道时，铝、铜铍合金材料具有多孔性，因此在铸造水道时，一般要用环氧树脂或硅酸酯浸渍，以防止冷却流体渗入型腔内，影响传热性能。图 3-22 为盖板式冷却水道。

② 机械钻孔加工冷却水道。如图 3-23 所示为钻孔式冷却通道，这种方式是在吹塑模具侧壁内钻纵横方向冷却水孔，当大型吹塑模具的冷却水道深度较长时，可采用两头对钻的形式。钻孔时一般钻通，设有进出口若干，其余用止水塞堵住。在孔道内一般设置有螺旋片（铜或不锈钢），可使冷却水形成两股螺旋水流，加强与孔壁的接触，增强湍流现象，提高模具的传热效率。这种方式的冷却水路，冷却效果好，安装拆卸方便（堵头为模具标准件）。当水路内部堵塞后可卸掉堵头，用工具清理内部残留物。

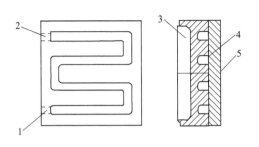 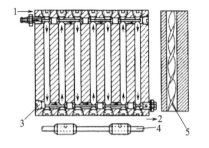

图 3-22　盖板式冷却水道
1—冷却水进水口；2—冷却水出水口；3—模具型腔；
4—冷却水流道；5—模具背板

图 3-23　钻孔式冷却通道
1—冷却流体入口；2—冷却流体出口；3—堵头；
4—带塞子的横杆；5—螺旋片

③ 铸造嵌入式冷却水管。图 3-24 所示为铸造嵌入式冷却水道。这种方式是在采用铝合金、锌合金或铸铝材料铸造模具时，将预先制作好的冷却弯管放入模具坯模中，冷却弯道可以设置在离型腔壁比较近的地方，以确保不影响模具后面的机械加工。这种方式冷却液体不会泄漏，但管道不易清理。冷却弯管可以采用铜管、无缝钢管、不锈钢管弯曲成型，从实际使用多年的情况看，以不锈钢管较好。

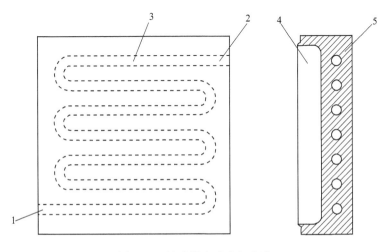

图 3-24　铸造嵌入式冷却水道
1—冷却水进水；2—冷却水出水；3—嵌入式冷却管道；4—型腔；5—铸造铝合金模

3.1.5.1 模温对吹塑工艺的影响

过高的模温会使冷却速率降低及热交换时间变长，不利于熔融料分子结晶，形成晶球且不断成长，会产生大小不一的晶体，使塑件冲击强度降低，导致使用寿命比较短。当模温低于4℃时，因受室温及空气湿度影响，模具表面极易产生热气冷附现象，附着大量水珠，水珠的存在会影响塑件表面的光洁度，且容易使模具生锈腐蚀，所以吹塑模具模温一般控制在10℃左右。冷却系统水路布置不完善，也会导致冷却不均匀，使得制品的各部位收缩率有差异，引起制品翘曲、变形等。所以良好的冷却系统对于吹塑成型至关重要，它可使吹塑周期缩短，得到尺寸稳定、收缩变形小的制品，也能延长制品及模具的使用寿命。

3.1.5.2 冷却系统几何参数确定

吹塑模具的冷却由3个连续过程组成：制品壁内的传热、模具壁内的导热、冷却流体内的对流传热。这几个因素研究起来比较复杂，下面简单介绍模具冷却水路设计及几何参数的确定（简易的计算公式）。

所谓模具冷却是指高温料坯由压缩空气吹胀贴合至模具内壁，使料坯温度传至模具内壁，再由模具内的冷却水带走热量。料坯成型前后所放出的热量 Q（kJ/h）：

$$Q = G[c_p(T_i - T_d) + \lambda] \tag{3-1}$$

式中 G——被冷却制品的质量，kg；

c_p——制品原材料比热容，kJ/(kg·K)；

T_i——型坯吹胀后与模腔接触的起始温度，℃；

T_d——制品取出时的温度，℃；

λ——结晶塑料的熔融潜热，kJ/kg。

根据公式计算出要带走的热量 Q，根据要带的热量可确定冷却流体的流量 q_V：

$$q_V = \frac{Q}{c_p(T_1 - T_0)} \tag{3-2}$$
$$T_1 \approx T_M$$

式中 T_0——冷却流体入口温度，℃；

T_1——冷却流体出口温度，℃；

T_M——模具温度，℃。

由 Q 还可以确定冷却系统的传热面积 A（m²）：

$$A = \frac{Q}{h(T_1 - T_0)} \tag{3-3}$$

式中 h——冷却管道孔壁与冷却水之间的传热系数，kJ/(kg·℃)。

而根据水的流量 q_V、传热面积 A 以及参考模具长度，可算得孔直径 D（mm）和长度 L（mm）：

$$v = \frac{q_V}{\pi d^2} \tag{3-4}$$

$$n = \frac{A}{\pi d L} \tag{3-5}$$

式中 v——水的流速，m/s；

n——模具应开设孔数。

表 3-4 为常用塑料的比热容和熔融潜热。

表 3-4　常用塑料的比热容（c_p）与熔融潜热（λ）值

塑　料	$c_p/[J/(kg\cdot K)]$	$\lambda/(kJ/kg)$
HDPE	2250	243
LDPE	2300	130
LLDPE	2300	170
PP	2100	180
PA6	2150	
PET	1550	
PVC	1100	
PS	1200	
PC	1400	
ABS	1400	
PMMA	1450	
SAN	1400	

3.1.5.3　冷却系统设计原则

调节模具温度最常用的物质是冷却水，冷却效果对吹塑成型加工起决定性的作用。冷却效果通常是指制品冷却成型过程中，在限定的时间内，冷却系统带出热量的多少和模具温度的均匀程度，它主要受以下因素影响。

① 冷却通道与型腔区域的距离。

② 冷却通道的直径。

③ 冷却水道的长度和设计布局。

④ 冷却介质的流动状态及用量。

⑤ 从入口到出口冷却介质的温差。一般入口到出口的冷却介质的温差以不超过 5℃为宜。

为了提高冷却系统的效率和使型腔表面温度分布均匀，在冷却系统设计中，应遵循如下原则。

① 冷却系统的布置应先于排气系统以及脱模机构。如在设计中，冷却系统未能引起设计者的重视，往往先设计脱模机构与排气系统，再设计冷却系统，这样就有可能没有足够的空间来布局较为良好的冷却系统，使得冷却未能取得良好的效果。冷却回路设计应与排气系统、脱模机构相互协调，以获得良好的冷却效果。

② 合理地确定冷却管道的直径中心距以及与型腔壁的距离。冷却管道的直径与间距直接影响模具温度的分布。如图 3-25 所示，图 3-25（a）所布置的冷却管道间距合理，可保证型腔表面温度分布均匀；而图 3-25（b）设计的冷却管道直径太小，间距太大，所以型腔表面温度变化很大。冷却管道与型腔壁的距离太大，会使冷却效果下降；而距离太小，也会造成冷却不均。通常，冷却孔道的直径一般要取 10～15mm，对大型模具可达 30mm。孔径较大时，要求冷却流体有较高的流率，即要求配置大功率的泵送装置，两相邻孔道之间的中心距为孔径的 3～5 倍，孔壁与模腔之间的距离为孔径的 1～2 倍，以均匀、充分地冷却制品。

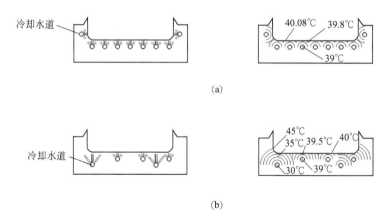

图 3-25　型腔表面温度变化

③ 降低进出水的温度差。冷却水两端进、出水温度差较小，则有利于型腔表面温度分布。通常可通过改变冷却管道的排列形式来降低进、出水的温差，同时可以减短冷却回路的长度。如图 3-26 所示的大型模具，采用图 3-26（a）的排列形式比采用图 3-26（b）所示的排列形式好。一般表面质量较高的模具进出水温差应在 2℃ 以内，普通模具不应超过 5℃。

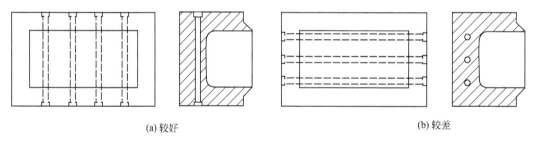

(a) 较好　　　　　　　　　　　　　　　　　(b) 较差

图 3-26　冷却管道排列

④ 冷却管道应便于加工及清理。为便于加工和操作，进出水管接头应尽量设在模具同一侧，在通水时要遵循低进高出的原则，同时冷却水管接头处应密封，以免漏水。

3.1.6　模具的精确控温技术

质量优良的塑料制品应满足 6 个方面要求：收缩率小、变形小、尺寸稳定、冲击强度高、耐应力开裂性好和表面光洁。

吹塑模具的温度对以上要求有着较大影响。一般来说，模具温度分布应该均匀，使制品在成型过程中得到均匀冷却。模具温度过高，延长冷却时间，降低生产效率，而且在冷却过程中，制品会发生较大的收缩，影响制品的尺寸精度和形状；模具温度太低，会使型坯在夹坯口处的料坯温度下降过快，使合缝线处黏合不结实，且会阻碍型坯的吹胀成型，还会导致制品表面出现斑纹、表面粗糙度升高、光亮度变差，还可能出现应力集中现象。

通常情况下，吹塑模具的冷却温度都会低些，一般在 10～30℃。但是在吹塑一些表面质量要求较高的制品时，为了提高表面粗糙度，可以通过对模具冷却水温度实行精确控制的办法来达到相关的质量要求。

对模具进行控温，可以在模具进出水的主要管道上设置电磁阀、温度传感器，并设置独立的温度控制仪。模具的温度一般设置较高，具体参数需要根据制品和塑料类型而定。采用循环水作为模具的温度控制介质时，温度控制范围在 40～90℃。目前已有模温机采用水来进行控温。对工程塑料吹塑模具，可采用传热油等流体或电加热来提供所要求的较高温度。

比如，PC 纯净水桶的成型模具，通常采用模温机控制循环高温油的办法来控制模具成型时的温度，模具温度一般控制在 60～85℃。

吹塑模具的温度设定要保证以下几点。

① 根据塑料产品的特征，确定温度调节系统是采用加热方法还是冷却方法。

② 尽量使模温均匀，制品各部位同时冷却，以保证制品的性能和尺寸稳定性，提高制品质量和生产率。

③ 温度调节系统要尽量做到结构简单、加工容易、成本低廉。

④ 一般采用低模温，大流量、快速通水冷却的效果比较好。

总而言之，温度调节（冷却或加热）既关系到制品的质量（包括制品的力学性能、尺寸精度和表面质量等），又关系到生产率。因此必须根据要求使模具温度控制在一个合理的范围内，以得到高品质的制品和较高的生产率。

两种模温机的外观见图 3-27。

(a)　　　　　　　　　　　　　　(b)

图 3-27　两种模温机外观

3.2　模具材料的选用与热处理

吹塑模具可使用的材料主要有铸铁、钢、不锈钢、铝、铍铜合金、锌、高分子材料等多种。在实际使用中，高分子材料一般只是作为试验用吹塑模具，铸铁模具一般只用于手动铰链式模具以及小批量的产品，大批量生产时通常不采用。

3.2.1　吹塑模具材料的选用

（1）铝合金材料

铝材制作的吹塑模具有重量轻、传热快、导热性好、机械加工性能好、密度低等特点；但是，硬度较低，容易磨损，损坏后焊接性能不好，材料价格较高，此外，采用铝合金直接成型冷却水道时，对冷却水的质量要求较高，螺纹的连接强度也相对较弱。

大型吹塑模具采用铝合金或铸铝时，一般都是采用铸造的方法来制造的，模具的冷却水道采用无缝钢管或不锈钢管制作成盘管安置在模具的内部，然后将铝合金材料或铸铝材料融化后与冷却水管一起浇铸成模具坯模，经过机械加工后即成型为所需要的模具。在模具的夹坯口（切口）部位、导向套、螺纹等部件的材料多数采用钢材制成，以确保模具的耐用性及维修方便。

国内 200L 系列塑料桶的模具几乎都是采用铝合金材料制作的。

（2）结构钢材料

通常情况下，如果吹塑制品的批量较大，生产的时间较长，以及考虑到模具切口需要较高的强度和硬度，模具材料选用结构钢效果较好。尽管其传热性能不如铝合金、锌合金材料以及铍铜合金，但如果采用较好的冷却水道的结构设计可以有效地改善传热状况。

① 低碳钢　采用低碳钢制作模具的也较多。尤其是采用低碳钢制作模具的型腔部分和冷却水道部分，对于加工模具的设备能力较差的情况来说，其具有独特的优势。低碳钢的焊接性能较好，有利于进行焊接加工。

通常情况下，由于一些大型、超大型吹塑模具的体积较大，需要进行加工的冷却水道比较深长，采用钻孔加工的方法比较难以成型，可以采用低碳钢板进行叠层焊接的方式来成型冷却水道，甚至成型型腔；对于模具精度要求不是太高的产品来说是可以达到相关技术要求的。

采用低碳钢加工的吹塑模具，也可以通过渗碳（渗氮）技术对模具的表面进行处理，对使用了一段时间的低碳钢模具，进行渗碳（渗氮）处理可延长模具的使用寿命。

② 中碳钢或中碳合金钢　中碳钢在各类吹塑模具当中也使用较多，通常直接用来成型模具型腔、模具底板等部件。对于可以直接采用机械加工方法成型冷却水道的吹塑模具，适合采用中碳钢或中碳合金钢来直接制作。近年来大型吹塑模具采用数控加工的方法更加普遍，因此，采用中碳钢和中碳合金钢制作模具也就更多了。

③ 高碳钢或高碳合金钢　高碳钢或高碳合金钢通常用来制作吹塑模具的导向套及导向柱，以及一些特殊的耐磨零部件等。

（3）不锈钢材料

不锈钢材料在一些表面质量要求较高，批量较大的中小型吹塑制品的模具上有较多的采用，由于不锈钢材料制作的模具型腔尺寸稳定性好，表面光洁度高，耐腐蚀性能好，对于成型表面质量高、批量大的产品有其独特的优势。

（4）铍铜合金材料

铍铜合金材料具有优良的综合性能，特别适合于制作中小型吹塑制品且批量大的产品的吹塑模具。目前在铝合金吹塑模具中，多采用它制作切坯口嵌件，具有较好的效果。

铍铜合金一般含有 2.75% 的铍和 0.5% 的钴，其余成分主要是铜。改变合金中的铍含量，可以使其具有不同的强度、硬度、导热性、耐腐蚀和耐磨性。

铍铜合金可以制作一些工程塑料、PVC 塑料的吹塑模具，这种材料制作的模具冷却水道不容易结垢，可以有效改善模具长期使用后的冷却性能。

铍铜合金可以采用机械加工、浇铸、热挤压等方法成型，含铍 1.7% 的铍铜合金适宜进行浇铸，嵌件可以选用含铍 2.0% 的铍铜合金。铍铜合金浇铸模经过机械加工以后，一般需要进行溶液退火，以便进一步抛光，抛光后可以在较低的温度下进行硬化，可达到 40HRC；并具有长期的耐磨性。铍铜合金浇铸时也可以嵌入冷却水管道，但是目前铍铜合金的材料价格相对较高。

（5）锌合金材料

锌合金材料易于进行浇铸和机械加工，适于制作形状不规则容器的吹塑模具。锌合金的导热性比铝合金低，但是比钢材好，其耐磨性较好。但是由于锌合金具有结晶性，损坏以后难以修补，材料的硬度也不利于制作模具的切口，因此，模具切口部分一般采用钢件嵌入浇铸件中。

（6）高分子材料

一些高分子材料，比如环氧树脂、丙烯酸树脂等材料在吹塑制品的批量较小时，也可以用来制作成试验用模具。由于计算机试验技术的发展，也减少了许多实物试验的工作机会，这种高分子材料在吹塑模具中的使用是较少发生的。

3.2.2　吹塑模具材料的特点

各种吹塑模具材料性能特点见表 3-5。

表 3-5　吹塑模具材料性能特点

材　料	相对密度	热导率/[W/(m·℃)]	抗磨损性	可铸造性	可修复性	抛光加工性
铸　铁	7.8	52	可	可	可	可
钢	7.9	43	优	可	可	优
铝	2.7	220	劣	良	良	优
铍青铜	—	120	优	可	可	良
锌合金	—	110	良	优	可	优

3.2.3　几种模具材料的镜面加工性能

有些吹塑模具表面要求很高的质量，需要对模具型腔表面进行高度抛光，几种模具材料的镜面加工性能对比见表 3-6。

表 3-6　几种模具材料的镜面加工性能对比

钢种	硬度 (HRC)	M 公司试验	N 公司试验		结论
			气孔及其他缺陷	小折皱	
50	25±2	基体组织太软,磨削不均匀性大,C	有大气孔,呈网状,C	B	镜面加工性能差,C
P20	30±2	基体组织太软,磨削不均匀,有伤痕,B	稍有大气孔,B	A	镜面加工中等,B
4Cr5MoSiV1	43±2	出现极细微孔,A	有极细微孔,很少有大孔,B	A	镜面加工性良好,A
4Cr5MoSiV1S	43±2		较多大气孔,B	A	镜面加工性中等,B
T10A	30±2	残留磨削痕,C	较多极细微孔,很少中等气孔,C	B	镜面加工性能差,C
改良 Cr12MoV	55±2	出现极细微孔,B	很少大气孔,极少极细微孔,B	B	镜面加工性能中等,B
17-4PH	44±2	极佳,出现少量黑点状的极细微孔,A	少量极细微孔,B	A	镜面加工性能极佳,A
18Ni 马氏体时效钢	50±2	极佳,用荧光灯照射的反射光无不良现象 A	无 A	A	镜面加工性能极佳,A

注：A 表示镜面加工性能极佳；B 表示镜面加工性能中等；C 表示镜面加工性能差。

3.2.4　吹塑模具选用材料的注意事项

（1）按吹塑制品的批量选材

当吹塑制品的批量较大或很大时，可以根据其工作条件和制品质量要求来选择模具材料。

① 如果其制品表面质量要求高，产量及批量均较大，可以尽量选用高级的模具钢来制作吹塑模具。

② 如果制品表面质量要求不高，产量及批量均较大，可以选择普通碳素钢制作吹塑模具。

③ 如果制品产量及批量均不大，产品表面质量要求也不高，可以选用铝合金、锌合金、普通碳素钢等一般材料制作吹塑模具。

④ 需要注意的是：从制模成本考虑，制品批量小、外观质量要求低，是没有必要采用高级模具钢来制作吹塑模具的。

（2）按模具成型的方法选材

当模具成型的方法不同时，可以根据其成型方法的不同选择制模的材料。

① 如果模具型腔采用数控加工的方法，可以采用优质碳素钢等模具钢进行成型。

② 如果模具采用叠层加工的办法，可以采用低碳钢进行成型。

③ 如果模具采用浇铸加机械加工的方法成型，可以采用铝合金或锌合金浇铸，并嵌入必要的铍铜合金或合金钢嵌件。

（3）按模具的结构件进行选材

当模具的结构件用途及技术要求不同时，可以根据其结构件的使用条件不同选择不同的材料。

① 一般吹塑模具的型腔强度要求不高，可以选择铝合金、锌合金材料进行浇铸，而模具切口及螺纹部位强度要求较高时，可以选用铍铜合金、优质碳素钢等优质钢材制成嵌件嵌入。

② 模具的排气组件及饰物件精度及表面质量要求较高，可以选用铍铜合金及不锈钢等高级模具材料制作。

③ 模具的导柱、导套等强度及耐磨性要求较高，可以采用具有较高硬度的高碳钢等材料成型，不能采用一般的低硬度材料制作。

3.2.5　模具的热处理

① 吹塑模具的热处理也是至关重要的，对于采用钢材制作的吹塑模具，一般应该在粗加工后进行调质处理，这样可以减少变形，经过调质后，一般先放置 24～48h，再进行模具的精加工。对于切口部分，可以采用局部淬火的方法使其增强。

② 模具的导向柱、镶嵌件等可以采用淬火方式进行处理。一些采用铝合金浇铸方法制作的模具，应该经过一定的时效处理，使其使用寿命延长。

③ 对于一些要求使用寿命长，制品本身批量大的吹塑模具，一些厂家常在试模无误后再进行一次氮化处理，以确保其耐用性。

3.3　模具的数控加工与刀具选择

吹塑模具型腔零件有以下几个特点。

① 型腔零件的几何结构普遍比较复杂，通常包含冷却管路、排气孔、分型面、导柱孔

及复杂的三维曲面。

② 以成对、小批量生产为主，吹塑模具普遍采用对称分型面分模（三维风管、靠背等除外），故型腔零件总是成对加工，且每副模具只能生产某一特定形状和大小的产品。

③ 吹塑模具型腔零件不仅对尺寸精度、形状精度和位置精度要求高，对表面质量要求也高，因此普遍采用数控铣床、加工中心等加工，辅以抛光或喷砂工序。

④ 要求模具生产周期短、制造成本低。要达到以上要求，就需要有转速、功率、刚性足够的机床；精确、快捷的夹具与工装；硬度、韧性、耐磨性和几何形状合适的刀具；高效、安全的走刀轨迹。

3.3.1 模具的数控加工

模具型腔零件的加工要点：复杂成型曲面的加工；多工位加工中，各特征面之间相互位置精度的保证；在工序转换时，工艺基准的合理选择；半圆型面等特殊特征的加工方式选择；冷却水孔等困难加工场合下，加工方式和切削参数的合理选择。图 3-28 是带有工艺口的吹塑模具，该模具的加工工序大致为备料→外形粗加工→半精加工→精加工。型腔曲面粗加工过程中，一般根据从大到小的原则，选择合适直径的刀具，高效地去除余量材料。而半精加工的目的是为了进一步去除残料，保证精加工前有均匀的切削余量，否则将影响精加工刀具的寿命以及零件的加工精度。精加工阶段完成绝大部分曲面特征的加工，达到轮廓精度和表面粗糙度的要求。对于型腔曲面上分布的加强筋、图案、刻字等，则需要使用更小直径的刀具在修筋与清根阶段完成。两种数控加工机床外观见图 3-29。

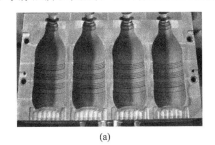
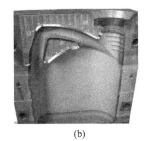

(a)   (b)

图 3-28 四腔吹塑模具和带把手机油壶模具

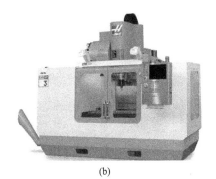

(a)   (b)

图 3-29 两种数控加工机床外观

模具型腔采用手工抛光的工艺方法，其抛光时间长，单位时间的金属去除量很小。对型腔曲面采用高速精加工，平均粗糙度达 $0.4\mu m$，明显优于常规切削方式，大大减少了型腔曲面抛光作业工作量，缩短了产品的生产周期，降低了生产成本。

3.3.2　数控机床刀具选择

在吹塑模具数控加工编程中，刀具的选择是重点、难点，尤其是模具型腔中含有复杂曲面，采用较小直径的刀具加工会增加加工时间，用较大的刀具加工可能产生过切现象。应根据机床的加工能力、工件材料的性能、加工工序、切削用量以及其他相关因素正确选择刀具及刀柄。刀具选择原则：安装调整方便、刚性好、耐用、精度高，在满足加工要求的前提下，尽量选择较短的刀柄，以提高刀具加工的刚性。

选取刀具时，要使刀具的尺寸与被加工工件的表面尺寸相适应。生产中，平面零件周边轮廓的加工，常采用立铣刀；铣削平面时，应选硬质合金刀片铣刀；加工凸台、凹槽时，选合金钢立铣刀；加工毛坯表面或粗加工孔时，可选取镶硬质合金刀片的立铣刀；对一些立体型面和变斜角轮廓外形的加工，常采用球头铣刀、环形铣刀、锥形铣刀和盘形铣刀。

在进行自由曲面加工时，为保证加工精度，切削行距一般取得很密，故球头铣刀常用于曲面的精加工。而平头刀具在表面加工质量和切削效率方面都优于球头刀，因此，只要在保证不过切的前提下，无论是曲面的粗加工还是精加工，都应优先选择平头刀。刀具的耐用度和精度与刀具价格关系极大，选择好的刀具虽然增加了刀具成本，但是能带来加工质量和加工效率的提高，可以使综合成本大大降低。几种数控机床刀具见图3-30。

模具在粗加工中一般采用层切加工方式，步长越小，切削层越多，分析误差越小，采用多组刀具不同步长加工可以获得更高生产效率。精加工常采用高速加工，高速铣削自由曲面中常用的球头刀、平底刀和环形刀中，球头刀由于具有法矢自适应性，更适合应用于 Z 坐标方向不能改变的三坐标轴数控机床。环形刀由柱面、截锥和环面组成，具有球头铣刀和平头铣刀双重优点。数控机床刀具及夹具见图3-31。

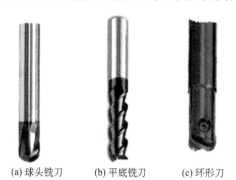

(a) 球头铣刀　　(b) 平底铣刀　　(c) 环形刀

图 3-30　几种数控机床刀具

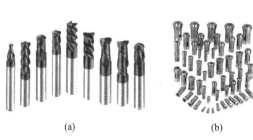

(a)　　　　　　　　　　(b)

图 3-31　几种数控机床刀具及夹具

3.4　现代先进技术在模具设计中的应用

现代模具设计主要指模具的数字化设计，即充分利用 CAD、CAE 等数字化设计软件，结合传统模具设计方法，进行质量高、周期短的模具设计。早期的模具设计主要利用手工绘图，这使得制造出来的模具在装配、精度等方面均有较大的问题。通过 CAD 技术能快速设计、改进产品图和模具图，再借助有限元法、边界元法等计算方法，分析模具中塑料吹胀和冷却过程，计算产品和模具的应力分布、预测变形，因此分析工艺条件、材料参数及模具结构对制品质量的影响，可达到优化制品和模具结构、优化成型工艺参数的目的。另外，借助网络技术进行及时的传送，可将各种数据及时传送到数控加工中心上，进行模具的快速加工。

几种三维设计的塑料模具实例见图 3-32。

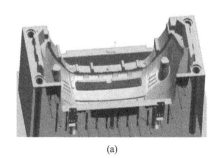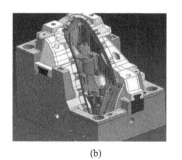

(a)　　　　　　　　　　　　　　　　(b)

图 3-32　采用三维设计软件设计的塑料模具图

3.4.1　三维坐标测量仪在模具设计中的应用

传统的产品实现通常是从概念设计到图样，再制造出产品，称之为"正向工程"。相对于传统的设计而言，"逆向工程"主要通过 3D 数字化测量仪或光学设备对物理原型进行扫描，获得点云数据，再通过相应的处理软件转变成曲面。三坐标设备安装 Renishaw SP25M 扫描测头，支持 IGES 文件建模、导出，直接实现"逆向工程"。其具体工作流程是针对现有样品，利用测量仪，准确、快速地量取样品表面点数据或轮廓线条，加以点数据处理、曲面创建。

两种不同的三维坐标测量仪外观见图 3-33。

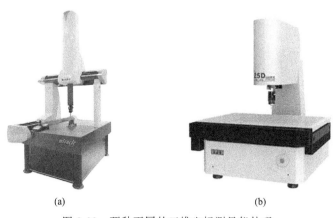

(a)　　　　　　　　　　　　　　　　(b)

图 3-33　两种不同的三维坐标测量仪外观

三维坐标测量仪具有完整的几何元素测量：点、边界点、直线、平面、圆、圆弧、球、圆柱、圆锥、椭圆、键槽、曲线、曲面、圆环；强大的几何元素构造功能：中分、平行、相交、垂直、相切、投影、移动、拟合、镜像、边界、圆锥、极值点、三点偏移平面、元素转换、多点偏移平面、元素复制；多样的坐标系创建方法：快速 3-2-1 找正、快速 CAD 对齐工件、RPS 找正、多点拟合、迭代对齐（自由曲面类工件找正）等。在以往的模具型腔检测方面，只能通过制造出产品后，再修整模具，而高精度三维坐标测量仪可以快速对复杂的型腔零件进行检测，从而省去了部分修模次数，降低试机成本。

3.4.2 利用热分析软件优化模具冷却水道设计

吹塑模具设计中模具冷却水道的设计非常重要。在吹塑加工过程中，制品冷却定型的时间占整个制品加工周期的 2/3 以上，甚至更高。因此，提高吹塑模具的冷却效率，设定合理的模具温度，可缩短制品成型周期，降低能耗，提高生产率。

挤出制品冷却分析技术均是通过建立新的模型，采用有限元数值模拟的方法对制品冷却过程进行研究。通过对制品整体温度场进行预测，同时考虑制品厚度对预测温度的影响，达到制品冷却时间最短、制品冷却均匀性更好的效果，并在条件允许的情况下，通过试验进行对比验证，从而能更有效地进行冷却阶段的优化。采用三维软件建模，导入 ANSYS 软件对制品的整个冷却过程进行模拟仿真，分析不同的内冷却方式、初始温度、壁厚等参数对制品温度分布的影响。

3.5　常用挤出吹塑模具的结构、使用与维护

典型挤出吹塑模具主要包括瓶形模具、桶形模具、大型工业件模具、汽配件模具、高质量表面吹塑模具等。这些吹塑模具都有其独特性，需要根据各自特点进行使用和维护。

3.5.1　瓶形模具

（1）瓶形吹塑模具

瓶形模具的品种、规格繁多，小到几毫升，大到几升，制品使用的范围十分广泛，包括日用化工产品、药品、食品等各种工业用、民用、军用的小型、微型包装瓶。

在吹塑模具的分类中，瓶类模具型腔的形状及模具结构类似，共同特性较多，因而可以与其他吹塑模具明显地加以区分。

瓶类吹塑模具的结构通常分为瓶口部、瓶中端部和瓶底部。瓶口有螺纹形状及吹气孔。从容器的稳定性考虑，底部都采用凹入形状。吹气方式大多采用上吹的形式。在大多数模具中设有瓶口和底部自动去飞边装置，并在其生产线上配套自动检测装置等。

对于一些产量较大的模具，如洗发水的包装瓶模具等，基本都采用了高强度的整体模具钢来制作，模具的型腔表面质量要求高，切口较窄，冷却水道多数采用钻孔式结构。对于一些量大、高速成型的制品，其模具多数采用多模腔、高速吹塑的模式。图 3-34 为六模腔吹塑模具。

（2）瓶形模具的使用与维护

小型瓶形模具的体积、重量一般较小，人工安装即可。但一些带自动去飞边装置和多模腔的模具体积与重量较大，需要采用吊装工具完成。模具安装调试时，注意将导向部分对准，重点注意调整好吹气杆或者吹气针的位置，使其不会造成对模具的损坏以及产品出现废品。开合模速度调整要平稳，不要出现快速撞击的现象，避免损坏模具导向部分和切口部位。导向部件等注意定时（每班不少于两次）加注合适的润滑脂，以减少其磨损。

采用多模腔带自动去飞边的模具，往往采用高强度模具钢制造，这类模具往往在极高的运行速度下进行生产，为了提高模具寿命，建议在低运行速度下生产一段时间，使得模具的温度升高，模具的韧性得到提高，再进行高速连续作业。

瓶形模具一般精度都会较高，生产中使用周期较长后，其导向部分和切口部位会不同程

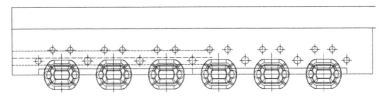

图 3-34　六模腔吹塑模具

度的发生磨损，需要根据具体磨损情况进行修复或修理，需要具有专业技能的模具维修工进行操作。

瓶形模具的排气孔径较小，对制品成型的外观质量影响较大，使用时需要保持畅通，可以采用净化后的压缩空气对其进行吹气，及时排除灰尘及杂质，同时注意防止油污等杂质污染或堵塞排气孔。

瓶形模具不用时应该拆离吹塑机，专门存放在模具存放架上。存放前排空冷却水管道中的余水，将模腔、切口、导向部位等清理干净并加注防锈油，将模具对合在一起，平整摆放在该模具的存放位置，并做好有关文字记录。

用于高速生产的塑料模具，不仅在模具修理后应进行残余应力消除处理；每隔一段时间都应对塑料模消除应力，这能延长模具使用寿命。

设备需要临时停机时，可将模具处于合模状态，必要时可加注防锈油，以保护模具不受损坏。

（3）使用、保养时的注意事项

① 不能采用硬物敲击或碰撞模腔、切口、导向等部位。

② 冷却水管道不能漏水，防止模腔、切口、导向等部位锈蚀。

③ 不能采用撞击式开合模，防止模具损坏。

④ 没有经过专业技能训练的人员不能进行模具的修理工作，防止模具出现更多的缺陷。

⑤ 模具存放时不能乱堆乱放，防止模具因此损坏。

目前，许多瓶形模具均已采用自动去飞边装置，并在其生产线上配套自动检测装置等。

如图 3-35 所示，模具部分采用模具钢制造，去飞边装置采用铝合金制造。瓶子吹塑成型后，即可采用自动去飞边装置去除瓶子飞边。

图 3-35　一种带去飞边装置的双工位模具外形

3.5.2　桶形模具

（1）桶形吹塑模具

在吹塑制品工厂中，一般将 5～200L 的包装桶模具称为桶形模具，它们所包含的范围比较大，规格比较多，品种比较全。图 3-36 为 160L 开口桶模具。

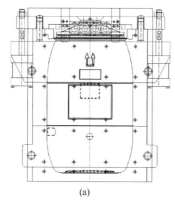 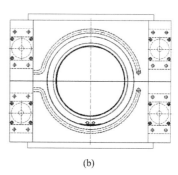

(a)　　　　　　　　　　　　　　　　(b)

图 3-36　160L 开口桶模具

在桶形模具中，一些小规格模具主要采用碳素钢制作，多数采用整体性模具结构。中小型桶形模具有的已经采用了自动去飞边装置，用以提高生产效率和减轻操作人员的劳动强度。一些大中型模具多数采用的是组合式结构或镶嵌式结构，组合式结构大多采用碳素钢经机械加工后组合而成，镶嵌式结构的主体材料多数采用的是铸造铝合金，铸造时将模具的导向部件、切口部件、冷却水循环管道等制成钢质的镶嵌件嵌入主体材料之中。模腔表面多数都会采用喷砂等措施进行处理，必要时模腔部位可以制作排气孔。相对瓶形模具来说，桶形模具的模腔精度及切口精度等级会低一些。图3-37 为 200L 双 L 环塑料桶的模具外形。

图 3-37　200L 双 L 环塑料桶模具的外形

如图 3-37 所示，根据吹塑制品的不同特点，桶形模具可能需要制成可以上下开模的多开模形式，以满足不同制品的成型需要。目前在用的 200L 化学危险品包装桶模具基本上是可以上下开模的多开模形式。

批量及产量较大的制品主要有：200L 系列的塑料桶、20～150L 系列的塑料桶，以及 5L 系列的润滑油包装桶等产品。

200L 的危险品包装桶的模具设计与制造工艺、模具材料、零部件的热处理均要求比较专业和严格，国内多家模具制造企业已经具备与吹塑机实现完美配套的能力。其中张家港市锦华模具有限公司设计、制造的 200L 双 L 环桶模具的主要特点如下。

①　生产效率高，冷却速度快，生产一个塑料桶只需要 150s。

②　塑料桶品质高，双 L 环的强度更高，抗冲击能力强，跌落高度从 2.5m 提高到 3.5m，跌落 3 次仍然不破裂。

③ 模具的液压缸密封性能较好，不容易产生漏油、渗油现象。

④ 模具的 L 环部位更加耐磨，是一般模具的 2～3 倍。

大中型桶形模具配套的设备采用多模腔的较少，小型包装桶的吹塑生产线多数是双工位的设备，大中型包装桶的生产设备单工位相对多些，近几年大中型吹塑设备也在向双工位或多工位成型发展，所以这类模具形状的一致性以及冷却周期的一致性较为重要。

近几年来，桶形模具也有新的发展，一些在塑料桶上直接成型内螺纹及成型时自动打孔的模具不断出现，较好地解决了内螺纹成型与直接打孔的问题。

图 3-38 为一种直接成型内螺纹和自动打孔的桶形模具。

如图 3-38 所示，该模具可以在吹塑成型塑料桶时直接成型内螺纹，并且在制品取出前将内螺纹处的孔直接打好，减少了塑料桶后加工的工序及降低了生产成本。

图 3-38　一种直接成型内螺纹和自动打孔的桶形模具

（2）桶形模具的使用与维护

大中型的桶形模具由于较重，安装与拆卸时一般都需要采用起重或吊装设备，从事这一项工作时，需严格按照安全操作规程进行。模具安装与拆卸前认真检查所有吊装用具及设备的安全性，确认没有安全问题后，才能进行吊装作业。

模具安装后，仔细检查模具、吹气装置、导向部件等是否对位准确，紧固连接螺栓，正确连接各种冷却水管道、液压管道、气动管道、电气线路等，调整开合模速度、锁模压力、慢合模距离等，调整设备、模具等各项吹塑成型参数。防止模腔、切口、导向柱等部件受到撞击，确保模具不会受到损坏。

模具在正常生产时，需要定时对模具的导向装置等部件加注润滑脂或润滑油，每班两次，同时检查紧固用的螺栓是否连接牢固。注意保持冷却水的畅通，并且不发生渗漏现象。

当一批产品已经生产完成后，如果模具需要更换，则将其吊离中空成型机，采用压缩空气将冷却水管道的余水吹干净，并对模腔、切口、导向柱等部位加注防锈油（剂），将模具平整摆放在存放处。如果模具不需吊离设备，只是设备停机，需要将设备的冷却水、压缩空气阀门关闭，并将模具中的余水吹干，给模具的型腔、导向装置、切口等部位加注防锈油（剂）后将其合拢，使其处于合模状态。

较大的桶形模具为了提高生产效率、降低成本，往往采用铝制模具。一般来说，与钢制模具相比，铝制模具不需要进行全面维护，但是有需要注意的不同事项。铝制模具一般生产周期短，但也意味着需要释放更多的气体，所以分模线的清理比钢制模具频繁。

当模具型腔、切口、导向装置以及液压缸等部件损坏或磨损后，需要及时对其进行修复，修复工作应该由专业的模具修理工进行，以防止因为修理工作的不当使模具产生新的缺陷。

（3）使用、维护注意事项

① 不能使用钢铁类硬物敲击或撞击模腔、切口等部位。

② 吊装作业时，不能采用不合格的吊具，没有经过专业培训的人员不能操作吊装设备。

③ 进行模具的安装、调试、维护、保养等工作的人员必须经过相关技术培训和具有相关技能。

3.5.3 大型工业件模具

（1）大型工业件模具的结构特点

大型、超大型工业件吹塑模具主要是其产品直接用于工业配套件或工业上直接使用，其产品主要有：吹塑托盘、汽车配件、办公设备配件、家用电器配件、大型工业品储存罐、包装箱、医疗床、小型船艇以及其他工业配件等。它们所包括的范围十分广泛，产品类型齐全，产品体积庞大，所需配套中空成型机较大；其大型工业件吹塑模具重量一般都在2～3t，超大型吹塑制品的模具重量可能在5t以上。

大型工业件吹塑模具一般会采用组合式模具结构，许多模具大多采用铝合金作为主体模具材料，模具铸造时将模具的切口、导向部件、冷却水管道等制作成为嵌件预制其中，经过机械加工后，采用连接螺栓组合而成。图3-39是一种大型工业件的吹塑模具外观。

如图3-39所示，该大型工业件吹塑模具采用了铝合金内浇铸时镶嵌无缝钢管冷却水管道的方法制造，同时模具的底板部分采用钢板制造。

近几年来，随着模具叠层技术的发展，国内外一些厂家采用低碳钢板叠层的办法来制造模具，采用激光切割的方法将薄钢板准确切割出需要的形状，通过激光焊接或铆接加固的方法将叠层钢板合为所需模具整体，然后通过适当而少量的数控加工即可使模腔达到较高的精度，其冷却水的循环部位也非常接近模腔部位，使制品能够均匀冷却，达到收缩基本一致的效果。

同时，由于大型工业件吹塑模具的体积、重量均较大，有些吹塑制品也有采用多个规格产品组合成一副模具的，如：1000L IBC塑料桶、吹塑托盘模具、储水罐、储油罐等。一副大型模具组合了多种制品规格，节约了模具的投资，制品也形成了系列化，有利于实现标准化。这种大型组合式的模具，多数采用优质碳素钢、铝合金铸造方法制成，以方便拆卸组合。

图3-40所示是一种吹塑托盘的组装模具，该模具可以用来生产两种规格的吹塑托盘，将模具的中段取出后，即可组装为另一种较小的规格。如果将上、下段模具以及中段模具等设计成为可以组装的模具，将可以实现多种规格产品的生产。只是在生产实际工作中，一副模具可以组装的规格越多，其设计上的难度也就越大，模具的维护保养和组装工作量也会多一些。

图 3-39　一种大型工业件吹塑模具外观

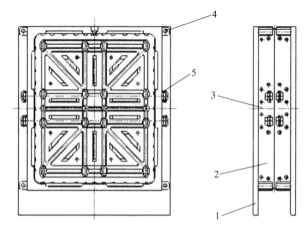

图 3-40　一种吹塑托盘的组装模具

1—模具底板；2—上、下段模具；3—中段模具；4—导向套；5—连接螺栓

图 3-41 是一种大型工业件吹塑模具外形与试模图片。

(a)　　　　　　　　　　　　　　　(b)

图 3-41　一种大型工业件吹塑模具外形与试模图片

(2) 大型工业件模具的使用与维护

大型工业件模具必须采用吊装设备进行安装与拆卸作业。由于设备、模具均较为高大、操作人员必须特别注意上下设备时的安全性，因为这类中空成型机模板尺寸的高度多数都在1500～2500mm，有些超大型设备的模板高度会更高，注意将设备上多余的润滑油、脂清除干净，有利于操作人员的工作，待模具安装或拆卸工作完成后，再加注合适的润滑油、润滑脂。

大型工业件模具基本都是组合而成，其模具的导向精度相对于其他类型的模具会低一些。因此，模具安装后并固定后，一般需要进行样品试制后再进行模具的微调，以使其制品外形切口的误差较小。特别是模具使用多年后，其导向精度降低时，样品的试制显得更为重要。

对于组合式的大型吹塑模具，需要注意合理连接冷却水的外接管道，以保障制品冷却的一致性，从实际使用的情况来看，适当降低模具上部的温度有利于提高模具的生产效率。注意调节合模机构的开合模速度，使模具不要发生冲击、碰撞及强行挤压的现象，确保模具能够平稳运行。

当模具不使用时，不管是否存放，均需要将模具内部的冷却水采用压缩空气吹干净，以防止其产生内部锈蚀后堵塞冷却水管道等。

模具停用一周以上时，则需要对模腔、切口、导向部位等进行防锈处理。对于多个规格的组合模具，因为经常需要进行组合、拆分工作，需要注意接触面的保护，防止因为撞击造成损伤，当损伤较大时，应及时进行修复，同时连接用的螺纹及螺栓因为长期使用会磨损或损坏，需要及时进行处理，其连接螺栓可以采用不锈钢螺栓。同时从事组合与拆分工作时，要十分注意操作人员的安全。

对于一些异形件吹塑模具的模腔、切口、导向装置等要进行特别保护，因为异形件模具的分型面不在一个平面内，在模具吊装、拆卸与生产过程中，注意做好安全防护措施。

(3) 使用、维护注意事项

① 不能采用钢铁类硬物敲击模腔、切口、尾料槽等处。

② 不能采用不合格起重和吊装设备及器具进行模具的吊装作业。

③ 不能采用不合格的连接螺栓进行模具的组合等作业。

3.5.4 高质量表面吹塑制品模具

（1）高质量表面吹塑制品模具的特点

目前常用的高质量表面吹塑制品主要有：PC 纯水桶、轿车 ABS 扰流板、轿车门板、轿车座椅、医疗床板吹塑件等。这些工程塑料的吹塑制品要求其表面质量达到较高的光洁度，以适应市场的高标准要求以及轿车配套的表面质量要求。

这类模具的表面光洁度较高，模具的排气微孔较多，嵌件较多，一般会使用侧吹与制品顶出装置，采用 ABS、PC、PA、透明 PP 等塑料成型，模具切口较窄（1~1.5mm），模具切口所承受的合模力较大，以确保制品切口处的外观质量。模具一般需采用温度控制措施，以确保制品的成型及外观质量水平。制品成型时，吹胀气压较高，可达 0.9~1.2MPa。所以这类模具一般会选用整体式模具结构，并且采用高强度模具钢一次数控加工而成，模具型腔表面采用高度抛光的办法以提高其光洁度。

图 3-42 所示是一种 PC 纯净水桶模具模腔的外形，由于 PC 纯净水桶要求透明性能较好，所以，该种模具的模腔表面需要较高的光洁度。

图 3-42　一种 PC 纯净水桶模具模腔的外形

（2）高质量表面吹塑制品模具的使用与维护

高质量表面吹塑制品模具（图 3-43）与其他类似模具最大的不同就是其制品表面的光洁度要求高，配合尺寸要求精准，除了对吹塑设备的机头流道、挤出机、口模、芯模以及模具自身质量有较高的要求以外，制品成型时对车间环境条件要求也较高，要求在比较洁净的环境条件下生产，因此要加强对生产车间内部环境与周边环境的清洁与保洁工作。

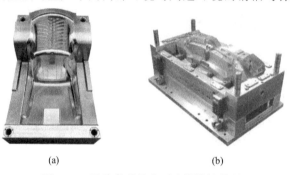

(a)　　　　　　　　　　　(b)

图 3-43　两种高质量表面吹塑模具外观

模具安装或维护后，需要特别注意模具型腔表面的清洁工作，需要采用棉布类做清洁物品，及时清理模腔表面的污迹等。特别注意防止堵塞模具的排气微孔，可以采用干净的压缩空气进行清理，操作台等处需要保持在干净状态，操作人员的工具及手套等也需要防止污染制品。

定时（每班 2 次）给模具的导向部件加注清洁的润滑油，并且注意不要对模具型腔、切口等处造成污染。

模具不生产时，一定要给模腔、切口、导向柱等部位加注防锈剂并使之处于合模状态，并且每周检查一次；生产前对模具的防锈剂采用合适的溶剂（汽油、煤油）进行仔细的清理。

（3）使用、维护注意事项

① 模具采用模温机或其他方法进行温度控制时，由于模温相应较高，操作与维修人员应注意防止烫伤，确保安全操作与运行。

② 模腔禁止任何污染，以确保其表面质量处于较高水平。

③ 更换模具密封件时，需选择耐高温的密封件，耐温等级以≥200℃较好。

3.5.5　负压牵引无飞边吹塑模具

① 负压牵引无飞边吹塑是一种新型的吹塑工艺，是 3D 吹塑成型工艺中的一种。它是由新型口模、具有型腔并处于合模状态的模具以及设置在模具底端的负压牵引盘组成。负压牵引盘能提高向下的牵引力，能使型坯快速进入模具型腔中进行吹胀保压成型。

其吹塑成型工艺为：模具闭合→口模下料→负压盘牵引→到达控制位后→端部与尾部封死→内部吹胀定型。采用此工艺具有以下特点：成型时间短；可有效避免堆料、积料而导致成型的不良；无飞边；生产效率高等。此类成型技术一般用于管道类制品。

图 3-44 所示为两种负压牵引无飞边吹塑模具。

(a)　　　　　　　　　　　　　　　(b)

图 3-44　两种负压牵引无飞边吹塑模具

② 负压牵引无飞边吹塑模具的使用及维护。

负压牵引无飞边吹塑模具刚开始用于吹塑成型时，可能会出现一些不良现象，效果不理想，这与模具的温度有很大的关系。在生产开始前，一定要对模具进行控温，使模具先达到较好的吹塑成型温度，这样才能尽量减少开机时废品的产生。

负压牵引无飞边吹塑模具合模贴合位置，密封度要求较高，模具内部滑块精度要求较高，需保证模具整体的密封性。

这类吹塑制品生产过程中，成型工艺对车间环境条件要求较高，需要加强对车间内部环境的清洁与保洁工作。

模具不生产时，需闭合后整体放置，如果可能的话，顶部与端部封口，避免在存放时有杂物落入。

③ 负压牵引无飞边吹塑模具的使用及维护需注意以下几点。

a. 安装与拆卸模具时，拆装负压盘，需确保真空系统关闭。

b. 在生产前期，必须确保模具型腔内无杂物。

c. 真空系统安装时，要确保电机正转。

第 4 章

挤出中空吹塑成型机的调试与修理

吹塑制品工厂设备维护的主要目的是尽量减少设备故障，以尽量减少或消除成本高昂的停产以及换件修理，提高吹塑制品的质量和生产效率。

吹塑制品工厂应该形成周期性的检查和维修、保养制度，具体包括以下内容。

① 注意防止发生树脂、水、油（液压油、润滑油）的泄漏和渗漏。

② 定期更换齿轮箱中和液压系统装置中的润滑油、液压油，有检测条件的地方可先进行检测，如果不合格可尽快更换合格油品，如果检测合格，可继续使用。

③ 定期加注润滑油（脂），并且清理废油（脂）。

④ 检查电加热器（圈）、热电偶、传感器的正常工作，使其保持良好状态。

⑤ 检查控制线路、液压装置管路等，使其保持正常工作。

⑥ 检查口模、芯模的工作状况，保持正常工作。

⑦ 检查合模机模板的平行度、运行的稳定性，检查直线导轨与滑块之间的润滑，螺钉的连接等，保持其运行的稳定性。

⑧ 定期检查机头、挤出机、齿轮箱等装置与机构的连接螺钉等，并且做好清洁工作。

⑨ 定期检查安全防护装置的灵敏度，使其时刻保持正常工作状态。

⑩ 做好设备与生产现场的清洁工作，保持设备与生产原料等的清洁。做好备品备件的储备工作，确保易损零部件能够及时更换。

⑪ 定期组织相关人员开会，强调按照设备操作规程操作，做好防火工作，防止人身、设备或者产品出现安全事故。

⑫ 注意观察和检查，特别注意异常的声音、气味等故障预兆，在故障发生前关闭设备与生产线。

4.1　挤出机的调试与修理　

挤出吹塑中空成型机一般在中小型机组中配置普通单螺杆挤出机，在大中型中空成型机上或加工 HMWHDPE 材料时会配置 IKV 挤出机。这两种挤出机有不同的特点，在调试与修理时需采用适合其特点的调试方法与措施。此外，在挤出吹塑中空成型机组中，大部分采用单螺杆挤出机，因此，在此讨论的是单螺杆挤出机的调试与修理技术。

4.1.1 普通单螺杆挤出机

挤出吹塑中空成型机的挤出系统通常采用单螺杆挤出机，螺杆和机筒的结构依据不同的原料采用不同的设计。螺杆通常以单螺纹等距不等深结构为主，再增加销钉、混炼头等功能设计，加强螺杆的塑化效果和挤出量。

普通单螺杆挤出机主要组成部分有电动机、传动机构（皮带传动或联轴器）、减速箱、机筒、螺杆、电加热器等。

（1）普通单螺杆挤出机调试的注意事项

① 安装时，需保证螺杆机筒中心线的直线度，并与减速器传动轴中心线重合。

② 机筒进料口及减速箱通常要通冷却水进行冷却，防止进料口原料受热结块及减速器温度过高。机筒进料口冷却水通常采用单独阀门控制，根据具体需要调节冷却水流量的大小。

在机筒加温前，机筒进料口冷却水必须打开。

③ 根据单螺杆挤出机的工作原理，机筒段的温度通常设定成阶梯状，即进料段温度稍低，熔融段和计量段逐渐升高，也有部分特殊原料除外。通常机器启动时温度设定比正常生产时高 5~10℃，待正常生产后再降回正常温度。机筒温度达到设定温度后，通常还需要保温 30~60min，才能启动挤出机。

④ 新机器第一次启动时，需要检查螺杆的转向，从螺杆根部看，应为逆时针旋转。

⑤ 启动挤出机时，先以较低的转速运转一段时间，待挤出正常后，再逐渐提高到正常生产转速。在塑料熔体未从模头正常挤出前，操作人员应远离模头正前方，以防发生意外。

⑥ 对于某些特殊原料，如 PVC、PC、HMWHDPE 粉料等，在启动挤出机时，需要采取饥饿加料法（即缓慢加料法），以防止启动时螺杆负载过大而闷车，并且造成挤出机电动机电流与温度过高。

⑦ 如果加工 PVC、PC、ABS 等塑料原料时，当生产结束时，需关闭料斗门，应当挤空挤出机机筒里的原料。采用 PE、PP 类塑料原料加工时，不需要挤空挤出机机筒中的原料。

⑧ 为防止铁屑等金属异物进入挤出机内造成螺杆机筒的损伤，一般在料斗内需要放置磁力架。

螺杆意外损坏的情况较多，如螺棱磨损、螺杆断裂等。图 4-1 为单螺杆螺棱严重磨损图片。

图 4-1 单螺杆螺棱严重磨损图片

像图 4-1 这种螺杆严重磨损的情况，主要采用换件修理的办法进行彻底更换，并且找出造成严重磨损的原因，改善操作方法，避免这种意外损坏的事故再次发生。

（2）挤出机传动装置的维修

① 电动机。普通单螺杆挤出机普遍采用变频调速驱动，电机通常选用普通电动机或变频专用电动机。普通电动机常见故障主要为轴承损坏或线圈绕组绝缘层损坏，可以采取相应的对

策进行维修，电动机轴承最好选用 E 级精度的轴承，加注电动机轴承专用润滑脂。变频专用电动机由普通电动机发展而来，除了前面提到的普通电动机常见故障外，独立的散热风机也有可能出现故障，为保证散热效果，变频专用电动机运转时需要确认散热风机转向正确。

② 减速箱。挤出吹塑中空成型机多数采用硬齿面减速箱，箱体采用两半对称分体式设计。正常使用前需要加注说明书要求的齿轮油到液位计的 2/3 处。一些较小规格的挤出机有的采用摆线针轮减速器，加注润滑油时请严格按照说明书要求进行。减速箱常见故障主要有轴承损坏、齿轮轴损坏、齿面磨损、密封圈磨损漏油等，根据不同的故障采取相应的维修方法，注意齿轮箱外壳箱体打开后，装配时分型面需要进行清洁并且涂抹密封胶以防止漏油。

当齿轮磨损或损坏时，需要重新对其进行更换，可采用原制造厂家的配件进行更换。当由于各种原因不能采用原制造厂家的配件修理，需要制品厂家自己进行测绘加工修理时，应特别注意的是，很多中空成型机的减速箱采用了变位齿轮设计与制造，测绘与加工时务必注意其齿轮的变位系数与特点，以确保更换过的齿轮等零部件的减速箱能够经久耐用。

③ 皮带传动副。调试皮带传动副时注意调节两个皮带轮轴线的平行，防止因为轴线不平行造成 V 带的提前磨损与损坏。并且注意调整其张紧的程度，防止因张紧不足造成传动力达不到要求，同时也需注意因张紧过度造成 V 带磨损与断裂，当 V 带张紧不足或过紧时，都会造成皮带轮的温度上升，需根据具体情况进行适当调整。

④ 联轴器。联轴器的形式比较多，各设备制造厂家采用的联轴器均有不同，可根据其具体情况进行调整，当采用的弹性联轴器内部的橡胶弹性块发生磨损较多时，应及时进行更换，联轴器安装调试时，特别要注意保障其轴线同轴度的偏差在许可范围内。

4.1.2　IKV 单螺杆挤出机

IKV 单螺杆挤出机主要应用于大中型中空成型机上，其加工的塑料原料多为 HMWHDPE。根据 HMWHDPE 的加工特性，在调试与使用 IKV 挤出机时主要需要注意以下几点。

（1）加工时工艺温度的设置特点

挤出机机筒加热升温时各段逐步加温，将温度升到正常生产的温度时，保温 2～3h，以使挤出机各部分温度趋于稳定，方能开车生产。保温时间长短应根据挤出机直径和塑料原料品种而有所不同，一般情况下，直径较大的挤出机保温时间应长一些。保温是为了使挤出机机筒内外温度基本一致，防止出现仪表指示温度已达到要求温度，而实际温度却偏低的情况，此时如果将塑料原料投入挤出机，由于实际温度过低，物料熔融黏度过大，会引起轴向力过载而损坏挤出机的推力轴承或减速箱。

（2）开车与调试

开车时，按启动钮，先缓慢旋转螺杆转速调节旋钮，然后再逐渐加快，加速时要密切注意主机电流表及树脂压力表指示变化情况。由于 IKV 螺杆挤出机加工的塑料原料大部分是 HMWHDPE（特别是使用 HMWHDPE 粉料时），这种塑料的黏弹性较大，螺杆启动时其阻力较大，因此对螺杆的转速进行调整时，不宜过快，防止发生挤出机螺杆断裂、电动机与变频器或直流电机驱动器过载的情况。

塑料型坯挤出时，任何人均不得站在储料机头口模正下方及附近，以防止因螺栓拉断或原料潮湿放炮及高温熔融体喷出等而产生人身伤害事故。塑料型坯从储料机头口模压出后，将各部分参数作相应的调整，以使塑料型坯压出的操作达到正常状态。待各项工艺参数正常后，方可将挤出机螺杆加到所需要的转速。

生产中应该注意观察开槽进料段的冷却是否正常，可在这一区间安装温度显示表来显示温度，通常温度控制在 15～55℃ 较好。当有异常高温出现时，需要及时采取措施。过低的温度会增加螺杆运转的阻力，增加减速箱、电动机以及变频器或直流电机驱动器的负荷，因此需防止此处出现过低的温度。

当采用 HMWHDPE 粉料时，需要控制挤出机的启动电流，一些牌号的高分子量聚乙烯材料挤出时螺杆启动力矩较大，需要缓慢提升螺杆转速才能适应，这一点要特别注意。根据长期的调试经验，挤出机采用 HMWHDPE 时，螺杆通常在 0～5r/min 运行5～10min，再缓慢加速，在使用新设备或重新开机时，这个过程可能需要 30～45min。

需要特别提醒的是，HMWHDPE 与普通 HDPE 比较，其熔体强度会高很多；而一些吹塑制品厂家的工程技术人员由于只具有加工普通 HDPE 塑料的经验，往往容易忽视这方面的问题。首先，HMWHDPE 塑料比普通的 HDPE 吹塑级原料工艺加工温度会高一些，有的牌号可能会高 20～30℃，如果操作人员没有按照 HMWHDPE 塑料的工艺温度进行操作，可能因为较大的熔体强度与黏结强度致使螺杆发生断裂或变形而造成设备的损坏。

近几年，一些小型吹塑制品厂初次进行较大型吹塑制品加工时，往往容易出现这类事故。对于 1158、5420、TR571 这类吹塑级塑料，其加工温度不宜设置过低，一般储料机头温度应该在 210～230℃，挤出机温度应该在 175～230℃，温度应该从挤出机进料口开始由低向高设置，尤其应重视机头与挤出机的连接处（机头径）的温度是否正常，防止温度设置发生较大的偏差。

4.1.3 螺杆、机筒常见故障与原因分析

4.1.3.1 中空成型机螺杆、机筒在使用过程中常见故障及原因

中空成型机螺杆、机筒在使用过程中常见故障及原因见表 4-1。

表 4-1 中空成型机螺杆、机筒在使用过程中常见故障及原因分析

	故障现象	原因及排除措施
1	运转过程中有刮膛声音	①机筒中心线弯曲,调整机筒中心高度 ②机筒与螺杆不同心,检查相关零件的形位精度误差 ③机筒内壁或螺杆外径圆柱度精度不够,检查更换 ④螺杆扭曲变形,检查更换
2	机筒与齿轮箱连接处局部过热	①机筒与螺杆不同心,检查相关零件的形位精度误差 ②螺杆局部变形,检查更换
3	螺杆进料不稳定或不进料	①机筒进料口冷却不良,检查维修冷却水路 ②螺杆进料口粘料结块堵塞,检查清理堵塞结块 ③机筒进料段未开槽或磨损严重,检查更换机筒 ④螺杆进料段受损,维修或更换
4	运转过程中,螺杆计量段温升过高	①机筒温控或散热风机不良,检查温控和散热风机 ②机筒螺杆磨损严重,维修或更换 ③机头阻力过大,检查维修 ④螺杆结构设计欠佳,修改设计
5	机筒螺杆磨损过快,挤出量减小	①原料中杂质过多,减少杂质 ②机筒螺杆热处理硬度不够,检查材质或热处理工艺 ③原料配方中含有较大比例的填充料

在挤出机常见故障中，螺杆架桥现象较为多见，通常是由于进料口处温度过高，或者螺杆在进料口温度较高时停止转动，造成物料粘在螺杆上不流动。这种情况发生时，粘在螺杆上的塑料会随着螺杆一起转动，将螺槽密封，阻止塑料向前输送。处理措施是将塑料桶切割成为合适宽度的条状物，使螺杆处于慢速旋转的状态，将条状塑料片从进料口加入，使黏结物挤压下来。如果遇到黏结很紧的塑料黏结物，可采用铜刀剥离的办法去除。采用这种方法时，挤出机均应该是处于加温状态才行。

4.1.3.2　螺杆非正常抱死的原因及技术措施

（1）挤出机中出现异物卡死

在中空吹塑成型过程中，常会因为一些人员的不当操作或者上料和回料粉碎系统设备的意外损坏而从进料口掉入金属类物品，常见的多为螺钉或螺母。这种金属物品随着塑料向前推送，在螺杆与机筒的间隙较小处被卡死，发出异常机械摩擦声音，但是由于生产车间的设备运行声音较大，往往操作人员难以及时发现这种异常声音，导致螺杆进一步运转直至挤出机设备完全被卡死，严重时还会造成挤出机传动系统的设备出现意外损坏。

图 4-2 所示是一块从挤出机螺杆、机筒取出的不锈钢金属块。尽管中空成型机的使用厂家在挤出机进料斗中安装了磁力架，但是由于不锈钢材料不受磁力的影响，该不锈钢金属块仍然进入挤出机螺杆、机筒之间，并直接造成螺杆、机筒的损坏。

因此，在挤出机的进料斗或其他合适部位多处安装强磁吸铁装置，并采用负压输送塑料原料，可以减少 80% 以上的意外损坏。同时，对操作过程中切割下来的塑料边料等材料需要采取措施以防止其受到污染，确保原材料的清洁度。

目前，市场上已经出现一种金属自动分离装置，可分离塑料原料中的金属颗粒等，对于减少螺杆、机筒的金属咬死现象具有较好的效果。

（2）螺杆与机筒非正常抱死

在挤出机正常生产运行中，可能出现螺杆与机筒的某一局部发生抱死的现象，见图 4-3。

图 4-2　挤出机螺杆、机筒中取出的不锈钢金属块

图 4-3　螺杆被损坏处

发生图 4-3 中显示的这种现象，其原因往往是挤出机的主要零部件螺杆或内部的连接套等零件加工、热处理没有达到相关的技术要求，齿轮减速箱推力轴承损坏（正常使用中的设备如果没有发生硬件堵塞情况，应首先怀疑是减速箱的推力轴承损坏），或者挤出机设计本身还存在需要改进的地方。

在拆卸与修理中，可将抱死处局部加温到 300℃ 左右，采用一些特别设置的工具进行拆卸，拆卸时特别注意安全操作，防止工具的强度不够而产生断裂，进而发生意外伤害。拆卸后可以对零部件的损伤处进行适当的修整后继续使用，必要时可以更换完全损坏的零件或修复齿轮减速箱。

4.1.3.3　螺杆、机筒更换时间的选择

对于挤出吹塑中空成型机来说，螺杆、机筒的高效工作决定了挤出吹塑设备的产量和生产效率，螺杆、机筒经过一段时间的使用后，必然会产生磨损，特别是采用较多的回用料与填充料时，螺杆、机筒的磨损会加快。当磨损达到一定量时，会影响到设备的工作效率，这时应及时进行更换。因为螺杆、机筒磨损后产量会降低，而能耗并不会降低，有时能耗反而会上升，造成生产成本增高，效益降低。

由于螺杆是在机筒中密闭运转的，较难直接观察到螺杆、机筒的磨损状况，但是可以通过以下一些情况的变化来确定螺杆与机筒是否已经发生较大的磨损，是否需要对其进行更换。

① 检查挤出机进料段前端的温度是否正常，一般是在挤出机温度控制区的 1～2 区段内（即进料口前端），如果这些区段的温度已经开始失控，温度上升较快，采取冷却措施也难以降温。那么，这时有必要尽快进行螺杆、机筒的更换。

② 在正常生产的情况下（规格等均没有发生变化），班产量因挤出量下降而下降 5％以上，通过采取其他措施也不能稳定原有班产量，这时也需要尽快进行螺杆、机筒的更换。

由于挤出机螺杆、机筒的材料一般均采用 38CrMoAlA，这种材料的焊接性能较差，在修理时可采用换件修理的方法，普通补焊的办法很难保障螺杆螺棱的强度，如果螺杆运行中发生螺棱崩裂，将直接对机头造成危害，也可能造成更多零部件的损坏。

4.1.3.4　螺杆、机筒的拆卸

① 将机筒与储料机头的连接处加温到高于正常工艺温度后，将机筒中的塑料原料基本挤出干净，再拆卸连接处的螺栓，并拆卸加热器及接线；拆卸进料段的冷却水管道；拆卸自动上料装置；拆卸挤出机电动机及接线。

② 松开连接进料段的紧固螺栓，拆卸减速箱联轴器及与设备机架连接的螺栓，将减速箱退后（减速箱自重较重，可用液压千斤顶将减速箱顶出让其退后），使其与螺杆脱开；如螺杆与连接套连接较紧，可在减速箱连接螺杆头的另一侧安装专用螺杆拆卸工具，将螺杆顶出；当减速箱连接套完全脱开螺杆后，可将减速箱吊离设备机架。

③ 将机筒与螺杆一起平稳吊下，对于大型螺杆、机筒的起吊可以采用吊车与行车相配合的办法。起吊时注意相互的动作配合。

④ 给已吊下的机筒加温，拆卸有关的连接部件及螺杆。目前一般吹塑厂家大多数采用换件修理，将备用螺杆、机筒安装好有关的连接部件后即开始准备吊装。

⑤ 对于一些因为挤出机中进了金属等异物的螺杆的拆卸，会比较困难，有时候需要专用的拆卸工具和装置，对机筒的加温需要高一些，拆卸困难时，可在厂房外部的场地选择空地进行加温处理，一般宜在反向进行加力，即从螺杆出料口处给螺杆加力推出，如果从进料口加力，可能金属块会越挤越紧，使螺杆拆卸困难，造成螺杆与机筒报废。对于拆卸后的螺杆、机筒可视具体情况进行适当的修复处理，如抛光、去毛边等，如果损坏严重时，只能报废。

4.1.3.5　螺杆、机筒的安装

① 备用螺杆与机筒安装在一起后即可进行吊装作业，为了防止螺杆在机筒中的滑动，

可将小块木料夹在中间（注意适时取出）；然后平稳吊装在机筒所在位置，将机筒固定，并与储料机头及进料段连接好。

② 将减速箱吊装回设备机架上，将减速箱连接套与螺杆键槽端对好并将其连接到位，连接此处时需要借助专用螺杆拆卸安装工具，连接套及螺杆键槽端需要涂抹润滑脂，以利今后拆卸；安装并紧固机架与减速箱的固定螺栓，安装进料段与减速箱的紧固螺栓，安装挤出机电动机及联轴器并接线，安装加热器及接线。

③ 安装自动上料装置，仔细检查各种接线及连接螺栓无误后即可加温试车。

④ 可利用此机会对减速箱更换润滑油，同时也应对挤出机电动机进行检查与维护。

4.1.3.6　挤出机推力轴承的更换

一些大型、超大型吹塑机的挤出机推力轴承与减速箱分开设置，当挤出机推力轴承损坏时，则需要及时更换，拆卸安装程序与更换螺杆、机筒相似，只是不需要将螺杆、机筒吊下设备机架。推力轴承一般安装在减速箱上，将减速箱拆卸并吊下设备机架，采用工具取下已经损坏的推力轴承，将准备好的推力轴承安装到原来位置即可。

较大的推力轴承安装较为困难，推力轴承连接套与推力轴承的间隙较小，安装推力轴承之前，需要对推力轴承进行加热，较为稳妥的方法是，将推力轴承进行整体加热，可将新的推力轴承放置在装有润滑油与润滑脂的金属容器之中（润滑油、润滑脂的比例各占 50%），均匀加热，待混合油沸腾一定时间后，将推力轴承取出安装在连接套上，再进一步安装推力轴承的外座圈，贴合面上需要采用密封胶进行密封。

安装时由于推力轴承较重，又是热装，需要采用有效的安全保障措施和专用工具，以确保人员和设备的安全。同时，推力轴承加热时，现场需要做好防火的安全措施。

挤出机的大型推力轴承安装前，也可采用专门设计的电加热圈加温，这样操作时会更加方便一些。

4.1.3.7　螺杆、机筒拆装中的安全注意事项

由于一些大型、超大型挤出吹塑中空成型机的螺杆、机筒较重，可达到 $2\sim4t$，而吹塑厂家的行车可能起吊重量达不到要求，这时，可以采用汽车吊与行车联合作业的方式进行设备部件的吊装。吊装时特别注意设备部件的平稳，吊装速度不可过快；吊装用的物件、夹具等需要可靠安全。吊装时需要由专人统一指挥并协调行车与吊车的速度，以确保设备部件安全平稳的吊装。

吊装用的物品（如钢丝绳、吊环、等）与被吊部件不能滑动，连接必须可靠安全。操作人员与其他现场人员不能站在被吊物体及吊车的正下方，以防止发生意外事故。

4.1.3.8　挤出机系统直流电动机的使用

（1）启动准备

直流电动机在安装后投入运行前或经长期停机后，重新投入运行前，需做下列启动准备工作。

① 用小于 0.2MPa 的压缩空气吹干净附着于电机内外各部分的灰尘、泥垢及去除不属于电机的任何物件，对于新电机，应去掉在风窗处贴的包装纸。

② 检查轴承润滑脂是否洁净、适量，润滑脂占轴承室体积的 2/3 为宜。

③ 用柔软、干燥而无绒毛的布块擦拭换向器表面，并检视其是否光洁，如有油污，则可蘸少许汽油擦拭干净。

④ 检查电刷压力是否正常均匀，刷握的固定是否可靠，电刷在刷握内是否太紧或太松，以及与换向器的接触是否良好（接触面积应不小于75%）。检查在刷杆座上的记号与端盖上的标记是否对正。用手转动电枢，检查是否阻塞或在转动时是否有撞击或摩擦之声。用500V兆欧表测量绕组对机壳的绝缘电阻，如小于1MΩ，则必须进行干燥处理。检查接地装置是否良好。检查直流电动机出线与磁场变阻器、启动器等相互连接是否正确，接触是否良好。

(2) 直流电动机的启动

① 检查线路情况（包括电源、控制器、接线及测量仪表的连接等）。

② 直流电动机为外通风电机时，必须先将冷却用鼓风机开动送风。

③ 直流电动机与减速器的联轴器先别连接，输入小于额定电枢电压10%的电压，确定电动机与机械转动方向是否一致，一致时表示接线正确。

④ 直流电动机换向端带测速机时，直流电动机启动后，检查测速机输出极性，是否与控制屏极性一致。

⑤ 直流电动机启动完毕，应观察换向器上有无火花，火花等级在标准范围内即可放心使用。

(3) 直流电动机的调速

启动后可以直接旋转调速电位器，调至所需之值，但是不得超过直流电动机和驱动器的技术条件所允许的最高转速。需要特别注意的是：由于大型、超大型挤出吹塑中空成型机的挤出机螺杆较大，转矩较高，调节调速电位器时不可太快，必须缓慢变速，以防止直流电动机的速度失去控制，造成对直流电动机、减速器、螺杆等零部件的意外损坏。

(4) 直流电动机的停机

旋转调速电位器，先将转速降到最低值，按停止按钮使直流电动机停止运行，将直流驱动器的空气开关断开即可。

4.1.3.9 挤出机系统直流电动机的维护与保养

(1) 直流电动机的清洁

直流电动机周围应保持清洁干燥，其内外部均不应放置其他任何物品。直流电动机的清洁工作每月不得少于一次，清洁时应用压缩空气吹干净内部的灰尘，特别是换向器、线圈连接线和引出线部分。

(2) 直流电动机换向器的保养

① 换向器应呈正圆柱形，表面光洁，不应有机械损伤和烧焦的痕迹。换向器在负载下经长期无火花运转后，在表面产生一层暗褐色、有光泽的坚硬薄膜，这是正常现象，它能保护换向器的磨损，这层薄膜必须加以保持，不能用砂布摩擦。

② 若换向器表面出现粗糙、烧焦等现象时，可用0号砂布在旋转着的换向器表面上进行研磨。若换向器表面出现过于粗糙不平、不圆或有部分凹进现象时，应将换向器进行车削，车削速度不大于1.5m/s，车削深度及每转进刀量均不大于0.1mm，车削时换向器不应有轴向位移。换向器表面磨损很多时，或经车削后，发现云母片有凸出现象，应以铣刀将云母片铣成1~1.5mm的凹槽。换向器车削或云母片下刻时，需防止铜屑、灰尘侵入电枢内部。因而要将电枢线圈端部及接头片覆盖。加工完毕后，用压缩空气做清洁处理。

(3) 直流电动机电刷的使用

① 电刷与换向器工作面应有良好的接触，电刷在刷握内应能滑动自如，其与刷盒之间间隙应适量。电刷磨损或损坏时，应更换相同牌号及尺寸的电刷，并且用0号砂布进行研

磨，砂面向电刷，背面紧贴于换向器，研磨时随换向器作来回移动。

② 电刷研磨后，用压缩空气做清洁处理，再使电动机作空载运转，然后以轻负载（为额定负载的 $1/4\sim1/3$）运转 1h，使电刷在换向器上得到良好的接触（每块电刷的接触面积不小于 75%）。

（4）轴承的保养

① 轴承在运转时温度太高，或有不均匀杂声时，说明轴承可能损坏或有外物侵入，应拆下轴承进行检查，当发现轴承的钢珠、保持圈有裂纹或轴承经清洗后使用情况仍未改变时，必须更换新轴承。用拉杆在冷态时从转轴上取下不良的轴承，新轴承要用汽油洗净，放在油槽内预热到 $80\sim90℃$，然后套入转轴。轴承安装后，在轴承盖油室内填入约 $2/3$ 空间的润滑脂。轴承工作 $2000\sim2500h$ 后应更换新的润滑脂，但每年不得少于一次，同时应防止异物混入润滑脂中。

② 轴承在运转时需防止灰尘及潮气侵入，并严禁对轴承内圈或外圈进行任何冲击。

（5）检查绝缘电阻

① 应当经常检查直流电动机的绝缘电阻，如果绝缘电阻小于 $1M\Omega$ 时，应仔细清除绝缘上的脏物和灰尘，可以用汽油、甲苯等进行擦洗，待其干燥后再涂绝缘漆。使用汽油、甲苯时注意环境的通风和防火；同时注意做好维修人员的安全防护工作。

② 必要时可采用热空气干燥法，用通风机将热空气（$80℃$）送入直流电机进行干燥，开始绝缘电阻降低，然后升高，最后趋于稳定。

（6）检查通风冷却系统

应该经常检查直流电动机定子温升，判断通风冷却系统是否正常，风量是否足够。如果温升超过允许值，应立即停车检查，强迫通风或进风温度$\leqslant40℃$。带鼓风机强迫通风的直流电动机，如果鼓风机过滤网上灰尘多，应定期清洗过滤网或更换。过滤网灰尘多会造成直流电动机运行时温度增高。冷却风机的顶部和直流电动机的上部及周围不允许放置其他物品，并应保持清洁。

4.2　型坯成型机头的调试与修理

塑料型坯成型机头是保障成型塑料型坯的重要部件，它的结构形式、参数设计、工艺调整等会直接影响塑料型坯的质量。由于塑料型坯成型机头的结构形式不同，其使用、调试、修理会有较多的不同点，下面分别进行介绍。

4.2.1　直接挤出式机头的调试与修理

4.2.1.1　直接挤出式机头的调试

① 正确设置机头各段的加热温度，其具体加热参数需要根据聚合物材料的加工温度来确定，在初次开机或停机时间较长以后再次开机时，加热温度需要比正常工艺温度高 $10\sim20℃$。通常在挤出机与机头连接处的温度需要设置高一些，此外口模处的温度也需要设置高一些。开始升温后，需要经常检查温度控制仪以及加热元件等是否正常工作，发现异常，及时进行处理。

② 加热时注意保持加热元件、测温元件（热电偶）的正常工作，有些设备在机头的加热过程中，加热元件（加热圈）及测温元件容易发生遇热松弛现象，这样会存在不安全的因

素，需要及时进行处理。可在加热器上采用自动锁紧装置，以防止发生加热后松弛现象。

③ 在生产过程中，有时由于塑料原料中存在异物，会造成机头与挤出机连接处的过滤板（孔板）堵塞，如果堵塞时间过长，容易造成连接处的螺栓损坏及加热元件损坏，并且产生塑料原料的漏料与溢料。有些中空成型机安装了树脂压力异常报警系统，但多数中小型中空成型机没有安装这类报警装置，需要根据机头挤出料的具体情况及时进行处理。

④ 根据型坯流动和外观状况量及时调整温度的高低、挤出速度的快慢等参数，还可根据情况调整原料配方。

4.2.1.2 直接挤出式机头使用中的安全注意事项

① 机头初次挤出型坯时，操作及维修人员应注意与其保持一定的安全距离，加温过程中温度设置过高或过低，型坯挤出时均有可能发生安全意外，需要特别加以注意。

a. 加热温度过高时，可能发生原料分解的现象，型坯挤出时，熔体出现强度低、比较稀的状态，甚至还可能出现似水状的流体，在挤出机螺杆的推动下，形成高温高压的流体瞬间喷射而出。在这种状况下，如果操作及维修等人员距离机头较近，特别容易发生高温熔体的烫伤事故。这一点尤其值得引起产品生产工厂操作人员和设备制造工厂调试人员的高度重视，这类事故每年都在各地的吹塑工厂发生。

b. 加热温度过低时，塑料还没有得到充分的加热，但一些操作人员的经验不足，只注意温控仪上的显示数据达到设定值后就贸然开机，而实际上塑料熔体还没有达到可以流动的温度要求，在挤出机螺杆的强力推动下，有可能发生机头与挤出机连接螺栓或连接螺纹的松动或断裂，并且还可能引起机械事故，如果人员距离机头较近，就容易发生机械伤害事故。

② 塑料型坯正常挤出后，由于壁厚或其他原因，需要对机头的一些调节螺栓进行调整，操作或维修人员等必须戴好手套等安全防护用品，防止发生烫伤和其他不安全事故。

③ 在进行机头口模或芯模的调整时，必要时必须关闭设备的加热电源，以确保操作人员的人身安全。

④ 特别注意事项。

a. 禁止在机头温度过低的条件下强行启动挤出机，以保证设备和操作人员及周边人员的安全。

b. 禁止在挤出机和机头温度过高的状态下强行启动挤出机，如果设备因为其他原因造成加温时间过长或温度过高，应该采取有效措施使其温度降低，温度降低到正常值后方可开机，以确保操作人员及周边人员的安全。

c. 禁止采用硬物敲打机头，尤其是口模和芯模以及机头内部的流道，连接处的法兰、接口等处，禁止采用硬物敲打或采用硬质物件强行刮削等，以防止机头因此受到损坏。

d. 禁止在机头或挤出机附近晾挂衣物、手套、湿毛巾等物件，防止设备因受潮造成电路短路或其他损坏。同时也需禁止在其附近放置一些非设备必须的物件，防止引发不安全事故（吹塑制品企业应该要有明确的文字规范与管理制度）。

e. 禁止对设备不熟悉的人员进行各项操作，防止因此引发设备事故和人身不安全事故。

4.2.2 储料式机头的调试与修理

4.2.2.1 储料式机头的调试

储料式机头使用的正常与否，不但与机头的设计、制造、安装有很大的关系，同时与使用中的许多细节是否恰当也有很大的关系。当吹塑设备选择一旦确定，吹塑制品厂家就需要尽可能的保养、使用好所选择的吹塑设备；在吹塑设备的使用中，应该尽量注意做好以下事项。

① 严格控制塑料原料的清洁度，特别是防止石子、泥沙、金属类等杂质混入原料之中，必要时可在塑料原料的进料斗中和粉碎机的料斗处加装强磁力除铁器；生产场地要注意清洁，对塑料边料要设有专用的冷却台或边料斗，防止泥沙带入边料之中。

如图 4-4 所示，这是某吹塑制品工厂中空成型机的储料机头中取出的金属混合物体，由于这些金属物体混入储料机头的流道之中，使储料机头的注射活塞发生卡死现象，造成压料液压缸、伺服液压缸的密封件全部损坏，并造成较大的经济损失。

② 严格按所加工的塑料原料的工艺特性给机头加温到工作温度，并恒定一段时间（2～4h）才能开机。要特别注意防止温度不够就开机压料注射。在一些吹塑制品生产厂家，由于一些操作人员没有掌握好这一点，容易造成对储料机头关键零部件的损坏。

图 4-4　储料机头流道中取
出的金属物体

③ 由于储料机头加温时热量很高，所以设计储料机头时对相关的压料液压缸和伺服液压缸均设置有水冷却系统，机头升温时要特别注意保持冷却水的压力和畅通。防止因温度上升使压料液压缸和伺服液压缸的密封圈加速老化，导致失效。

④ 生产时及时清理储料机头溢出的塑料边料，并对运行部件加注适量的润滑油。

⑤ 储料机头的加热器要注意做好绝缘、接地措施，确保人员和设备的安全。

⑥ 储料机头的换色与换料：一些储料机头可能由于设计、制造、磨损、塑料原料等原因，造成机头内部流道的压力不均匀，熔体流向不稳定，致使其换色、换料的周期较长，可采取一些措施缩短换色与换料的周期，常用的方法如下。

a. 在塑料原料中添加一定的水（不能过多），使其在储料机头的内部熔融时产生较多气泡，增加一定的熔体压力，可使换色与换料的时间大为缩短。

b. 适当调整压料时液压缸的压力，采用手动波动压料的方式可加快换色、换料的速度。

c. 改变塑料原料的配方，增加原料中高分子量原料的比例，可以加快换色、换料的速度，缩短换色、换料时间。

d. 换色、换料时，应尽量清除料斗、机头等处的原有塑料原料，不让这些原料再进入挤出机与机头系统中。尤其是机头间隙溢出的废料，更应清理干净。

e. 对于换料、换色周期较长的机头建议进行技术改造，在经济上是合算的，对机头相应零部件采用计算机工程分析软件进行精确分析，可较好地确定如何对相关部件进行改进，从而加快其换色、换料的速度；目前国内已经有专业技术服务公司在开展机头改造、改进方面的工作。

f. 此外，挤出机螺杆、机筒磨损较为严重时，也会影响机头的换色与换料速度，在具体的操作中，需要根据具体情况进行分析，确定其影响的主要因素，以方便采取相应的措施。在某些机头与挤出机连接的机头颈的设计、制造中，其流道部分不是特别的流畅，一些角度可能形成了死角，换色、换料时可能不容易被新料带出，如果换色、换料时间过长，可能考虑采用拆卸机头颈进行清理的办法。

g. 对于一些采用工程塑料（如 ABS、PA 等）进行吹塑的储料机头，其溢出的溢料应该经常清理，防止累积成较大的碳化物，碳化物积累时间较长后会使机头一些重要零部件损坏，这种情况曾经在多家吹塑制品企业发生，值得工程塑料吹塑制品企业的注意。

⑦ 机头的压力过高。由于设计与制造以及塑料原料等方面的原因，可能导致机头与挤出机的熔体压力过高，影响到挤出量的提高和生产效率的提高。可对机头的流道部分进行修整与抛光，当经验不足时，每次修整的量可以小一些，通过试验，逐步达到较为理想的压力要求，以改善机头内因为熔体压力过高而造成挤料或储料较慢的状况。

⑧ 在生产中塑料型坯的正常成型对于吹塑制品的质量影响很大，在调试中应该尽可能地将塑料型坯调整为正常状态，调试时，可参考图4-5。

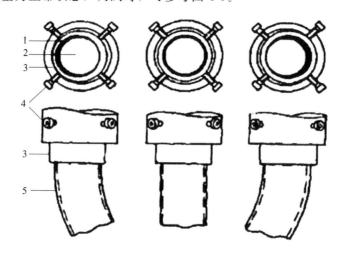

图 4-5　塑料型坯调节示意图
1—口模外圈；2—芯模；3—口模；4—调整螺钉；5—型坯

⑨ 吹塑制品企业应该制定较为完善的设备管理制度，每班工作时应该定期巡查储料机头的各个重要部位，并做好书面记录，以备查询。

4.2.2.2　调试、修理储料式机头时的注意事项

① 由于储料式机头所加工的材料大多数是 HMWHDPE，加工这些塑料时需要较高的温度（180～230℃），稍不注意就容易发生烫伤事故，操作人员穿着必要的防护衣物和戴好手套才能进行操作。

② 在塑料型坯挤出时，操作人员及其他人员均需要远离储料机头的正下方，并保持一定的安全距离，特别是冷机加温后的最初几次挤出需要特别注意安全，因为机头温度过高有可能会造成其内部的压力升高，一旦口模开口并注射压料时，机头内部的塑料熔体在高温高压下有可能会激喷而出，对人体造成伤害或损伤。

③ 拆装大型、超大型储料机头口模、芯模时，需采用专用可以升降的拆装架，由于储料式机头的口模、芯模较重，拆装时温度较高，拆装架的使用可以确保操作人员的安全。对机头内塑料熔体的清除必须采用铜质刀具清理，不要造成对机头内部流道以及口模、芯模的刮、擦伤。对于连接用的高强度螺栓，安装芯模、口模时，需要在螺栓的连接部位涂上耐高温润滑脂，有利于下一次的拆卸与安装。耐高温润滑脂的温度选用范围为正常使用温度的1.5～2倍。

④ 对储料式机头的液压连接管道及零部件进行拆装检修时，必须认真检查主液压系统、伺服液压系统是否已经处于完全没有压力的状态下。主液压系统和液压伺服系统停机后，特

别是安装有储能器的液压系统，必须打开卸荷阀彻底排空以防止系统内的残存压力对人员和设备造成伤害。

⑤ 当储料机头内有塑料时，一定要加温到该种塑料的工艺温度以上才能进行拆卸操作，不然会对储料机头造成较大的损伤。当某种情况下需要采用明火加热时，必须先拆卸液压缸、伺服缸、电控装置等外围零部件，或者明火不能靠近液压缸、电控元器件等处，并需做好拆卸现场的防火措施，确保用火安全。

4.2.3　多层型坯机头的调试与修理

多层型坯机头是生产多层共挤中空容器的重要零部件之一，在多层共挤吹塑设备中占有重要地位。

多层型坯机头有直接挤出式和储料式两种类型，目前用于汽车塑料燃油箱生产和食品、药品、农药等包装瓶的多层型坯机头多数采用的是直接挤出式；而生产化工危险品包装桶的多层型坯机头多数则采用了储料式。储料式多层型坯机头近几年以 2～3 层发展较快，而生产多层塑料燃油箱的型坯机头多数为 6 层。到目前为止，国内中空成型机设备制造厂家已经有少数可以在多层型坯机头上安装型坯壁厚径向控制装置，较好地解决了型坯壁厚精确控制的问题。

本节主要介绍国产汽车塑料燃油箱的多层型坯机头的使用。

4.2.3.1　多层（6层）燃油箱的特点

多层吹塑汽车燃油箱（以下简称多层塑料油箱）由 6 层共挤结构组成，按其功能可分为基层、功能层、黏合层、回收料层和装饰层。

（1）基层

基层是多层共挤结构的主体，厚度较大，主要确定制品的强度、刚度及尺寸稳定性，同时也起一定的功能作用，基层聚合物主要是 HMWHDPE 新料，基层厚度一般设定为总厚度的 30%～50%。

（2）功能层

功能层，也称阻渗层，是多层共挤结构高阻渗作用的关键层，它不仅可以阻止燃油有效成分渗透至燃油箱外，而且可以阻止外界气体或湿气等向燃油箱内的渗透，功能层聚合物主要是 EVOH。一方面，EVOH 的价格较高；另一方面，EVOH 在很薄的情况下，其阻隔性能已很高。因此，在满足阻渗性能要求的前提下，阻渗层应设计得尽量薄，一般为总厚度的 1%～5%。

（3）黏合层

黏合层主要解决基层和功能层间相互黏合不良的问题，多层燃油箱壁内各层之间的黏合是难点和要点，黏合不良会发生层间剥离现象，进而影响塑料油箱的强度和阻渗效果，黏合层聚合物一般用 HDPE 改性料，黏合剂价格一般较高，故在满足性能要求的前提下，其厚度应尽量小些；黏合层一般为两层，占总厚度的 1%～4%。

（4）回收料层

在共挤吹塑油箱的过程中，会产生一些飞边和废件，对其回收再利用，可降低成本，同时，多次回收通常也不会影响燃油箱的性能。单种聚合物油箱的回收料破碎后按一定比例加入挤出机即可，多层共挤吹塑料油箱的回收料有多种塑料，不利于直接分离成单组分利用，因此，在复合共挤结构中增加回收料层，以解决回收料的重复利用。回收料层主要为回收料和 HMWHDPE 新料的混合物，回收料层厚度可达总厚度的 30%～50%。

(5) 装饰层

装饰层也叫外基层。除具有一定强度、刚度外，可加入色母料，以提供燃油箱不同的外部色彩，也可以加入抗紫外光剂等助剂，以改善燃油箱的外部适应性，装饰性聚合物主要为 HMWHDPE 新料和色母粒；此层厚度一般设定为总厚度的 15%左右。

4.2.3.2　江苏大道机电科技有限公司研制的 6 层燃油箱吹塑设备

该设备包括共挤机头、挤出机、成型机、吹胀机构、100 点型坯壁厚控制装置、升降平台、电气液压与气动系统、失重或称重系统、集中供料系统等几大部分。

(1) SCJC500×6 多层中空机具体参数。

SCJC500×6 多层中空机具体参数见表 4-2。

表 4-2　江苏大道机电科技有限公司 SCJC500×6 多层大型中空成型机技术参数

挤 出 机				
编号	螺杆直径/mm	长径比(L/D)	螺杆转速/(r/min)	塑化能力/(kg/h)	驱动功率/kW
A	100	25	0～62	255	90
B	100	25	0～62	180	90
C	75	25	0～70	100	45
D	45	25	0～88	14	15
E	45	25	0～88	14	15
F	60	25	0～78	40	30

合 模 机 构			
锁模力/kN	模板尺寸/(mm×mm)	模板间距/(mm×mm)	最大模板尺寸(W×H×T)/(mm×mm×mm)
1200	1500×1400	800×2000	1500×1800×1000

共 挤 机 头			
熔融层数	口模尺寸/mm	加热功率/kW	加热区段　(段)
6	300～500	271.2	15

吹 胀 装 置	
伸缩行程/mm	扩张行程/mm
250	2×320

其 他	
装机容量	700kV·A
平均能耗	350kW
压缩空气用量	100～150m³/h　(1.0MPa)
冷却水用量	40～45m³/h　(0.3MPa)
机床重量	70t
机床尺寸	15.5m×10m×7m

(2) SCJC500×6 多层共挤中空机的技术特点

挤出机系统由 6 台塑料挤出机组成，挤出机采用了国内技术领先的 IKV 结构及混炼性能优异的螺杆，塑化能力强，塑化质量高。多层共挤机头是该机最关键的部件，由它形成 6 层塑料型坯。该共挤机头采用了完全符合"先进先出"原则的心形包络曲线流道，主要流道表面镀铬处理。100 点轴向型坯壁厚控制装置必须确保型坯的精度稳定，并得到良好的壁厚分布。成型机采用国内首创新型闸块销模机构，成型机及吹胀机构是塑料型坯吹塑成型的主要部件，移模、合模速度采用电液比例控制。经过创新改进，多层机头的重量大幅度减轻，体积减小，加热采用了电磁感应加热技术，使加热时间得到缩短，节能效果明显。

各种不同的塑料原料加入各自的挤出机中，通过加温融化进入 6 层塑料机头之中，形成 6 层塑料型坯，然后采用成型机带动模具通过压缩空气使 6 层塑料燃油箱吹塑成型。

4.2.3.3 多层（6层）吹塑燃油箱生产工艺温度参数控制

多层（6层）吹塑燃油箱生产工艺温度参数控制见表 4-3。

表 4-3 某工厂采用 SCJC500×6 中空成型机生产 6 层燃油箱的温度参数

机头温度/℃	1 区	2 区	3 区	4 区	5 区	6 区	7 区
	190	190	190	190	187	194	190
	8 区	9 区	10 区	11 区	12 区		
	190	190	190	190	191		

挤出机温度/℃		挤出机 A	挤出机 B	挤出机 C	挤出机 D	挤出机 E	挤出机 F
	0 区	60	50	88	72	70	84
	1 区	195	188	189	208	207	201
	2 区	200	197	196	212	213	216
	3 区	200	199	202	213	215	218
	4 区	206	203	211	220	220	220
	5 区	210	209				

4.2.3.4 多层型坯机头使用注意事项

① 由于生产塑料燃油箱的多层型坯机头体积较大，因此加热升温的时间较长，加热升温时需要值班人员加强值守与巡查，值班人员不能离开现场，以防止发生意外事故。

② 严格禁止在多层型坯机头、各台挤出机温度没有达到工艺温度要求的状态下开机运行，设备出现升温意外时及时排除。

③ 在更换芯模、口模及其他部件时，严格禁止采用钢铁类硬物碰撞或敲打这些部件，清理流道的残余塑料熔体时必须采用铜质工具，不得采用直接火烧的办法处理。

④ 严格控制各挤出机料斗加入的原料品种，严格禁止加入其他非该挤出机所加工的原料，严格禁止塑料原料中混入其他杂质及杂物。

⑤ 操作此类设备必须经过认真的技术培训并通过相关技术考核，严格禁止没有经过相关技术培训的人员进行操作。

⑥ 需要严格遵守其他塑料型坯机头的安全注意事项。

4.2.4 轴向型坯控制系统的调试与修理

挤出吹塑中空成型机普遍采用了轴向型坯控制系统，型坯壁厚控制成了挤出中空成型机的标配。轴向型坯控制伺服液压系统主要由伺服液压缸、电子尺、伺服液压泵、阀等零部件组成。近年来挤出吹塑中空成型机生产线已经开始采用全电动伺服型坯调节控制系统，由于这类控制系统目前还没有普遍采用，在此不专门介绍。

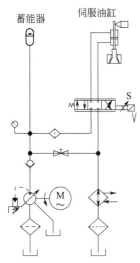

图 4-6 液压伺服控制系统原理

采用电液轴向型坯壁厚控制系统，可根据各部分型坯的吹胀比控制型坯壁厚，形成壁厚均匀的吹塑制品，同时也可节省原料，降低加工成本，缩短吹塑制品冷却时间，显著提高生产效率和制品质量。常见的挤出中空成型液压伺服系统原理见图 4-6。

液压伺服系统常采用压力补偿型变量柱塞泵提供油源。柱塞泵自带溢流阀，油路中不需另设溢流阀，阀块较为简单；压力补偿型变量柱塞泵可根据系统对流量的要求，自动调节油泵的排量，当系统只需要小排量时，油泵自动减小排量，起到节能的作用。压力补偿型变量柱塞泵的最大排量是可以进行调节的，可根据油泵电机功率及工作压力，调定油泵的最大流量，使油泵在最大排量工作时，油泵电机不要过载。

伺服阀：早期的液压伺服系统主要采用力矩马达、喷嘴、挡板式结构。这种类型伺服阀控制精度高，结构复杂，制造成本高，对污染敏感度高。因此，液压伺服系统要在油泵吸油口、管路上以及回油口设有过滤器，并且常常采用独立的油源。随着直动式伺服电磁阀控制精度的提高，以其成本低、对污染敏感度低的优势，在挤出中空成型机液压伺服系统中，得到广泛应用。目前许多吹塑机制造厂家多选择 MOOG 公司生产的伺服阀，国内上海 704 所（上海衡拓液压控制技术有限公司）生产的射流管式电液伺服阀也广泛应用于挤出吹塑机设备上，抗污染能力强，性价比好，服务快捷，尤其是该公司研制的大容量电液伺服阀具有独特的性能优势。

蓄能器：液压伺服系统中，常常设有蓄能器，其作用是短时间释放压力油，满足系统对流量的要求。采用蓄能器后，可以通过选择较小排量的油泵、较小的装机容量、较好的伺服控制精度，从而达到节能的目的。蓄能器的液压系统，需要设有手动或自动放液阀，当系统不工作时，放掉蓄能器中的压力油，确保安全。

壁厚控制油缸：壁厚控制油缸一般采用双出杆油缸，便于伺服阀对进、出油缸液压油流量的控制，获得较高的控制精度。

电子尺：一般根据壁厚液压缸的行程来选择其具体行程参数，根据伺服阀及其控制系统的电压等级来选择耐压参数。

液压油：一般选择抗磨液压油，具体牌号多选择 46、68 号抗磨液压油。

通常的调试主要是对伺服控制系统的型坯曲线进行调节，目前常用的有 MOOG100 点电液伺服控制器和吹塑机制造厂家研制的数控一体化型坯控制界面。详尽的曲线调整可仔细阅读各厂家的设备说明书。各部件的修理目前常用换件修理方法。

4.2.5 径向型坯控制系统的调试与修理

径向型坯控制系统目前在吹塑机上采用不是很普遍，国内的径向型坯控制系统主要应用于 200L 吹塑机的口模与芯模控制上。随着径向型坯控制技术深入研究的不断，这类控制系统将更多地出现在吹塑机的口模与芯模的控制上。一种径向柔性环口模的外观见图 4-7。

径向型坯控制系统的核心部件主要有柔性环弹性口模、伺服液压缸、口模、加热器、连接件等。其关键零部件主要是柔性环（又称弹性环）口模、伺服液压缸。前些年国内一直视柔性环口模为技术难题，在设计、加工、材料选择、热处理等方面技术难度较高。经过苏州同大机械有限公司工程技术研究中心的工程技术人员连续多年的研究，该项技术难题已经获得突破。并且在多台 200L 双 L 环危包桶双层吹塑机上获得应用，从应用的情况来看，效果较好。

图 4-7　一种径向柔性环口模的外观

（1）柔性环变形量的调整

柔性环的变形量决定了型坯壁厚的调整量，一般情况下，柔性环的变形量不会大于 3mm。对于 200L 双 L 环塑料桶来说，其柔性环的调整量一般在 1～1.5mm。由于每个 200L 塑料桶的具体形状有一些差异，因此其调整量会有差别。调整时只需要调整伺服液压缸的行程，即伺服液压缸的顶出行程。

（2）柔性环的变位调整

柔性环的变形在实际使用中一般是在对称的两个位置上，经过一段时间的频繁顶出、变形，其变形处有可能发生一些永久性的微细变形，在这种情况下，可将该变形处进行抛光，然后将柔性环转动一个角度，即可继续使用，下次出现类似情况时，还可以这样进行调整，一直到柔性环彻底失效为止。

（3）调整柔性环口模的注意事项

① 柔性环口模的制造精度较高，一般采用弹性合金钢制造，在安装与调试时，不要采用锤击的方式进行，以免发生不可修复的变形。

② 柔性环的对称变形量应该尽量调整一致，以免影响型坯壁厚的控制。

（4）伺服液压缸的调整与注意事项

① 应用于柔性环口模的伺服液压缸的行程很小，需要仔细调整，准确测量其顶出尺寸。并且对其调整螺母进行锁紧，使其不会发生松动。

② 伺服液压缸内部的循环冷却水至关重要，应该经常检查，确认长时间保持稳定通畅，以确保伺服液压缸的稳定运行。

（5）柔性环口模的修理

当柔性环磨损或变形过大时，一般应该进行换件修理。

4.3　主液压系统的调试与修理

挤出中空吹塑成型机由塑化、机头、合模系统、气动系统、机械手、模具及制冷系统、电气、液压驱动系统和伺服系统及制品后处理系统等组成。液压驱动系统和伺服系统是目前主流挤出中空吹塑成型机重要的部分，液压技术具有功率重量比大、可控性好、可柔性传送动力等优点，并易与微电子、电气技术相结合，形成自动控制系统。液压传动与控制简称液压技术。

传动与控制方式主要有：机械方式、电气方式、电子方式、液压方式以及气动方式。

液压技术与其他控制方式相比较有以下一些特点。

① 功率体积比大，传动功率相同，液压执行元件的体积小、重量轻。挤出吹塑中空机液压系统驱动压力为 6～10MPa，锁模压力为 12～20MPa。

② 调速容易，液压装置调速非常简单，只要调整节流阀，就可实现无极调速。挤出吹塑中空成型机为控制动作的平稳，各种节流阀常被采用，目前常用电控双比例阀。

③ 能自动防止过载。液压系统中设有安全溢流阀，当达到设定的压力时，溢流阀会自动开启，压力油与油箱相通，使压力不超过设定的压力。

④ 容易实现动作和操作自动化。液压系统电磁阀，配合电气元件、PLC等，实现对液压设备的自动控制。

⑤ 元件已经基本上实现系列化、通用化和标准化。选型、采购、应用方便。

⑥ 元件制造精度要求高，加工装配较困难。到目前为止，比较好的液压元件都是发达国家品牌。比如德国的力士乐、美国的威格士、日本油研等。

⑦ 元件对液压油的污染较敏感，且出现故障不易查找。对于较复杂的故障，往往要通过换件来判断失效的元件，故障诊断与排除要求较高技术。

液压系统通常由3个功能部分和辅助装置组成。

① 动力部分。由电机和油泵组成，用来将电能转化为液压油的压力能。最常用的是普通三相异步电机油和叶片泵组成的动力组合，近年来采用伺服电动机与变量液压泵组成的伺服变量液压系统已经大量应用于挤出吹塑中空成型机。

② 控制部分。由各类压力、流量、方向等控制阀组成，用来实现对执行元件的运动速度、方向、作用力等的控制，也用来实现过载保护、程序控制等。

③ 执行部分。最常见的是油缸及油马达。用来将液压油的压力能转化为机械能，完成驱动工作。

④ 辅助装置。主要指油箱、管路、过滤器、油冷却器、压力表等。

⑤ 工作介质。液压油。

常见的挤出中空成型液压驱动系统原理见图4-8。双联叶片泵、电液比例溢流阀（带安全阀）和卸荷溢流阀，是挤出中空成型的标准油源组合。电液比例溢流阀可设定各个动作需要的压力，其自带安全阀可防止系统过载。卸荷溢流阀设定大泵的卸荷压力，当系统压力低于设定压力时，大小泵同时工作；当系统压力大于或等于卸荷压力时，大泵卸荷，只有小泵工作。这种配置，可向系统提供低压大流量和高压小流量的油源，非常适合挤出中空成型。挤出中空成型驱动时，只需要较低的压力，但需要较大的流量；锁模迫紧时，需要较高的压力，很小的流量就可以了。与单泵系统相比，采用大、小泵供油，节能明显，同时减小装机容量。

合模回路：为提供较大锁模力，合模油缸一般缸径较大，合模回路一般采用差动回路，这样能以较小排量的油源，得到较快的合模速度，也是相当有效的节能设计。图4-8所示为挤出中空成型典型差动回路，由一个三位四通电液换向阀和一个二位四通电磁阀组成。合模过程中，通过二位四通电磁阀的切换，由快速合模转为慢速合模，还配有单向节流阀调节慢速合模的速度；同时只有回路切换后，才能提供大的锁模力。合模回路，也是一个保压回路。锁模时，只需要小泵短时间供油加压，然后由液控单向阀保压。不需要在整个吹胀成型过程中，小泵一直供油，节能效果显著。

移模回路：早期的中空成型，移模减速主要靠缓冲液压油缸完成。由于液压油缸缓冲距离短，缓冲效果有限，移模速度较慢。驱动物重量改变后，还得重新调整移模速度。做得好一点的，是把油缸的缓冲做成可调缓冲。图4-8所示是目前广泛使用的行程阀减速回路，采用专用行程节流阀，通过特殊滑道渐变改变节流阀的开口，能起到很好的减速作用，移模速

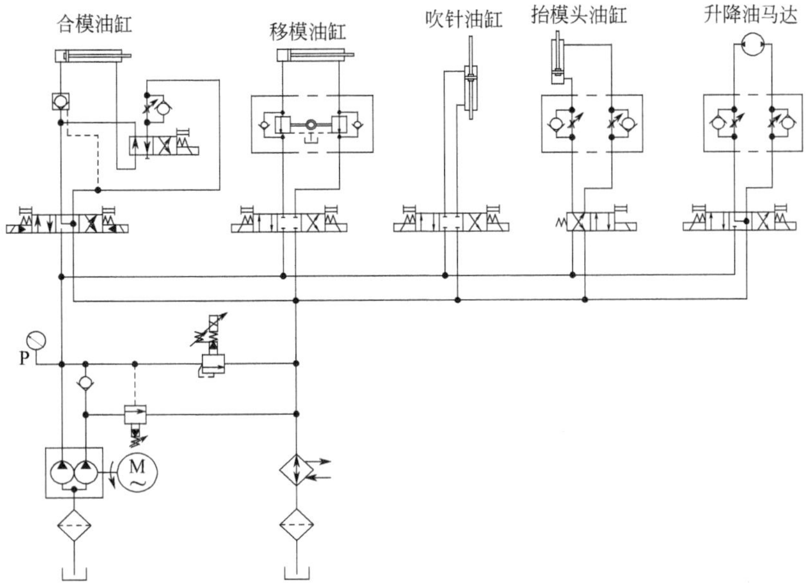

合模油缸　　　　移模油缸　　　吹针油缸　　抬模头油缸　　升降油马达

图 4-8　挤出吹塑中空成型机常用液压驱动系统原理

度较快。近年来，移模回路也开始使用比例换向阀，能达到更快的移模速度，最大移模速度能达到 2m/s 以上。

（1）主液压系统的调试

① 使用者应看懂并理解液压系统的工作原理图，熟悉各种操作按钮和调整手柄的位置及旋向等。

② 开机前应认真检查系统上各调整手柄、手轮是否被无关人员动过，电气开关、行程开关、急停开关的位置是否正常，连接液压管道是否泄漏等，再对合模机构的导轨和活塞杆的外露部分进行擦拭，方可开机。

③ 开机时，首先启动控制油路的液压泵，无专用的控制油路液压泵时，可直接启动主液压泵。对于多组油泵的大型液压系统，应先启动控制油路液压泵，再启动低压油路液压泵，最后启动高压油路液压泵。

④ 液压油要定期检查、更换，对于新投入使用的液压设备，使用 3 个月左右即应清洗油箱，更换新油。以后每隔半年至 1 年进行一次液压油质量全面测试检查，油液质量不合格时，应对油箱进行清洗和更换新油，并做好详细的书面换油记录。

⑤ 工作中应随时注意油液温度，正常工作时，油箱中油液温度应不超过 55℃。夏季油温过高时，可以加装油冷却器加快强制冷却，并使用黏度较高的液压油。冬季温度过低时，应进行预热，或在运转前进行间歇运转，使油温逐步升高后，再进入正式工作运转状态。25～45℃的油温对液压系统的长期稳定运行会有较好的帮助。

⑥ 经常检查液压油液面，保证系统有足够的油量。需经常检查报警电路是否可靠。

⑦ 液压系统在刚开始运行时有排气装置的系统应进行排气，无排气装置的系统应在较低压力状态下往复运转多次，使之自然排出液压缸及执行装置中的气体。如果液压缸在刚启动后出现爬行现象，多数原因是液压缸或液压系统内的空气没有排除干净所致。

⑧ 液压油箱应加盖密封，液压油箱上面的通气孔处应设置空气过滤器，防止污物和水分的侵入。加注液压油时必须进行过滤，使油液清洁。对于大型液压系统，必要时可以采用

一种高效的液压油过滤机，对液压油进行在线过滤，从而保障油液的清洁与脱水。

⑨ 液压系统中应根据需要配置粗、精过滤器，对过滤器的堵塞报警指示应经常性的定期检查，及时清洗或更换被堵塞的过滤器。在油箱的较低位置，可以在多处安装永磁体，吸附油路中冲洗出的钢铁杂质，使其不再参与到液压油系统循环之中去，并在换油时进行彻底清理。

⑩ 对压力控制组件的调整，一般首先调整系统压力控制阀（溢流阀），从压力为零时开始调节，逐步提高压力，使之达到规定压力值；然后依次调整各回路的压力控制阀。主油路液压泵的安全溢流阀的调整压力一般要大于执行组件所需工作压力的10%～25%。快速运动液压泵的压力阀，其调整压力一般大于所需压力 10%～20%。如果用卸荷压力供给控制油路和润滑油路时，压力应保持在 0.3～0.6MPa 范围内。压力继电器的调整压力一般应低于供油压力 0.3～0.5MPa。通过电控系统调整比例阀的压力时也需要从低到高调整。

⑪ 流量控制阀要从小流量调到大流量，并且应逐步调整。同步运动执行组件的流量控制阀应同时调整，以保证运动的平稳性。通过电控系统调整比例阀的流量时也需要从小到大调整。

⑫ 液压系统的安全使用十分重要，在运行中，不能随意打开排气阀以及松开固定各种液压泵、阀、缸、管道等的螺栓，需要维修或保养时，必须先停机再排空压力，才能进行下一步的操作（特别是采用储能器的液压系统）。正常生产中发现油液的泄漏，应及时停机并进行处理。

⑬ 一些常用插装阀的液压系统，可能由于插装阀启动的延迟，容易发生液压油不能及时回流，出现所谓的胀阀或胀缸现象，如果出现此类现象，可以通过改选其他型号的插装阀或改进控制程序的办法来解决，如果长期出现胀阀、胀缸现象，可能出现一些不安全的事故，值得引起注意与关注。

（2）主液压系统安全使用注意事项

① 没有经过专业培训的人员不能操作或进行液压系统的维修工作。

② 不能在液压系统工作状态下拆卸液压油连接管道、液压阀、泵等液压元件。

③ 不能使用不合格的液压油、密封件、泵、阀、连接管道等，确保液压系统安全运行。

④ 当液压系统的冷却水系统不正常时（或是处于停机状态时），禁止液压系统的使用，特别是夏季炎热气候条件下，需要特别注意液压油运行温度的上升。

⑤ 当液压系统采用储能器等装置时，需要对储能器进行定期耐压检查（一般每年检查一次），防止因为储能器的失效而发生安全事故。

⑥ 定期检查液压油的质量，尽量做到按时更换液压油。

4.3.1 液压油的选用及更换

4.3.1.1 液压油的选用

液压油品质和黏度等级对于机器液压系统工作的稳定性至关重要。液压油根据黏度等级高低进行编号，编号越大，黏度越高。为在一定的使用时间内保持液压油的物理和化学特性，通常在液压油里加入抗磨剂、消泡剂、抗氧化剂等。中空成型机根据液压系统的设计及环境温度可选用不同黏度等级的液压油。

常用液压油的牌号、性质及用途见表 4-4。

表 4-4　常用液压油的牌号、性质及用途

名　　称	N32 号普通液压油	N46 号普通液压油	N68 号普通液压油	N32 号抗磨液压油	N46 号抗磨液压油	N68 号抗磨液压油
代　　号	YA-N32	YA-N46	YA-N68	YB-N32	YB-N46	YB-N68
ISO 代号	L-HL32	L-HL46	L-HL68	L-HM32	L-HM46	L-HM68
运动黏度(40℃时)/(mm²/s)	28.8～35.2	41.4～50.6	61.2～74.8	28.8～35.2	41.4～50.6	61.2～74.8
黏度指数	≥90			≥95		
闪点(开口)/℃	≥170			≥170		
凝点/℃	≤－10			≤－25		
铜片腐蚀(T3 铜片,100℃,3h)	合格			合格		
氧化稳定性（酸值达到 2.0mgKOH/g)/h	≥1000			≥1000		
防锈性(蒸馏水法)	无锈			无锈		
最大无卡咬负荷/N	≤60			≤60		
主要用途	除低温环境外,可以在液压系统中广泛使用			可以用于较高压力的液压系统（14MPa 以上),或者重型设备的液压系统中		

液压油在使用过程中物理和化学性质会逐渐发生变化,颜色由浅变深,透明度逐渐变差,所以液压油在使用一定时间后就需要更换。

新机器投入使用后,一般要求工作 500h 后,就要更换液压油。这是因为新机器在磨合期内,系统内的杂质和微细铁屑颗粒可能相对较多,为了保护液压系统能够长期保持较好的工作状态,磨合期过后就需要立即更换液压油。

新机器磨合期过后,液压油的换油周期一般为 1～2 年,可根据不同公司的液压油品质来确定。设备用户可采取定期检验油质的方法对液压油品质进行监控。换油时要对液压油箱和过滤器进行全面彻底的清洁。

许多挤出吹塑中空成型机的设备使用单位不重视液压系统的维护与保养,不按换油周期更换液压油,结果可能造成液压系统工作不稳定,甚至造成液压元器件的损坏,既耽误了生产销售计划,经济上也会得不偿失。

4.3.1.2　液压油使用条件的优化

挤出吹塑中空成型机主液压系统液压油的使用条件主要包括液压油的使用温度和液压油的污染。

（1）液压油的使用温度

液压油的使用温度在液压系统中是最主要的因素之一,虽然液压油的使用温度范围较宽,许多液压手册中介绍是 15～90℃,但是从液压系统的使用状态来看,较好的使用温度在 25～55℃,理想使用温度最好维持在 25～45℃。

影响液压油使用温度的因素有如下几个。

① 油冷却器的冷却面积　对于常年气温较高的地方,宜选用较大冷却面积的油冷却器;常年气温较低的地方,可以选用较小冷却面积的油冷却器。有些吹塑设备制造厂家为了使自己的设备能够广泛适用于所有的温度条件,对所有出厂的吹塑设备均选用较大冷却面积的油冷却器,在油冷却器的进水管处设置一个自动控制的阀门,自动控制冷却水的流量,以达到

自动控制液压油使用温度的目的。

② 油冷却器的冷却水压力　随着油冷却器冷却水压力的提高（相应提高），冷却水在油冷却器中的流动速度加快，在单位时间内通过油冷却器的冷却水量较大，油冷却器的换热速度加快，使液压油的使用温度能够较为有效的降低。在气候炎热且油冷却器可以承受较高冷却水压力的情况下，为了降低液压油的使用温度，可以通过适当提高冷却水压力的办法来加快油冷却器的换热，使液压油使用温度降低。

③ 油冷却器冷却水的水质　冷却水的水质也影响到油冷却器的运行状况，假如冷却水的水质没有经过相应的处理，那么含有过多钙镁离子的冷却水很容易在油冷却器的换热管中产生结垢，尤其是水流速度较慢、油冷却器使用温度较高时更容易产生结垢。对设备冷却水的处理有多种方法，如离子交换水处理方法、反渗透水处理方法、磁化水处理方法等；中空成型机使用厂家可以根据自己的实际情况选用较为合适的水质处理方法，从经济角度和使用的可靠性方面来看，建议使用磁化水处理器来处理循环冷却水。

④ 油冷却器的冷却水温度　冷却水的温度高低对油冷却器的换热效果起着较大的作用，它直接影响油冷却器的运行温度，在气温较高的南方，可以采用冷却塔来降低冷却水的运行温度。

⑤ 液压油的运行压力　在大型中空成型机液压系统的运行当中，当型坯挤出时，要使用到较大流量、较高压力的液压油，锁模保压时需要较小流量较高压力的液压油。有些情况下，液压系统输出的压力并不需要很高，这时液压油会通过溢流阀流回到油箱，如果溢流阀的溢流压力调整过高，就会使液压油的运行温度上升，此外，液压油压力可以在满足吹塑工艺需要的情况下，调整到较低的状态下，这样会有利于降低液压油的运行温度和降低能源消耗；同时还能够有效降低液压系统设备的磨损，延长设备的大修期，降低设备的维护费用。

此外，随着近年来主液压系统普遍采用伺服液压系统，油温的控制更加方便准确了，这是因为这种伺服液压系统在吹塑机的成型吹气、保压时，液压系统基本不用大的流量输出，因此既能节能又可以降低油温。

（2）液压油的污染

液压油的污染受多种因素的影响，各种颗粒物、微尘、水分等都会影响液压油的洁净度，在液压系统的使用当中，几乎80％以上的故障来自于液压油的污染。所以在液压系统的维护与保养之中，对液压油的质量以及维护需要给予充分的重视，并及时采取措施进行处理。对于液压油中水分与颗粒物的污染，目前一种可以在线处理液压油中所含有的水分和颗粒物的液压油真空过滤机值得一些大中型中空成型机的使用厂家选用，它可以在线去除液压油中含有的水分和颗粒物，能够有效延长液压油的使用寿命。

① 金属颗粒物的污染　在中空成型机使用初期，液压油的污染主要来自设备零部件在加工过程中的一些未经清理干净的毛刺等金属微细颗粒物。这些金属颗粒物在液压油的高压冲洗之下很容易将原来附着在各类零部件上的金属微细颗粒物冲洗下来，混入液压油之中，在液压油的带动下，通过液压阀时容易卡在各类液压阀的阀芯，并且对各类液压阀件造成损坏。

为此，在中空成型机使用初期，最好能够每班对液压系统的油过滤器进行检查，并且及时进行清理工作，一直坚持到液压系统的油过滤器已经很少发现金属微颗粒物为止。此外，可以在液压系统的油箱底部多处安装高强永磁铁，用以吸附钢铁类微型颗粒物，并且定期进行清理。随着吹塑机设备制造厂家对液压系统管道、阀座、油箱等的清理工作的加强，新机组中这类故障已经大为减少，但吹塑机设备使用厂家在使用新设备时仍然需要重视这类问题。

② 冷却水的污染 液压系统的冷却水有时也会对液压油造成污染，主要是油冷却器密封件失效或换热管渗漏所致。冷却水混入液压油中后，很容易使液压油起泡，一旦发生此类情况，液压油将很容易失效，并使液压系统的动作快慢发生变化。如果发生冷却水对液压油的污染，应该及时进行维护及修理。

③ 老化密封件的污染 中空成型机的液压系统中，液压油缸、液压阀等零部件普遍采用了密封件，这些密封件使用一定时间后，会不同程度地发生老化现象。老化后的密封件比较容易发生脱落，在液压油的冲洗下混入油液之中，如果这时油过滤器已经失效，这种橡胶类的颗粒物也很容易造成液压阀的阀芯卡死，使液压系统发生故障。如果液压系统因为密封件的损坏导致液压油的污染，应该尽快更换已经损坏的密封件，以防止发生因为密封件的失效和对液压油的污染造成的安全故障及事故。

④ 其他污染物的污染 空气中的微尘和水分也会对液压油造成污染；加注液压油时，加油口及加注工具的杂质污染等也需要注意。随着液压油在液压系统中使用时间的延长，液压油会发生老化、炭化，这样会加快液压油的失效，给液压系统的正常运行带来较大的影响。对于已经老化失效、质量下降的液压油应该及时更换，以防止因为液压油品质严重下降而对液压系统零部件造成损坏。

⑤ 人为因素的污染 在中空成型机液压系统的维护当中，还要注意人为因素对液压系统造成的污染，在拆卸液压系统的零部件之前，一定要将需要拆卸的零部件以及周围清洁干净。

（3）液压油的泄漏

液压油的泄漏分为多种类型，在挤出吹塑中空成型机的具体使用中主要有以下几种。

① 各种连接管道的接头泄漏，这主要是因为管接头选择不当，管接头制造精度不高，管道特别是连接软管耐压等级不够，以及制造精度不高，管道连接的密封件质量不好，型号不当，以及连接时采用方法不当等，使管道破裂、接头破损，容易发生液压油泄漏事故。

② 液压泵损坏，产生泄漏。

③ 液压阀损坏，产生泄漏。

④ 液压阀座与液压阀之间发生微渗，这类情况出现较多，并且不容易处理，其主要原因是阀座的螺纹孔加工精度不高导致螺纹连接处出现松动，螺纹有效深度不够导致螺纹连接强度不够。在安装阀件时，对连接螺钉与阀座的螺纹处，采用具有弹性的螺纹稳固胶进行涂抹会有较好的效果。此外，各种液压阀与阀座之间的密封圈选择不当也是发生微渗的重要原因之一。

4.3.2 液压元器件的调试与修理

液压元器件主要包括液压泵、液压马达、液压阀、液压密封件等，本节主要介绍一些常用的液压元器件的调试与修理。

4.3.2.1 液压泵与液压马达的调试与修理

液压泵根据结构原理的不同分为叶片泵、柱塞泵及齿轮泵等，中空成型机多数选用叶片泵或柱塞泵。

（1）叶片泵

两种不同型号的叶片泵外观见图 4-9。一种叶片泵的结构示意图见图 4-10。

(a)　　　　　　　　　　　　　　(b)

图 4-9　两种不同型号的叶片泵外观

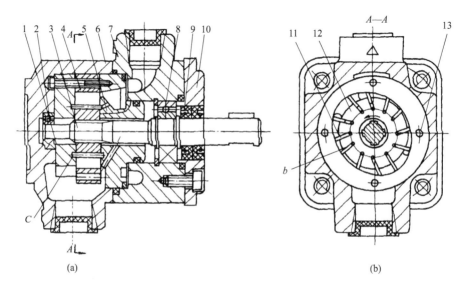

(a)　　　　　　　　　　　　　　(b)

图 4-10　一种叶片泵的结构示意图

1—左配油盘；2，8—滚珠轴承；3—传动轴；4—定子；5—右配油盘；6—后泵体；
7—前泵体；9—油封；10—压盖；11—叶片；12—转子；13—螺钉

叶片泵在中空成型机行业应用非常广泛，技术成熟，经济实用。叶片泵主体结构包括：壳体、泵芯（含转子、叶片、定子）、配油盘、传动轴。当轴带动转子转动时，装于叶片槽中的叶片在离心力和叶片底部压力油的作用下伸出，叶片顶部紧贴定子内表面，沿着定子曲线滑动。叶片往定子的长轴方向运动时叶片伸出，使得由定子的内表面、配流盘、转子和叶片所形成的密闭容腔不断扩大，通过配流盘上的配流窗口实现吸油。往短轴方向运动时叶片缩进，密闭容腔不断缩小，通过配流盘上的配流窗口实现排油。

叶片泵在实际使用过程中，转速不能超过泵的最高转速限制，压力不能超过泵的最高压力限制，否则容易对泵造成损伤，影响液压泵的使用效果和寿命。叶片泵在安装时，需注意保证转子轴与电机轴的同轴度在 0.05mm 公差范围内，与电机的连接多采用带间隙误差补偿和角度误差补偿的回转挠性联轴器，如尼龙联轴器。要避免两者不同心导致轴承、油封等的损伤，产生噪声、振动甚至发生事故。

标准叶片泵的转子旋转方向从其轴端方向看应为顺时针旋转，启动液压泵时，需注意旋转方向的正确与否，反向旋转将不会出油。

　　叶片泵在工作过程中可能出现的问题主要有转子、叶片及定子的磨损，叶片的气蚀，密封圈磨损漏油等。对叶片泵进行拆装或维修时，需对内部零件的拆装顺序及安装方向做好记录，顺序和方向不能装错。泵芯可从泵体内单独抽出和装入，可以单独向生产厂商购买更换。

　　叶片泵的常见故障情况分析与排除措施见表 4-5。

表 4-5　叶片泵的故障情况分析与排除措施

序号	故障情况分析	排除措施
1	液压泵不出油或者油量输出不够	1. 泵转向不对，可改变泵电动机转向 2. 泵的转速过低，可提高泵的转速 3. 吸油管密封不好，改进密封效果 4. 油箱油量不足，加注液压油 5. 液压油黏度过高，更换合适的液压油 6. 电动机未转动，或泵未转动，检查原因 7. 配油盘磨损严重，可砂磨抛光 8. 叶片泵定子拉毛磨损严重，可以砂磨抛光 9. 叶片安装错误（错 180°），吸油困难 10. 泵壳体有气孔、砂眼等缺陷，更换液压泵 11. 滤油器堵塞，可清洗滤芯 12. 泵的进油口堵塞，可检查清除
2	没有压力或者压力调不上去	1. 序号 1 中的原因均可造成压力上不去或无压力 2. 溢流阀、卸荷阀调整不正常，或已失效；维修或更换溢流阀、卸荷阀 3. 电控溢流阀卸荷，检查电控原因；维修或更换电控溢流阀 4. 液压油黏度过低，或油温过高；降低油温或更换液压油 5. 叶片泵本身磨损严重，无法建立泵压力；维修或更换叶片泵
3	液压泵噪声大，振动较大	1. 液压泵本身的故障，磨损严重，维修或更换液压泵 2. 系统压力调整过高，适当调低系统压力 3. 过滤器堵塞，吸油不畅，清洗滤芯 4. 油箱中油量不够，加注液压油 5. 液压油污染严重，更换液压油 6. 吸油管、泵等部件漏气，更换零部件
4	液压泵异常发热，油温高	1. 液压泵磨损严重或装配问题，维修或更换液压泵 2. 油冷却器堵塞，冷却水量不足，检查冷却器 3. 冷却水温度过高，降低冷却水温度 4. 环境温度过高 5. 液压泵卸荷压力过高，适当降低卸荷压力 6. 液压油黏度过高或过低，可调整黏度
5	输出压力波动大	1. 噪声大也是压力波动大的原因 2. 液压泵磨损，维修或更换液压泵 3. 溢流阀有问题，或溢流阀的电控线路故障；检查或更换溢流阀与电控线路 4. 液压泵流量波动大，可能有叶片被卡死；维修或更换液压泵 5. 液压泵的调压弹簧失效，维修或更换
6	液压泵外泄漏	1. 密封件失效，更换密封件 2. 液压泵壳体破裂，维修或更换液压泵
7	使用时间不长叶片泵便严重磨损	1. 叶片泵质量差，或选用不对；更换合格叶片泵 2. 叶片泵运行条件差，改善叶片泵运行条件 3. 维修后的叶片泵装配不良，重新装配或更换叶片泵 4. 液压油严重污染，更换液压油并且彻底清洗液压油箱
8	液压泵轴断裂破损	1. 污染物体进入泵体内，卡死液压泵运动部件；维修或更换液压泵 2. 泵轴材料及热处理不好，更换泵轴 3. 液压泵严重超载，可能是溢流阀失控；更换溢流阀与液压泵 4. 液压泵轴与油泵电动机轴不同心，重新调整电动机与液压泵轴心位置

其他故障现象在中空成型机行业较少发生，还需要不断发现总结。

（2）柱塞泵

两种不同的柱塞泵外观见图 4-11。

(a)　　　　　　　　　　　　　　　(b)

图 4-11　两种不同的柱塞泵外观

在挤出吹塑中空成型机行业，柱塞泵通常应用于辅助的壁厚控制系统的液压系统中，大部分选用的是恒压变量柱塞泵（压力补偿变量），也有将柱塞泵应用于部分机型的主机液压系统中。

柱塞泵与叶片泵相比，压力较高且流量可变，但对油质清洁度要求较高，结构较为复杂，价格也比较高。中空成型机行业多数采用的是斜盘式轴向柱塞泵。

下面主要介绍斜盘式轴向柱塞泵的结构工作原理及使用维护常识。

图 4-12 是一种轴向柱塞泵的结构简图。

如图 4-12 所示，斜盘式轴向柱塞泵的主要工作原理是：传动轴 8 通过花键带动缸体 6 旋转，柱塞 5（7 个）均匀安装在缸体上。柱塞的头部装有滑靴 4，滑靴与柱塞是球铰连接，可以任意转动，由弹簧通过钢球和压板 3 将滑靴压靠在斜盘 2 上。这样，当缸体转动时，柱塞就可以在缸体中往复运动，完成吸油和压油过程。配油盘 7 与泵的吸油口和压油口相通，固定在泵体上。另外，在滑靴与斜盘相接触的部分有一个油室，压力油通过柱塞中间的小孔进入油室，在滑靴与斜盘之间形成一个油膜，起着静压支承作用，从而减少了磨损。

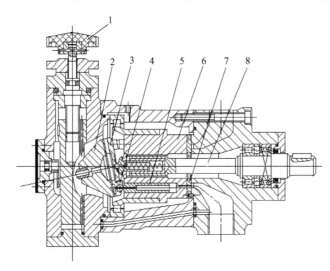

图 4-12　一种直轴斜盘式柱塞泵结构

1—手柄；2—斜盘；3—压盘；4—滑靴；5—柱塞；6—缸体；7—配油盘；8—传动轴

柱塞泵的压力和流量分别可以通过相应的螺钉或手柄进行手动调节,顺时针方向为压力增大、流量减小,逆时针方向为压力减小、流量增大。也可以通过配备比例阀,根据动作实际需要对输出压力和流量进行程序控制。

柱塞泵在中空成型机液压系统中的使用和维护需要注意以下几点。

清洁:装配过程中,整个液压系统所有零件需要彻底清洁并保持,不能存留异物。

液压油:推荐选用抗磨液压油,并严格按换油周期进行更换,保证油质清洁度。

联轴器:与电动机连接选用带间隙误差补偿和角度误差补偿的回转挠性联轴器,电动机轴与液压泵轴的同轴度误差在 0.05mm 内。

转速转向:泵的转速和转向需符合使用说明书的要求。

泄油管:泵的泄油管一般单独回油箱,壳体内的压力不宜超过 0.16MPa。

启动:泵在第一次启动前必须从泵壳上的注油口向泵内注满清洁的液压油,否则不可启动;在正式运转前,先瞬间启停数次,以排出空气,确认转向与声音正常后再连续启动,运转约 10min 后再开始进行调压。

轴向柱塞泵的常见故障情况分析与排除措施见表 4-6。

表 4-6 轴向柱塞泵的常见故障情况分析与排除措施

序号	故障情况分析	排除措施
1	液压泵不出油或者油量输出不够	1. 泵转向不对,可改变泵电动机转向 2. 泵的转速过低,可提高泵的转速 3. 吸油管密封不好,改进密封效果 4. 油箱油量不足,加注液压油 5. 液压油黏度过高,更换合适的液压油 6. 电动机未转动,或泵未转动,检查原因 7. 滤油器堵塞,可清洗或更换滤芯 8. 吸油阻力大,可缩短管路,减少弯头 9. 流量调节螺钉没有调整好,可重新调整 10. 油温太高,泵内泄漏太大,可降低油温 11. 油泵内部零件磨损,装配错误或损坏,可维修或更换
2	没有压力或者压力调不上去	1. 序号 1 中的故障原因均可造成压力上不去或无压力 2. 流量调节太小,重新调整 3. 压力调节不合适,重新调整 4. 液压油黏度过低或油温过高 5. 泵本身磨损严重,无法建立油泵压力
3	液压泵噪声大,振动较大,压力波动大	1. 液压泵本身的故障,磨损严重,维修或更换 2. 系统压力调整过高,适当调低系统压力 3. 吸油管路不畅,吸油管、泵等部件漏气 4. 油箱中油量不够,加注液压油 5. 液压油污染严重,更换液压油 6. 流量输出太小,调整流量输出 7. 进油过滤器堵塞,清洗或更换过滤器
4	液压泵异常发热,油温高	1. 液压泵磨损严重或装配问题,维修或更换液压泵 2. 油冷却器堵塞,冷却水量不足,检查冷却器 3. 冷却水温度过高,降低冷却水温度 4. 环境温度过高 5. 液压泵输出流量调得太小,可适当调大流量 6. 液压油黏度过高或过低,可调整黏度
5	液压泵内外泄漏量大	1. 内部零件磨损,配合不良,更换或维修 2. 密封件失效,更换密封件 3. 液压泵壳体安装螺钉松动,需要拧紧

（3）液压马达

图 4-13 是两种不同型号的液压马达外观。

(a)   (b)

图 4-13　两种不同型号的液压马达外观

液压马达是将油液的压力能转换成机械能的装置，输入液压马达的是压力油，输出的是扭矩和回转运动。

中空成型机上常用的液压马达主要是摆线马达和径向柱塞马达。摆线马达体积较小，主要用在机台升降、吹气装置、机械手等机构中。径向柱塞马达转速低、扭矩大、外形体积大，主要用于挤出系统来驱动螺杆；PC 纯水桶专用吹塑机的螺杆驱动一般采用液压马达。

摆线马达在使用过程中存在的主要问题是漏油，即从轴端密封圈处漏油，该问题存在的可能原因有：密封圈本身损坏，更换密封圈；电磁阀选择不合适，一般选用 Y 型中位机能的换向阀；液压马达内部磨损大，泄漏量太大，维修或更换，目前常用换件修理方式。

径向柱塞马达在中空成型机行业的使用逐渐减少，目前主要应用于某些特定的机型，如 PC 机使用较多，其他吹塑机使用的数量很少。径向柱塞马达在使用中需要注意的问题有：第一次使用时，需向壳体内注满清洁的液压油；马达主轴不要承受轴向作用力，否则容易损坏配油盘；注意保持油质清洁，防止杂质进入液压马达，损坏内部零件。

图 4-14 是两种径向柱塞马达的内部结构示意图。

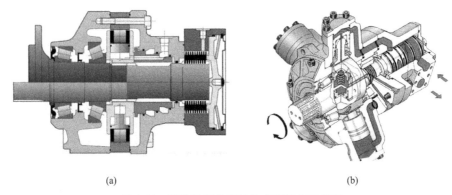

(a)   (b)

图 4-14　两种径向柱塞马达内部结构示意图

4.3.2.2　液压阀的调试与修理

挤出吹塑中空成型机液压系统常用的液压阀按功能分主要有单向阀、液控单向阀、单向节流阀、电磁换向阀、电液换向阀、比例溢流阀、插装阀、充液阀、卸荷阀等。通过不同阀的组合，实现机器所需要的功能。图 4-15 为液压换向阀的外观与内部结构。

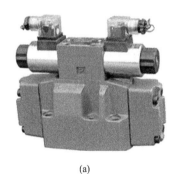

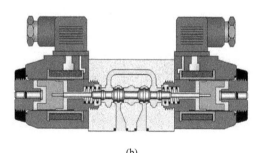

(a)   (b)

图 4-15   液压换向阀的外观与内部结构

图 4-16 是一种中空成型机的液压阀组合示意图。

中空成型机液压阀组在装配、使用和维修过程中主要注意事项如下。

① 装配   注意液压阀方向要正确；安装面的粗糙度要符合要求；阀块管路清洁、去除毛刺等工作必须细致，不能存留任何铁屑杂质；保证密封圈完好；安装螺钉紧固，为防止运行一段时间后螺钉发生松动而造成液压阀泄漏，可在安装螺钉时在内外螺纹处涂抹合适的密封胶。

② 使用   这里主要介绍比例溢流阀的使用和调整。

图 4-17 是一种带安全阀的比例溢流阀示意图。

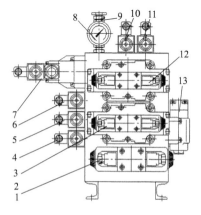

图 4-16   一种中空成型机的液压阀组合示意图

1—慢速开合模电磁换向阀；2—慢速开合模节流阀；3—快速开合模电液换向阀；4—吹针升降电磁换向阀；5—模头进退电磁换向阀；6—模头升降电磁换向阀；7—比例溢流阀；8—压力表；9—压力表开关；10—子模开合电磁换向阀；11—备用；12—射料电液换向阀；13—锁模液控单向阀

比例溢流阀在安装时，需注意进油口的方向不能装反，否则容易导致液压系统故障。在初次使用或换油维修后，需进行排气，阀内气体未排出将导致系统压力不稳；排气时，系统压力维持在 2～3MPa，松开排气螺钉，油液带着阀内气体一同排出，当气体彻底排空后，锁紧排气螺钉。

比例溢流阀的压力等级必须与液压系统的设计相匹配，不同压力等级的比例溢流阀正常工作的压力范围也不同。选择好合适压力等级的比例溢流阀后，需根据液压系统的最高压力要求对比例溢流阀进行设定。

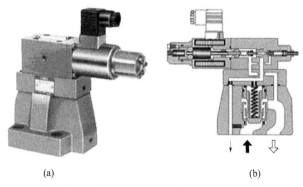

(a)   (b)

图 4-17   一种带安全阀的比例溢流阀示意图

③ 比例溢流阀设定方法　打开液压泵，先将安全阀调整螺钉往外适当退出，再将手动测试螺钉往里旋转到底，然后缓慢顺时针旋转安全阀调整螺钉，观察压力表，待压力上升到液压系统最大设计压力时，锁紧安全阀防松螺母，将手动测试螺钉往外退到头。然后根据比例阀的说明书调好比例电路板的最小和最大输出电流。这样液压系统的最大压力就设定完成，比例电路板的输出电流和液压系统的压力就可以成比例对应关系了。

④ 维修　中空成型机液压系统液压阀常见故障和解决方法见表4-7。

表 4-7　液压阀常见的故障和解决方法

序号	故障情况	原因分析	排除措施
1	比例溢流阀故障	1. 比例电磁铁无电流通过,调压失灵 2. 比例电磁铁有额定电流通过,调压失灵 3. 比例电磁铁的电流过大,调压失灵 4. 调定的压力不稳定 5. 调压缓慢	1. 检查并修理比例电磁铁、接线、放大器等 2. 检查并调整相关的先导手动调压阀 3. 检查比例电磁铁电阻,接线,放大器等 4. 检查并清理比例阀的主阀芯和比例电磁铁的铁芯污物,检查液压油是否污染,检查是否磨损严重 5. 排除空气,检查阻尼孔是否堵塞
2	换向阀故障	1. 换向不可靠,不换向 2. 内泄漏量大	1. 电磁铁没通电,检查电磁铁,接线等。电磁铁线圈电压不够,检查线路。阀芯卡住,清洗或修理阀芯。复位弹簧弹力不合适或断裂,更换弹簧 2. 阀芯磨损,配合间隙过大,修理或更换。油温过高,检查冷却系统,降低油温
3	液控单向阀故障	1. 液控失灵 2. 不起单向阀作用 3. 内泄漏量大	1. 阀芯卡住,拆开清理毛刺和污物。卸油口背压太大,检查清理污物堵塞。弹簧断裂,更换弹簧 2. 油温过高,油液污染严重,检查冷却系统,更换液压油。阀芯磨损,配合间隙大,检查更换

4.3.2.3　液压密封件的选择与使用

密封件是液压系统中的辅件，密封件的好坏直接影响液压系统能否正常工作，在一定程度上制约着液压元件和液压系统性能和可靠性的提高及使用寿命的长短。个别密封件的失效所造成的损失可能是密封件本身价值的许多倍。

液压密封件选择主要考虑以下几个方面。

① 密封种类。静密封或动密封。

② 液压油性质。不同性质的液压介质需选择不同的密封材料。

③ 工作温度。温度不同决定密封材料的不同。

④ 运动速度。不同类型密封件适合不同的运动速度。

⑤ 压力等级。不同材质的密封件适合不同的压力等级。

⑥ 使用寿命。根据前面5个方面综合考虑，选择合适的密封件，保证使用寿命。

表4-8是几种常用密封材料的温度和速度等级，表4-9是常用密封件的分类和适用范围。

表 4-8　几种常用密封材料的温度和速度等级

温度等级/℃	适用材料	速度等级/(m/s)	适用材料
<110	丁腈橡胶/聚氨酯	<0.5	橡胶
<200	氟橡胶	<1	聚氨酯
<260	聚四氟乙烯	<14	聚四氟乙烯

表 4-9　常用密封件的分类和适用范围

种类		适用范围
静密封件	O形密封圈	高压端面和柱面的静密封,速度不太快的低压往复运动动密封
	各种密封垫	端面密封
	密封胶	螺纹、接触面等的低压静态密封
动密封件	骨架油封	广泛用于油泵及油马达轴的旋转动密封,一般承受压力较低
	Y形密封圈	直线往复运动油缸活塞及活塞杆的动密封,单向密封
	斯特封	直线往复运动油缸活塞及活塞杆的动密封,耐压高,摩擦系数小,速度快,温度高,性能优异
	格来圈	直线往复运动油缸活塞及活塞杆的动密封,耐压高,摩擦系数小,速度快,温度高,双向密封,性能优异
	防尘圈	适用于活塞杆防尘,单向低压密封

安装和使用密封件时需要注意以下事项。

① 安装方向。许多密封件安装时有方向要求,不能反装。

② 保持完整。安装时注意保证密封件完好无损,不能划伤破损。

③ 密封面粗糙度。密封面尺寸形位公差及粗糙度需符合相关标准,否则影响密封效果。

4.3.2.4　其他液压元件的调试与使用

（1）液压缸

在中空成型机组中,由于合模机构、扩坯装置、储料机头等的结构不同可能需要应用到多种形式的液压缸,通常使用的有单活塞杆双作用液压缸、双作用增压液压缸,环形液压缸等。图 4-18 是一种液压缸的内部结构。

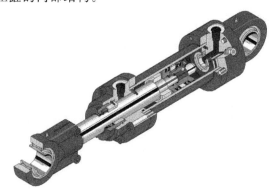

图 4-18　一种液压缸的内部结构

液压缸的常见故障情况分析与排除措施见表 4-10。

表 4-10　液压缸的常见故障情况分析与排除措施

序号	故障情况	原因分析	排除措施
1	液压缸不动作	1. 油泵没有压力,有压力但压力不够 2. 压力油液足够但压力油不能进入液压缸 3. 液压缸回油不畅 4. 有足够压力的油液,但负载太大 5. 有足够压力的油液,但液压缸不动作	1. 检查油泵,调整溢流阀压力。检查油缸活塞密封,严重破损需更换密封件,检查油缸活塞是否已经卡住 2. 控制阀没有打开,检查控制阀及控制电路 3. 油管方向接错,检查软管 4. 控制回路失控,检查回路是否堵塞 5. 检查负载是否卡住,造成阻力过大

序号	故障情况	原因分析	排除措施
2	液压缸动作，但速度达不到要求	1. 油泵的油量不足，压力不够 2. 系统漏油量大 3. 溢流阀溢流太多 4. 液压缸内部泄漏出现串油 5. 液压缸内壁磨损及活塞磨损	1. 检查油泵，调整溢流阀压力 2. 检查液压系统 3. 检查液压缸活塞与密封 4. 检查管道系统是否泄漏 5. 检查各处接头
3	液压缸活塞杆爬行	1. 液压缸内部有空气 2. 液压缸有制造质量问题 3. 液压缸内壁产生局部拉伤 4. 液压缸缓冲装置有故障 5. 液压系统其他故障 6. 液压缸密封过紧 7. 液压回路故障 8. 外部负载造成的爬行	1. 排除空气，防止漏气 2. 检查液压缸是否合格 3. 修磨液压缸内部拉伤处 4. 修理缓冲装置 5. 修理液压系统其他部件 6. 调整密封件配合 7. 检查液压回路 8. 检查外部负载及轨道
4	液压缸运行时有异常声音及振动	1. 液压缸内有空气 2. 活塞及活塞杆与缸壁及端盖摩擦 3. 密封件安装过紧 4. 密封件磨损或破损发生泄漏	1. 排除空气及漏气原因 2. 修理磨损处及更换零件 3. 修理或更换密封件 4. 更换密封件
5	缓冲失灵，缸端冲击	1. 缓冲过度 2. 无缓冲作用	1. 适当调整缓冲调节阀的开度及调节间隙 2. 更换密封件及修理液压缸内壁及其他磨损部位
6	活塞杆自然行走和自由下落	1. 活塞杆自然行走 2. 活塞杆自由下落	1. 检查液压缸与换向阀，损坏件进行更换 2. 检查液压缸、换向阀、单向阀的密封，损坏件则进行更换
7	活塞杆运行时剧烈振动	1. 液压缸内部有空气 2. 液压控制回路有故障	1. 排除液压缸内部空气 2. 改进液压控制回路
8	液压缸泄漏	1. 密封件损坏 2. 接头及外部零件损坏	1. 更换密封件 2. 更换接头等连接零件

（2）液压油冷却器

液压油的温度上升会给液压系统带来各种故障和危害，所以在液压系统的设计与使用当中，需要控制液压油的温度上升。在主液压系统的特点一节中介绍了它们最佳的使用温度是25～45℃，要控制液压油的温度，通常在设计时需要考虑节能措施，以及进行散热冷却。在大型中空成型机的主液压系统中，一般都采用油冷却器（图4-19）来控制液压油温度的稳定。

(a)　　　　　　　　　　　　　　　　(b)

图 4-19　两种油冷却器外观

从目前国内各吹塑设备制造厂家出厂的设备来看，绝大多数的厂家采用水冷列管式油冷却器。油冷却器的故障分析与排除措施见表 4-11。

表 4-11 油冷却器的故障分析与排除措施

序号	故障情况	原因分析	排除措施
1	油冷却器腐蚀严重	1. 油冷却器材质选用问题 2. 冷却水质不好 3. 气蚀严重 4. 电化学反应严重	1. 特殊使用条件下可以选用钛合金材料制作的油冷却器,可能增加设备制造成本 2. 改善和提高冷却水质 3. 降低过高的冷却水流速及加装管道过滤器,减少冷却水的含氧量 4. 降低电化学反应
2	冷却性能下降	1. 油冷却器管道中有水垢 2. 冷却水量不足或温度过高	1. 清除水垢,改善和提高冷却水质量 2. 增加冷却水量和降低冷却水温度
3	油冷却器破损	1. 液压油压力过高 2. 北方冬季冷却水温度过低	1. 修复或更换已经破损的油冷却器 2. 适当提高北方冬季冷却水的温度或采取其他技术措施
4	漏油、漏水	1. 密封件损坏 2. 管道破裂	1. 更换密封件 2. 修复或更换破裂管道
5	油温过低	1. 冷却水温度过低 2. 油冷却器选用面积过大	1. 提高冷却水的运行温度 2. 加装调节冷却水流量的自动阀门;如果是普通阀门则关小阀门,减小冷却水流量
6	油冷却器水垢严重	1. 水质较硬,含钙镁离子多 2. 冷却水流速过低	1. 改善和提高冷却水质量,在冷却水循环系统中加装磁化水处理器或离子处理器 2. 适当提高冷却水流速

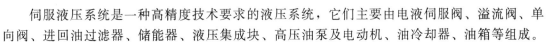

4.4 液压伺服系统的调试与修理

伺服液压系统是一种高精度技术要求的液压系统，它们主要由电液伺服阀、溢流阀、单向阀、进回油过滤器、储能器、液压集成块、高压油泵及电动机、油冷却器、油箱等组成。

对伺服液压系统的维护与保养需要较为专业的技术知识和技能，有些零部件，比如维修电液伺服阀，除了需要专业知识和技能外，一般还需要专业的测试设备和机具，并且维修费用较高。因此，中空成型机设备使用厂在进行伺服液压系统的维护保养时，需要足够的重视和充分的技术准备，才能确保伺服液压系统的长期稳定运行。

4.4.1 液压油的选用与更换

对于伺服液压系统来说，液压油质量的优劣是影响伺服液压系统能否正常使用的关键因素，在使用中绝对不可以选用经过二次提炼的油品作为伺服液压油，必须选用具有较好品牌的抗磨液压油，这样才能有效保障伺服液压系统的长期稳定运行。

液压油的选用及更换参考 4.3.1 节。

4.4.2 液压伺服系统的清洗

为了减少油液污染对伺服液压系统的影响，可以定期对伺服液压系统的进油、出油过滤器滤芯进行更换，对伺服阀的精密过滤器滤芯进行定期冲洗或更换。并且定期检查伺服液压系统的油液是否符合油品的质量要求（一般每年定时检查一次），对达不到伺服油质量要求的液压油需要及时进行更换，液压油更换时必须按有关操作程序进行。

　　进行系统与管路冲洗时，不应装上伺服阀，可在安装伺服阀的安装座上装一冲洗板。如果系统本身允许的话，也可安装一个换向阀，这样工作管路和执行元件可被同时清洗。向伺服油箱内注入清洗油（清洗油选低黏度的专用清洗油或同牌号的液压油），启动液压泵，运转冲洗（最好系统各元件都能动作，以便清洗其中的污染物）。在冲洗工作中应轻轻敲击管子，特别是焊口和连接部位，这样能起到除去水锈和尘埃的效果。同时要定时检查过滤器，如发生堵塞，应及时更换滤芯，更换下来的纸滤芯、化纤滤芯、粉末冶金滤芯不得清洗后再用，其他材质的滤芯视情况而定。更换完毕后，再继续冲洗，直到油液污染度符合要求，或看不到滤油器滤芯污染为止。排出清洗油，清洗油箱（可以采用面粉团或橡皮胶泥粘去固体颗粒，不得用棉、麻、化纤织品擦洗），更换或清洗滤油器，再通过 $10\mu m$ 的滤油器向油箱注入新油。启动液压泵，对伺服液压系统再冲洗 24h，然后更换或清洗滤油器，即可完成系统与管路清洗。

　　尽管伺服液压系统一般都设计成相对密闭的系统，但系统外的污染物还是容易通过进油口的过滤器滤芯的孔隙进入油液，对伺服液压油造成污染。所以在平时的维护与保养中，需要长期注意保持伺服液压系统外围的清洁。

4.4.3　电液伺服阀的类型

　　电液伺服阀一般按力矩马达形式分为动圈式和永磁式两种。传统的伺服阀大部分采用永磁式力矩马达，此类伺服阀还可分为喷嘴挡板式和射流式两大类。目前国内生产伺服阀的厂家大部分以喷嘴挡板式为主，生产射流管式伺服阀形成规模及系列的只有中国船舶重工集团公司第 704 研究所（上海衡拓液压技术有限公司）。

　　射流管式电液伺服阀与喷嘴挡板式电液伺服阀是目前世界上运用最普遍的典型两级流量控制伺服阀，见图 4-20。

　　　　(a) 喷嘴挡板式伺服阀　　　　　　　　　(b) 射流管式伺服阀

图 4-20　两种国产电液伺服阀外观

4.4.4　液压伺服阀与相关配件的选用及调试

4.4.4.1　伺服阀的选用与使用

（1）伺服阀的选用

　　电液伺服阀是将电量转变成液压输出量的电液转换组件，随着电子技术和计算机技术的发展，电液伺服系统的性能得到显著改善，大大优于其他液压伺服系统，因而得到广泛应用。电液伺服阀的内部结构可分滑阀位置反馈、载荷压力反馈和载荷流量反馈；阀的级数可分单级、双级和多级。在电液伺服阀中，将电信号转变为旋转或直线运动的部件称为力矩马达或力马达。力矩马达浸泡在油液中的称为湿式，不浸泡在油液中的称为干式。其中以滑阀位置反馈、两级干式电液伺服阀应用最广。

电液伺服阀既是电液转换组件，又是功率放大组件，它能够把微小的电气信号转换成大功率的液压能（流量和压力）输出。它的性能优劣对系统的影响很大。因此，它是电液控制系统的核心和关键。在中空成型机的所有零部件中，电液伺服阀是单个价格最高的部件，由于它所包含的技术集成度高，必须严格按它的使用说明书进行操作。

电液伺服阀的选用原则：电液伺服阀是电气-液压伺服系统中关键的精密控制元件，事关系统安全可靠运行，价格昂贵，所以伺服阀的选择、应用要谨慎，保养要特别仔细。

① 考虑的因素。

a. 可靠性第一：选用有一定的抗污染能力的伺服阀。

b. 满足工作条件：保证系统输出性能稳定、快速、精确跟踪输入信号。

c. 价格合理。

d. 工作液、油源。

e. 介电性能和放大器。

f. 安装结构、重量、外形尺寸等。

② 选用伺服阀的方式。

a. 按精度要求选用。系统控制精度要求比较低，有开环控制系统、动态不高的场合，都可以选用工业伺服阀甚至比例阀。只有要求比较高的控制系统才选用高性能的电液伺服阀。

b. 按用途选用。有通用型阀和专用型阀。专用型阀使用在特殊应用的场合，例如：高温阀、防爆阀、高响应阀、余度阀、特殊增益阀、特殊重叠阀、特殊尺寸及特殊结构阀、特殊输入及特殊反馈的伺服阀等。特殊的使用环境也对伺服阀提出特殊的要求，例如：抗冲击、抗振动等。其他大多数使用场合选用通用型阀，挤出吹塑中空成型机一般也是选择通用型阀。

挤出吹塑中空成型机使用的电液伺服阀从功率、抗污染性、可靠性、稳定性等方面综合考虑，对伺服阀的压力和流量参数选择至关重要，从挤出吹塑中空成型机多年运行的情况来看，伺服阀的压力参数宜选伺服液压系统额定压力的 1.5～2 倍，流量参数宜选伺服液压缸最大流量的 4～6 倍。伺服阀的安装位置应尽量靠近伺服液压缸，阀芯位置应为水平位置安装。

（2）电液伺服阀的使用

设备选用的伺服阀均有自己的特点，在使用中需严格按照该种伺服阀的使用说明书要求进行操作。一般来说，射流管式伺服阀要求用户不能拆卸伺服阀体，只能冲洗伺服阀的精密过滤器。有些型号的伺服阀在用户处则可以进行整体拆洗，但拆卸的人员必须经过专业的技能培训才行。

电液伺服阀的装拆应在尽可能干净的环境中进行，拆装前对伺服液压系统停机，操作时应先取下连接到伺服阀上的电气信号插头，再卸掉伺服液压系统的剩余压力，然后拆下伺服阀。在洁净的 92 号、95 号汽油中清洗所有的零件，对一些清洁不到的地方，可以采用大号塑料外壳的医用注射器吸取汽油进行多次注射冲洗，零件清洗后可以晾干或用软气管以洁净、干燥的空气吹干（特别注意：不要采用玻璃管的注射器进行相关操作，因为玻璃管注射器在经过汽油浸泡后容易碎裂，造成不安全事故发生）。清洗后的伺服阀，一定要放在洁净的环境中，使其不要受到二次污染。

安装、拆卸冲洗板时，也要与电液伺服阀一样，特别注意环境的洁净度，这样可以保障伺服阀的耐用和控制的准确性。

电液伺服阀的精度等级较高，价格也较高，对其进行操作时需要特别小心细致，以防止在拆装过程中损坏。

（3）电液伺服阀使用的注意事项

① 由于每种型号的伺服阀都有其额定的电压、液压等级，因此禁止伺服阀在超过额定电压、液压等级的条件下使用。

② 禁止使用未经过滤的液压油，更不能使用其他不合格的液压油。

③ 禁止在伺服阀周围使用明火，同时也禁止其在高温状态下工作（使用环境要求见伺服阀说明书）。

④ 禁止未经专业技术培训的人员拆卸、维修伺服阀，以免造成更大的损坏。

⑤ 冲洗电液伺服阀时，禁止采用不合格的溶剂进行冲洗；禁止采用火烧的办法处理伺服阀内部的过滤器滤芯。

⑥ 禁止在不洁净环境条件下，对伺服阀进行拆卸、维护、冲洗等工作。

⑦ 禁止在电液伺服阀的工作状态下或具有压力的状态下对其进行拆卸，特别是伺服系统停机后进行卸压，压力为"0"后才能进行拆卸，否则，有可能因为系统的剩余压力造成对维修人员的伤害。

4.4.4.2　伺服阀相关配件的选用

① 吸油及出油高压过滤器的选用。其流量参数宜选系统最大流量的6～8倍，出油过滤器的压力参数宜选1.5～2倍。过滤精度为3～5μm。

② 溢流阀、单向阀、截流阀、泵的选用。这些部件的压力参数宜选系统额度压力的1.5～2倍，流量参数宜选最大流量的2～2.5倍。

③ 储能器的选用。其压力参数宜选系统额定压力的1.5～2倍，容量参数宜选最大流量的4～10倍。确保伺服系统的稳定性和控制的准确性。

④ 伺服阀电控系统（伺服放大器以及料位、芯模开口量传感器变送器）的选用。其设计与制作精度需要特别注意，输出电压波动率<3%。

⑤ 伺服油箱的选用。最好选用不锈钢板组焊的油箱，以减少长期使用中的杂质污染。

4.4.4.3　伺服放大器、位移传感器（电子尺）反馈电路板使用的注意事项

① 保持电路板周围环境温度处于正常工作状态，能够较好地进行散热，并能防潮、防尘、防振动。

② 伺服放大器和位移传感器（电子尺）的输入、输出接线均比较细小，应防止因为接线或其他操作将线弄断。同时需要定期检查电气信号，紧固接线端子，防止其松动，检查连线，防止接触不良，有损坏时应该及时进行更换。

③ 特别注意位移传感器（电子尺）屏蔽线的稳定接地处理，否则，有可能会给电控线路带来不必要的干扰信号。

4.4.4.4　伺服液压系统常见故障的判断与排除

挤出吹塑中空成型机的伺服液压系统在正常的使用环境下，一般故障率并不高。通常情况下，在设备投入使用的第一年内，各类故障相对会较多。对各类故障比较准确的判断是做

好电液伺服系统维护与保养工作的重要内容之一。挤出吹塑中空成型机伺服液压系统常见故障、产生原因、排除方法见表 4-12。

表 4-12 挤出吹塑中空成型机伺服液压系统常见故障及排除方法

序号	常见故障	产生原因	排除方法
1	输出压力为零	1. 电动机没有运转 2. 伺服泵没有运转 3. 调压阀失控	1. 检查电动机、接线及电动机控制电路等 2. 检查电动机与伺服泵的联轴器 3. 检查调整调压阀,检查调压阀控制孔
2	输出压力不稳定	1. 伺服泵磨损较大 2. 调压阀失控 3. 过滤器堵塞 4. 储能器失效	1. 拆卸伺服泵检查,磨损较多时更换 2. 拆卸清洗调压阀,磨损较多时更换 3. 检查过滤器滤芯,堵塞较多时更换或清洗 4. 修理或更换储能器
3	伺服阀不动作	1. 伺服阀控制电路问题 2. 伺服阀阀芯卡死 3. 伺服阀过滤器堵塞	1. 检查伺服阀来自电路的接线是否正常,可将原控制电路断开,采用 2~3 节 1 号干电池做电源,与阀的接线接通,伺服阀有动作即是控制电路有问题。伺服阀不动作可能是阀芯被卡死 2. 伺服阀阀芯卡死,可先冲洗过滤器芯,有的型号伺服阀可以自行拆卸清洗,有的型号伺服阀必须送专业公司修理 3. 反复冲洗伺服阀过滤器芯
4	伺服液压油温度过高	1. 油冷却器冷却不好 2. 冷却水温度过高	1. 清洗油冷却器,冲洗水垢 2. 降低冷却水温度,提高冷却水流量
5	伺服油泡沫多	1. 液压油老化 2. 液压油含水	1. 更换液压油,选用抗磨液压油 2. 更换液压油或液压油脱水。检查油冷却器是否密封良好,修理或更换油冷却器

4.4.4.5 中空成型机伺服液压系统发生故障的特点

一般来说,中空成型机只要生产的连续性较强,设备在长时期的运行之中,伺服液压系统的故障反而较少,如果设备使用率不高,该设备又是在潮湿炎热的地区,就可能每次在开机时故障不断,有时可能会需要 3~5d 来处理设备出现的各类故障,这样会给生产带来太多的不方便。认识到这些特点,并制定出行之有效的技术措施,可以减少设备各类故障的发生。

（1）设备停机期间的控制电路保养

如果设备停机时间不是太长,可以使伺服系统的控制电路处于通电状态,以减少控制电线氧化情况的发生,因为伺服阀的控制线较小,特别是锡焊点,比较容易因为受潮发生氧化而失去可靠性。如果停机时间较长,可以每周定期进行通电保养,通电保养时间最好不要短于 8h;当设备在气候潮湿地区使用时,此项工作显得尤为重要。

（2）设备开机前伺服液压系统的保养运行

如果设备停机时间较长,在设备正式生产前,需要对伺服系统进行保养运行,可以将伺服阀拆卸下来进行清洗,并将冲洗板安装到伺服阀的位置上,开启伺服液压系统,冲洗保养运行 8h 以上。一般来说,在环境中有较多灰尘的情况下,停机时间在一个月以上时,必须进行开机前的冲洗保养运行工作。

4.5 成型合模机构的调试与修理

挤出吹塑中空成型机的合模机构主要结构形式有：三板联动式、两板直压式、两板销锁式、两板液压联动式以及四板直压式等。对这些合模机构的维护与保养,需要根据设备所采用的具体结构形式来进行。

下面主要介绍两板直压式合模机构的维护与保养，同时也对常用的三板联动式的维护与保养特点进行一些介绍，此外对常用的两板销锁式的关键零件的保养提出一些建议。

4.5.1 两板直压式锁模装置

两板直压式合模机构（成型机）是目前国内在用的较为大型的合模机构，在维护、保养工作中需要注意几点。

① 确保合模机构的外观清洁，定期做好合模机构的清洁卫生，使设备在较为洁净的环境条件下运行。

可以利用更换模具的时间进行设备清洁工作，及时将换模时泄漏到设备上的水及脏物清除干净，模具及冷却管道漏水需要及时进行处理与修复，保持设备的外观清洁和防止设备锈蚀是合模机构能长期稳定运行的重要条件之一。

② 合模机构的轨道、模板的滚动轮、预夹装置的导向轴、扩坯装置的导向轴、各种同步装置的齿轮箱、链轮、链条、齿轮、安全门的滚轮及导轨，模板的定位螺杆以及其他需要加注润滑油的部位，均需定期加注润滑油，以确保这些部件处于良好的润滑状态，使零部件正常工作。

合模机构的轨道和模板的滚轮最好采用自动加油装置并定时加注适量的润滑油，因为单个模板均较重，摩擦力较大，一旦润滑情况不好，将会造成干摩擦，磨损将会加剧，使合模机构的大修期提前。

③ 每次更换模具后，均应对调节模板平行的对位螺杆进行调节，使模板处于较好的合模状态。这样，能有效延长合模机构的使用周期。

④ 定期检查液压管道、气动管道、冷却水管道的连接情况，发现泄漏，及时修理和更换零件。定期检查电气接线及电器件的工作状态，检查电线和电器件的绝缘，发现问题及时进行更换或修理。

⑤ 对电气部件应该采取妥善的保护措施，防止水分泄漏到电气部件的内部，以免发生电气设备短路故障和漏电事故。

⑥ 生产塑料型坯不正常时，很容易掉入型坯扩张装置的中间，需要在塑料型坯具有较高温度时及时采取措施清理出来，清理时注意保护好各种管道及接线不被割伤。操作人员需要注意自身的安全操作。进入这一区间操作，必须将气源关闭，并将压缩空气排空为零时方可进入。同时，控制电源的开关也必须关闭。

4.5.2 三板联动式锁模装置

三板联动式合模机构是吹塑设备中使用最多的一种合模机构，多数 1～200L 全塑桶吹塑设备的合模机构基本采用的都是这种结构形式，三板两拉杆合模机构是三板四拉杆合模机构的一种变形，安装模具时，它比三板四拉杆的合模机构更方便一些，在高压锁模的装置上，不同厂家采用了不同的结构形式，有采用增压油缸的，有采用销锁油缸的，还有采用直压油缸的。图 4-21 是一种 200L 塑料桶三板合模机的外观。

图 4-21 一种 200L 塑料桶三板合模机的外观

三板联动式合模机构的维护保养注意事项如下。

① 注意保持合模机构的清洁，特别是拉杆、轨道、同步齿条等处不能有杂质存在，滚轮及轨道上有杂质与积水时，需要及时清理。

② 注意定期给拉杆、滚轮和轨道加注合适的润滑油，安装有自动加油装置的设备需要保持润滑油不被排空，并设置合适的加油时间与加油量。

③ 更换模具时，注意保护拉杆不被碰撞与刮伤，模具内的余水污染拉杆和轨道后需及时进行清理，以免造成对这些零部件的锈蚀与损害。

④ 更换模具后，及时对相关的行程开关、锁模油缸等进行调整与固定，确保合模机构的正常安全运行。

⑤ 生产中塑料型坯及塑料余料掉在合模机构上时，需要在塑料型坯处于较高温度时进行清理，并注意保护合模机构不会受到损伤。

⑥ 当合模机构使用有一定年限后（满负荷生产 3～5 年），需要在生产的间隙时间内对合模机构进行一次彻底的检查及校对工作，主要检查合模机构的水平位置，合模板的平行度、轨道、拉杆的磨损量、同步装置的磨损状况等，达不到安全使用要求和磨损的零部件需要及时更换或者修复。

⑦ 如三板联动式合模机构采用了滚珠直线导轨等精密机床配件，对这些配件的保养可以参照有关介绍进行。

4.5.3　两板销锁式锁模装置

两板销锁式合模机构的主要结构特点：该装置的移模运动由小型液压油缸推动或者伺服电机带动滚珠丝杠来实现，运动副采用了滚珠直线导轨，具有刚性高、运动精度高、运动轻快等特点，这种两板式合模机构的合模力是由两对或两对以上位置可调的销锁油缸来实现的。此外，一种螺旋套结构形式的高压锁模机构相比之下锁模力更大。图 4-22 为一种超大型两板合模机外观。

图 4-22　一种超大型两板合模机外观

图 4-23 所示为一种销锁液压缸的结构简图。该销锁液压缸是苏州同大机械有限公司 TDB-2000L 超大型中空成型机的合模机锁模液压缸，每个销锁液压缸具有 500kN 的锁模力，运行平稳，使用方便。

如图 4-23 所示，液压缸 2 的活塞杆在锁模时向销锁部件 1 插入，销锁部件 1 内部的夹

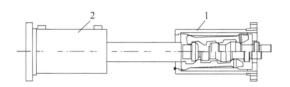

图 4-23　一种销锁液压缸结构简图
1—销锁部件；2—液压缸

紧爪移动后即可锁紧。这种销锁液压缸的锁模装置比较容易磨损的部件是夹紧爪以及液压缸活塞杆的头部，在设备运行当中，应注意及时加注润滑脂，确保每周一次。

为了方便模具安装，这些销锁液压缸可以比较方便地从模板上取下来，并通过沿轴向的调整来适应不同的模具厚度要求。

由于该种合模机构多数采用了滚珠直线导轨和滚珠丝杠这类精密机床的配件，对合模机构的维护保养中，需要注意以下事项。

4.5.3.1　滚珠直线导轨的特点

① 滚动摩擦阻力低，稳定性能好，能实现高定位精度和重复定位精度。

② 启动摩擦力小，随动性能好，驱动功率大幅度下降，只相当于普通机械的 1/10。

③ 接触面积大，弹性变形量小，有效运动体多，易实现高刚性、高负荷运动。

④ 结构设计灵活，简化了机构结构的设计和制造，安装方便。

直线导轨外观见图 4-24。

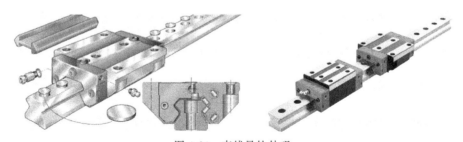

图 4-24　直线导轨外观

4.5.3.2　滚珠直线导轨的维护与润滑

① 滚珠直线导轨副混入灰尘异物将会降低使用寿命，必须用防尘装置加以保护。国内外各类滚动直线导轨副大部分采用密封端盖和密封底片，不仅能防止灰尘杂物进入滑块内腔，还能防止润滑脂泄漏。同时，为了防止杂物聚集在导轨固定螺钉沉孔而混入滑块之中，使用专用防尘盖将导轨孔封闭，另外，在工作条件较恶劣的场所使用时，还应考虑导轨全长防尘措施。在油性大、湿度大的工作环境下，最好采用折叠式防护罩。在有碎屑及水分较多的环境下，用伸缩板式防护罩，效果更好。要注意工作环境与装配过程中的清洁，不能有铁屑、杂质、灰尘等黏附在导轨副上。若工作环境有粉尘时，除利用导轨的密封外，还应考虑增加防尘装置。

② 润滑的主要目的是减小摩擦和磨损以防止过热，破坏其内部结构，影响导轨副的运动功能。当滚珠直线导轨副的运行速度为高速时（$v \geqslant 15\text{m/min}$），推荐使用 N32 润滑油定期润滑或接油管强制润滑；低速时（$v < 15\text{m/min}$）推荐使用锂基润滑脂润滑。

③ 由于滚珠直线导轨副导轨和滑块的特殊结构，其预紧力的大小应根据工作条件选取。

预紧力过大，不仅摩擦阻力增大，而且使滚珠直线导轨副的吸振性更差。有关公司通过试验论证：预紧力加大一倍，导轨副的使用寿命降低 12.5%。因此，预紧力选取不当，不仅产品使用性能降低，而且还会影响其使用寿命。

④ 将导轨副安装在设备上时，尽量不要把滑块从导轨上卸下来。这是因为其底部的密封垫片在装配后封入一定量润滑脂，一旦混入异物，再加入润滑剂较为困难，影响产品润滑性能。安装时不要用尖锐或硬的工具锤击导轨副，安装后运行时，不要让任何物体超速对其撞击，尤其注意保护返向机构，因其为 ABS 工程塑料，碰撞后极易碎裂。导轨副精度很高，拆下后需垂直吊挂，以减少弯曲变形，垂直吊挂时，应注意滑块因自重而下落。

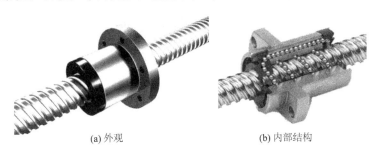

(a) 外观   (b) 内部结构

图 4-25 滚珠丝杠外观与内部结构

4.5.3.3 滚珠丝杠的维护与保养

滚珠丝杠外观与内部结构见图 4-25。滚珠丝杠副是在丝杠与螺母间以钢球为滚动体的螺旋传动元件。它可将旋转运动转变为直线运动，或者将直线运动转变为旋转运动。因此滚珠丝杠副既是传动元件，也是直线运动与旋转运动相互转化元件。滚珠丝杠副的日常维护和保养方法有以下几点。

① 轴向间隙的消除。滚珠丝杠副拆装后，为保证反向传动精度和轴向刚度，必须消除轴向间隙。双螺母滚珠丝杠副消除间隙的方法为：利用两个螺母的相对轴向位移，使两个滚珠螺母中的滚珠分别贴紧在螺纹滚道的两个相反的侧面上。用这种方法预紧消除轴向间隙时，应注意预紧力不宜过大，否则会使空载力矩增加，从而降低传动效率。

② 滚珠丝杠副的润滑。滚珠丝杠副可用润滑剂来提高耐磨性及传动效率。润滑剂分为润滑油和润滑脂两大类。润滑油用机油、90～180 号透平油或 140 号主轴油。润滑脂可采用锂基油脂。润滑脂一般加在螺纹滚道和安装螺母的壳体空间内，而润滑油则经过壳体上的油孔注入螺母的空间内。应每半年对滚珠丝杠上的润滑脂更换一次，清洗丝杠上的旧润滑脂，涂上新的润滑脂。用润滑油润滑的滚珠丝杠副，可在每次工作前加油一次。

③ 滚珠丝杠副的防护。滚珠丝杠副应避免灰尘或其他微细物体污染，如采用螺旋弹簧钢带套管、伸缩套管或折叠式套管等。安装时将防护罩的一端连接在滚珠螺母的端面，另一端固定在滚珠丝杠的支承座上。

如果滚珠丝杠处于隐蔽的位置，则可采用密封圈防护，将密封圈装在螺母的两端。接触式密封圈防尘效果好，但因有接触压力，使摩擦力矩略有增加。非接触密封可避免摩擦力矩，但防尘效果稍差。

④ 定期检查支承轴承。应定期检查丝杠支承与床身的连接是否松动，支承轴承是否损坏。如有问题，应及时紧固松动部位，并更换支承轴承。

滚珠丝杠润滑保养步骤如下。

a. 细心擦净导轨和丝杠表面的油污，特别是沟槽里的油污，要注意导轨安装孔内的油污。

b. 用油脂枪嘴通过注油油嘴往传动腔内部加油，直至内部污油完全被挤出。清除被挤出的污油。

c. 用手指在丝杠（导轨）表面涂少许油脂，优先保证沟槽内。

d. 手推丝母（滑座）使其在导轨来回往复几次，确保油膜均匀。

e. 清除多余的油脂。

4.5.3.4 销锁液压缸的维护与保养

① 定期检查销锁液压缸的磨损情况，一般来说，液压缸液压部分的磨损较少，磨损主要发生在锁销部位。由于锁销在频繁的开模、合模状态下工作，所以比较容易发生磨损，磨损后需要及时进行修复或者更换部件。当更换部件不能到位时，可以对磨损部位进行补焊，焊接后进行打磨修复；焊接时注意液压缸内的油液已经被放干净。

② 在销锁部位加注合适的润滑油脂，能够有效延长部件的使用寿命，注意保持该部件较良好的润滑状态。

③ 此外，两板合模机构中还有另外一种螺杆螺母锁模方式，即旋转螺母套锁紧方式。该种锁紧方式的锁紧螺母部件使用寿命相对较长，更换模具时调整好螺纹的锁紧位置即可，平时使用中注意加注合适的润滑油脂。

如图 4-26 所示，修型螺杆 3 在合模时向锁紧螺母 2 移动，移动到位后，螺母 2 在小型液压缸 1 的推动下，作旋转运动将修型螺杆锁紧。其中螺杆、螺母均进行了切割修整，方便螺杆与螺母的定位。修型螺杆、锁紧螺母采用的是锯齿型螺纹 4 的结构形式，确保锁紧后不会松动。

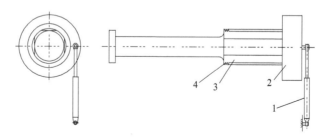

图 4-26 一种螺杆、螺母锁模结构简图
1—小型液压缸；2—锁紧螺母；3—修型螺杆；4—锯齿型螺纹

4.5.3.5 定期对模板进行检查

① 两板合模机构的模板多数是焊接成型的，需要对其进行定期的检查与校对，主要检查是否发生焊接裂缝，以及焊接应力变形等状况。一般在设备使用 2 年后，对模板进行重点检查及维护、修理。

② 检查时还需要校对模板的平行度，平行度超过要求值后，需要进行修复或调整。

4.6 电气控制系统的调试与维护

做好吹塑机设备电气自动控制系统的维护与保养工作，对保障挤出吹塑中空成型机的正常使用起着非常重要的作用。

4.6.1　温度控制系统

温度控制系统在中空成型机中主要控制机头、挤出机的熔体工艺温度，目前温度控制系统已经发生了较大的变化，如采用 PLC 的温控模块代替温控仪，采用固态继电器代替接触器，这些技术上的进步或改进，给电控系统的集成化提供了方便，可以减少电控系统的接点和零部件。随着电气控制技术的进步，集成化的温度电气控制系统将可能完全取代目前常用的温控系统。

目前，在挤出机温度控制系统应用的电磁感应加热系统，其电能效率可以达到 90% 以上，是今后大中型中空成型机温度控制系统的技术发展方向之一。

图 4-27 为挤出机电磁感应加热装置外形。一种应用于挤出机的国产电磁感应加热器与温度控制器见图 4-28。

图 4-27　挤出机电磁感应加热装置外形

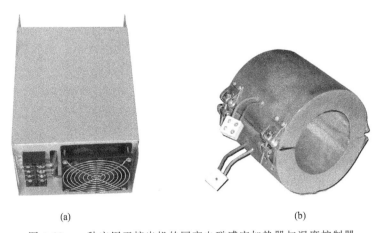

(a)　　　　　　　　　　　　　　　(b)

图 4-28　一种应用于挤出机的国产电磁感应加热器与温度控制器

但是，目前有的企业还大量使用温控仪、加热圈、红外加热圈等温度控制装置，下面主要介绍温控仪温度控制系统的维护与保养。

4.6.1.1　温控仪的维护、保养

对于大型储料机头的温度控制，通常采用不需输出降温回路的温控仪，在设备的使用中，需要注意做好以下一些维护和保养工作。

① 特别注意保持温控仪表的清洁，利用停机时间进行仪表的清扫工作。

② 经常检查温控仪的接线是否牢固，防止发生接线及接点松动，而影响温控仪的正常工作。注意检查温度传感器的接线是否牢固。

③ 在炎热的气候条件下，注意观测温控仪表使用环境的温度，确保仪表在正常工作温度范围以内，环境温度过高时，则需要采取有效的降温措施。

④ 在潮湿气候条件下，如果设备处于停机状态，则需要定期对温控仪表进行供电，防止因仪表受潮而发生故障。当设备停机较长时间以后，必须认真对其进行检查，使用前先供电 4～6h，然后再让它转入工作状态。

⑤ 对已经失效的温控仪表和温度传感器，要及时进行更换，更换时特别注意温控仪的型号以及电压与控温范围是否相符，确保接线正确。

4.6.1.2　温控系统接触器的维护、保养

温控系统接触器的工作状态与其他电机的接触器工作状态有些不同，由于温度控制的特点，温控系统的接触器长期处于接通、断开的频繁交替工作之中，接触器的触点和线圈处于一种较高负荷的工作状态下，其触点和线圈容易受到电流的不断冲击而发生损坏。平常的使用中需要注意做好以下的维护与保养工作。

① 注意保持接触器的清洁，利用停机时间进行清扫工作。经常检查接触器的保护电路是否工作正常，发现问题及时更换或修理。

② 定期检查各紧固件是否松动，特别是导线、导体连接部分，防止接触松动而发热。

③ 定期检查动、静触点位置是否对正，三相是否同时闭合，如有问题应调节触点弹簧；定期检查触点磨损程度，磨损深度不得超过 1mm，触点有烧损、开焊脱落时，需及时更换；轻微烧损时，一般不影响使用。清理触点时，不允许使用砂纸，应使用整形锉；定期测量相间绝缘电阻，阻值不低于 $10M\Omega$；定期检查辅助触点动作是否灵活，触点行程应符合规定值，检查触点有无松动脱落，发现问题时，应及时修理或更换。

④ 定期做好铁芯部分维护，注意清扫灰尘，特别是运动部件及铁芯吸合接触面间；仔细检查铁芯的紧固情况，铁芯松散会引起运行噪声加大；铁芯短路环有脱落或断裂要及时修复。

⑤ 定期做好电磁线圈维护，测量线圈绝缘电阻，检查线圈绝缘物有无变色、老化现象，线圈表面温度不应超过 $65℃$，认真检查线圈引线连接处，如有开焊、烧损应及时修复。

⑥ 做好灭弧罩部分维护，检查灭弧罩是否破损，灭弧罩位置有无松脱和位置变化；清除灭弧罩缝隙内的金属颗粒及杂物等。

⑦ 如果温控系统接触器已经失效，则应及时进行更换，更换时注意型号、功率、线圈电压等主要参数必须符合设备的技术要求。确保接线正确和接触器的固定可靠。

4.6.1.3　加热器的维护与保养

加热器工作的状态直接影响挤出机、储料机头的正常工作，同时也影响产品的质量和产量。使用中主要注意做好以下几点。

① 定期检查接线点的接线是否牢固可靠，定期检查加热器的固定装置是否可靠，其固定装置如果没有自动锁紧结构的应加装带弹簧的装置，确保加热器与机筒外圈的紧密贴合。定期检查接线点安全瓷帽是否保护正常，检查加热器的绝缘是否正常，发现绝缘异常应该及时将加热器进行更换。

② 定期检查加热器的保温部件是否有效可靠，如有异常，则将保温部件进行修理或更换。

③ 经常检查温度传感器的接线是否可靠，异常时及时进行修理或更换。

④ 加热器损坏需要更换时，注意电压和加热功率要相配合，为了使加热器能经久耐用，选用加热器时单位面积的功率不要太大，需要符合设备的技术要求。

⑤ 加热器的电源线更换时，需要选用耐高温的绝缘电线，以防止不安全的事故发生。

4.6.2　挤出机速度控制系统

挤出机速度一般有两种控制方法：一种是采用变频器控制电动机转速；另一种是采用直流电动机驱动器控制器。图 4-29 为两种直流电动机驱动器外形。

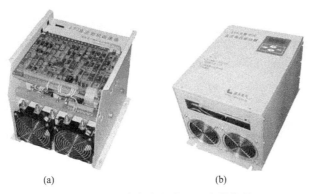

(a)　　　　　　　　　　　(b)

图 4-29　两种直流电动机驱动器外形

4.6.2.1　挤出机直流电动机调速器（驱动器）的维护与保养

直流电动机调速器的使用环境与 PLC 控制系统、变频器等电气设备的使用环境类似，在此对使用环境的要求不进行更多的介绍。

（1）直流电动机调速器的定期维护与保养

① 检查记录环境温度、散热器温度；检查调速器有无异常振动、声响，风扇是否运转正常。

② 采用毛刷与吹风机清除调速器内部和线路板上的积灰、脏物，将调速器表面擦拭干净；调速器的线路板需要经常保持清洁状态。

③ 检查主回路端子是否有接触不良的情况，电缆或铜排连接处、螺钉等是否有过热痕迹。电力电缆、控制导线有无损伤，尤其是外部绝缘层是否有破裂、损伤的痕迹。电力电缆与冷压接头的连接是否松动，连接处的绝缘包扎带是否老化、脱落等。如有损坏，及时修理或更换。

（2）直流电动机调速器的故障检修

直流电动机调速器故障检修见表 4-13。

表 4-13　直流电动机调速器故障检修

序号	故障现象	故障可能原因及处理措施
1	开机后调速电位器未给定，电动机爬行	1. 调速电位器中点电压不能调零，更换调速电位器 2. 零点未调好。调节电位器到电动机刚好停转即可
2	开机后调节调速电位器，电动机不转	1. 启动回路有故障，检查启动回路 2. 调速电位器损坏，更换调速电位器 3. 保险丝损坏，更换保险丝 4. 电枢开路或是电动机损坏，检查并且修理电枢，修理或更换电动机 5. 可控硅损坏，更换可控硅零部件 6. 调速器控制电路板损坏，更换调速器控制电路板 7. 机械卡死，检查和消除故障点

序号	故障现象	故障可能原因及处理措施
3	开机后调速电位器给定电压很小,电动机转速很高	1. 测速机损坏或测速机到调速器的接线断,若采用电压反馈,则可能是反馈线断掉。检查并修理接线,检查或更换测速机 2. 拨位开关的状态不对,按照要求设定开关状态 3. 调速器控制板损坏,更换调速器控制板
4	电动机转速不稳定	1. 电位器质量不好,更换合格电位器 2. 测速机损坏,更换测速机 3. 机械配合不好,检查电动机连接部位,调整电动机与减速箱的连接中心,确保误差值在要求范围内 4. 可控硅损坏,更换可控硅部件 5. 调速器控制板损坏,更换调速器控制板
5	主电源保险烧断	1. 保险丝太小,更换合格保险丝 2. 电枢短路或接触到机壳,检查电枢接线,修理线路破损处 3. 励磁未加上,检查励磁线路,损坏则进行更换 4. 可控硅短路,更换可控硅部件
6	工作时过流指示灯闪或者亮	1. 负载太重,调整负载负荷(进行减速),检查挤出机机头温度是否达到工艺要求温度 2. 电动机损坏,更换电动机 3. 测速机损坏,更换测速机 4. 可控硅损坏,更换可控硅部件 5. 调速器控制板损坏,更换调速器控制板

4.6.2.2　挤出机变频器的调试与保养

两种变频器的外形见图 4-30。

(a)　　　　　　　　　　　　(b)

图 4-30　两种变频器的外形

（1）使用环境的要求

① 允许周围温度为 -10～40℃。注意：周围温度较低，变频器寿命就会延长（理想值为 20～30℃）。

② 湿度保持 90% 以下（无水珠凝结现象）。注意：如果周围温度突然下降，很容易出现水珠凝结现象，假如只是对线路板接插件进行部分干燥，绝缘有可能会降低，可能会引起错误动作。

③ 无导电性灰尘、油雾、腐蚀性气体。虽然电路基板已经进行过防尘防潮湿处理，但接插件等接触部分是无法处理的。冷却风扇将外界的油雾、腐蚀性气体等带入会使电路板受到影响，主要是铜排以及各器件的管脚会受到腐蚀。

④ 无振动。变频器应该安装在没有振动的地方。

（2）变频器日常检查与保养

每两周进行一次，检查记录运行中的变频器输出三相电压，并注意比较它们之间的平衡度；检查记录变频器的三相输出电流，并注意比较它们之间的平衡度；检查记录环境温度，散热器温度；察看变频器有无异常振动、声响，风扇是否运转正常。

变频器每季度要清理灰尘并且保养 1 次。保养时要清除变频器内部和风道内的积灰、脏物，将变频器表面擦拭干净；变频器的表面要保持清洁光亮；在保养的同时，要仔细检查变频器，察看变频器内有无发热变色部位，电阻有无开裂现象，电解电容有无膨胀漏液防爆孔突出等现象，PCB 板是否异常，有没有发热烧黄部位。保养结束后，要恢复变频器的参数和接线，送电，带电动机在 3Hz 的低频工作约 1min，以确保变频器工作正常。

（3）定期维护与常规检查内容

一般 3～6 个月对变频器进行一次定期常规检查，以消除故障隐患，确保长期高性能稳定运行。主要检查以下内容。

① 主回路端子是否有接触不良的情况，电缆或铜排连接处、螺钉等是否有过热痕迹。

② 电力电缆、控制导线有无损伤，尤其是外部绝缘层是否有破裂、割伤的痕迹。

③ 电力电缆与冷压接头的连接是否松动，连接处的绝缘包扎带是否老化、脱落。

④ 对印制电路板、风道等处的灰尘进行全面清理，清洁时注意采取防静电措施。

⑤ 对变频器的绝缘测试，必须首先拆除变频器与电源及变频器与电动机之间的所有连线，并将所有的主回路输入、输出端子用导线可靠短接后，再对地进行测试。测试时，应使用合格的 500V 兆欧表。严禁仅连接单个主回路端子对地进行绝缘测试，否则将有损坏变频器的危险。切勿对控制端子进行绝缘测试，否则将会损坏变频器。测试完毕后，切记要拆除所有短接主回路端子的导线。

⑥ 如果对电动机进行绝缘测试，则必须将电动机与变频器之间连接的导线完全断开后，再单独对电动机进行测试，否则将有损坏变频器的危险。

⑦ 控制回路的通断测试，使用万用表（高阻挡），不要使用兆欧表或蜂鸣器。

⑧ 当进行检查时，应断开电源，过 10min 后，用万用表等确认变频器主回路 P、N 端子两端电压在直流 30V 以下后进行。

（4）变频器的大修

由于一般吹塑制品厂家的电气技术人员相对来说只是较为通用型的技术人员，变频器的大修工作最好是由专业公司的相关技术人员来进行，以尽量减少修理工作中的失误。

4.6.3　设备动作程序控制系统

挤出吹塑中空成型机的动作控制系统主要采用了 PLC 可编程控制系统，所以在此主要介绍 PLC 控制系统（PLC 控制器）的维护与保养。

应用于吹塑机的 PLC 控制器有多种型号，各个吹塑机制造厂家选用的规格、型号均有不同，但其工作原理基本相同，维护方法也是基本类似。

一种 PLC 控制器的外形，见图 4-31。

4.6.3.1　对 PLC 可编程控制器的定期检查

为了使 PLC 控制器连续工作在最佳状态，周期性检查是非常必要的，因为 PLC 控制器的主要部件是半导体器件，而且是长期运行，所以工作环境对其影响很大，有时会造成损坏，检查内容如下。

图 4-31　一种 PLC 控制器外形

① 供电电源。供电电压是否为额定电压，供电频率是否为额定频率。

② 运行环境。温度、湿度、振动、粉尘等环境条件是否符合要求。

③ 安装。接地电阻是否符合要求，应定期（一般为一年 1～2 次）采用 500V 摇表进行摇测；安装是否牢固，应定期（一般为一年 1～2 次）对紧固螺栓进行紧固；定期检查各接线是否接触良好，接线螺钉必须上紧（气候条件发生较大变化时，需要特别注意），外观不能有异常。

4.6.3.2　锂电池和继电器的更换

PLC 控制器中的锂电池和继电器输出型的触点为损耗性器件，使用较长时间后，需根据具体情况进行更换。图 4-32 是用于 PLC 控制器的几种不同规格锂电池的外形。

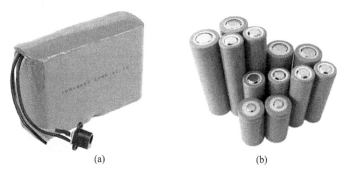

(a)　　　　　　　　　　(b)

图 4-32　用于 PLC 控制器的几种不同规格锂电池的外形

（1）锂电池的更换

锂电池的作用是保护存放在 RAM（随机存储器）中的程序和计数器中的内容。在 25℃时，锂电池的寿命一般是 5 年左右，环境温度越高，其使用寿命越短。当电池失效时，CPU 的 ALARM 指示灯闪烁，此后的一周内，必须尽快更换锂电池。

更换步骤如下。

① 断开 PLC 控制器的供电电源，若开始 PLC 控制器的电源是断开的，则需先接通，至少通电 15s 以上（这样做可使作为存储器备用电源的电容器充电，在锂电池断开后，该电容可对 PLC 控制器进行短暂供电，以保护 RAM 中的信息不丢失），然后再断开电源。

② 打开 CPU 盖板（视不同厂家的产品，其打开方式不同，应参照其说明书，以免损坏设备）。

③ 在 5min 内（当然越快越好），从支架上取下旧电池，并装上新电池（注意电池型号

必须一致)。

④ 重新装好 CPU 盖板。

⑤ 用编程器清除 ALARM。

(2) PLC 控制器继电器的更换步骤

① 断开 PLC 控制器的供电电源。

② 打开盖板。

③ 采用厂家提供的专用工具，取出损坏的继电器并安装上新的 (注意继电器型号必须一致)。

④ 仔细检测各个接点是否正常，确认更换无误。

⑤ 装好盖板。

4.6.3.3　PLC 控制器故障的查找

PLC 控制器一般有很强的自诊断能力，当 PLC 控制器自身故障或外围设备故障，都可用 PLC 控制器上具有的诊断指示功能的发光二极管的亮灭来诊断。

(1) 基本的查找故障顺序

提出下列问题，并根据发现的合理动作逐个否定。一步一步地更换各种模块，直到故障全部排除。所有主要的修正动作能通过更换模块来完成。除了一把螺丝刀和一个万用电表外，并不需要特殊的工具，不需要使用示波器、高级精密电压表或特殊的测试程序。

① 察看 PWR (电源) 灯亮否？如果不亮，在采用交流电源的框架的电压输入端 (98～162VAC 或 195～252VAC) 检查电源电压。对于需要直流电压的框架，测量＋24VDC 和 0VDC 端之间的直流电压，如果不是合适的 AC 或 DC 电源，则问题发生在 PLC 之外。如 AC 或 DC 电源电压正常，但 PWR 灯不亮，检查熔丝，如果必要的话，就更换 CPU 框架。

② 察看 PWR (电源) 灯亮否？如果亮，检查显示出错的代码，对照出错代码表的代码定义，做相应的修正。

③ 察看 RUN (运行) 灯亮否？如果不亮，检查编程器是不是处于 PRG 或 LOAD 位置，或者是不是程序出错。如 RUN 灯不亮，而编程器并没插上，或者编程器处于 RUN 方式，且没有显示出错的代码，则需要更换 CPU 模块。

④ 察看 BATT (电池) 灯亮否？如果亮，则需要更换锂电池。由于 BATT 灯只是报警信号，即使电池电压过低，程序也可能尚没改变。更换电池以后，检查程序或让 PLC 试运行。如果程序已经出现错误，在完成系统编程初始化后，将录在磁带上 (或是其他储存方式) 的程序重新装入 PLC，有些机型则需要人工重新输入程序；输入程序后，认真检查程序是否正确无误。

在潮湿的天气条件下，如果设备处于停机状态，PLC 控制器没有采用外电供电，有可能是因为气候潮湿形成的小水珠造成 PLC 控制器内部的线路短路，锂电池容易很快被放电，而造成控制程序的丢失，这种情况下，一般都会需要重新进行程序的输入，程序重新输入后均需要进行认真仔细的确认和检查。

⑤ 在多框架系统中，如果 CPU 是工作的，可用 RUN 继电器来检查其他几个电源的工作。如果 RUN 继电器未闭合 (高阻态)，按上面讲的检查 AC 或 DC 电源，如 AC 或 DC 电源正常而继电器是断开的，则需要更换框架。

(2) 查找故障步骤

首先，插上编程器，并将开关打到 RUN 位置，然后按下列步骤进行检查。

①　如果 PLC 停止在某些输出被激励的地方，一般是处于中间状态，则查找引起下一步操作发生的信号（输入、定时器、线圈、行程开关等）。编程器会显示那个信号的 ON/OFF 状态。

②　如果是输入信号，将编程器显示的状态与输入模块的 LED 指示作比较，结果不一致，则更换输入模块。如发现在扩展框架上有多个模块要更换，那么，在更换模块之前，应先检查 I/O 扩展电缆和它的连接情况。

③　如果输入状态与输入模块的 LED 指示灯指示一致，就要比较一下发光二极管与输入装置（按钮、限位开关等）的状态。如二者不同，测量一下输入模块，如发现有问题，需要更换 I/O 装置，现场接线或电源；否则，需要更换输入模块。

④　如信号是线圈，没有输出或输出与线圈的状态不同，就得用编程器检查输出的驱动逻辑，并检查程序清单。检查应按从右到左的顺序进行，找出第一个不接通的触点，如没有通的那个是输入，就按第二个和第三个节点继续检查该输入点，如是线圈，检查该线圈所控制的通、断。要确认是哪个继电器所影响的逻辑操作。

⑤　如果信号是定时器，而且停在小于 999.9 的非零值上，则要更换 CPU 模块。

⑥　如果该信号控制一个计数器，首先检查控制复位的逻辑，然后是计数器信号。

4.6.3.4　PLC 组件的更换

更换 PLC 系统组件的步骤如下。

（1）更换框架

①　切断 AC 电源，如装有编程器，取掉编程器。

②　从框架右端的接线端板上，取下塑料盖板，拆去电源接线。

③　取下所有的 I/O 模块。如果原先在安装时有多个工作回路的话，不要搞乱 I/O 的接线，并记下每个模块在框架中的位置，做好标记，以便重新插上时不至于搞错。

④　如果是 CPU 框架，拔除 CPU 组件和填充模块。将它放在安全的地方，以便以后重新安装。

⑤　卸去底部的两个固定框架的螺钉，松开上部两个螺钉，但不用拆掉。

⑥　将框架向上推移一下，然后把框架向下拉出来放在旁边。

⑦　将新的框架从顶部螺钉上套进去，装上底部螺钉，将 4 个螺钉都拧紧。

⑧　插入 I/O 模块，注意插入位置要与拆下时一致。如果模块插错位置，将会引起控制系统危险的或者错误的操作，但不会损坏模块。

⑨　插入卸下的 CPU 和其他模块，在框架右边的接线端上重新接好电源接线，再盖上电源接线端的塑料盖。

⑩　检查一下电源接线是否正确，然后再通上电源。仔细地检查整个控制系统的工作，确保所有的 I/O 模块位置正确，程序有没有发生变化。

（2）CPU 模块的更换

①　切断电源，如插有编程器的话，把编程器取掉。

②　向中间挤压 CPU 模块面板的上下紧固扣，使它们脱出卡口。

③　把模块从槽中垂直拔出，如果 CPU 上装着 EPROM 存储器，把 EPROM 取下，装在新的 CPU 上。

④　将印制线路板对准底部导槽，将新的 CPU 模块插入底部导槽。轻微地晃动 CPU 模块，使 CPU 模块对准顶部导槽。把 CPU 模块插进框架，直到两个弹性锁扣扣进卡口。

⑤ 重新插上编程器，并通电。

⑥ 在对系统编程初始化后，把录在磁带上的程序或计算机中的程序重新装入，仔细检查整个系统的操作是否正常。

（3）I/O 模块的更换

① 切断框架和 I/O 系统的电源，卸下 I/O 模块接线端上塑料盖，拆下有故障模块的现场接线；拆去 I/O 接线端的现场接线或卸下可拆卸式接线插座，这要视模块的类型而定。给每根线贴上标签或记下安装连线的标记，以便于重新连接。向中间挤压 I/O 模块的上下弹性锁扣，使它们脱出卡口，垂直向上拔出 I/O 模块。

② 仔细检查模块的插座接触面有无污染，如果有污染，可以采用棉球蘸医用酒精进行清洗并且待其干燥。

③ 重新安装插入新的相同型号 I/O 模块，安好卡口，重新牢固连接拆卸的接线，通电仔细检查系统的操作是否正常。

4.6.3.5　动作程序发生误动作的可能原因

在一些挤出吹塑中空成型机的实际运行中，可能遇到 PLC 程序控制器出现误动作的情况，误动作的表现比较多样性，如前后动作顺序发生变化，设备在静止状态下突然启动，一旦控制系统发生这种乱动作状况，将可能导致不安全的事故发生，严重时可能危害操作人员或设备维修人员的人身安全。究其原因可能有以下几种状况。

① PLC 控制器的输入输出线的外表塑料绝缘破裂或磨损，导致输入、输出信号发生干扰、错乱，这种情况出现比较普遍，但是，在现场维护中，有时候很难确定具体的线路破损的地方，需要细致查找才行。

② PLC 控制器模块的插脚部分与插座接触不良，插脚部分污染严重，发生信号短路，可以用医用酒精清洗干净，清洗时注意防火即可，这类故障并不少见，特别是一些环境条件相对较差的场地，以及设备使用年限较长的吹塑机生产线更加容易发生。

③ PLC 内部输入、输出继电器或外围输入、输出继电器发生故障，可进行零件更换或修复。

④ 接线排可能因为环境污染导致信号短接，这种状况容易发生在一些长期没有对电控箱进行有效清洁的情况下。

在电气控制系统中，其他电气零部件的维护保养工作相对要简单一些，但是，每年季节变化时气候环境条件的突然变化都是值得重视的，按照相关的技术要求进行定期的维护保养工作是保障设备正常运行的基础。

4.6.4　壁厚控制系统

塑料型坯壁厚控制系统在中空成型机行业得到广泛应用，熟悉和掌握壁厚控制系统对于机器调试和维修人员具有非常重要的意义。实际工作中，发现多数一线调试和维修人员对于该系统只知道最基本使用方法，而对于系统如何进行初始设定及如何维护维修一知半解，经常容易调乱数据或出现问题不知如何处理。这里对壁厚控制系统作一些简单介绍。

塑料型坯壁厚控制系统基本由以下部分组成：壁厚控制器、油源（伺服液压站）及过滤器系统、伺服阀及阀座、壁厚液压缸、位置传感器（电子尺）。其中关键部分为壁厚控制器和伺服阀，是整个壁厚控制系统的核心部件，目前中空成型机行业应用比较多的壁厚控制器是 MOOG、B&R、BECKHOFF、Barber-Colman、上海中船重工 704 所等。这里以

MOOG 控制器为代表做主要介绍。

图 4-33 为 MOOG100 点壁厚控制器外形。两种 MOOG 伺服阀外形见图 4-34。

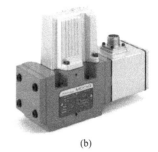

(a)　　　　　　　　(b)

图 4-33　MOOG100 点壁厚控制器外形　　　图 4-34　两种 MOOG 伺服阀外形

4.6.4.1　MOOG 壁厚控制系统的调试

（1）基本参数的设置

MOOG 壁厚控制系统调试的关键是基本参数和传感器位置的设置，设置错误将导致系统工作不正常，严重的可能造成机械或电气方面的损坏。

主要参数和传感器位置设置包括：

① 控制方式（储料式或连续式）；

② 增益倍数；

③ 型芯类型；

④ 型芯位置传感器；

⑤ 储料缸位置传感器；

⑥ 伺服液压系统压力的设置与调整。

（2）设置与调试方法

微动开关1　　　　　　微动开关8

图 4-35　MOOG30 点、100 点壁厚控制器
的微动开关示意图

① 控制方式的设置。中空成型机机型不同，壁厚控制系统的控制方式也不一样。在基础设置时，必须根据中空成型机的类型选择对应的控制方式，具体由 MOOG 控制器内部的 6# 微动开关来选择，ON 为连续挤出式，OFF 为储料缸式。拨动微动开关时，壁厚控制器必须断电。选择完成后，MOOG 壁厚控制器面板上对应的状态指示灯将会点亮，"Continuous"代表连续挤出式，"Accumulator"代表储料缸式。图 4-35 为 MOOG30 点、100 点壁厚控制器的微动开关示意图。

② 增益倍数的设置。增益倍数（GAIN TIMES）控制壁厚油缸动作的稳定性和响应敏感度。增益倍数设置太小，壁厚油缸动作迟缓，响应速度慢，滞后严重，口模间隙与壁厚图形曲线的偏差大，达不到控制精度。增益倍数设置太大，响应敏感度太高，容易受到外部信号干扰，引起壁厚油路系统振动。增益倍数（GAIN TIMES）的参考设置为 5～8。

③ 型芯类型的设置。型芯类型（CORE TYPE）指的是口模的结构形式，分为收缩型

（Convergent）和扩张型（Divergent）。根据中空成型机实际装配的口模形式进行相应设置，设置完成后，MOOG 壁厚控制器面板上对应的状态指示灯将会点亮。

④ 型芯间隙位置的设置。型芯间隙位置传感器（DCDT）用来检测型芯位置（即壁厚油缸活塞位置）。型芯间隙位置传感器的有效检测行程应略大于壁厚油缸的行程，并且安装时，二者的行程在实际空间位置上能够对应，即壁厚油缸活塞运动到油缸行程端点时，型芯间隙位置传感器也应该运动到靠近对应行程的端点，也就是油缸行程必须在型芯间隙位置传感器检测行程有效范围内，如果安装错误，有可能导致型芯间隙位置传感器不能正确检测壁厚油缸活塞位置或者造成型芯间隙位置传感器等零件的损坏。

型芯间隙位置传感器的基本设置包括零点（ZERO）和范围（SPAN）。零点（ZERO）指的是壁厚油缸行程起点位置（型芯处于初始最小间隙位置）时的传感器电压值。范围（SPAN）通常指的是壁厚油缸行程终点位置（型芯处于最大间隙位置）时的传感器电压值。

型芯间隙位置传感器的基本设置对于壁厚控制系统的正常工作非常重要，是壁厚控制系统的基础数据，在设置时需要适当调低油源（液压站）的压力，在设置过程中可能需要反复校正传感器、油缸活塞及口模间隙三者之间的位置对应关系，确保对应准确，防止意外故障导致机械或电气零件的损坏。一般来说，油缸活塞处于端点（零点 ZERO）时，口模间隙不能为零，保证有一定的安全间隙，同时传感器检测杆离行程端点保留一定的距离，这样才能保证整个系统处于安全状态。如果口模完全封死（间隙为 0），则电气零件的意外失灵有可能导致模头、挤出机螺杆机筒、齿轮箱等机械零件的严重损坏。零位（ZERO）时的口模间隙可以通过手动壁厚调整机构进行调整，达到生产所需要的间隙。

型芯间隙位置传感器的基本设置完成后，一般来说，更换口模时无须重新设置，除非传感器检测和安装的基准面发生变化。此项设置结束后，连续式中空成型机的壁厚控制器的基本设置就已经结束，将伺服液压油源（伺服液压站）的压力调至正常工作压力，壁厚控制系统可以进入工作状态。一种型芯间隙位置传感器的外观见图 4-36。

⑤ 储料缸位置传感器（accumulator position transducer）的设置。如果控制方式为储料缸式中空成型机的话，除了前面提到的基本设置外，还需要对储料缸位置传感器进行设置。储料缸位置

图 4-36　一种型芯间隙位置传感器的外观

传感器用来检测储料缸活塞的位置，传感器的有效检测行程应该略大于储料缸的行程，并且安装时，二者的行程在实际空间位置上能够对应，即储料活塞运动到储料缸行程端点时，储料缸位置传感器也应该运动到靠近对应行程的端点，也就是说，储料缸行程必须在储料缸位置传感器检测行程有效范围内，如果安装错误，有可能导致储料缸位置传感器不能正确检测储料缸活塞位置或者造成传感器等零件的损坏。

储料缸位置传感器的基本设置包括：空缸（EMPTY）位置、满缸（FULL）位置以及保持方式。保持方式包括：挤出保持（EXTRUSION　FIXED）或填充保持（FILLING FIXED）。

空缸（EMPTY）位置指的是储料缸射空时的储料缸位置传感器电压值；满缸（FULL）位置指的是储料缸储满时的储料缸位置传感器电压值。设置空缸和满缸时，通常的经验是空

缸（EMPTY）位置和满缸（FULL）位置分别离储料缸行程端点少许距离，留有适当的缓冲余地；不要以储料缸行程端点作为空缸和满缸的设置点，这样容易导致控制上的误动作，且安全系数降低。

根据前面提到的一些经验与技巧，调整好储料缸行程与传感器行程的对应关系。将储料缸里的熔融料射出，确认储料缸活塞处于空缸（EMPTY）位置时，按设定（SET）键，存入当前传感器的电压值为空缸（EMPTY）设定值，面板上的射料结束（End of Extrusion）指示灯会点亮；然后向储料缸内储料，确认储料缸活塞处于满缸（FULL）位置时，按设定（SET）键，存入当前传感器的电压值，面板上的填充结束（End of Filling）指示灯会点亮。

保持方式指的是从储料缸射料量计量的起始点。挤出保持（EXTRUSION FIXED）的射料量（SHOT SIZE）计量的起始点为空缸位置（EMPTY）；填充保持（FILLING FIXED）的射料量（SHOT SIZE）计量的起始点为满缸位置（FULL），其原理见图4-37和图4-38。

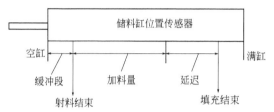 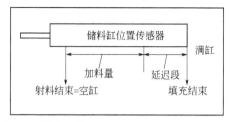

图4-37 挤出保持（EXTRUSION FIXED）工作原理　　图4-38 填充保持（FILLING FIXED）工作原理

图4-39 一种储料缸位置传感器的外观

储料缸位置传感器的基本设定完成后，壁厚控制器最重要的基本设定已经完成，可以根据设定的图形曲线进行壁厚控制。至于图形与制品的对应关系，则需要在实际生产中总结经验。基本设置的具体操作步骤这里不作详细介绍，可以参照设备的操作说明书。一种储料缸位置传感器的外观见图4-39。

⑥ 伺服液压系统压力的设置与调整。伺服液压系统压力的设置根据中空成型机壁厚液压缸的大小以及口模尺寸大小来决定，通常机器交付使用后，壁厚液压缸大小已经固定，口模大小将根据制品而变化，口模越大，油源的压力也要相应的提高，以保证壁厚控制的准确性，压力不够将导致实际壁厚运行曲线与设定的曲线不符，偏差大。油源的最大压力根据中空成型机规格的不同也不一样，具体请参阅机器使用说明书或咨询生产厂商。

通常在设置型芯间隙位置传感器时，将压力适当调低至2～3MPa，以防止设置操作不当损坏模头部件；设置完成后，再将压力调至生产所需要的正常值。

4.6.4.2　MOOG壁厚控制系统安装和维护注意事项

① 传感器安装。位置传感器是壁厚控制系统的基础，安装时的定位及检测基准面（点）要求选择在机器拆装调试过程中相对位置不会随意变动的基准面（点），例如油缸缸盖端面、活塞杆端面等；另外传感器的轴线应该与油缸的中轴线保持平行，否则传感器可能检测不准

或者影响使用寿命。

位置传感器定位校正好后，固定螺钉一定要锁紧，防止位置随意变动，影响检测基准和精度，同时在维修拆装时，做好位置标记，以便再次安装时，与原有位置保持一致。

② 电缆接线。壁厚控制系统的传感器与伺服阀的配线通常选用屏蔽电缆线，电缆线的屏蔽层一端接在 MOOG 壁厚控制器的指定接线端子上，以保证信号免受外界干扰。传感器与伺服阀的接线都分为正负极，不可接错，且不可短路，错误连接或短路有可能造成传感器或壁厚控制器烧坏。

③ 系统维护。壁厚控制系统采用伺服油路系统，对油质及洁净度要求很高，变质或受污染的液压油可能造成伺服阀的损坏或工作不正常。因此在安装伺服阀前，需要用洁净液压油对系统反复冲洗，以清除管路和油缸里的杂质。新系统投入使用 500h 后，就要更换新液压油，以后每 3000h 进行更换，每次换油的同时需要清洗油箱和所有过滤器。有些机器的用户容易忽视伺服液压系统的维护，不按时换油，液压油严重变质污染，造成伺服阀堵塞卡死或损坏，损失超过换油的代价。

④ 及时记录基本设置数据。壁厚控制系统基本设置结束后，要对设置的数据进行保存和记录，MOOG30 点壁厚控制器具备数据存取功能，可参照说明书在 F3（FILE）功能画面进行存取操作；在 F5（DATA）数据画面里可以显示当前的 F1（PROFILE）图形画面的所有参数以及基本设置（SET UP）的所有数据，包括增益倍数、型芯间隙位置传感器的设置、储料缸位置传感器的设置，这些关键性的数据建议做好书面记录，以备维修或再次设置作参考。在日常生产过程中，经常出现操作人员无意中调乱 MOOG 壁厚控制系统的基本设置数据，造成壁厚控制系统或中空成型机不能正常工作，所以及时保存记录基本设置数据非常有必要，以备维修检查时作对照参考。

4.6.4.3　MOOG 壁厚控制系统常见故障的处理

MOOG 壁厚控制系统常见故障的处理见表 4-14。

表 4-14　MOOG 壁厚控制系统常见故障及处理方法

序号	故障现象	可能原因	排除方法
1	壁厚油缸无动作，射料油缸无动作	1. 型芯位置传感器的零位（ZERO）及范围（SPAN）设置不正确 2. 储料缸位置传感器的空缸（EMPTY）及满缸（FULL）设置不正确 3. 壁厚控制器没有接收到启动信号或启动信号持续时间太短 4. 壁厚油源压力过低,过滤器堵塞 5. 伺服阀没有电流 6. 伺服阀不工作 7. 壁厚控制器故障	1. 检查或重新设置零位（ZERO）及范围（SPAN） 2. 检查或重新设置空缸（EMPTY）及满缸（FULL） 3. 检查中空成型机的电气配线或程序设置 4. 调整壁厚油源压力，清洗油路过滤器 5. 检查壁厚控制器的伺服阀电流是否有输出以及伺服阀电路是否连接正确 6. 清洗、维修或更换伺服阀 7. 检查维修或更换壁厚控制器
2	传感器无电压反馈信号	1. 传感器连接电缆断线 2. 传感器内部烧坏 3. 壁厚控制器故障	1. 检查传感器连接电缆 2. 更换传感器 3. 检查维修或更换壁厚控制器
3	壁厚油缸动作反向	1. 型芯类型设置错误 2. 型芯间隙位置传感器接线极性反向 3. 伺服阀接线极性反向	1. 重新设置型芯类型 2. 调换型芯间隙位置传感器接线极性 3. 调换伺服阀接线极性

续表

序号	故障现象	可能原因	排除方法
4	壁厚曲线跟踪不好	1. 增益倍数(GAIN TIMES)设置太小,灵敏度过低 2. 壁厚油源压力过低 3. 传感器精度不够 4. 电缆线接触不良,有干扰	1. 提高增益倍数(GAIN TIMES)设置 2. 提高壁厚油源压力 3. 更换高精度传感器 4. 检查电缆线连接,采用屏蔽电缆线,并可靠接地
5	壁厚液压系统振动	1. 增益倍数太大 2. 型芯间隙位置传感器读数不准 3. 电缆线配线接触不良 4. 壁厚油源压力不稳,或过滤器堵塞	1. 适当减小增益倍数 2. 更换型芯间隙位置传感器 3. 检查壁厚控制系统电缆线连接 4. 检查壁厚油源压力,清洗或更换过滤器
6	射出型坯重量或长短不稳定	1. 储料缸传感器读数不稳定 2. 型芯间隙位置传感器读数不稳定 3. 伺服阀工作不稳定 4. 壁厚控制器受干扰或工作不稳定	1. 检查储料缸传感器接线是否接触不良,检查或更换相关传感器 2. 检查型芯间隙位置传感器接线是否接触不良,检查或更换相关传感器 3. 检查伺服阀接线是否接触不良,检查或更换伺服阀 4. 检查壁厚控制器接地是否良好,检修或更换壁厚控制器
7	储料缸机器没有封口动作或封口间隙太大	1. 壁厚控制器没有接收到封口信号或信号持续时间太短 2. 封口间隙值设定太大	1. 检查中空成型机封口信号线路及程序设计 2. 检查壁厚控制器的封口间隙的设定值

特别提醒:

① 一般在吹塑机新机购进时,设备厂家会提供 MOOG 型坯壁厚控制器安装、使用与维护手册,吹塑制品厂家应该进行妥善保存,以备工作之需。

② 型坯壁厚控制器的品牌、型号不一样时,其接线与操作方法、顺序也会不一样,此外,即使是同一厂家的产品,出厂时期不一样时,其产品也会改进较多,操作时需要特别注意,严格按照设备厂家提供的最新说明书进行操作。

4.6.5 互联网远程通信技术对中空成型机电控技术的影响

随着互联网技术的快速发展,对挤出吹塑中空成型机的电控技术来说将会产生较大的影响。这些影响可能体现在以下一些方面。

① 通过互联网通信技术,吹塑机设备制造厂家与吹塑制品厂家的沟通将更为快捷方便,可实现实时修改用户吹塑机的工作程序或工作参数,以保障用户能够快捷地生产出合格的产品。特别是新产品试制时,更加具有灵活性和方便性。

② 通过互联网通信技术,设备厂家可实现多方面提示或提醒客户及时进行各种设备的维护与维修保养工作。

③ 通过互联网通信技术,设备厂家可及时诊断客户的设备运行是否正常。

未来几年的展望如下。

① 通过互联网通信技术,设备厂家与吹塑制品厂家的在线沟通将变得更加方便快捷。

② 通过互联网通信与数字控制技术,一个公司内的多家工厂的联控将成为可能,特别是设备重要数据的实时采集与汇总工作将变得方便快捷。

4.6.6　气候变化对电控系统的影响及处理措施

随着地球气候条件发生变化，一些突变性的天气经常出现，这些天气的突然变化，往往容易对吹塑机设备的工作性能造成影响，因此，关注天气变化对吹塑机设备的危害与影响，是吹塑制品厂家应该关心和防范的事情，这样就可以减少因为天气突然变化造成的设备损失。

尽管吹塑机以及吹塑机生产线以 PLC 可编程控制器为主的电气自动控制系统对所在环境的要求不是特别严格，但是在气候炎热、潮湿的地方，许多吹塑制品工厂的环境条件可能会不适合或者达不到电气自动控制系统对工作环境的要求。吹塑设备生产现场周边的环境温度有可能达到 50～60℃，而电气控制柜内的温度可能在 60～70℃，在这种温度条件下运行时间较长的话，对电气类零部件的危害较大。而空气湿度的变化也较大，从测试到的空气湿度来看，许多地方一年中有较多天数的空气湿度在 85% 以上，空气湿度在 95% 以上的天数也不在少数；空气中的水分很容易凝结成小水珠，这些小水珠与空气中微尘颗粒结合，很容易对电气控制零部件造成损坏，导致控制失灵、控制程序部分或全部丢失，或者电气设备事故的发生，这类事故每年都有发生，往往造成的损失不小，值得引起吹塑制品企业管理人员与工程技术人员的高度重视。

应对环境温度与空气湿度过高的环境，又要确保电气控制零部件的稳定性，目前较好的办法是给中空成型机的电控柜加装空调系统，既可以有效降低电控柜的温度，还可以降低电控柜内空气湿度。从实际安装空调机的情况来看，不可将空调机直接对电控柜内吹风，这样很可能使它内部的湿度增大，造成直接的危害。较好的方法是：在电控柜的周围修建一个较为密封的小型空间，采用空调机将这一空间的温度和湿度降低到较为合适的范围，这样能有效保障电控系统的工作稳定性。

第 5 章

挤出中空吹塑成型常用原料与选用

挤出吹塑中空成型常用原料有聚乙烯、聚丙烯、聚氯乙烯、聚酯、ABS、聚碳酸酯等。在挤出吹塑加工时，需要根据它们的性能，结合产品的使用特性来确定选择的原料。在许多挤出吹塑容器的生产厂家，由于在塑料原料选择方面的经验不足，往往容易出现批量产品不合格的情况，造成较大的资金损失与浪费。希望通过对常用吹塑原料的基本性能的介绍，提高吹塑制品厂家从业人员对原料性能的了解与掌握，从而减少这方面的失误与经济损失。

5.1 聚乙烯

聚乙烯，英文名称 polyethylene，简称 PE，是乙烯经聚合制得的一种热塑性树脂。聚乙烯是结构最简单、应用最广泛的高分子材料。聚乙烯是乙烯（$CH_2=CH_2$）发生加成聚合反应而生成的，在工业上，也包括乙烯与少量 α-烯烃的共聚物。聚乙烯无臭、无毒，手感似蜡，具有优良的耐低温性能（最低使用温度可达 $-70\sim-100℃$），化学稳定性好，能耐大多数酸碱的侵蚀（不耐具有氧化性质的酸），常温下不溶于一般溶剂，吸水性小，电绝缘性能优良。

聚乙烯依聚合方法、分子量高低、链结构的不同，分高密度聚乙烯、低密度聚乙烯及线型低密度聚乙烯。低密度聚乙烯（low density polyethylene，LDPE）俗称高压聚乙烯，因密度较低，材质最软，主要用在塑料袋、农业用膜等。高密度聚乙烯（high density polyethylene，HDPE）俗称低压聚乙烯，与 LDPE 及 LLDPE 相较，有较高耐温、耐油性、耐蒸汽渗透性及抗环境应力开裂性，此外电绝缘性和抗冲击性及耐寒性能很好，主要应用于吹塑、注塑等领域。线型低密度聚乙烯（linear low density polyethylene，LLDPE），则是乙烯与少量高级 α-烯烃在催化剂存在下聚合而成的共聚物。LLDPE 外观与 LDPE 相似，透明性较差些，表面光泽好，具有低温韧性、高模量、抗弯曲和耐应力开裂性、低温下抗冲击强度较佳等优点。

聚乙烯化学稳定性较好，室温下可耐稀硝酸、稀硫酸和任何浓度的盐酸、氢氟酸、磷酸、甲酸、醋酸、氨水、胺类、过氧化氢、氢氧化钠、氢氧化钾等溶液。但不耐强氧化腐蚀，如发烟硫酸、浓硝酸、铬酸与硫酸的混合液。在室温下上述溶剂会对聚乙烯产生缓慢的侵蚀作用，而在 $90\sim100℃$ 下，浓硫酸和浓硝酸会快速地侵蚀聚乙烯，使其破坏或分解。

聚乙烯在大气、阳光和氧的作用下，会发生老化、变色、龟裂、变脆或粉化，丧失其力学性能。在成型加工温度下，也会因氧化作用，使其熔体强度下降，发生变色，出现条纹，故而在成型加工、使用过程或选材时应予以注意。

从 PE 的分类上就能看出，密度是关系着 PE 塑料性能差异的主要指标，其次是相对分子量，而密度又是树脂结晶度和分子线型结构不同造成的。线型结构的 PE，结晶度高、密度大，熔融温度、硬度、屈服强度、弹性模量也高。尽管 PE 分子间的力不大，但因结晶度高，分子堆砌紧密而强度增大。相反，支链度大的 PE 结晶度较小，则密度较低，可延伸性与韧性较大，即为柔韧性材料。

相对分子量及其分布会直接影响结晶度，进而影响一系列性能，如强度、硬度、韧性、耐磨性、耐化学药品性、老化及耐低温脆折性等。相对分子量分布窄，韧性和低温脆性有所提高，而耐长期载荷变形、耐环境应力开裂性则下降。所以，相对分子量分布的宽窄与 PE 制品的种类和使用性能有密切关系。

另外，熔体流动速率是聚乙烯熔体流动性的定量指标，也是反映聚乙烯分子量大小的一个标志。一般情况下，PE 的熔体流动速率越高，其分子量越低；反之，PE 的熔体流动速率越低，其分子量越高。PE 的熔体流动速率对其加工影响较大，熔体流动速率大，则流动性就好，适于注射成型，但对于直接挤出吹塑来说，则不希望熔体流动速率过高，特别是 HDPE，熔体流动速率大，型坯易产生下坠，影响型坯的正常成型。若要吹塑大型制品时，应该选用高分子量高密度聚乙烯（HMWHDPE），其重均分子量在 30 万～50 万范围内，不仅明显地高于一般 HDPE（重均分子量在 15 万～20 万之间），而且分子量分布较宽，熔体张力大，熔体强度高。采用直接挤出吹塑成型时，大型制件的型坯也不易产生下坠等问题。采用 HMWHDPE 制得的塑料制品还具有良好的耐冲击性、耐蠕变性以及耐应力开裂性。

5.1.1　常用聚乙烯的性能

（1）低密度聚乙烯（LDPE）

LDPE 为乳白色蜡状颗粒，无毒、无味、无臭，是 PE 中最轻的品种，结晶度较低，为 55%～65%，熔体流动速率较宽，为 0.2～50g/10min，具有良好的柔韧性、延伸性、透明性、耐寒性、加工性、化学稳定性及透气性，电绝缘性能优异，但其机械强度、透湿性、耐老化性能较差，耐热性低于高密度聚乙烯。

LDPE 合成工艺：主要有高压管式法和釜式法两种。为降低反应温度和压力，管式法工艺普遍采用低温高活性引发剂引发聚合体系，以高纯度乙烯为主要原料，以丙烯/丙烷等为密度调整剂，在 200～330℃、150～300MPa 条件下进行聚合反应。反应器中引发聚合的熔融聚合物，必须要经过高压、中压和低压冷却、分离，高压循环气体经过冷却、分离后送入超高压（300MPa）压缩机入口，中压循环气体经过冷却、分离后送入高压（30MPa）压缩机入口，而低压循环气体经过冷却、分离后送入低压（0.5MPa）压缩机循环利用，而熔融聚乙烯经过高压、低压分离后送入造粒机，进行水中切粒，在造粒时，企业可以根据不同应用领域，加入适宜的添加剂，造粒后的颗粒经包装出厂。

（2）高密度聚乙烯（HDPE）

HDPE 为白色粉末或颗粒状，无毒、无味、无臭，与 LDPE 相比，支链较少，结晶度较高，密度较大，分子量常为十几万到几十万，熔体流动速率范围较窄；具有较高的刚性和韧性，优良的力学性能和耐热性，还具有较好的耐溶剂性、耐蒸汽渗透性等。

HDPE 的各项性能见表 5-1～表 5-4。

表 5-1　HDPE 的物理性能

项　目	数　值
平均分子量/$\times 10^4$	7~30
结晶度/%	80~95
密度/(g/cm³)	0.941~0.965
表观密度/(g/cm³)	0.50~0.55
熔体流动速率/(g/10min)	0.1~8.0
折射率 η	1.54
吸水率/%	0.03
透明度	不透明

表 5-2　HDPE 的力学性能

项　目	数　值
拉伸强度/MPa	22~45
断裂伸长率/%	200~900
拉伸模量/MPa	420~1060
压缩强度/MPa	22.5
弯曲强度/MPa	25~40
弯曲模量/MPa	1100~1400
剪切强度/MPa	20~36
冲击强度(无缺口)	不断
冲击强度(缺口)/(10^3J/m²)	10~40
邵尔硬度(D)	62~72

表 5-3　HDPE 的热性能

项　目	数　值
熔融温度/℃	126~136
维卡软化点/℃	121~127
热变形温度/℃ 0.45MPa 1.82MPa	 60~82 40~50
脆化温度/℃	-70~-100
热导率/[W/(m·K)]	0.39
比热容/[J/(kg·K)]	2302
线膨胀系数/$\times 10^{-5}$℃	11~13(0~40℃)

表 5-4　HDPE 的电性能

项　目	数　值
体积电阻率/Ω·cm	$\geqslant 10^{16}$

续表

项　目	数　值
相对介电常数	2.3~2.4
介质损耗因数	0.0002~0.0005
介电强度/(kV/mm)	18~28

HDPE 合成工艺：分淤浆法、溶液法和气相法 3 种，除溶液法外，聚合压力都在 2MPa 以下。一般步骤有催化剂的配制、乙烯聚合、聚合物的分离和造粒等。

① 淤浆法　生成的聚乙烯不溶于溶剂而呈淤浆状。淤浆法聚合条件温和，易于操作，常用烷基铝作活化剂，氢气作分子量调节剂，多采用釜式反应器。由聚合釜出来的聚合物淤浆经闪蒸釜、气液分离器到粉料干燥机，然后去造粒。生产过程中还包括溶剂回收、溶剂精制等步骤。采用不同的聚合釜串联或并联的组合方式，可以得到不同分子量分布的产品。

② 溶液法　聚合在溶剂中进行，但乙烯和聚乙烯均溶于溶剂中，反应体系为均相溶液。反应温度（≥140℃）、压力（4~5MPa）较高。特点是聚合时间短，生产强度大，可兼产高、中、低 3 种密度的聚乙烯，能较好地控制产品的性质；但溶液法所得聚合物分子量较低，分子量分布窄，固体物含量较低。

③ 气相法　乙烯在气态下聚合，一般采用流化床反应器。催化剂有铬系和钛系两种，由储罐定量加入床层内，用高速乙烯循环以维持床层流态化，并排除聚合反应热。生成的聚乙烯从反应器底部出料。反应器的压力约 2MPa，温度 85~100℃。气相法是生产线型低密度聚乙烯最主要的方法，气相法省去了溶剂回收和聚合物干燥等工序，且比溶液法节省投资 15%，减少操作成本 10%，因而得到了迅速发展。

HDPE 塑料可以采用挤出法、注塑法、挤出吹塑法、挤出压制法、注塑压制法等方法成型，产品用途广泛。HDPE 塑料的品种很多，可根据具体需要选用，可用于中空吹塑成型的国产 HDPE 材料较多，也较容易从市场购得。HDPE 常用来吹塑耐腐蚀的中小型各类容器和汽车中空配件等产品。

（3）中密度聚乙烯（MDPE）

MDPE 大分子链的支化程度及其性能介于 HDPE 和 LDPE 之间。它的密度和结晶度主要是由分子链中支链多少与长短不同决定的。支链多而长，密度和结晶度下降，具有较好的柔韧和低温特性，但拉伸强度和硬度、耐热性等不如 HDPE；耐环境应力开裂性和强度长期保持性较好。

（4）线型低密度聚乙烯（LLDPE）

LLDPE 是乙烯与少量 α-烯烃共聚而制得的一种高聚物，其分子结构与普通的 LDPE（长链长分支）、HDPE（长链少分支）不同，为长链上附有若干短分支的结构，分支的长短与数量取决于共聚单体的种类与用量。因此，分支有较强的规律性，且 LDPE 分子量的分布相对要窄一些。因此，即使 LLDPE 和 LDPE 的结晶度相当，密度相近，性能上却显示出较大的差异。

由于普通商品级 LLDPE 分子量分布比较窄，采用直接挤出吹塑法吹制中空容器时，型坯易下坠，难以制得性能优良的产品，因此，当采用直接挤出吹塑法制 LLDPE 中空容器时，应选用分子量分布较宽的、吹塑专用级 LLDPE 树脂。

（5）HMWHDPE 塑料

HMWHDPE（High Molecular Weight High Density Polyethylene）称为高分子量高密度聚乙烯，有均聚物与共聚物之分，可以用淤浆法和气相法来生产。聚合反应在低压（0.48～3.1MPa）、低温（80～110℃）和过渡金属催化剂存在下进行，所用催化剂有齐格勒型或以铬氧化物为基础的菲利浦型。共聚单体多为 1-丁烯、1-辛烯等 α-烯烃。

HMWHDPE 的重均分子量为（2～5）×10^5，共聚物的密度为 0.941～0.965g/cm³，而一般的 HDPE 的密度为 0.941～0.954g/cm³。共聚物的密度与共聚物单体的关系密切，其结晶度与物理特性也不同于均聚物。

HMWHDPE 具有优良的耐环境应力开裂性、冲击强度、拉伸强度、熔体强度，良好的刚性、高防潮性、耐磨性、化学稳定性和冲击性。

① HMWHDPE 基本特性见表 5-5。

表 5-5　HMWHDPE 基本特性

项　目	密　度		相对分子量		相对分子量分布	
	增加	减少	增加	减少	加宽	变窄
耐环境应力开裂	↓	↑	↑	↓	↑	↓
冲击强度	↓	↑	↑	↓	↓	↑
刚度	↑	↓	↑	↓	—	—
硬度	↑	↓	—	—	—	—
拉伸强度	↑	↓	—	—	—	—
渗透性	↑	↓	—	—	—	—
挠曲性	↑	↓	—	—	↑	↓
耐磨性	—	—	↑	↓	—	—
加工流动性	—	—	↓	↑	↑	↓
熔体强度	—	—	↑	↓	↑	↓
熔体黏度	—	—	↑	↓	—	—
共聚物含量	↓	↑	—	—	—	—

HMWHDPE 可以用挤出和吹塑法成型，在挤出成型时，挤出机需要设计强制冷却段和进料沟槽的进料段，以提高生产效率，防止聚合物降解，并且可使挤出量提高 60％以上。HMWHDPE 主要用来制作容积 200L 以上的大型、特大型中空容器，大型塑料托盘、大型塑料浮体、大型储水罐、储油罐等。

HMWHDPE 也可以采用挤出压制法或者注塑压制法成型，目前这两种成型方法正在研究中。

② 国产 HMWHDPE 牌号及性能参数见表 5-6。

表 5-6　国产 HMWHDPE 的牌号及性能参数

厂　家	牌　号	熔体流动速率/(g/10min)	密度/(g/cm³)	拉伸强度/MPa	断裂伸长率/%	Izod 缺口冲击强度/(kJ/m²)	ESCR②
大庆石化	8200B③	0.03	0.956	44	850	＞75	＞600
	7000F	0.044	0.955	25	＞500	＞30	＞400

续表

厂　家	牌　号	熔体流动速率/(g/10min)	密度/(g/cm³)	拉伸强度/MPa	断裂伸长率/%	Izod 缺口冲击强度/(kJ/m²)	ESCR[2]
扬子石化	8200B[3]	0.03	0.956	44	850	>75	>600
	7000F	0.044	0.955	25	>500	>30	>400
齐鲁石化	DMDY1158(粉料)	2[1]	0.953	25	700		>428
	6098	9.2[1]	0.950	22	500		
独山子石化	HD5420GA	1.5~2.5[1]	0.953	28.8	800		>350
茂名石化	TR570	5[1]	0.955	27.1			
	TR571	2.82[1]	0.953	28	533		
上海金菲	50100	7.5[1]					
	TR550	2[1]					

①采用 190℃,21.6kg 测试条件。
②ESCR 为耐环境应力开裂指数。
③8200B 厂家较少生产。

5.1.2　聚乙烯的其他特性

各种牌号的聚乙烯,其性能因组成、结构、分子量及分布等的不同而不尽相同。但就聚乙烯类塑料而言,它们之间存在着许多共同的特点,正是这些基本特征,使它们能够作为塑料中空容器的主要材料,在实践中得到了广泛的应用。

(1) 力学性能

PE 具有良好而均衡的力学性能,除了塑料专用料等高流动性 PE 之外,通常 PE 的拉伸强度均在 10MPa 以上,断裂伸长率可达 500% 或更高。

PE 的强度与分子结构之间有密切的关系。高密度聚乙烯分子结构规整性强,结晶度高,强度较大。一般高密度聚乙烯的拉伸强度等性能均明显高于低密度聚乙烯,其中拉伸强度可达低密度聚乙烯的 2 倍以上,但高密度聚乙烯的冲击强度较低密度聚乙烯要低。

PE 力学性能主要受密度、结晶度和相对分子量的影响,随着这几项指标的提高,其力学性能增大。聚乙烯制品在冷却过程中容易结晶,因此,在加工过程中应注意模温,以控制制品的结晶度,使之具有不同的性能。目前,通过控制和改变结晶度的方法来提高制成品的力学性能的研究方兴未艾。

(2) 耐化学腐蚀性

PE 是耐化学腐蚀性最好的塑料之一,它的耐化学腐蚀性可简要归纳如下。

① PE 耐绝大多数的稀酸,通常也不受各种盐及其溶液的侵蚀,但会受氧化型浓酸破坏,在高温下还会受氧化剂类物质的侵蚀。

② PE 通常不受醇、醛、酮以及酯类物质的腐蚀,但在室温下会因为芳香烃、脂肪烃、卤代烃的作用而引起一定程度的溶胀,LDPE 在 60℃ 以上、HDPE 在 80℃ 以上溶解作用也增大。PE 在常温下受卤素的影响较小,但高温下其作用会加速。

③ PE 对油类均有吸收,如矿物油、香精油会通过 PE 材料散逸出去。

④ PE 制品在脂肪烃、芳香烃、醛、酮、醇、浓硫酸、去污剂及皂、油、碱金属的氢氧化物等应力开裂剂的作用下可能会产生应力开裂。

（3）耐候性

PE 在紫外线、高能辐射的作用下，会在空气中发生降解，导致变色、表面龟裂直至脆化、失去强度而丧失使用价值，此种情况在我国西藏、新疆等地户外使用的制品中更容易发生。因此，对于室外应用或者经受阳光直射的 PE 中空容器，应当使用耐候性配方，即在 PE 主料中加入适量的紫外线吸收剂、遮光剂（光屏蔽剂）等助剂，以防紫外光的危害。若 PE 中空容器外观允许呈黑色，可在 PE 中配入 1%～2% 的炭黑（炭黑是一种价廉物美的紫外光屏蔽剂），使其耐候性大幅度提高。

（4）阻隔性

在中空制品类塑料包装容器的应用中，阻隔性能往往是十分重要的。在对各种物质的阻隔中，对氧、二氧化碳、氮气、有机溶剂的透过性能以及对水和水蒸气的透过性能特别重要，它们能直接影响塑料容器对所包装物品的保护效果。

一般来讲，PE 的阻隔性能随着密度的增大而改善，也就是说，高密度聚乙烯比低密度聚乙烯的阻隔性能要好，但是，对于不同物质的阻隔性能相差极大。PE 对水蒸气的透过有极佳的阻隔性能，特别是高密度聚乙烯，是阻隔水蒸气透过的最好的塑料之一。PE 对氧、二氧化碳、氮以及众多的有机溶剂，特别是脂肪烃、芳烃类等的阻隔性能较差。因此需阻氧保存的物品、脂肪烃、芳烃及其溶液等物质，切忌采用 PE 类中空容器包装。

（5）卫生性能

PE 本身无毒、无味，可直接接触食品、药品等物质。但是在用于食品、药品包装时，切忌配入对人体有害的塑料助剂，必须按照国家卫生标准的要求进行生产。

5.1.3 聚乙烯吹塑成型条件对产品性能的影响

（1）成型温度

PE 吹塑成型温度因 PE 的品种不同而异，通常 HDPE 为 170～210℃，LDPE 为 150～190℃。吹塑大型制品时，一般采用的塑料原料是 HMWHDPE，需要较高的温度，而吹塑小型制品一般采用较低的温度，但需注意，如果成型温度过低，容易产生型坯鲨鱼皮现象或者熔体破裂；温度过高则会出现型坯下坠，导致制品壁厚明显不均。因此，在吹塑制品过程中，应随时观察型坯的质量，发现型坯不正常，需及时调整温度。

（2）型坯注射速度

切忌过度提高型坯注射速度和降低成型温度，否则容易引起型坯产生鲨鱼皮及熔体破裂的现象，同时产生较大的离模膨胀，型坯的壁厚增大，导致制品的质量增大。因此提高挤出速度应以不产生鲨鱼皮和熔体破裂为前提，同时还需要调节模头的芯棒与口模调节环间的距离，以维持制品的质量（重量）在标准范围之内。

（3）型坯的壁厚调节

型坯的壁厚调节包括周向（径向）壁厚调节与轴向壁厚调节。通过对挤出型坯的周向（径向）、轴向壁厚调节，就可实现对 PE 吹塑中空容器的壁厚控制。

普通的口模一般通过调节螺栓移动口模调节圈在水平面上的位置，使型坯壁厚趋于均匀，不产生弯曲、平行向下移动。纵向调节由型坯壁厚程序控制系统来完成。在型坯挤出过程中，按预置程序，通过伺服阀（比例阀）驱动液压缸，使模头的芯棒上下移动以调节口模间隙，从而调节型坯壁厚的轴向分布。

（4）模具温度

模具温度对聚乙烯中空吹塑制品的外观、成型收缩率及强度均有影响，此外，模具温度还影响吹塑成型的周期。模具温度高，PE 吹塑制品的外观可得到改善，但是尺寸稳定性下降，机械强度（特别是抗冲击强度）下降，生产周期延长，生产效率下降；模具温度过高，还可能产生制品在截坯夹断部位过薄的弊端，因此适当降低模具的温度是有利的。但是模具温度过低也会出现一些问题，如锁模时型坯与模具接触部分急剧冷却，型坯还未达到制品设计形状之前就难以延伸了，可能导致制品的厚度不均。对一些需要高质量吹塑容器的模具，目前已经采用了分区控温的方法来控制模具温度，以达到吹塑容器壁厚均匀的要求。

（5）吹塑成型压力

PE 中空吹塑成型压力的高低因原料的不同而异，LDPE 一般取 0.2～0.4MPa，HDPE 一般取 0.4～0.7MPa。对于部分 HMWHDPE 的厚壁制品可取 0.6～1.2MPa。

适当提高吹塑成型压力有助于制品与模腔壁之间的接触，采用循环吹放气的方法，可加速制品的冷却速度，提高冷却效率，改善冷却定型效果，且有助于缩短成型周期，提高吹塑制品表面质量，但过高的吹胀压力会增大合模机构的负荷与能耗。

5.2　聚丙烯

聚丙烯，英语名称 polyproylene，简称 PP。聚丙烯塑料是聚烯烃塑料中重要品种之一，也是发展很快，应用很广的热塑性塑料之一。

聚丙烯采用丙烯为单体聚合而成。工业生产方法有溶剂法、液相本体法、气相本体法、溶液法 4 种。普遍采用的是溶剂法，其次是本体法。

聚丙烯按照聚合单体的组成，分为均聚级和共聚级两种。均聚级聚丙烯由单一丙烯单体聚合而成，因而有较高的结晶度、较高的机械强度和耐热性。共聚级聚丙烯是在聚合时掺入少量乙烯单体共聚合而成。按共聚的方式，有嵌段共聚聚丙烯和无规共聚聚丙烯两种。共聚级聚丙烯有较高的耐冲击强度，而无规共聚聚丙烯除了具有较高的冲击强度之外，还有很好的透明度。与其他几种热塑性塑料相比，聚丙烯具有密度小、刚性好、强度高、耐挠曲，以及具有高于 100℃ 的耐热性和良好的耐化学腐蚀性等优点。它的不足是低温耐冲击性较差，易老化，成型收缩率较大。

5.2.1　聚丙烯的性能

（1）物理性能

聚丙烯为无毒、无臭、无味的乳白色、高结晶聚合物，密度只有 0.90～0.91g/cm³。它对水特别稳定，在水中的吸水率仅为 0.01%，分子量约 8 万～15 万，成型性好，制品表面光泽性好，但因收缩率大（为 1%～2.5%），厚壁制品易凹陷，对一些尺寸精度较高零件，较难直接达到要求，一般采用改性办法。

聚丙烯的结晶度高，结构规整，因而具有优良的力学性能。聚丙烯力学性能高于聚乙烯，但在塑料材料中仍属于偏低的品种，其拉伸强度仅可达到 30MPa 或稍高的水平。等规指数较大的聚丙烯具有较高的拉伸强度，但随等规指数的提高，材料的冲击强度有所下降，但下降至某一数值后不再变化。

温度和加载速率对聚丙烯的韧性影响很大。当温度高于玻璃化温度时，冲击破坏呈韧性断裂，低于玻璃化温度呈脆性断裂，且冲击强度值大幅度下降。提高加载速率，可使韧性断裂向脆性断裂转变的温度上升。聚丙烯具有优异的抗弯曲疲劳性，其制品在常温下可弯折 10^6 次而不损坏。

但在室温和低温下，由于本身的分子结构规整度高，所以抗冲击强度相对较差。聚丙烯最突出的性能就是抗弯曲疲劳性，俗称百折胶。

（2）热性能

聚丙烯具有良好的耐热性，制品能在 100℃ 以上温度进行消毒灭菌，在不受外力的条件下，150℃ 也不变形。脆化温度为 -35℃，耐寒性不如聚乙烯。聚丙烯的熔融温度比聚乙烯略高一些，为 164～170℃，100％ 等规度聚丙烯熔点为 176℃。

（3）化学稳定性

聚丙烯的化学稳定性很好，除能被浓硫酸、浓硝酸侵蚀外，对其他各种化学试剂都比较稳定，但低分子量的脂肪烃、芳香烃和氯化烃等能使聚丙烯软化和溶胀，同时它的化学稳定性随结晶度的增加还有所提高，所以聚丙烯适合制作各种化工管道和配件，防腐蚀效果良好。

（4）电性能

它有较高的介电系数，且随着温度的上升，可以用来制作受热的电器绝缘制品。它的击穿电压也很高，适合用作电器配件等。抗电压、耐电弧性好，但静电度高，与铜接触易老化。

（5）耐候性

聚丙烯对紫外光很敏感，加入氧化锌、硫代二丙酸二月桂酯、炭黑或类似的乳白填料等可以改善其耐老化性能。

PP 的各项性能见表 5-7～表 5-12。

表 5-7　PP 的物理性能

项　　目	数　　值	项　　目		数　　值
密度/(g/cm³)	0.90～0.91		CO₂	0.35
表观密度/(g/cm³)	0.50～0.55	透气率① /[10⁻⁹cm³/ (cm²·s, 1.33kPa)]	O₂	0.12
吸水率/%	0.02～0.03		H₂	0.70
成型收缩率/%	1.0～2.5		N₂	0.02
透明性	半透明～不透明		CH₄	0.08

① 透气率采用 PP 原料制成的薄膜来进行测试。

表 5-8　PP 退火处理时间与冲击强度的关系

退火时间/min	0	15	30	60
落锤冲击强度/9.8×10⁻²N·m	6.0～7.5	9.0～12.5	27.3～32.5	27.5～32.5

表 5-9　PP 的力学性能

项　　目	数　　值
拉伸强度/MPa	30～40
拉伸弹性模量/GPa	1.1～1.6
断裂伸长率/%	＞200

续表

项　目	数　值
弯曲强度/MPa	40～56
压缩强度/MPa	40～60
疲劳强度(107 周)/MPa	11～22
缺口冲击强度/(kJ/m²)	2.2～6.4
洛氏硬度(R)	95～105

表 5-10　PP 的热性能

项　目	数　值
熔融温度/℃	165～170
热变形温度(1.86MPa)/℃	56～67
连续耐热温度/℃	120
维卡软化点/℃	约 150
脆化温度/℃	－10
线膨胀系数/(10^{-5}/℃)	6～10
热导率/[W/(m・K)]	$8.8×10^{-2}$
比热容/[J/(g・K)]	1.92

表 5-11　PP 的电性能

项　目		数　值
体积电阻率/Ω・cm		≥1016
介电强度/(kV/mm)		32
介电常数	60Hz	2.15
	10^6Hz	2.15
介质损耗因数	60Hz	0.0008
	10^6Hz	0.0005～0.0018
耐电弧性/s		125～185

表 5-12　PP 的化学性能

化学试剂	重量变化/%	外　观
硫酸(浓)	0	沾污
硫酸(30%)	0	无变化
硫酸(3%)	0	无变化
硝酸(浓)	1	发黄
磷酸(浓)	0	无变化
盐酸(10%)	0	无变化
醋酸(5%)	0.1	微微变白

化学试剂	重量变化/%	外　观
柠檬酸(10%)	0	无变化
苯酚(5%)	0.1	无变化
氨水(10%)	0	微微变白
过氧化氢(30%)	0	发黄
氢氧化钠(10%)	0	无变化
次氯酸钠	0	无变化
碳酸钠	0	极黄
重铬酸钾(10%)	0	无变化
氯化钙(2.5%)	0.1	微黄
苯(22℃,90d)	12	溶胀
甲苯	12.8	胀而白
二甲苯	12.7	胀而白
苯二甲酸二丁酯(22℃,90d)	0.3	无变化
乙醚(22℃,30d)	8.5	—
二硫化碳	18.3	胀而白
四氯化碳	43.0	胀而白
三氯甲烷	26.7	胀而白
醋酸丁酯	6.3	微白
甲醇	0.4	微白
乙醇	0.2	无变化
丙酮	2.2	无变化
汽油	13.7	胀而白
庚烷	11.1	胀而白
油酸	0.2	无变化
松节油	14.2	胀而白

注:百分含量皆是指质量分数。

　　按照产品的用途和要求,聚丙烯可以采用共混、填充、增强,以及共聚、共混、交联等方法加以改性。比如添加碳酸钙、滑石粉等可以提高硬度、耐热性、尺寸稳定性;添加玻璃纤维、石棉纤维、云母、碳纤维、硼纤维、晶须、其他超强无机纤维、有机纤维等可以提高拉伸强度,改善低温抗冲击性、抗蠕变性;添加橡胶、弹性体和其他柔性聚合物等可以提高抗冲击性能、透明性,添加各种特殊助剂可以使聚丙烯具有较好的耐候性、抗静电性、阻燃性、导电性、可电镀性、抗铜害性等。

　　聚丙烯可以采用注塑、挤塑、吹塑、滚塑、涂塑、热成型、发泡等加工方法生产不同的产品。而大型工业吹塑件产品(如汽车保险杠、汽车扰流板、大型工具箱等产品)的聚丙烯原料都是经过增强改性的专用料。

5.2.2 聚丙烯的填充与共混改性

聚丙烯可通过填充、共混等方法进行改性,以满足使用上的特定需要。

(1) 聚丙烯的填充改性

在聚丙烯的填充改性中,常采用滑石粉作为改性剂。滑石粉的掺和量可达 $30\%\sim40\%$。加入滑石粉之后,聚丙烯的刚性、表面硬度以及耐热性都有不同程度的提高。表 5-13 是采用 15% 的滑石粉改性聚丙烯与未加滑石粉的聚丙烯的力学性能的比较。

表 5-13 含 15%滑石粉的改性聚丙烯与未改性聚丙烯的力学性能

项 目	滑石粉改性的聚丙烯	未改性聚丙烯
熔体流动速率/(g/10min)	0.5	0.5
拉伸屈服强度/MPa	35.5	33.0
弯曲弹性模量/MPa	2200	1450
悬臂梁冲击强度/(J/m)	35	35
洛氏硬度(R)	100	100
热变形温度(负荷 46N/cm)/℃	120	110
冲击强度/(J/m)	1.5	50

由表 5-13 可以看出,滑石粉改性的聚丙烯的刚性及耐热性有较大幅度的提高,并且具有良好的卫生性能,通过热成型的方法,可用来制造微波炉加热用食品包装容器,也可用于吹塑中空容器。当成型含 35% 滑石粉的改性聚丙烯吹塑中空容器,成型周期可以缩短 20% 以上。但是,滑石粉的添加量最好不要超过 40%。过多地加入滑石粉,反而不易成型。

(2) 共混改性

共混改性是在聚丙烯中混合加入其他聚合物,是聚丙烯改性的一种简便方法。工业中比较常用的是采用适当的高分子化合物,通过共混改性提高聚丙烯的低温冲击性能。其中最佳的改性剂是乙丙橡胶和丁基橡胶等;其次是 SBS 和 EVA,此外低密度聚乙烯也常有应用。表 5-14 列举了几例聚丙烯共混改性中具有实用价值的典型配方。

表 5-14 聚丙烯共混改性配方　　　　　　　　　　　单位:份

材料	1组	2组	3组
聚丙烯	100	50	90
顺丁橡胶	10~20	无	无
低密度聚乙烯	无	无	10
SBS	无	50	无
防老剂	适量	适量	无
己二酸	无	无	0.5

表 5-14 中第三组己二酸是成核剂,起到增加结晶数量、减小球晶尺寸的作用;加入的低密度聚乙烯和己二酸可提高聚丙烯的缺口冲击强度和低温(达 $-5℃$)冲击强度,还有助于提高物料的透明性。

有时为了提高 HDPE 吹塑塑料桶的刚度与硬度，可以在 HDPE 主配方中适当添加少量的吹塑级 PP 材料，建议添加的吹塑级 PP 在总配方中的比例≤3%，比例较大时容易造成吹塑塑料桶合缝处的冲击强度降低，使跌落试验受到影响。

5.2.3 聚丙烯吹塑容器

(1) 普通聚丙烯树脂的直接挤出吹塑

直接挤出吹塑是聚丙烯中空容器比较常用的一种成型方法。聚丙烯直接挤出吹塑所使用的设备与高密度聚乙烯吹塑设备基本相同，挤出机螺杆的长径比一般在 20～24，压缩比可取 3.0～4.0。当聚丙烯中配有着色剂、填料或者其他聚合物时，最好使用带有混炼段的螺杆。

聚丙烯直接挤出工艺条件：聚丙烯直接挤出吹塑时的典型工艺条件如表 5-15 所示。

表 5-15　聚丙烯直接挤出吹塑时的工艺条件

项　目	熔体流动速率/(g/10min)	
	0.3～1.0	1.0～2.0
料筒温度/℃	210～230	200～210
接头处温度/℃	200	190
模头温度/℃	220	200
模具温度/℃	30～40	30～40
吹塑压力/MPa	0.4～0.6	

需要注意的是：聚丙烯的熔体黏度与温度之间的依存性较大，因此聚丙烯直接挤出吹塑时，必须将物料的温度控制在一个相对狭窄的范围之内。切忌温度过高，因为温度过高型坯易下坠；温度过低塑化不良，均不能得到良好的制品。与聚乙烯相比，聚丙烯熔体更容易下坠，因此聚丙烯只能用于直接挤出吹塑成型制备容积较小的容器，一般不能吹塑大型容器，更不方便吹塑特大型中空容器。对于一些改性 PP，也可以生产如医疗床板这类的产品。

聚丙烯吹塑容器的性能与成型条件有密切的关系，成型条件对产品质量的影响见表 5-16。

表 5-16　聚丙烯吹塑容器的性能与成型条件的关系

性能／制品　　成型条件的变化	制品质量	透明性	光泽度	流动痕迹	冲击强度
聚丙烯熔体温度上升	降低	增加	增大	减小	降低
吹塑压力上升	—	增大	增大	—	—
挤出速度上升	增加	降低	下降	增大	—
聚丙烯树脂熔体流动速率上升	降低	增大	增大	减小	下降
模头平滑性上升	—	增大	增大	—	—
模具温度上升	—	增大	增大	—	—

(2) 聚丙烯直接挤出吹塑中的常见问题及解决办法

① 熔体破裂　聚丙烯和聚乙烯相比更容易产生熔体破裂，特别是在模头间隙较小、温

度低、高速度挤出的条件下，更容易产生熔体破裂。当熔体破裂程度较低时，会引起吹塑制品表面粗糙、透明性下降等质量问题；如果熔体破裂程度严重时，则会无法进行正常的吹塑。

因此适当地提高挤出机和模头的温度以及降低挤出速度是减少熔体破裂的常用方法。掺入适量的助剂也是一种可以使用的措施。

② 流动痕迹　当聚丙烯的熔体流动速率低于 $0.3 \sim 1.0 \text{g}/10 \text{min}$ 时，采用直接挤出吹塑成型加工方法，制得的制品较容易产生流动痕迹。混炼不好往往也是吹塑制品中呈现物料流动痕迹的主要原因。混炼不好的问题可通过选用前端螺槽较浅的螺杆、提高挤出时的背压、降低挤出速度、增加物料在挤出机中的停留时间等措施来解决。专用 PP 吹塑机的螺杆与常用 HDPE 吹塑机的螺杆存在一定的差异，为了解决这一技术难题，苏州同大机械有限公司工程技术研究中心专门研制了专用 PP 吹塑机的螺杆与机筒，客户选择时需要及时沟通。

③ 型坯下坠　避免型坯下坠，首先应注意选用适当牌号的聚丙烯树脂。当吹塑较大的制件时，可选用熔体流动速率较小的聚丙烯树脂。如果树脂选择得当，通常在加工过程中不会产生型坯下坠问题。但如果聚丙烯需要着色，在着色造粒生产过程中，挤出温度过高或选用的色母粒的熔体流动速率过大，往往会产生型坯下坠的问题，应加以重视。另外如果在吹塑时，聚丙烯中掺入回用料，当回用料用量较多时（回用料用量超过 50％时），也容易出现型坯下坠的现象，因此对回用料的掺用量应加以控制。

料温是引起型坯下坠的直接原因，需引起重视。料温偏高时容易发生型坯下坠。但模头区域的温度较料筒的温度对下坠的影响要大得多，且降低模头温度不易导致未熔物的产生，因此，当出现型坯下坠的问题时，首先可考虑适当降低模头区域的温度比较可行，也有必要。另外，挤出速度过慢会造成物料在料筒里时间过长而引起物料温度过高导致型坯下坠。因此当型坯下坠时，可适当提高挤出速度。对于一些使用期较长的吹塑机，可在机头的下方设置吹风机，以克服型坯下坠过快的现象。

④ 气泡　聚丙烯是一种非亲水性物质，它因不会自己吸收空气中的水蒸气受潮而导致加工成型过程中产生水泡（气泡）。聚丙烯原料若无外界因素造成湿润，而它在成型时制品中产生的气泡，往往是料斗中带入空气所造成的，可以采用降低料斗下面料筒段（进料段）的温度，或者增加孔板的阻力、加大挤出压力等方法来排除。如果是因意外，在聚丙烯中人为地混入了水分时，也会因水分的存在，在吹塑制品中出现气泡。这时则可通过干燥物料，予以解决。也有一些情况，如聚丙烯加工过程中树脂过热或者物料在料筒中的停留时间过长，而引起物料分解致使制品产生气泡。在这种情况下，可通过温度或挤出速度的调节而排除气泡，必要时还需要从设备上寻找原因，如螺杆磨损过大、漏流过大、物料在料筒中停留时间过长而引起分解，这些情况可通过更换料筒与螺杆加以解决。

⑤ 制品在物料熔接部位以及截坯口处强度不足　制品在熔接部位熔接不良，常常是吹塑机模头的结构存在问题，需通过改进流道结构而加以解决。此外在原料中混入其他树脂及加入色母料等，也可能引起熔接处强度下降。不同的聚丙烯吹塑制品，在物料熔接处的强度也有差异，均聚丙烯和嵌段共聚丙烯较无规共聚聚丙烯的熔体熔接线的性能要差，因此，当产生吹塑聚丙烯制品熔接不良时，可通过改进模头流道结构或者改善物料组合而加以解决。

截坯口处容器强度过低，往往是由于成型温度过高以及模具冷却不足，导致截坯口处壁厚过薄的缘故。此外，型坯温度过低、闭模速度过慢以及模具截坯口过于锐利等易导致截坯口处熔接不良，引起容器破裂。因此针对截坯口处强度不足，应该根据情况作具体分析，通过调整温度、合模速度或者截坯厚度得到解决（聚丙烯截坯厚度通常取 1.0～2.5mm）。

5.3 聚氯乙烯

聚氯乙烯，英文名 polyvinyl chlorid，英文缩写为 PVC。PVC 树脂是一种非结晶性高聚物，密度为 1.380g/cm^3，玻璃化转变温度为 87℃。

PVC 是由液态的氯乙烯单体（VCM）经悬浮、乳液、本体或溶液法聚合而成，其中悬浮聚合工艺相对成熟、操作简单、生产成本低、产品品种多、应用范围广，一直是生产 PVC 树脂的主要方法，大约占 90% 的比例（在世界 PVC 总产量中，均聚物也占大约 90% 的比例）。其次是乳液法，用于生产 PVC 糊树脂，其聚合反应由自由基引发，反应温度一般为 40～70℃，反应温度和引发剂的浓度对聚合反应速率和 PVC 树脂的分子量分布影响很大。

聚氯乙烯树脂是一种多组分的聚合物，根据不同用途可以加入不同的添加剂，因此随着组成的不同，其制品可呈现不同力学性能，如加入或不加入增塑剂就能使它有软硬制品之分。总的来说，PVC 制品有耐化学稳定性、耐焰自熄、耐磨、消声消震、强度较高、电绝缘性较好、价廉及材料来源广、气密性能好等优点。其缺点是热稳定性能差，受光、热、氧的作用容易老化。聚氯乙烯树脂本身是无毒的，如果采用无毒的增塑剂、稳定剂等辅助材料制成的制品，对人畜无害。然而一般在市场上所见的聚氯乙烯制品所用的增塑剂、稳定剂多数具有一定危险性，因此除注明是无害配方的产品外，一般不用来盛装食品。

5.3.1 聚氯乙烯的性能

聚氯乙烯具有优良的化学物理特性和刚性，是使用最广泛的塑料材料之一。聚氯乙烯材料是一种非结晶性材料，它与聚烯烃、聚苯乙烯等通用塑料不同。其大分子链上的氯原子稳定性较差，在未加入各种添加剂时，其熔融温度与分解温度十分接近。当加热升温时，氯原子易脱出并与相邻碳原子相结合，生成氯化氢，且生成的氯化氢会对聚氯乙烯产生催化分解的作用。因此要使聚氯乙烯在较高的温度下稳定、具有较好的流动性而利于成型加工并适应使用性能上的需要，必须加入热稳定剂、增塑剂、润滑剂等多种助剂。聚氯乙烯助剂是聚氯乙烯塑料必不可少的组成部分，并在一定程度上影响甚至决定着聚氯乙烯塑料的性能。

聚氯乙烯中空吹塑制品多为硬质塑料制品（无增塑剂或仅有少量增塑剂），其中应用最多、最为重要的添加剂是热稳定剂、润滑剂、抗冲击改性剂以及成型加工助剂。

（1）热稳定剂

热稳定剂是配入聚氯乙烯树脂中，改善聚氯乙烯在高温下热稳定性的助剂。一般认为热稳定剂均有一个共同的特点，即是氯化氢的接收体，能够起到捕捉聚氯乙烯分解所产生的氯化氢的作用，而防止因体系中游离的氯化氢的存在而对聚氯乙烯的热分解产生促进作用。一些热稳定剂（如镉盐）还能与聚氯乙烯中的氯乙烯配位或者与它反应而使之稳定化。

可以用于聚氯乙烯稳定剂的化合物主要有：金属皂（如硬脂酸锌、硬脂酸钙、硬脂酸铅、硬脂酸镉、硬脂酸钡等）及有机锡类化合物（如月桂酸二丁基锡、马来酸二丁基锡等）、环氧化合物（如环氧大豆油）等。

热稳定剂的主要性能指标是耐热性及起霜与出汗、耐硫化污染等。

① 耐热性　耐热性有静态耐热性（由试管法、热烘法或热压法测得的耐热性能，反映

静态下的单纯化学反应的耐热性）和动态耐热性（由双辊机或塑化仪测得的耐热性能，它与机械力的作用有关），后者更能反映成型加工时的热稳定效果。有的稳定剂，例如马来酸酯类有机锡，静态热稳定性很好，但润滑性不够好，因而动态热稳定性欠佳，应用时常需要配用适当的润滑剂。另外，需要引起重视的是初期耐热性与长期耐热性问题。例如钡皂稳定的聚氯乙烯体系，在热老化过程中，初期就会变为粉红色，而经长期热老化以后，颜色变化却不大；而镉皂稳定的聚氯乙烯体系，在热老化过程初期热稳定性良好，但长期热老化以后却会变成黑色。还有一个热稳定剂的协同效应问题，即合理匹配的复合稳定剂，其稳定效果远远高于复合稳定剂中单一稳定剂的热稳定效果。

② 起霜与出汗 当稳定剂与聚氯乙烯树脂间的相容性不好时，配入聚氯乙烯塑料中以后，会从制品内部移动到制品的表面。倘若热稳定剂为固体，并移动到制品的表面就叫"起霜"；倘若热稳定剂为液体，并移动到制品的表面就叫"出汗"。"起霜"和"出汗"可以按以下方法尽量避免：控制易"起霜"及"出汗"的热稳定剂的量，或者并用一些少量的起霜抑制剂，如月桂酸钡、液体钡/镉稳定剂等。

③ 耐硫化污染 一些稳定剂遇到硫、硫化氢或者其他硫化物会生成黑色金属硫化物而使制品变色或污染，稳定剂抗御硫及硫化物变色的能力叫耐硫化污染。

（2）润滑剂

润滑剂的作用是降低塑料大分子间的摩擦以及塑料与加工设备间的摩擦。前者称为内润滑剂，后者称为外润滑剂。聚氯乙烯树脂本身的流动性较差，配入润滑剂，不仅对改善塑料加工时的流动性、节约能耗、提高生产效率具有明显的效果，而且可以防止因熔融树脂摩擦热过大而引起的聚氯乙烯树脂的降解，从而改善树脂体系的稳定性。

一般认为内润滑剂与聚氯乙烯树脂有一定的相容性，而相容性又比较低。加入少量的内润滑剂，其分子能像增塑剂一样，穿入聚氯乙烯分子链之间，削弱分子链之间的相互引力，使聚氯乙烯分子链之间产生滑动和旋转，同时由于润滑剂和聚氯乙烯分子间的相容性较低而且用量较少，故内润滑剂的加入不致过度降低聚氯乙烯的玻璃化温度，因而应用内润滑剂不会引起聚氯乙烯制品的耐热性产生明显的下降。外润滑剂和聚氯乙烯树脂间的相容性较差，其作用机理被认为是在塑料中的润滑剂附着于熔融树脂的表面或者附着于成型设备、模具的表面，形成润滑剂的分子层。这种分子层的存在形成了润滑界面层，从而降低了塑料熔体与成型设备间的摩擦力。一般情况下，分子链较长的润滑剂更能使两摩擦界面远离，因而具有更好的摩擦效果。

5.3.2 聚氯乙烯挤出吹塑中空容器配方原则

聚氯乙烯塑料是以聚氯乙烯树脂为主要成分的多组分复合物，因此对于聚氯乙烯包装容器，聚氯乙烯的配方是极为重要的。合理的配方是制品具有良好的加工性、使用性的基本条件，同时配方又对制品成本的高低起着重大影响，因此必须对聚氯乙烯配方引起重视并掌握配方选用的原则。

（1）聚氯乙烯树脂选用

聚氯乙烯中空成型的制品一般为硬质制品，配方中增塑剂的用量很少，甚至根本不含增塑剂（因为增塑剂的加入会造成耐热性降低，耐腐蚀性变差，通常挤出配方中以不加增塑剂为好）。另外，为了使聚氯乙烯复合物具有较好的流动性，利于成型加工，一般硬质聚氯乙烯均选用分子量较低的Ⅳ型以上疏松型树脂。工业上常用黏度或 K 值表示聚氯乙烯的分子量的大小。

聚氯乙烯型号与绝对黏度、平均聚合度及 K 值的关系见表 5-17。

表 5-17　聚氯乙烯型号与绝对黏度、平均聚合度及 K 值的关系

型号	绝对黏度	平均聚合度	K 值
XJ-1　XS	2.1 以上	大于 1338	大于 74.2
XJ-2　XS	1.9～2.1	1108～1338	70.3～74.2
XJ-3　XS	1.8～1.9	980～1108	68～70.3
XJ-4　XS	1.7～1.8	845～980	65.2～68
XJ-5　XS	1.6～1.7	720～845	62.2～65.2
XJ-6　XS	1.5～1.6	590～720	58.5～62.2

注：表中"XS"表示悬浮法疏松型聚氯乙烯树脂,其塑化速度较快,成型加工性能较好,是生产聚氯乙烯中空吹塑容器常用的树脂品种;"K 值"及黏度是以 100mL 硝基苯中含 0.4g 聚氯乙烯的溶液在 25℃测得。

使用禁忌：聚氯乙烯的中空吹塑容器用于包装食品或药品时，必须选用氯乙烯单体含量低于 5×10^{-6} 的卫生级聚氯乙烯。

(2) 热稳定剂的选用

聚氯乙烯的热稳定剂很多，但在用于聚氯乙烯的配方中必须注意几个问题。

① 食品及药品包装用的瓶类，其热稳定剂必须满足卫生性能上的要求，因此要选用无毒型的热稳定剂。例如锌基锡、钙皂及锌皂等。

② 透明瓶选用热稳定剂，必须选用透明性佳的品种。例如有机锡类、钙皂及锌皂类等。

③ 一定要注意热稳定剂之间以及热稳定剂与其他助剂之间可能产生的相互影响，尽量采用具有协同效应的品种配伍，避免具有"相抗作用"的品种配伍。

(3) 润滑剂

选用润滑剂时要注意内、外润滑的平衡，防止用量过多而降低聚氯乙烯塑料的透明性。

(4) 抗冲击改性剂

抗冲击改性剂的品种不多，选用的原则是透明瓶首先考虑使用 MBS，若透明性要求不高时也可使用 EVA；不透明瓶可以选用 ABS 及氯化聚乙烯等。

(5) 加工助剂

在选用助剂时，除了满足成型加工及制品力学性能的需要之外，往往还需要考虑聚氯乙烯塑料的卫生性能和降低成本的问题。常选用的加工助剂有 α-苯乙烯聚合物、丙烯酸、苯乙烯共聚物等。

(6) 中空吹塑料

目前国内已有多个专业厂家生产用于中空吹塑的 PVC 粒料，用户可根据制品的使用性能选择牌号，即可快捷地实现 PVC 材料的吹塑。

5.4　ABS

ABS，英文名称 acrylonitrile-butadiene-styrene copolymer，是指由丙烯腈、丁二烯、苯二烯组成的三元共聚物，其中 A 代表丙烯腈，B 代表丁二烯，S 代表苯乙烯。

它的合成方法有共混法、接枝法、乳液接枝和本体-悬浮联用法以及接枝共混法 4 大类型，有十余种制备工艺。目前最具有实用价值的工业制法是乳液接枝共混法，其中以乳液接

枝本体 SAN 共混工艺最具有发展前景。这种工艺除了具有乳液接枝法的一些特点以外，还有利于控制接枝率和稳定产品质量，调节 SAN 与接枝基料的配合比例，即可生产出多种品牌的产品。ABS 通常为浅黄色或乳白色的粒料非结晶性树脂，是使用最广泛的工程塑料之一。

ABS 在一定温度范围内具有良好的抗冲击强度和表面硬度，有较好的尺寸稳定性、一定的耐化学药品性和良好的电气绝缘性。ABS 为外观不透明，呈象牙色的粒料，无毒、无味、吸水率低，其制品可着成各种颜色，并具有 90% 的高光泽度。ABS 同其他材料的结合性好，易于表面印制、涂层和镀层处理。ABS 的氧指数为 18.2%，属易燃聚合物，火焰呈黄色，有黑烟，烧焦但不滴落，并发出特殊的肉桂味，但无熔融滴落；可用注射、挤出和真空等成型方法进行加工。

ABS 是一种综合性能良好的树脂，在比较宽广的温度范围内具有较高的冲击强度和表面硬度，热变形温度比 PA、PVC 高，尺寸稳定性好。

ABS 熔体的流动性比 PVC 和 PC 好，但比 PE、PA 及 PS 差，与 POM 和 HIPS 类似。ABS 的流动特性属非牛顿流体，其熔体黏度与加工温度和剪切速率都有关系，但对剪切速率更为敏感。

ABS 有优良的力学性能，其冲击强度极好，可以在极低的温度下使用。即使 ABS 制品被破坏，也只能是拉伸破坏而不会是冲击破坏。ABS 的耐磨性能优良，尺寸稳定性好，又具有耐油性，可用于中等载荷和转速下的轴承。ABS 的蠕变性比 PSF 及 PC 大，但比 PA 和 POM 小。ABS 的弯曲强度和压缩强度属塑料中较差的，ABS 的力学性能受温度的影响较大。

ABS 属于无定形聚合物，无明显熔点；熔体黏度较高，流动性差，耐候性较差，紫外光可使之变色；热变形温度为 70～107℃（85℃左右），制品经退火处理后，还可提高 10℃左右。对温度、剪切速率都比较敏感；ABS 在 −40℃ 时仍能表现出一定的韧性，可在 −40～85℃ 的温度范围内长期使用。

ABS 的电绝缘性较好，并且几乎不受温度、湿度和频率的影响，可在大多数环境下使用。

ABS 不受水、无机盐、碱醇类和烃类溶剂及多种酸的影响，但可溶于酮类、醛类及氯代烃，受冰乙酸、植物油等侵蚀会产生应力开裂。

ABS 根据冲击强度可分为超高抗冲型、高抗冲型、中抗冲型等品种。

ABS 根据成型加工工艺的差异，又可分为注射、挤出、压延、真空、吹塑等品种。

ABS 依据用途和性能的特点，还可分为通用级、耐热级、电镀级、阻燃级、透明级、抗静电级、挤出板材级、管材级等品种。

ABS 是无定形聚合物，它像聚苯乙烯一样，具有优良的加工性能，可注塑、挤出、压延、热成型，还可以进行二次加工，如机械加工、焊接、粘接、喷漆、电镀等。对二次加工来说，ABS 的表面很容易电镀金属，镀层与 ABS 的附着力比其他塑料高 10～100 倍，既美观还可以提高 ABS 的耐候性，另外，还可以采用火焰及 ABS 焊条进行焊接，也可以采用溶液粘接工艺。ABS 管材可采用热油或热空气弯曲成型；ABS 板材可真空成型。除此以外，还可以对 ABS 进行冷冲压加工，适用于加工大型汽车用零件。

目前国内外塑料原料厂家生产的 ABS 塑料有许多品种，用于吹塑成型的品种不是太多，德国拜耳公司、中国台湾奇美公司和其他多家化工公司都生产用于中空吹塑制品的 ABS 塑料原料。

ABS 的各项性能见表 5-18 和表 5-19。

表 5-18　ABS 的电性能

项　　目	60Hz	1kHz	1MHz
介质损耗角正切(23℃)	0.004～0.007	0.006～0.008	0.008～0.010
介电常数(23℃)	3.73～4.01	2.75～2.96	2.44～2.85
体积电阻率/Ω·cm	(1.05～3.60)X1016		
耐电弧性/s	66～82		
介电强度/(kV/mm)	14～15		

表 5-19　ABS 的主要性能

项　　目		单　位	数　值			
			超高冲击型	高强度中冲击型	低温冲击型	耐热型
物理性能	密度	g/cm³	1.05	1.07	1.02	1.06～1.08
	吸水率(24h)	%	0.3	0.3	0.2	0.2
热性能	热变形温度　460kPa　1.86MPa	℃	96　87	98　89	98　78～85	104～116　96～110
	线膨胀系数	10⁻⁵/℃	10.0	7.0	8.6～9.9	6.8～8.2
	燃烧性(>12.7mm 厚)	mm/s	—	—	0.55	0.55
力学性能	拉伸强度极限屈服	MPa	35	63	21～28　21～28	53～56　53～56
	拉伸弹性模量	GPa	1.8	2.9	0.7～1.8	2.5
	弯曲强度	MPa	62	97	25～46	84
	弯曲弹性模量	GPa	1.8	3.0	1.2～2.0	2.5～2.6
	压缩强度	MPa	—	—	18～39	70
	洛氏硬度(R)		100	121	62～86	108～116
	冲击强度(带缺口)　23℃　0℃　40℃	kJ/m²	53	6.0	27～49　21～32　8.1～18.9	16～32　11～13　1.6～5.4
	负载变形(50℃,14.1MPa)	%	—	—	—	0.4
电性能	介电强度(短时)	kV/mm	—	—	15.1～15.7	14.2～15.7
	体积电阻率	Ω·cm	1016	1016	1013	1013
	介电常数(60Hz)		2.4～5.0	2.4～5.0	3.7	2.7～3.5
	介质损耗角正切(60Hz)		0.003～0.008	0.003～0.008	0.11～0.073	0.034
	耐电弧性	s	50～85	50～85	70～80	70～80

5.4.1　ABS 的化学性能

ABS 具有很好的耐油性、化学稳定性，水、无机盐、碱及酸类对它几乎没有影响，也不溶于大部分醇和烃类溶剂。但是 ABS 与烃类溶剂长时间接触，制品会软化或溶胀，能被酮、醛、酯、氯化烃等有机溶剂溶解或形成乳浊状液体。ABS 制品表面受冰醋酸、甲醇及某些植物油等的侵蚀，会引起应力开裂（无应力制件影响不明显）。

ABS 耐化学药品性能见表 5-20。

表 5-20　ABS 耐化学药品的性能

药品名称（常温）	质量变化/%		外观变化
	30d	12 个月	
环己烷	+0.03	+0.51	表面略有膨胀
原油	+0.85	+1.08	变成青灰色
航空用汽油	+0.92	+0.09	
精制松节油	+0.19	+0.31	
6%铬酸	+0.58	+0.71	表面变褐色
10%柠檬酸	+0.62	+0.74	
2.5%氯化钙	+0.64	+0.77	
2.5%硝酸银	+0.67	+0.84	
4%氟化钠	+0.53	+0.59	
饱和氯化锌	−0.09	+0.03	
氯化锌糊剂	−0.06	+0.01	
10%硝酸铵	+0.50	+0.57	
10%碳酸钠	+0.56	+0.65	
3%溴化钾	+0.64	+0.78	
饱和氯化铵	+0.35	+0.39	
10%硫酸铜	+0.64	+0.76	
乙二醇	+0.03	+0.15	
3%过氧化氢	+0.69	+1.03	变黄
液体无水亚硫酸	溶解	—	
杂酚皂液（来沙尔）	+5.50	+20.8	软化发黏
碘酊	+0.88	+4.75	褪色
芥	+0.53	+0.63	表面污染
饱和亚硫酸溶液	+10.95	+6.70	浅琥珀色褪色
液体二氯二氟甲烷（冰冻剂 12）	+0.08(52h)	—	
甲醇	+4.5(2d)	+26～+28	膨胀白化
12%醋酸	+0.69	+0.75	

5.4.2　ABS 塑料的成型加工

（1）ABS 塑料的成型加工工艺特性

① ABS 塑料吸水率相对较低，在气候干燥情况下可以不经干燥即可成型加工，但因

ABS 共聚物分子链上含有吸湿的氰基（—CN），在成型前最好先进行干燥，含水量控制在 0.1％以下（质量分数），在潮湿天气条件下，ABS 塑料的干燥显得尤为重要；这样制品表面能获得较高光洁度。

② ABS 塑料为非结晶性聚合物，无明显的熔点，熔融温度在 217～237℃之间，分解温度＞250℃；熔体黏度不高，流动性好，黏度对温度的敏感性不强，有类似聚苯乙烯的加工成型性能。但在加工过程中，要防止物料的过热分解。

③ ABS 塑料可以采用注塑、挤出、吹塑、压延等多种方法成型。经过挤出或压延所制成的大面积 ABS 板材或片材，还可以采用热成型的拉伸吸塑成其他各种形状的产品，也可以采用焊条进行焊接或者用胶粘接成一定形状的产品。

④ 不同的品牌的 ABS 塑料，成型时会有不同的收缩率，一般成型收缩率在 0.4％～0.7％，制品的尺寸稳定性较好。

⑤ ABS 塑料制品可以印制、喷涂成各种装饰色彩，表面美观。还可以电镀，电镀层与 ABS 制品的粘接强度比其他塑料高 10～100 倍，也可以进行钻孔、抛光等加工。

⑥ ABS 塑料与极性树脂的兼容性好，能较方便地与 PVC、PC 等树脂共混，制取综合性能更好的塑料合金。ABS 塑料还可以通过发泡制成结构性泡沫塑料。

（2）ABS 塑料的 3 种主要成型加工方法

① 注塑成型加工。采用热塑性塑料注塑机就可以加工成型 ABS 塑料。注塑机的螺杆结构宜选用渐变型的螺杆，长径比为 12～20，压缩比为 1.6～2.5，喷嘴最好选用直通式，可防止塑料在喷嘴处分解或发生堵塞。对于薄壁和形状复杂的制品，模具温度最好在 40～80℃，注射速度和压力也可适当提高。

② 挤出成型加工。采用热塑性塑料使用的单螺杆挤出机就可以加工成型 ABS 塑料管材、板材、片材和各种型材。通常挤出机螺杆结构采用等距不等深的渐变型较好，长径比为 12～18，压缩比为 3～4。

③ 挤出吹塑成型加工。ABS 塑料在大型工业吹塑制件中目前主要有汽车扰流板等其他工业产品，它可以采用常用的中空成型机来加工成型，成型温度在 200～220℃。

为了获得高质量的制品表面，需要对 ABS 塑料原料预先干燥，对模具的模腔表面、塑料中空成型机机头的口模、芯模要进行特别抛光。模具的排气设计及制作要确保畅通，使其在吹塑产品时迅速排气，吹胀气压与气量要确保制品能快速成型。在潮湿的天气条件下，模温的控制以及模具去湿至关重要，在一些特别潮湿的天气条件下（湿度达到 80％以上时），建议在开模状态下采用热风吹刷模具型腔表面，并且适当调高模具控制温度。

成型机机头的上部溢料处最好是选用敞开式的，而不是封闭式的。因为 ABS 塑料在连续生产时溢出的废料，在密闭空间里因局部有高温很容易被炭化，会造成对机头的清理十分困难，还可能因此影响到产品的外观质量。

同时在生产管理上要尽量保证连续稳定的生产过程，这样才有利于提高产品的品质。

（3）ABS 塑料的改性技术

近年来，为了改善 ABS 塑料的性能，工业上开发了多种新型苯乙烯系的三元共聚物，它们的分子结构虽然不是丙烯腈、丁二烯和苯乙烯三者的结合，但在性能方面与 ABS 相似又具有某些特性，并在不同方面改善了 ABS 树脂的不足之处，称为新型 ABS 树脂。

新型 ABS 树脂有耐候性 ABS、透明 ABS、阻燃 ABS、ABS 塑料合金。ABS 塑料合金有 ABS/PVC 合金、ABS/PC 合金、ABS/PS 合金等多种。ABS/PC 合金具有良好的冲击性能与加工性能，只要配方选择合适，并且将原料的水分减少到加工工艺要求以内，其产品的加工将会比较顺利。

ABS 塑料合金在汽车塑料配件方面使用较多，具体使用哪种牌号的材料更合适，则需要依据产品的具体技术要求而定。

（4）ABS 在使用中对设备的一些要求

根据 ABS 的特有性能，ABS 挤出吹塑用螺杆的剪切程度要低些，压缩比通常取$(2.0 \sim 2.5):1$，长径比（L/D）通常取$(20 \sim 25):1$，普通的三段式螺杆的进料段长度（L_1）、槽深（H_1）、过渡段长度（L_2）、计量段长度（L_3）、槽深（H_2），见表 5-21。

表 5-21　ABS 中空挤出吹塑用螺杆的参数

L/D	20/1	25/1
L_1/D	$4 \sim 6/1$	$4 \sim 6/1$
L_2/D	$6 \sim 10/1$	$8 \sim 12/1$
L_3/D	$6 \sim 8/1$	$8 \sim 10/1$
D/mm	H_1	H_2
65	10.2	5.1
90	11.2	5.6
120	14.4	7.2
150	16.8	8.4

注：1. L 表示螺杆螺纹的有效长度，D 表示螺杆的外圆直径，H 表示螺纹的槽深；其计量单位均为 mm。

2. L/D 表示螺杆有效螺纹长度与螺杆外径的比值。

3. 近年来对 ABS 吹塑机的挤出机螺杆的长径比有加大的趋势，一些厂家采用的长径比在$(28:1) \sim (30:1)$之间。此外，排气型螺杆的应用也在增多。

另外 ABS 吹塑多数采用储料式机头来成型型坯，机头流道需呈流线型（切忌留有死角）并镀上镍。由于温度对吹塑级 ABS 塑料的型坯膨胀率有较大影响，所以设计机头时必须考虑 ABS 型坯的膨胀率为$5\% \sim 30\%$，比高密度聚乙烯的要小。

ABS 挤出吹塑的挤出机机筒与机头温度分布见表 5-22。

表 5-22　ABS 挤出吹塑的挤出机机筒与机头温度分布

挤出机部位		温度/℃
机筒	1 区	$175 \sim 190$
	2 区	$180 \sim 200$
	3 区	$190 \sim 205$
	4 区	$195 \sim 210$
	5 区	$200 \sim 215$
连接法兰		$200 \sim 215$
机头储料腔		$200 \sim 215$
机头口模		$205 \sim 220$

机头出口处型坯的熔体温度一般取 $195 \sim 220$℃，在该温度范围内通常取较低值，这样有助于减小熔体的热降解，提高型坯的熔体强度。吹塑模具的温度通常取 $70 \sim 90$℃，可以

保证制品表面有较高的光洁度，还可以减小制品残余应力。

ABS 吹塑制品的收缩率为 0.5%～0.8%。成型边角料经粉碎后，可以与新料共混加工，但边料比例不可过大。

常用吹塑级 ABS、PC/ABS 合金牌号见表 5-23。

表 5-23　常见吹塑级 ABS、PC/ABS 合金牌号

序号	吹塑级 ABS	吹塑级 PC/ABS 合金
1	BM510	
2	BM530	
3		HAC8240B

5.5　聚碳酸酯

聚碳酸酯是一种非结晶性塑料，英文名称 polycarbonate，简称 PC。可通过挤出吹塑或注射吹塑来成型中空制品。它具有优良而均衡的力学性能，是一种常用的通用型工程塑料。

聚碳酸酯耐弱酸、耐弱碱、耐中性油，不耐紫外光，不耐强碱。

PC 是一种线型碳酸聚酯，分子中碳酸基团与另一些基团交替排列，这些基团可以是芳香族，可以是脂肪族，也可两者皆有。双酚 A 型 PC 是最重要的工业产品。

PC 是几乎无色的玻璃态的无定形聚合物，有很好的光学性。PC 高分子量树脂有很高的韧性，悬臂梁缺口冲击强度为 600～900J/m，未填充牌号的热变形温度大约为 130℃，玻璃纤维增强后，可使这个数值增加 10℃。PC 的弯曲模量可达 2400MPa 以上，树脂可加工制成大的刚性制品。低于 100℃时，在负载下的蠕变率很低。PC 耐水解性较差，不能用于重复经受高压蒸汽的制品。

PC 塑料瓶虽然外观漂亮，透明性很好，根据这种材料本身的特性，建议不要用它包装需要防潮的药品，一旦药品保存时间较长，可能影响药品的防潮性能。

PC 主要缺陷是耐水解稳定性不够高，对缺口敏感，耐有机化学品性、耐刮痕性较差，长期暴露于紫外线中会发黄。与其他树脂一样，PC 容易受某些有机溶剂的侵蚀。PC 材料具有一定的阻燃性，抗氧化性。

PC 的物理性能：密度为 1.18～1.22g/cm³，成型收缩率为 0.5%～0.8%，成型温度为 230～320℃，干燥条件为 110～120℃，可在 -60～120℃ 下长期使用 8h。热变形温度为 135℃，低温 -45℃。聚碳酸酯无色透明、耐热、抗冲击，在常温下有良好的力学性能。同性能接近聚甲基丙烯酸甲酯相比，聚碳酸酯的耐冲击性能好、折射率高、加工性能好，不需要添加剂就具有 UL94 V-0 级阻燃性能。但是聚甲基丙烯酸甲酯相对聚碳酸酯价格较低，并可通过本体聚合的方法生产大型制品。聚碳酸酯的耐磨性较差。一些用于易磨损用途的聚碳酸酯制品需要对表面进行特殊处理。

PC 是被大量使用的一种材料，多用于制造奶瓶、太空杯等，因为含有双酚 A 而备受争议。理论上讲，只要在制作 PC 的过程中，双酚 A 百分百转化成塑料分子结构，便表示制品完全没有双酚 A，更谈不上释出。只是，若有小量双酚 A 没有转化成 PC 的塑料分子结构，则可能会释出而进入食物或饮品中。因此，在使用此塑料容器时，要严格按说明书盛装食品；用正确的方法存放和消毒；避免反复使用已老化或有破损的 PC 塑料制品。

PC 中残留的双酚 A，温度越高，释放越多，速度也越快。因此，不应以 PC 水瓶盛热水。如果你的水壶编号为 07，那是使用聚碳酸酯做的，即 PC。下列方法可降低风险：使用时勿加热，勿在阳光下直射；不用洗碗机、烘碗机清洗水壶；第一次使用前，用小苏打粉加温水清洗，在室温中自然烘干。如果 PC 容器有任何摔伤或破损，建议停止使用，因为塑料制品表面如果有细微的坑纹，容易藏细菌。避免反复使用已经老化的塑料器具。

PC 中空容器目前主要是纯净水桶，这是日用品中使用量最大的，当 PC 做的纯净水桶破损或使用年限较长时应该停止使用。

纯净水 PC 塑料包装桶一般采用食品级原料生产，食品级 PC 原料生产工艺要求严格，检测措施完备，所以采用这种原料生产的纯净水包装桶可以放心使用。而普通的 PC 塑料则在常温或高温下可能溶出有害物质，对人身体健康可能产生危害。到目前为止，还没有检测到 PC 塑料纯净水包装桶在制造过程中产生有危害人体健康的有毒有害物质。

5.5.1　聚碳酸酯中空容器特性

① 透明度高。聚碳酸酯具有高度的透明性，制得的容器像玻璃般透明，光泽度好，而且表面硬度较大，不易擦毛。

② 热稳定性好及耐候性佳。聚碳酸酯可在 110℃ 高温下长期使用；能够经受 120℃，20～30min 的高温消毒灭菌；能够使聚碳酸酯容器受热变形温度达 138℃，因此适用于热灌装、蒸煮与消毒处理。另外，聚碳酸酯在 100℃ 环境下仍能保持良好的刚性，此时 PC 的刚度仅比室温时低 27%，是聚丙烯（PP）刚度的 7.3 倍。聚碳酸酯具有良好的耐候性，因而用它制得的中空容器不易降解，有较长的使用寿命。

但是，由于采用 PC 塑料制成的塑料瓶在 100℃ 高温处理时可能产生对人体有害的双酚 A，近年一些国家已经开始禁止采用 PC 材料制作塑料奶瓶。一般情况下，建议不采用 PC 材料制作的塑料瓶做茶水杯等高温用品。

③ 低温下的冲击韧性仍然很高，聚碳酸酯中空容器即使在 −150℃ 环境下仍然具有韧性。

④ 刚性和尺寸稳定性好。

⑤ 卫生性能好。聚碳酸酯无毒、无臭、无味，由它制得的中空容器可以直接接触食品。

⑥ 强度高。聚碳酸酯的机械强度高，其中抗冲击强度特别突出，是常用塑料中抗冲击强度最好的一种塑料。用它制得的容器在使用中无须担心跌落破损。例如：20L 容量的聚碳酸酯瓶盛满水之后，把它从 5.0m 的高度跌落到水泥地面上，不会产生破裂。

5.5.2　聚碳酸酯制品使用注意事项

聚碳酸酯硬质容器，主要用于包装饮用水及牛奶等。但是，由于聚碳酸酯容器阻隔气体与湿气的渗透性很差，耐化学试剂性也很低，不能用于包装氧化敏感性食品、碳酸饮料与化学品等。不过，聚碳酸酯吹塑的多层容器也可用于包装药品、化妆品及碳酸饮料与一些食品。

另外，聚碳酸酯是一种吸湿性塑料，加工时湿气会与聚碳酸酯发生化学反应，导致降低聚碳酸酯的分子量及其制品的力学性能，严重时熔体还会降解。未对聚碳酸酯作严格的干燥不能直接投入生产，必须使其水分含量低于 0.02%。可采用空气循环去湿干燥系统，将 110～120℃ 的干热空气送入料斗中干燥聚碳酸酯原料，干燥时间为 4h 以上，以保证聚碳酸酯剩余湿气含量低于 0.02%。这样的干燥，要求料斗的容量足够大，干燥时可将干燥料斗上的鼓风机进风口适当关小，有利于提高干燥效率。若生产批量较小时，也可把聚碳酸酯铺散在浅盘中，切忌料层太厚，最好控制在小于 40mm，用强制对流烘箱加热，干燥温度设定为 120℃，时间为 4h。在气候较为潮湿的南方，可以采用除湿干燥机对 PC 塑料进行干燥。

聚碳酸酯挤出吹塑产生的边角料一般可以回收利用，但对光学性能与颜色要求严格的容器，切忌加入回收料。

包装用聚碳酸酯容器（中空容器）基本上采用吹塑成型方法制造，其中包括直接挤出吹塑及注射吹塑。

吹塑级聚碳酸酯的牌号很多，一般可以直接与塑料原料供应商联系选择。

直接挤出吹塑聚碳酸酯的成型特性：聚碳酸酯和其他塑料相比，采用直接挤出吹塑成型加工时，其离模膨胀较小，下坠性较大，因此制备较长的（大型）制品较困难。当制品较长、较大时，要选择分子量较大的聚碳酸酯，以减小熔体下坠。一般情况下，制件长或高在 20cm 以下的，可以选用分子量 3 万左右的聚碳酸酯；若制件长或高超过 20cm 的，则应选用分子量 3.2 万以上的聚碳酸酯。值得注意的是，熔体黏度过大，挤出机的螺杆负荷过高，使应用上受到限制。因此，制取大型聚碳酸酯容器，采用储料缸式挤出吹塑是比较有利的。

注射吹塑聚碳酸酯的成型特性：型坯需要保持较高的温度（160～170℃），因此注射模具的温度高（140～170℃）；型坯从高温模具中脱模比较困难，因此聚碳酸酯中要加入适量的脱模剂，同时考虑到快速成型的需要，一般选择聚碳酸酯时，应选用黏度较低的牌号。

5.5.3　聚碳酸酯对模具及机器的要求

聚碳酸酯挤出吹塑用挤出机螺杆可采用进料段、过渡段和计量段三段式渐变结构，其三段的长度之比可取 3∶5∶3，压缩比取（2～3）∶1，直径为 65mm 时，进料段与计量段的槽深可分别取 9.6mm 与 4.8mm。螺杆不应设置高剪切元件，否则会降低型坯的熔体强度。螺杆要采用硬质钢制造，但不推荐采用氮化钢。螺杆应该镀铬、镀镍或采用不锈钢。

用聚碳酸酯吹塑小型制品时，可以连续地成型型坯。但挤出吹塑级聚碳酸酯型坯的熔体强度要比高密度聚乙烯型坯的低，故吹塑长度或质量较大的制品时，需要采用储料式机头，也可以通过往复螺杆式储料腔以间隙方式快速地挤出型坯。聚碳酸酯的吹塑可设置单机头或多机头。经验表明，型坯机头最好不采用氮化钢来制造，否则聚碳酸酯型坯表面会出现黑斑。机头流道要尽量光滑并呈流线型，以避免积料与降解。熔体降解会降低制品的光学性能，严重时会影响制品的力学性能，甚至阻塞机头。流道表面硬度应高些（HRC65 以上）。流道要高度抛光并镀铬或镀镍，或用氮化钛等喷涂。机头芯棒要设置阻流环，尤其对侧向入料式机头。

可通过手动或程序控制系统来上下移动芯棒，以调节模口间隙与型坯厚度。程序控制可有效地调节型坯壁厚分布，补偿型坯可能出现的缩颈现象。PC 型坯的离模膨胀率在 15% 以内。

聚碳酸酯吹塑模具：PC 容器吹塑模具分模面上应开设合适的排气槽，还要在模腔壁内开设排气小孔。若容器表面光泽度要求不高时，可在模腔上刻出纹理，或者做细粒度的喷砂处理，或者开直径为 0.5mm 的排气孔，以利于模具的排气。

　　模具温度通常取 65～80℃，并要求均匀地冷却吹塑制品。用高抛光模具吹塑高表面质量的制品时，模具温度要取得高些。

　　模具可用铝、工具钢、铍铜合金或不锈钢来制造，夹坯口嵌块可采用工具钢制成，最好不采用普通钢。

　　PC 型坯吹胀空气压力一般取 0.4～1.0MPa，吹胀比一般取（2.0～2.5）：1，可用加热至樱红色的薄切割钢片来修整 PC 制品，也可以通过模具上安装的去飞边装置去除飞边及余料。PC 吹塑容器的收缩率为 0.5%～0.8%。

　　如果 PC 专用机加工过其他品种的塑料，在用于 PC 吹塑生产之前，应对机器彻底地清洗，否则，料筒里剩余的非 PC 塑料在 PC 的挤出温度下会降解。常用的方法是：先用 PS 或 HDPE 来清洗机器，再用 PC 清洗干净机器。

　　在加工温度低于 315℃ 以下时，PC 熔体可在挤出机内停留 1h 以内。若停机时间较长时，应把机筒温度降至 150～175℃，以排出机筒内的熔体；若停机时间在 72h 以上时，应对机器进行清洗。

5.6　PET

　　PET 塑料分子结构高度对称，具有一定的结晶取向能力，故具有较高的成膜性和成型性。PET 塑料具有很好的光学性能和耐候性，非晶态的 PET 塑料具有良好的光学透明性。另外 PET 塑料具有优良的耐磨性、尺寸稳定性及电绝缘性。PET 做成的瓶具有强度大、透明性好、无毒、防渗透、质量轻、生产效率高等特点，因而受到了广泛的应用。PBT 与 PET 分子链结构相似，大部分性质也是一样的，只是分子主链由 2 个亚甲基变成了 4 个，所以分子更加柔顺，加工性能更加优良。

　　PET 是乳白色或浅黄色，高度结晶的聚合物，表面平滑而有光泽。耐蠕变性、抗疲劳性、耐摩擦性好，磨耗小而硬度高，具有热塑性塑料中最大的韧性；电绝缘性能好，受温度影响小，但耐电晕性较差。无毒、耐气候性、抗化学药品稳定性好，吸湿性高（成型前的干燥是必须的）。耐弱酸和有机溶剂，但不耐热水浸泡，不耐碱。

　　PET 树脂的玻璃化温度较高，结晶速度慢，模塑周期长，成型周期长，成型收缩率大，尺寸稳定性差，结晶化的成型呈脆性，耐热性低。

5.6.1　PET 树脂的一般特性

　　PET 树脂（聚对苯二甲酸乙二醇脂）由对苯二甲酸与乙二醇缩聚而成，属线型聚酯。由于 PET 大分子链具有良好的规则性，为它提供了较佳的结晶性能，结晶度越大，密度越大，通常为 1.2～1.38g/cm^3。其分子链比较刚硬，分子间的强作用力赋予它良好的刚性和强度，对非极性气体等物质具有良好的阻隔性能和耐蠕变性能。其线膨胀系数小、尺寸稳定性高。PET 是一种典型的高结晶性聚合物，其熔点为 225～260℃，玻璃化温度为 70～80℃，在 180℃ 左右达到最大结晶速度，结晶速度较慢，因此熔体冷却时，只需要采用冷水冷却，即能得到完全无定形的 PET。其透光性达 90%，呈现出优良的透明性。无定形状态对后继的拉伸定向十分有利，并可以大幅度提高 PET 制品的力学性能。

5.6.2　PET 制品的性能

　　PET 制品（PET 瓶）具有突出的性能，不仅透明美观，而且质轻并符合 FDA 食品卫生标准要求。

（1）透明性

PET 瓶透光率可达 90％，制品透明性好、雾度低，具有玻璃般的透明性及高光泽度。

（2）卫生性能

PET 瓶是卫生环保产品，它完全符合 FDA 卫生标准，PET 瓶中用于盛装食品及饮料的占 70％以上，其余的用来盛装食用油、调味料、洗涤剂等。

（3）力学性能

由于 PET 经双向拉伸后，高分子产生了定向排列，制品的力学性能均有所提高，疲劳强度可高达 40MPa。

（4）耐化学腐蚀性

具有良好的耐油、耐酸、耐碱、耐盐等有机、无机化学溶剂腐蚀性能。

5.6.3　PET 树脂选用

PET 树脂与常用的热塑性树脂 PE、PP 等不同，其熔体黏度较低并且受温度影响较大，另外，与常用的聚烯烃树脂相比，具有较强的极性，在一些溶剂（比如氯苯）中有良好的溶解性，可以比较方便地制成溶液以测定其特性黏数，因此 PET 生产厂家均以特性黏数的大小来反映产品分子量的大小，并将其作为用户选用 PET 树脂的一项重要依据，如选用瓶用级 PET 树脂，其特性黏数为 0.7～1.0dL/g。其中拉伸吹塑瓶用 PET 树脂的特性黏数较低；直接挤出吹塑法用 PET 树脂的特性黏数较高；非结晶热成型容器用 PET 片材（APET）所采用 PET 树脂的特性黏数约为 0.8dL/g；结晶型热成型容器用 PET 片材（CPET）所采用 PET 树脂的特性黏数为 1.0dL/g 左右。

5.6.4　PET 树脂加工前的预干燥处理

PET 树脂的分子中有极性基团—COO—的存在，极易吸收空气中的水分，在空气中相对湿度为 23％，23℃时的吸水率达 0.26％，在潮湿环境中最高可达 0.6％。PET 树脂本身具有良好的热稳定性，但当水分存在时，PET 加工过程中产生大量气体，使 PET 产生降解，降解的结果导致 PET 分子量明显下降，特性黏数与制品的机械强度也相应下降，制品的废品增多，透明性也受到影响，因此在加工前必须进行干燥处理。其条件是在 110～120℃干燥 5～6h，必须控制水分含量低于 0.01％。PET 的干燥方式一般有普通热风干燥、真空干燥、除湿干燥等，其中以除湿干燥最为常用，效果最好。先将空气经干燥器脱湿处理，除去空气中的水分形成干燥热空气，使干燥热空气从料斗底部进行干燥，通过 PET 树脂吸取其中的水分，形成湿度较高的热空气，经过冷却后通入除湿机脱湿处理，再经过加热器制成干燥的热空气。

一般情况下，挤出吹塑方法很少采用 PET 塑料直接成型塑料制品，多数是采用注塑-吹塑、注塑-拉伸-吹塑方法成型。

5.6.5　PET 塑料瓶的回收处理

PET 塑料瓶的物理回收处理法相对简单，主要是将清洗干净的 PET 塑料瓶废料干燥和造粒。PET 塑料瓶的物理处理法与分拣过程联系紧密。

物理回收法主要有两种：一是将废 PET 塑料瓶切碎成片，从 PET 中分出 HDPE、铝、纸和黏合剂，PET 碎片再经洗涤、干燥、造粒。二是先将废 PET 塑料瓶上非 PET 的瓶盖、座底、标签等杂质用机械方法分离，再经洗涤、破碎、造粒。再生 PET 中不得含有其他塑料杂质，否则会影响 PET 的色泽。

国内多家企业成功研制了多种 PET 塑料瓶循环再造粒回收装置，加工后的 PET 原料可直接制作成其他 PET 容器，生产成本降低。经技术处理的再循环产品，不仅能直接混合制作瓶坯，还可满足纯净和质量的要求，可适用于食品与饮料工业中产品的包装，成本比一般新材料低 20%～30%。对于一些达不到食品级包装要求的 PET 回收料，可以用于生产纤维及制品等。

5.7　常用吹塑制品配方与材料改性

常用的挤出吹塑制品多数都是采用 HDPE 类塑料来吹塑成型的，因此，挤出吹塑制品的配方与改性技术基本上都是围绕 HDPE 塑料来进行的，当然，一些工程塑料的吹塑则与该种塑料的配方与改性有关。

HDPE 通常用作大中型吹塑容器的主要原料，多数情况下，对于某一个特定的大中型挤出吹塑制品而言，一般只需要采用一种或两种塑料原料就可以吹塑成型，并且可以达到比较好的质量水平。

近年来国际原油价格普遍上涨，导致塑料原料价格大幅攀升，同时由于真正能够用于大中型、超大型中空吹塑制品的塑料原料的牌号并不是太多，因此推进了这一领域的塑料原料配方技术的发展和进步。预计在未来几年内，这一领域的原材料配方技术将会得到较快的发展，能够适应各种特殊用途的原料配方将会受到大中型中空吹塑制品厂家的重视。

在大中型中空吹塑制品配方的研发上，一方面将会更加功能化，不断追求制品功能的完善和使用寿命的延长；而另一方面将会在优化产品质量的同时，追求较大幅度地降低原材料成本和运行成本，以期获得更大的收益。进行配方设计时，应重点考虑下面 3 个基本原则。

① 尽量满足中空吹塑制品的各种使用功能。

② 具有良好的加工性能。

③ 通过配方设计来降低生产成本。

由于挤出吹塑制品与工程配套的范围不断扩展，对吹塑制品性能提出了更高的技术要求。如汽车、轿车、高铁行业、航空、航天、航海、机械、电子、化工、物流、药品包装、食品饮品包装、日用家居、农业、工程应用、水面浮体等许多行业的配套吹塑制品，都要求高强度、高刚度、高精度、长寿命以及较好的耐温性能等。所以，吹塑制品的改性就显得非常重要。

塑料的改性方法主要有物理改性和化学改性两类。化学改性是通过化学方法改变聚合物分子链上的原子或原子团的种类以及组合方式的改性方法，可以通过嵌段共聚、接枝共聚、交联反应，或者引入新的官能团的方式来形成特定的高分子材料；化学改性可以使制品获得新的功能或更好的物理与化学性能。

在挤出吹塑制品的配方改性中，一般物理改性技术应用较多，物理改性常用的方法有填充改性、共混改性、增强改性、增韧改性、纳米复合改性、功能化改性等。

5.7.1　常用吹塑制品的配方技术

① 25L 塑料桶配方见表 5-24。

表 5-24　25L 塑料桶配方

树脂名称	树脂型号	熔体流动速率/(g/10min)	相对密度	配比/%
HDPE	5502	0.35	0.950	48.5～49
HDPE	5401	0.09	0.952	48.5～49.5
色母粒				1.5～3

　　从以上配方可以看出，配方中采用两种牌号的 HDPE，其吹塑制品的强度、硬度、韧性可得到保障，可满足 25L 系列塑料桶的基本要求。配方中两种主料基本对半配置，在实际应用中，可以根据不同的性能需要调整配方中主料的比例，同时，主料的牌号也可以根据市场供货的具体情况选择。

　　② 化学危险品中空塑料包装桶配方设计。

　　如试制容器 25L 的包装桶，桶的质量为 1800g，用于盛装浓度为 68.2％的浓硝酸。单纯的 HDPE 容器耐浓硝酸性能是不够的，但是加入适当的高聚物改性剂之后，可使 HDPE 耐浓硝酸性明显提高。采用 EVA 和低分子改性剂 LC 改性 HDPE 制作浓硝酸包装容器，试验配方如表 5-25 所示。

表 5-25　浓硝酸包装用 HDPE 容器试验配方组成　　　　　　单位：质量份

原料 ＼ 份数编号	配方 1	配方 2	配方 3
HDPE	100	100	100
EVA			2
LC		2	2
炭黑	0.1～0.5	0.1～0.5	0.1～0.5
白油	0.2～1.0	0.2～1.0	0.2～1.0

　　配方中 HDPE 为 HHM5205，熔体流动速率为 0.35g/10min；EVA 牌号 560，熔体流动速率为 3.5g/10min，相对密度为 0.93，VA 含量为 14％；低分子改性剂 LC 为中国产，工业级。

　　上述 3 种配方制得的包装桶检测结果见表 5-26。

表 5-26　HDPE 及其改性配方制得的 25L 桶用于包装浓硝酸的检测结果

测试项目		测试现象	配方 1	配方 2	配方 3
装硝酸前	外观	符合标准 GB 13508—2001	合格	合格	合格
	密封试验	未泄漏	合格	合格	合格
	跌落试验	未破裂	合格	合格	合格
	堆码试验	未倒塌	合格	合格	合格
	悬吊试验	与基准面水平	合格	合格	合格
装硝酸 6 个月后	外观	配方 1 放置 1 个月之后，桶体出现破裂；配方 2 跌落破裂；配方 3 均无明显变化	不合格	合格	合格
	密封试验			合格	合格
	跌落试验			不合格	合格
	堆码试验			合格	合格
	悬吊试验			合格	合格

以上 3 种配方，经按普通包装检验全部合格。但是，用于盛装浓硝酸，配方 1 在 1 个月后就破裂了，因此不宜盛装浓硝酸；配方 2 在 6 个月后跌落试验桶体破裂了，不合格，虽然其他试验合格，若用来盛装浓硝酸有危险性，建议不宜采用；至于配方 3，用于盛装浓硝酸半年后所有试验都合格。由此得出，在 HDPE 中配入 EVA 和低分子改性剂 LC 之后，改性 HDPE 抗浓硝酸的性能明显改善，可以用于制造浓硝酸（68.4%）的包装桶。

③ 一种户外塑料座椅的配方见表 5-27。

表 5-27　一种户外塑料座椅的配方

塑料牌号	7000F	6098	18D	EVA	色母粒
比例/%	40	40	18	1.5～1.8	0.5～0.2

注：配方中 7000F、6098 均为高密度聚乙烯，具有较高的分子量。18D 为低密度聚乙烯。EVA 在这个配方中主要作为加工助剂使用，改善吹塑制品的外观质量和增强抗冲击能力。并且具有较长的耐环境应力开裂性。

④ 50～100L 吹塑容器配方见表 5-28。

表 5-28　50～100L 吹塑容器常用配方　　　　　　　　单位：%

配方 ＼ 塑料牌号	50100	5401	5502	1158
配方 1	30～50	25～35	25～35	
配方 2	60～80	20～40		
配方 3	25～30	25～30		40～50

在表 5-28 的配方中，随着分子量较高的塑料原料的比例增加，其制品的强度、刚度、耐温性能增强，耐环境应力开裂时间延长。制品厂家可以根据产品要求的不同来调整各种原料的比例，以达到各种不同的技术要求。

⑤ 100～220L 吹塑容器。

由于普通的高密度聚乙烯树脂分子量不高，如 HHM5502 牌号的树脂分子量为 15 万左右，是典型的吹塑成型级乙烯和己烯共聚物，虽然它的力学性能、刚性及表面硬度均较好，但耐环境应力开裂能力和抗冲击强度都比较差、熔体强度不高，挤出型坯过程中下垂现象严重。如果采用该牌号树脂制造 200L、净重 10.5kg 全塑料大桶，按国家标准做跌落试验，则出现破裂现象。可见分子量较低的树脂基本上是不适于生产 100～200L 大型塑料桶的。

采用分子量大于 25 万的 HMWHDPE 树脂吹塑成型 200L 以上的大型桶在上述相同试验条件下做跌落试验时，通常不会发生破裂现象，同时桶体壁厚的均匀性也得以明显改善，大型桶的耐环境应力开裂能力也成倍地提高。因此设计 100～220L 大型中空塑料桶配方时，一定要将分子量大于 25 万作为首先考虑的指标，其次是树脂的密度，实践证明，当树脂的密度处在 $0.945～0.955g/cm^3$ 的范围内时，高分子量、高密度聚乙烯树脂制品的刚性和耐应力开裂性能是比较均衡的。工业生产中，当对制品的抗冲击性能和耐应力开裂性能要求苛刻时（如汽油箱等），往往选用密度为 $0.945g/cm^3$ 的树脂为原料。现在，许多国家都针对大型塑料桶设计生产专用原料。

表 5-29 为部分牌号高分子量、高密度聚乙烯树脂，它们都可以用来制作 100～220L 甚至更大的中空塑料桶，且不需要掺入其他树脂来改进性能。

表 5-29　大型中空塑料桶常用树脂牌号及厂家

厂家	树脂牌号	熔体流动速率/(g/10min)	相对密度
齐鲁石化	1158	2	0.953
独山子石化	5420	1.5～2.5	0.953
茂名石化	TR571	2.8	0.953
	TR570	5	0.955
上海金菲	TR550	2	0.953

表 5-29 是近几年国内使用最多的几种高分子量聚乙烯，尤其是齐鲁石化生产的 1158 牌号产品与独山子石化生产的 5420 牌号产品已经成为国内生产 200L 双 L 环危包桶的主要原料。从许多 200L 双 L 环危包桶生产厂家的实际生产配方来看，采用 1158 与 5420 两种塑料原料各 50% 的配方生产，200L 双 L 环危包桶的质量稳定性较好。

在 200L 双 L 环危包桶的生产配方中，采用多种牌号的高分子量聚乙烯组合配方进行生产，其产品质量会比采用单一原料的配方生产稳定性及其他性能提高很多，这一点值得引起危包桶制品厂家的高度重视。以减少因为塑料原料单一造成的生产损失。

另外，值得特别提醒的是，由于 200L 双 L 环危包桶的特殊使用要求，在大型中空吹塑塑料桶的原材料中不要盲目添加矿物性母粒来降低成本或提高硬度，否则对产品的质量影响相当大，特别是对于液体状危险品的包装桶而言，产品质量将很难得到完全的保障，在这方面的配方改性技术还有待于进一步的研究与开发。

⑥ 耐环境应力开裂的小容量塑料桶配方技术。

a. 近年来，日用化工产品的用量大量增加，由于许多日化品的配方中含有活性剂，要求包装塑料桶具有耐环境应力开裂性能。另外，吹塑机智能化生产线的数量增长加快，生产线的生产速度提高很快，受这些因素的影响，对塑料的配方技术提出了相应的技术要求，很多情况下，某单一品种牌号的原料已经很难满足生产与客户使用的要求，要改变这些小容量塑料桶的配方技术，来适应高速吹塑机生产线的变化与市场要求的变化。对目前常用的小容量吹塑机生产线来说，目前一般采用牌号 5502 的 HDPE。小容量塑料桶耐环境应力开裂常见配方见表 5-30。

表 5-30　小容量塑料桶耐环境应力开裂常见配方（1～10L 塑料桶）

塑料牌号	5502	5401
比例/%	30～70	30～70

b. 应力开裂的原因分析。

a）环境应力开裂（ESC）　环境应力开裂是容器的脆性失效，充满极性液体时，在压力下应力集中，在应力集中处发生容器开裂现象。这种应力可以是容器重量或容器内部的压力。应力集中的点可能是容器的设计中突出不连续的点（如结构上的突变点或成型中形成的应力集中点）。也可能是成型时厚薄不均、冷却速率不同形成的应力集中点。极性液体不会产生明显的膨胀，对塑料有化学或其他方面的破坏。

b）溶剂应力开裂（SSC）　这种裂纹与环境应力开裂相似，由于相似，所以经常容易混淆。内部液体可以被塑料吸收，使其产生膨胀、变形、变软、变脆、开裂或其他改变，实际上是化学侵蚀。

c）机械应力开裂（MSC）　这种作用是通过外部的应力而不是内部的应力引起开裂或变形的，通常是由顶部的载荷引起的，当然也有可能是来自侧面或底部的应力。如近年来常见的一些水上塑料浮体、浮筒、吹塑托盘、工程结构件等，这类吹塑制品的失效往往是由机械应力引起的。这种机械应力引起的失效或制品的损坏及破坏与塑料本身的耐老化性能没有太大的关系，主要与机械应力的频繁叠加和反复作用有关，这种类似的机械应力破坏，在设计这类工程结构件时，需要引起产品设计师的特别注意。

此外，在吹塑制品行业常见的容器损坏有很多情况也与机械应力相关，如一些危包桶，在运输途中为了降低运输成本，堆高多层，导致承受机械压力过大发生变形或损坏。

一些吹塑容器装满液体后，为了降低仓储成本，没有按照技术要求进行堆码，超过容器堆码所能够承受的压力，也容易发生失效或损坏。

c. 应对应力开裂的配方改进措施

在应对应力开裂的措施中，除了在容器或制品设计时，需要考虑产品各自的特点进行设计方面的优化外，对于一般常用的容器，可以通过配方的改进来改变容器的质量状况。

a）盛装溶剂类（如洗涤剂、油品、酒精、酮、醛、氯化物、芳香类、脂肪等）产品，除了需要保证容器本身的强度、刚度等力学性能外，其耐环境应力开裂时间也应该足够。配方时，应该根据制品的特性选择耐环境应力开裂时间较长的塑料原料。

b）对于一些工程结构吹塑件，如大型吹塑罐、吹塑托盘、塑料浮体、塑料浮筒、户外吹塑用品等，除了保证产品具备应有的重量和壁厚外，其生产原料的分子量应该尽可能选择高一些，使其具备足够的抗机械应力的能力。从近几年吹塑生产的实践来看，采用高分子量的塑料原料来生产大型、超大型吹塑制品，适当加厚制品壁厚，提高制品均匀度，是提高应对机械应力开裂较好的措施。

c）在配方中添加一些塑料助剂，也可以提高吹塑制品耐环境应力开裂的能力，如在吹塑制品配方中适当的添加 EVA、CPE 类的材料可有效延长耐环境应力的时间。

5.7.2　填充改性技术

聚合物的填充改性，通常是指向聚合物的基体中添加与基体组成和结构不同的固体（加工温度下不会熔融）添加物以降低成本，或者使聚合物制品的性能有明显改变，使某些性能得到提高。塑料的填充改性可以使塑料制品的一些性能提高，并且可降低成本，因此具有较好的经济效益。

5.7.2.1　填充改性的基本原理

一般来说，填充塑料主要由基体树脂、填料与助剂 3 部分组成，填料也称为填充剂，一般情况下是粉末状物质。填充改性的填料一般具有以下特征。

① 具有一定形状的固态物质，可以是无机物，也可以是有机物。

② 一般情况下，填料不会与基体树脂发生化学反应。

③ 它在填充塑料中的质量分数不会少于 5%。

填料有别于塑料加工中的常用添加剂，如颜料（色母）、热稳定剂，阻燃剂、润滑剂等固体物质，也区别于其他液态助剂与增塑剂等。

5.7.2.2　填充改性的目的及作用

在中空成型塑料中加入一定量的填充剂是为了降低生产成本和（或）改善主料的某些性能。

填充剂的作用除了降低成本外，还具有其他作用，如降低成型收缩率，提高刚性和模量，调节树脂黏度，改善着色效果，降低表面粗糙度，改善耐热性、耐磨性、耐腐蚀性等。加入功能性填充剂还能赋予复合材料导电、导热、防辐射等功能。但是也会带来一些不足，如流动性降低，加工困难，影响透明性，增加密度，降低韧性等。常用填料的改性性能见表 5-31。

表 5-31   常用填料的改性性能

填料品种	改性性能
石棉、硅灰石、纤维素、棉纤维、GF、黄麻纤维等	抗冲击性能
石墨、云母、高岭土、MoS_2、滑石粉等	润滑性能
铝矾土、石棉、硅灰石、粉煤灰、GF、石墨、高岭土、云母、滑石粉等	耐药品性能
铝粉、氧化铝、青铜粉、炭黑、碳纤维、石墨、铝纤维等	导热性能
铝矾土、石棉、碳酸钙、硅灰石、硅酸钙、炭黑、GF、高岭土、煅烧陶土、云母、滑石粉等	耐热性能
玻璃微珠、硅灰石、中空微珠、石英中空微珠等	绝热性能
氧化钼、$Al(OH)_3$、硬硅钙石、碳酸锌、水滑石、$Mg(OH)_2$等	阻燃性能
炭黑、石墨、碳纤维、金属粉及纤维等	导电性能
钛酸钡、钛酸锆、钛酸铅等	压电性能
石棉、硅灰石、棉纤维、GF、云母、二氧化硅、滑石粉及木粉等	电绝缘性能
各种铁酸盐、磁性氧化铁等	磁性
铁酸盐、石墨、木炭粉、金属粉或纤维等	电磁屏蔽
铁粉、铅粉、硫酸钡、氧化铁等	隔声性能
氧化钙、氧化镁	吸湿性能
氧化镁、水滑石、铝粉、氧化铝、木炭粉	热辐射
氧化钛、玻璃珠、碳化钙、铝粉	光闪射和反射
铅粉、氧化钡	放射性防护
氧化钛、氧化锌、氧化铁	紫外线防护
活性白土、沸石等	除臭

5.7.2.3 挤出吹塑成型常用填料

（1）碳酸钙（$CaCO_3$）

碳酸钙的种类较多，如石灰石、大理石、珍珠、珊瑚、冰洲石等。工业用的碳酸钙主要有重质和轻质碳酸钙两种。碳酸钙是塑料中最常用的填充剂，无味、无毒，白度可以达到96%，着色方便、价格低，在塑料填充料中应用最广。

① 重质碳酸钙。它是石灰石经过机械粉碎筛选所得的产品。由于是机械粉碎方式制成，其形状不规则，粒子大小不一，大体粒径为 $2\sim75\mu m$，相对密度为 $2.7\sim2.9$；随着粉碎技术与分级技术的进步，目前已经可以制得 $0.1\mu m$ 超细重质碳酸钙。

② 轻质碳酸钙。它是采用化学方法生产的沉降碳酸钙，粒子形状多为纺锤形或针形/柱形、粒子较细，约为 $40\mu m$，相对密度为 $2.7\sim2.9$；以沉降碳酸钙为主，加入少量硬脂酸（3%）处理过的填料称为胶质碳酸钙（活性碳酸钙），相对密度为 $1.99\sim2.01$，润滑性良

好，容易加工。

③ 超细碳酸钙。近几年出现的常用"双喷"工艺（喷雾碳化和喷雾干燥）生产的超细碳酸钙的平均粒径为 $3\sim7\mu m$。

（2）滑石粉（$3MgO \cdot 4SiO_2 \cdot H_2O$）

滑石粉为白色或淡黄色镁硅酸盐片状结晶，相对密度为 $2.7\sim2.8$，化学性质稳定，有滑腻感。可以提高产品刚度，改善产品尺寸稳定性。在聚丙烯中加入含滑石粉的母料，可提高抗蠕变性能，在 $77℃$ 以下仍然能够保持 90% 的硬度。在聚合物中加入鳞状滑石粉，可提高击穿电压，滑石粉一般多用于耐酸、耐碱、耐热及绝缘产品中，但是，当滑石粉比例较大时，制品的焊接性能会变差。

（3）云母粉

云母粉有云母、水云母、绢云母等多种，组成十分复杂，含有不同的金属盐，是铝、钾、锂、镁、铁等多种元素的层状含水铝硅酸盐矿物。云母填料是天然云母碎片经粉碎加工而成的云母粉，其粒径通常为 $8\sim10\mu m$，长径比通常为 30 左右，相对密度为 $2.75\sim2.90$，是典型的片状结构，具有不同的玻璃色泽。云母具有优良的耐热、耐酸、耐碱及电绝缘性能。加入塑料中可提高刚性、耐热性、绝缘性能，还能提高耐老化性能。云母粉表面镀二氧化钛、氢氧化铋等材料就变成了珠光粉，在高档塑料、化妆品包装中得到广泛使用。在挤出吹塑制品中，一些高档塑料包装瓶及高档小型容器使用较多。

（4）硫酸钙（$CaSO_4$）和亚硫酸钙（$CaSO_3$）

硫酸钙又名石膏，有天然石膏和化学沉降硫酸钙。硫酸钙为白色晶体，经过粉碎的天然石膏相对密度为 2.36，平均粒径 $4\mu m$，天然无水石膏相对密度 2.95，平均粒径 $2\mu m$；沉淀无水硫酸钙相对密度 2.95，平均粒径 $1\mu m$。

在塑料应用的主要是无结晶水硫酸钙。近年来出现的纤维硫酸钙，相对密度 2.3，呈棒状与短晶须状，白度高，无毒无味，有利于塑料的增强，可广泛应用于食品、药品包装的塑料制品生产。硫酸钙可提高塑料制品的尺寸稳定性，并且可降低生产原料成本。

（5）二氧化钛

俗称钛白粉，是一种白色颜料，也可作塑料填料使用。钛白粉中的二氧化钛约占 97%，具有优良的光学性能以及物理、化学稳定性能，无毒，平均粒径 $0.1\mu m$，呈球状结晶。根据晶型结构可分为锐钛型、金红石型。金红石型二氧化钛作为塑料填料效果较好，它能使光的反射率增大，保护高分子材料内层免受紫外光的破坏，从而起到光屏蔽作用，另一个明显的作用是可作为白色颜料，使塑料制品达到相当高的白度，也可与其他填料并用，提高塑料材料的使用寿命。在塑料材料中添加二氧化钛可提高材料的硬度、耐磨性能等。

（6）纳米填料

纳米填料是指粒子尺寸在 $1\sim100nm$ 的粉状填料，常用品种有 Fe_2O_3、Al_2O_3、ZnO、TiO_2、SiO_2、蒙脱土等。这类填料的比表面积大，而且粒子中含的分子数极少，使原子（分子）有极大的活性，作为塑料的填料，可得到一般填料意想不到的效果。采用纳米填料填充的树脂，通称为纳米塑料。与一般的填充材料比较，纳米填料显示出一系列的优异性能，具有强度高、密度小、耐热性能好的优点，并且可使制品具有较好的透明性和光泽度。

（7）高岭土（$Al_2O_3 \cdot 2SiO_2 \cdot 2H_2O$）

高岭土是黏土的一种，即是黏土矿物的粉末，又称为陶土、白土、瓷土，是以含硅酸铝为主要成分的硅酸盐，呈层状结构，质软且有滑腻感，相对密度为 $2.2\sim2.6$，pH 值为 5～

6，无毒，具有阻燃性。高岭土成型加工性能优于碳酸钙，填充量达到树脂的 3 倍时仍然可以成型，作为塑料填料，高岭土具有优良的电绝缘性能。高岭土的吸湿性较大，注意进行除湿处理。

（8）金属填料

金属粉末也可以作为塑料的填料，如铁粉、铅粉、铜粉、铝粉、锌粉、镁粉等，金属粉末的细度一般为 325 目。在塑料材料中加入金属粉末可提高材料的耐磨性及负载能力，比如加入铅粉可使塑料制品具有屏蔽中子和 γ 射线的能力；在一些塑料里面添加铜粉、铝粉等可使材料具有较好的导热与导电性能。在一些特殊用途的中空吹塑制品中，也经常会用到金属填料。

5.7.2.4　填料的表面处理

填充改性塑料中使用的填料大部分是天然的或人工合成的无机填料，这些无机填料无论是盐、氧化物，还是金属粉末，都属于极性的、水不溶性物质，当它们分散在极性极小的树脂中时，因为极性的差别，造成两者相容性不好，从而对填充塑料的加工性能和制品的使用性能带来不好的影响。因此对无机填料的表面进行适当的处理，通过化学反应或物理方法使其表面极性接近所填充的高分子树脂，从而改善其相容性。

（1）填料表面处理的作用机理

填料表面处理的作用机理基本上有两种类型：一种是表面物理作用，包括表面涂覆（或是称为包覆）和表面吸附；另一种是表面化学作用，包括表面取代、水解、聚合与接枝等。表面物理作用时填料表面与处理剂的结合是分子间作用力，表面化学处理是填料表面通过化学反应而与处理剂相结合。

填料表面处理采用哪种机理主要取决于填料的成分、结构，特别是填料表面的官能团类型、数量及活性，也与表面处理剂类型、表面处理方法和工艺条件有较大关系。

（2）填料的表面处理方法

填料的表面处理方法主要有干法、湿法、气相法和加工过程处理法 4 种，主要以干法、湿法为主。干法处理的原理是：填料在干态下利用高速混合机混合作用使处理剂均匀地作用于黏附粉体颗粒表面，形成一个极薄的表面处理层。干法处理可用于物理作用的表面处理，也可用于化学作用的表面处理，尤其是与粉碎或研磨等加工工艺同时进行的干法处理，无论是物理作用还是化学作用，都可以获得很好的表面处理效果。

干法表面处理主要有 3 种方法：表面涂覆处理、表面反应处理、表面聚合处理。3 种方法根据不同的填料及具体情况进行选择。

湿法表面处理是指填料粉体在湿态，即主要是在水溶液中进行表面处理。其原理是：填料在处理剂的水溶液或水乳液中，通过填料表面吸附作用或化学作用而使处理剂分子结合于填料表面，因此处理剂应是溶于水或可乳化分散在水中，既可用于物理作用的表面处理，也可用于化学作用的表面处理。常用的处理剂有脂肪酸盐、水稳定性的螯合型铝酸酯、钛酸酯及硅烷偶联剂和高分子电解质等。

湿法表面处理有 3 种方法：吸附法、化学反应法、聚合法。吸附法与化学反应法较为常用，聚合法目前还在研究中，未能实现工业化生产。

对于吹塑制品工厂而言，填充原料一般是向填充母料生产厂家进行采购，一旦填充母料在生产厂家已经做好，其性能就已经基本确定，只是在生产时根据产品的性能要求，进行一些添加比例的试验与确定。

5.7.2.5　填充塑料的性能

(1) 填充塑料的经济性

一般情况下，填充塑料的经济性会有比较显著的优势，由于填充料价格按照质量计算远远低于所填充的高分子树脂，所以填充塑料的原材料价格会有显著下降。填充塑料原材料价格 P 可按下面公式计算：

$$P = P_1\omega_1 + P_2\omega_2 \tag{5-1}$$

式中　P_1，P_2——基体树脂和填料的市场价格；

ω_1，ω_2——基体树脂与填料在填充塑料中所占的质量分数。

(2) 填充塑料的力学性能

① 弹性模量　一般情况下，纯树脂制成的塑料制品的弹性模量比较低，填料的加入会使填充塑料制品的弹性模量增大，这是因为填料的模量比聚合物的模量大很多倍。一般来说，窄分布的大颗粒填料，填充体系的弹性模量增大较少，填料颗粒纵横尺寸相差较大时，如片状和纤维状填料，填充体系的弹性模量显著增大。

② 拉伸强度　在填充塑料中，填料为分数相，被分散在由基体树脂构成的连续相中，在受力截面上，基体树脂的面积必然小于纯树脂构成的材料，在外力作用下，基体树脂易从填料颗粒表面被拉开，所以填充塑料的拉伸强度较纯树脂体系会有所下降。

在拉伸应力的作用下，基体树脂从填料颗粒表面被拉开，产生微细空洞，空洞中的空气与周围材料的折射率不同，所以就会出现比原来材料颜色发白的现象，即产生应力发白现象。填料的粒径越大，颗粒随基体树脂变形的可能性越小，产生应力发白的现象就更加明显。

但并不是所有的填充体系的拉伸强度都会低于基体树脂，经过表面处理的超细填料，增加了填料与树脂的接触面积，改善了填料与基体树脂的黏合性，在拉伸应力的作用下，填料可与基体树脂一起变形，增加了承受外力的有效截面，可使填充体系的拉伸强度显著提高，甚至会高于基体树脂的拉伸强度。一些纳米增强填料与晶须填料等增强填料具有这种特性。聚乙烯与填料的黏合性较差，但是基体树脂被拉伸时可沿填料颗粒周围取向，因此大多数填料都能提高聚乙烯的拉伸强度。另外，高表面积的片状与纤维状填料也能显著提高填充体系的拉伸强度。

③ 断裂伸长率　因为多数填料是无机矿物填料，本身是刚性的，在外力作用下不会发生变形，所以填充塑料的断裂伸长率有所下降。在试验中发现，填料用量在 5% 以下，填料的粒径很小时，填充塑料的断裂伸长率有时候会比基体树脂的断裂伸长率还要高一些，可能是填料在低比例时随着基体树脂一起移动的原因。填充量相同，填料的粒径越小，断裂伸长率越高。

④ 冲击强度　冲击强度是塑料材料的一个重要性能指标，在基体中填料颗粒容易产生应力集中，同时刚性填料在受力时不会产生变形，即不能终止裂纹或产生银纹吸收冲击能量，所以使填充塑料的脆性增加，抗冲击性能下降，这也是填充改性一个特别需要注意的问题。一般情况下，填充量较大时，它会影响基体树脂的连续性，并且形成应力集中点，使填充塑料的抗冲击性能下降。如果填料与基体树脂的黏合性好，黏合强度高，可提高抗冲击强度。如果添加纤维性填料，并且使其与基体树脂结合很好，那么可提高纤维增强塑料的抗冲击性能。

刚性粒子增韧理论认为，使用非弹性体粒子，在不牺牲材料弹性模量的情况下，可提高填充体系的抗冲击强度。

⑤ 弯曲强度 填充塑料的弯曲强度随着填料的增加而下降，片状填料和经过偶联剂改性的填料，可使填充塑料的弯曲强度提高。永久形变影响塑料制品的尺寸稳定性，填料的存在可使填充塑料的永久形变减小。

⑥ 撕裂强度与压缩强度 撕裂强度主要是针对塑料薄膜和片材而言的，它决定了裂纹的扩展，需要对填料表面进行处理，提高填料与基体树脂的黏合性能。

对填料进行表面处理有利于改善填充材料的压缩强度。而添加木粉类的柔性填料会使填充材料的压缩强度下降。在热塑性塑料中，添加长径比较小的填料可增加压缩强度。

5.7.2.6 挤出吹塑制品填充改性配方

对于挤出吹塑制品来说，填充改性配方一直是一些吹塑制品厂家梦寐以求的，但是，由于吹塑制品的一些特殊要求，填充改性技术一直很难推进。近年来随着纳米填充技术与刚性粒子增韧技术的不断研究与进步，中空吹塑容器的填充改性技术也得到较快发展，在一些吹塑制品中获得应用，有一些填充改性技术值得推荐与进一步的研究发展。

超细碳酸钙填充 HDPE 配方见表 5-32。

表 5-32 含超细 CaCO₃ 填充 HDPE 配方

原材料	用量/%
HDPE	80～85
含超细 $CaCO_3$ 填充料	15～20
铝酸酯	填充料的 0.2～1

HDPE 是吹塑级的牌号，可以是一种，也可以是多种性能类似牌号的 HDPE 共混。操作方法是：先将含超细 $CaCO_3$ 的填充料放在高速混合机中搅拌至发热状态（40～50℃），然后按比例加入铝酸酯共混均匀，使含超细 $CaCO_3$ 填充料的颗粒表面吸附铝酸酯，最后再与 HDPE 进行充分的混合，即可加入挤出吹塑机的上料系统中。

5.7.2.7 含超细 CaCO₃ 填充料 HDPE 配方制品断面发白的处理方法

采用超细 $CaCO_3$ 填充 HDPE 配方生产出的吹塑容器，可能在断面或合缝处出现发白的现象，出现原因众说纷纭，难于定论。但对于颜色产品来说，以下几种方法的处理效果会比较明显。

① 直接加大色母料的用量，使其不容易出现发白现象。

② 对填充料进行着色的预处理，填充料一般情况下是本色，可将与容器基本一致的颜色的色粉溶解在白油中，使用高速混合机将填充料搅拌加热至 40～50℃ 后，滴入含色粉的白油，使其与填充料充分混合，对于消除吹塑容器发白现象有较好的效果。

③ 对一些要求较高的吹塑制品的切口合缝处出现的发白，采用热风焊枪进行热风吹烤，可消除这些地方的外观瑕疵。

5.7.2.8 填充料分布不均的处理方法

有些吹塑产品为了满足制品的一些特殊要求必须添加填充料来进行吹塑加工，但在加工过程中，可能出现填充料分布不均的现象。出现这种现象的原因有几种：一是原料混合不均匀，由于填充料的密度较大，容易出现沉底分层现象；二是在上料的过程中，也是由于密度的原因，出现分层上料的状况，造成原材料在料斗中分布不均，从而影响产品质量；三是挤出机螺杆混炼不均匀，造成填充料与基体料的结合不好。

根据以上情况，可以分别采用不同的技术措施来克服这些缺陷。

① 选择合适的混合机，改进填充料与基体料的混合方式，使填充料在基体树脂中充分分散。

② 选择较大功率的上料机，改善上料机的上料方式，使其在上料过程中不分层，均匀输送。

③ 改进挤出机螺杆的结构，选择混炼效果好的螺杆结构，确保填充料在基体树脂中的混炼效果好，同时，选择耐磨性能好的螺杆与机筒，确保挤出机系统耐磨。

④ 改善挤出机加热的工艺参数，熔融段的温度适当调高 10~20℃，其他参数不变。

5.7.3 塑料共混改性技术

5.7.3.1 塑料共混的概念

塑料共混是将两种或是两种以上的塑料、橡胶（或是弹性体）、添加剂等在一定的工艺条件下进行充分混合与混炼，从而得到具有新的结构性能的聚合物材料的一种改性方法。所得到的新的聚合物称为塑料共混物，有些情况下也可以称为塑料合金；一般情况下，塑料共混物是塑料合金的一种，即塑料合金包括了塑料共混物。

塑料共混改性是一种与填充改性并驾齐驱的常用改性方法。它与塑料填充改性的区别在于，填充改性是在高分子材料树脂中添加小分子物质，而塑料共混改性技术是在树脂中混入高分子物质。由于共混改性的复合体系中都是高分子物质，因此其相容性会好于填充体系，并且改性的同时，对原有树脂的其他性能影响比较小。

塑料共混改性是目前开发新型高分子材料最有效的方法之一，也是对现有塑料品种实现高性能化、精细化、功能化的主要技术途径之一。几乎所有的塑料需要的性能都可以通过共混改性而获得。比如，PP 具有密度小、透明性好、拉伸强度高、硬度高、耐热性能好等优点，但是 PP 的抗冲击性能较差、耐应力开裂性能不好，与 HDPE 共混后，既可保持 PP 原有的性能优点，又可使新的共混物具有耐冲击、耐应力开裂与耐低温的优点。

5.7.3.2 塑料共混物的类型

塑料共混物是聚合物共混改性的产物，它不同于共聚物。共混物中各聚合物组分之间主要依靠次价键力结合，即物理结合；而共聚物中各组分间是以化学键相结合的。

目前塑料共混有许多类型，按共混成分可分成 3 类：塑料与塑料共混、塑料与橡胶（弹性体）共混、橡胶与塑料共混等。

5.7.3.3 塑料共混的目的

① 改善塑料的某些力学性能，扩大使用范围。
② 改善熔体流动性，提高成型加工性能。
③ 赋予共混塑料某些特殊性能，制备新型的塑料合金材料。
④ 降低原材料成本，改善加工性能，提高力学性能，提高经济效益。
⑤ 回收利用废弃聚合物材料，减少环境污染。

5.7.3.4 塑料共混的方法

① 物理共混法。在中空吹塑成型中，物理共混法主要有两种方法：一种是干粉共混法，这种干粉共混法一般在中空吹塑成型中较少使用。另一种是熔融共混法。熔融共混法又称为

熔体共混法，熔融共混是将不同组分的塑料在熔融状态下进行共混，获得混合分散均匀的聚合物共熔体。在中空吹塑成型中，这种方法应用最多、最广泛。

② 化学共混法。化学共混法主要有共聚-共混法（接枝共聚共混、嵌段共聚共混、交联共聚共混）、互穿聚合物网络法（IPN法）、反应增容法等。化学共混法主要应用于塑料合金的生产过程，在中空吹塑成型中很少直接使用这种方法。

5.7.3.5 通用塑料共混物

（1）聚乙烯基共混物

聚乙烯是最重要的通用塑料之一，产量居各种塑料之首位。聚乙烯的主要缺点是软化点低、强度不高、容易应力开裂、不容易染色等。采用共混法是克服这些缺点的重要途径。以聚乙烯为主要成分的共混物有以下几种。

① 不同密度聚乙烯之间的共混物。包括高密度聚乙烯与低密度聚乙烯共混物、中密度聚乙烯与低密度聚乙烯共混物等。不同密度聚乙烯共混可使熔化区域加宽，冷却时延缓结晶，通过调整和控制不同密度聚乙烯的比例，可以得到多种不同性能的聚乙烯共混物，在挤出中空吹塑成型工艺中应用最广。

② 聚乙烯/乙烯-醋酸乙烯酯共聚物。聚乙烯与乙烯-醋酸乙烯酯共聚物（EVA）共混物具有优良的韧性、加工性能、较好的透气性和印制性能。PE/EVA的性能可在宽广的范围内变化，EVA中VAc的含量、EVA的分子量、EVA的用量以及共混时的加工成型条件等都对共混物的制品性能有明显的影响。在中空吹塑容器的生产中，PE与EVA共混，可以改善耐环境应力开裂性能，提高冲击强度，改善填充料的黏结力等。在多层吹塑容器的制品中，表面层采用PE与EVA共混，可改善表面防滑性能与印制性能。

③ 聚乙烯与丙烯酸酯类共混物。PE与PMMA以及PEMA共混可大幅度提高对油墨的黏结力。例如在PE中添加5%～20%的PMMA，与油墨的黏结力可提高7倍，在一些需要表面进行印制的小型吹塑容器具有实用价值。

④ 聚乙烯与氯化聚乙烯（CPE）共混物。在PE塑料中添加氯化聚乙烯（CPE）共混，可提高PE的印制性能、耐燃性和韧性，还可提高填充料的分散性和黏结力。例如，PE与5%CPE（含氯量55%）共混，可使PE与油墨的黏结力提高3倍。CPE具有优良的阻燃性，将其加入PE并且同时加入三氧化二锑，可以制得耐燃性优良的共混物。

⑤ 聚乙烯与其他聚合物的共混物。HDPE与橡胶类聚合物，如热塑性弹性体、聚异丁烯、丁苯橡胶、天然橡胶共混可显著提高抗冲击强度，还可以改善加工性能。

⑥ 聚乙烯与PE接枝物的共混物。在HDPE与填充料的共混物中，加入PE接枝物可显著提高抗冲击强度与黏结力，改善填充料的分散性能与界面结合状况。

此外，还有PE与PP、EPR、EPDM、PC、PS等所组成的共混物。

（2）聚丙烯基共混物

聚丙烯耐热性优于聚乙烯，可在120℃以下长期使用，刚性好、耐折叠性能好。缺点是成型收缩率较大、低温容易脆裂、耐磨性不足、耐光性差、不容易染色等。与其他聚合物共混主要是为了克服这些缺点。

① PP/PE共混物。PP/PE共混物的拉伸强度一般随PE含量增大而下降，但是韧性增加。PP中加入10%～40%HDPE，在−20℃时的落球抗冲击强度可提高8倍，并且加工流动性增加，因此这种共混物可适用于较大容器的生产。

值得注意的是，在采用常规的挤出熔融共混时，PP与PE的共混物界面可能结合不好，影响抗冲击强度的提高，直接采用这种方法生产吹塑容器时，影响跌落强度的提高，对于某种吹塑容器，需要采用 PP 与 HDPE 共混时，建议加入一定量的相容剂，以提高共混物的界面黏结力、拉伸强度及冲击强度。

② PP/EPR 共混物与 PP/EPDM 共混物。PP 与乙丙橡胶（EPR）共混可改善聚丙烯的抗冲击性能和低温脆性。此外常用于 PP 改性的乙丙共聚物是含有二烯类成分的三元共聚物（EPDM）。PP/EPDM 的耐老化性能比 PP/EPR 好。另外，PP/PE/EPR 共聚物具有较为理想的综合性能，已经受到广泛的重视。

PP/EPR、PP/EPDM、PP/PE/EPR 共混物可用于生产容器，具有较好的力学性能。

③ PP/BR 共混物。聚丙烯与顺丁橡胶（BR）共混可大幅度提高聚丙烯的韧性，如 PP 与 15％BR 共混，抗冲击强度可提高 6 倍以上，同时脆化温度由 PP 的 30℃降至 8℃。PP/BR 挤出膨胀比 PP、PP/PE、PP/SBS 等都小，所以制品的尺寸稳定性好，不容易发生翘曲变形。PP/PE/BR 三元共混物已经获得工业应用。

④ 聚丙烯与其他聚合物的共混物。聚丙烯与聚异丁烯（PIB）、丁基橡胶、热塑性弹性体（TPE），如 SBS 以及 EVA 的共混物也得到发展。PP/EVA 具有较好的印制性能、加工性能、耐环境应力开裂性能，共混物的抗冲击性能也较好。PP/PIB/EPDM 三元共混物具有很好的加工性能，而 PP/PIB/EVA 具有很好的力学性能、刚度和透明性。PP/PE/EVA/BR 四元共混物具有优良的韧性，已经获得应用。

（3）聚氯乙烯基共混物

聚氯乙烯是一种综合性能良好、用途极广的聚合物。缺点是热稳定性不好，100℃即开始分解，因此加工性能不是很好，聚氯乙烯本身较硬脆，抗冲击强度不足，耐老化性能差，耐寒性不好。与其他聚合物共混改性是 PVC 改性的主要途径之一。

① PVC/EVA 共聚物。PVC/EVA 可采用机械共混法和接枝共聚-共混法制备。EVA 起增韧、增塑的作用。PVC/EVA 共混物应用广泛，可生产各种软质与硬质制品。

② PVC/CPE 共混物。PVC/CPE 共混可改进加工性能、提高韧性。PVC/CPE 具有良好的耐燃性和抗冲击性能，广泛用于生产抗冲击、耐气候、耐燃的各种塑料制品。

③ PVC 与橡胶的共混物。聚氯乙烯与天然橡胶（NR）、顺丁橡胶（PB）、聚异戊二烯胶（IR）、氯丁胶（CR）、丁腈胶（NBR）、丁苯胶（SBR）等共混可大幅度提高 PVC 的抗冲击性能，此类共混物主要采用机械共混方法制备。

④ PVC/MBS 共混物。PVC/MBS 是透明、高韧性的材料，其透明性高于 PVC/ABS，PVC/MBS 的抗冲击强度比 PVC 高 5～30 倍。此种共混物应用于生产透明膜、吹塑容器等中空吹塑成型制品。

（4）聚苯乙烯基共混物

聚苯乙烯共混改性的主要品种是高抗冲聚苯乙烯（HIPS），它是聚苯乙烯与橡胶的共混物，主要生产方法是机械共混法和接枝共聚共混法，目前应用较为广泛，但在吹塑制品中不常用。

5.7.3.6　工程塑料共混物

（1）ABS 基共混物

① ABS/PVC 合金　ABS/PVC 共混物具有优良的阻燃性能，其抗冲击性能、拉伸强度、弯曲强度、抗撕裂性能、耐化学腐蚀性能均优于 ABS。另外综合性能好、成本低。

ABS/PVC 共混物采用机械共混方法生产，PVC 的热稳定性较差，在受热和剪切力作用下，容易发生降解与交联，在共混体系中可加入适量的热稳定剂、增塑剂、加工助剂和润滑剂等。实际生产时，一般先将 PVC 与各种助剂进行预混合后再加入 ABS，其共混生产工艺包括 PVC 与 ABS 混合和熔融共混两个阶段。

② ABS/TPU 合金　TPU 为热塑性聚氨酯，属多嵌段共聚物，硬段由二异氰酸酯与扩链剂反应生成，可以提供有效的交联功能；软段由二异氰酸酯与聚乙二醇反应生成，提供可拉伸性和低温柔韧性。所以，TPU 具有硫化橡胶的性质。ABS 与 TPU 的相容性非常好，其共混物具有双连续相。对 ABS 材料来说，少量的 TPU 作为韧性组分，可提高 ABS 的耐磨性、抗冲击性能、加工成型性，TPU 对低聚合度、低抗冲性能 ABS 树脂的增韧效果尤为显著。控制适当的共混比例，可制得不同性能的 ABS/TPU 共混物，用于满足不同制品的需要。

（2）PA（聚酰胺）基共混物

聚酰胺（PA）通常称为尼龙，主要品种有尼龙 6、尼龙 66、尼龙 1010 等，是应用广泛的通用型工程塑料。PA 是具有强极性的结晶性聚合物，有较高的力学性能，耐磨、耐腐蚀，具有自润滑性能，加工流动性较好，但缺点是抗冲击性能较差、吸水率高，耐热性有待提高。为了改善尼龙的吸湿性，提高其耐热性能、低温抗冲击性能和刚性，常对尼龙进行合金化处理，尼龙合金化是以尼龙为主体，掺混其他聚合物而形成新的高分子多组分体系。

尼龙与很多聚合物的相容性差，不能组成性能优良的产品，由于反应性增容技术和增容剂的开发与应用，尼龙与其他聚合物的相容问题得到解决，促进了尼龙合金的发展。目前以 PA6 与 PA66 的合金品种最多。

① PA/PE 合金　在 PA/PE 合金中，有 PA/LDPE 合金与 PA/HDPE 合金。在 HDPE/PA 合金中，一般以 HDPE 为主体，形成连续相，而 PA6 以层状分散于 HDPE 中，其形态特征是分散相 PA6 呈现细微薄片状，达到足够浓度时，即可形成连续的片网在基体中构成层状。这种微观结构赋予了 HDPE/PA6 合金优良的阻隔性能。这种合金对有机物如烃类化合物、有机溶剂有很好的阻隔性，是汽油、柴油、有机溶剂的良好包装材料。一些燃油箱专用料就是这类合金。

② PA/PP 合金　与 PE 类似，PP 与 PA 的相容性很差，性能良好的 PA/PP 合金实际上是改性 PP 与 PA 共混的产物，PP 共混改性 PA6 时，添加了增容剂。增容剂主要品种有 PP-g-MAH、EPR-g-MAH、SEBS-g-MAH、离子交联聚合物等。PA/PP 合金的主要品种有 PA6/PP 和 PA66/PP。

③ PA/ABS 合金　PA6 和 ABS 是不相容体系，其共混物的力学性能较差，一般应该添加增容剂。PA6/ABS 合金的增容剂有 ABS-g-MAH、SMAH。PA/ABS 合金中主要有 PA6/ABS、PA1010/ABS 合金，其中 PA6/ABS 合金应用较多。

（3）聚碳酸酯基共混物

① PC/PE 合金　PC 与 PE 相容性较差，共混时需要加入增容剂。在共混工艺上，可采用两步共混工艺：第一步，制备 PE 含量较高的 PC/PE 共混物；第二步，将剩余的 PC 加入，制成 PC/PE 共混材料。在制备 PC/PE 共混材料前，PC、PE 品种牌号与材料加工温度的选择较为重要，一般应该使它们的加工温度较为接近。

有试验表明，在 PC 材料中添加 5% 的 PE 塑料，共混材料的热变形温度基本与 PC 相同，但抗冲击强度可显著提高。PC/PE 合金适合制作机械零件与电工零件以及容器等制品。

② PC/ABS 合金　PC/ABS 合金是较早实现工业化的 PC 合金，这种合金可提高 PC 抗冲击性能，改善 PC 加工时的流动性能，提高耐应力开裂性能，是一种综合性能较好的塑料合金。同时，PC/ABS 合金还与 ABS 的成分组成相关，PC 与 ABS 中的 SAN 部分相容性较好，而与 PB（聚丁二烯）部分相容性不好，因此，在 PC/ABS 合金共混体系中，不宜采用高的丁二烯含量的 ABS。PC/ABS 合金目前市场已有电镀级与阻燃级的专用牌号销售，可以根据制品的需要进行选择。

③ PC/PA 塑料合金　在 PC 塑料中加入 PA，可提高 PC 的耐油性能、耐化学品性能、耐应力开裂性能及加工性能，降低 PC 的成本，同时保持 PC 较高的耐冲击性能和耐热性能。

PC 与 PA 的溶解度参数相差较大，两者为热力学不相容，假如直接共混，很难得到具有实用价值的塑料合金。通过加入增容剂和改性剂，借助共混加工中的温度场和力场的综合作用，可改善和控制 PC/PA 共混合金的相容性，获得高性能的 PC/PA 塑料合金。目前市场上已有高性能的 PC/PA 塑料合金销售。

（4）其他

还有 PBT 塑料合金、PPO 塑料合金等，这些塑料合金在中空吹塑中目前几乎很少应用，在此不作详细介绍，有特殊需要时，可查阅相关文献资料。

5.7.3.7　塑料共混改性体系配方的设计原则

塑料共混改性的配方设计一般应该遵循以下一些原则。

（1）按照性能要求选取组分进行共混的原则

① 提高力学性能，改善制品韧性，提高抗冲击强度。制取高抗冲材料，增韧材料应具有很高的抗冲击强度，一般比基体树脂的抗冲击强度高 5～10 倍，甚至更高。目前普遍采用的增韧方式是橡胶增韧，橡胶以分散相存在于增韧塑料中，选择橡胶作增韧材料时，橡胶含量通常为 5%～20%（质量分数），橡胶的 T_g 比室温低 40～60℃时增韧效果显著；所选橡胶不宜与基体树脂完全相容，以便形成两相结构，但与树脂要有一定的相容性。在 PE 为主体的容器共混配方中，适当添加 EVA 也可提高抗冲击强度。

② 改善电性能。共混物的电性能主要由连续相决定的。中空吹塑容器如果需要达到长期的抗静电性能，必须添加导电性的母料，并且达到形成连续相的要求。

③ 增加阻燃性。为了提高 PE 制品的阻燃性，通常采用 PE 与 CPE（氯化聚乙烯）共混。

④ 提高容器制品的刚度，提高堆码性能。通常采用高分子量树脂来作为主体材料，与添加纳米材料制成的增韧、增刚母粒进行共混，效果显著。此外，在有些 PE 为主体的容器共混配方中，可适当添加 PP 进行增刚。

（2）按照相容性选取组分进行共混的原则

共混组分之间的相容性在很大程度上决定了共混物的性能。一般情况下按相容性大小可将共混配方分为相容共混配方和低相容共混配方两类。对于相容共混配方，在配方中直接加入相容共混物组分即可，如聚合物 A＋聚合物 B＋聚合物 C＋聚合物 D 等。而对于低相容性共混配方，在配方中除了加入共混聚合物以外，还要加入可提高相容性的助剂，一般常用相容剂和交联剂，即聚合物 A＋聚合物 B＋聚合物 C＋相容剂或交联剂。

相容剂的选用：相容剂能够使不相容的两种聚合物结合在一起，形成稳定的共混物。作为共混体系的相容剂应该形态均匀，相畴适度，并且在两相界面间有足够的黏合力。选择相容剂应注意以下原则。

① 反应型相容剂适用于高活性共混物，用量一般为共混物的 3%～5%（质量分数），如 SAN/MA 共聚物、EPM/MA 共聚物等。

② 相容剂的用量在能够充分饱和共混物界面的前提下，越少越好。通常用量在 20%（质量分数）以下。

③ 形成互穿聚合物网络的相畴越小，两组分间的相容性越大；共混物的极性相近时，相容性会好一些，共混物中的两组分黏度相近时，相容性要好。

5.7.3.8　常用吹塑容器共混配方实例

（1）PP 共混物配方

PP 共混物配方见表 5-33～表 5-38。

表 5-33　PP/HDPE/SBS 中空吹塑制品配方

原材料	用量(质量分数)/%	原材料	用量(质量分数)/%
PP	65	抗氧剂 1010	0.1
HDPE	25	抗氧剂 DLTP	0.2
SBS	10	润滑剂 HSt	0.3

表 5-34　PP/HDPE/BR 三元共混配方

原材料	用量(质量分数)/%	原材料	用量(质量分数)/%
PP	100	BR	15
HDPE	15	相容剂 PE-g-MAH	5

表 5-35　PP/PA 共混合金配方

原材料	用量(质量分数)/%	原材料	用量(质量分数)/%
PP	100	PP-g-MAH	5
PA6	15	助剂	0.3

表 5-36　PP/PA/纳米 CaCO$_3$ 共混合金配方

原材料	用量(质量分数)/%	原材料	用量(质量分数)/%
PP	100	纳米 CaCO$_3$	10
PA6	14～15	相容剂 PE-g-MAH	5

表 5-37　PP/HDPE/EPDM 共混配方

原材料	用量(质量分数)/%	原材料	用量(质量分数)/%
PP	90	EPDM	10
HDPE	20	相容剂 PE-g-MAH	5

表 5-38　PP/EVA 共混增韧配方

原材料	用量(质量分数)/%	原材料	用量(质量分数)/%
PP	50	LDPE	15
EVA	20	POE	15

（2）HDPE 共混物配方

HDPE 共混物配方见表 5-39～表 5-43。

表 5-39　HDPE/LDPE/LLDPE 中空吹塑容器配方

容器规格	HDPE		LDPE		LLDPE	
	牌号	用量(质量分数)/%	牌号	用量(质量分数)/%	牌号	用量(质量分数)/%
10L	5000S	60	AL21AF	40		
	5000S	40	2F2B	30	2049	30
	GF7750	30	2F2B	40	2049	30
	TR147	70	1F1.5A	30		
	5502	90			2049	10
25L	5000S	70	2F2B	10	2049	20
	5002	80			2049	20
	5401	90			2049	10

容器规格	HDPE		HMWHDPE	
	牌号	用量(质量分数)/%	牌号	用量(质量分数)/%
50～100L	5401	50	1158	40
	5401	50	5420	30
	6098	60		
	50100	70		
	6098	50		
	50100	50		
200L	1158	50	TR571	50
	1158	60	TR571	40
	1158	50	5420	50

表 5-40　HDPE/LDPE 共混改性配方

原材料	用量(质量分数)/%	原材料	用量(质量分数)/%
HDPE	30	PP	30
LDPE	20	EPR 嵌段相容剂	20

表 5-41　HDPE/PA 共混改性配方

原材料	用量(质量分数)/%	原材料	用量(质量分数)/%
HDPE	80	相容剂 PE-g-MAH	5
PA6	15	HSt	0.3

表 5-42　HDPE/EVOH 共混改性配方

原材料	用量(质量分数)/%	原材料	用量(质量分数)/%
HDPE	80	相容剂 PE-g-MAH	5
EVOH	15		

表 5-43　HDPE/EVA 改性配方

原材料	牌号	用量(质量分数)/%	备注
HDPE	6098	35	
HDPE	50100	40	
EVA		3	MI＝2,吹塑级
填充母料 CaCO₃		22	

25L 系列危包桶、洗涤剂塑料桶盖配方

原材料	牌号	用量(质量分数)/%	备注
HDPE	5000S(或 5401 等)	70～80	
HDPE	7006(8008 等)	27～17	
EVA		3	MI＝2,吹塑级

（3）ABS 共混改性配方

ABS 共混改性配方见表 5-44～表 5-46。

表 5-44　ABS/SBS/EVA 共混改性配方

原材料	用量(质量分数)/%	原材料	用量(质量分数)/%
ABS	70	EVA	10
SBS	15	EVA-g-MAH	5

表 5-45　ABS/PC 共混耐热配方

原材料	用量(质量分数)/%	原材料	用量(质量分数)/%
ABS	100	相容剂 PS-g-MAH	5
PC	20	润滑剂 HSt	0.3
耐热剂 LCP	5		

表 5-46　ABS/PBT 共混耐热配方

原材料	用量(质量分数)/%	原材料	用量(质量分数)/%
ABS	100	相容剂 PP-g-MAH	5
PBT	20	润滑剂 ZnSt	0.4
耐热剂聚酰胺醚	20		

特别说明：表格中的具体塑料牌号当市场无货时，可选择与其性能接近的牌号代替。

5.7.4　纳米材料复合改性技术

纳米材料是指材料两相显微结构中至少有一相的一维尺度达到纳米级尺寸（100nm 以下）的材料。聚合物纳米复合材料技术的研究近年来发展较快，聚合物/纳米无机粒子复合材料可以把无机材料的强度、模量、尺寸稳定性以及光电性能与高分子材料的韧性、可加工性和介电性质更加巧妙地结合起来，纳米材料对塑料工业的发展必将产生重大而深远的影响，对中空吹塑容器的复合改性技术也将产生深远的影响，值得引起中空吹塑同行进行密切的关注与研究。

纳米复合材料的制备方法可分为插层复合法和直接分散法。插层复合法是制备高分子/层状纳米复合材料的主要方法。通常需要将层状物有机化，然后再将单体、低聚物或聚合物插入，使层状物的片层结构扩张或剥离成纳米级的基本单元，并均匀分散在基体中。例如非极性 PP 不易插入层状物，所以将 PP 进行官能团化作为基体或相容剂，有利于 PP 插入和层状物分散。直接分散法是制备高分子/无机物纳米复合材料的最简便方法。通过溶液、熔融混合可直接将纳米粒子分散在聚合物基体中，但纳米粒子比表面积大，表面活性高，极易团聚，其团聚力大。因此，纳米粒子在高分子基体中的分散和高分子-纳米粒子间的界面黏结成为必须解决的重要技术问题。

最近几年，陕西西安云鹏新材料科技有限公司研发了 Ypnm5-1、Ypnm6-1 大型、超大型中空吹塑级纳米改性复合材料，使纳米改性复合材料具有更加优异的力学性能、热学性能、耐老化性能、耐酸碱性能，达到增韧、增刚的双重改性效果，提高了大型、超大型中空吹塑制品的力学性能，开创了纳米改性复合材料在中空吹塑成型中的应用。云鹏新材料纳米母料主要性能指标见表 5-47。

表 5-47　云鹏新材料纳米母料主要性能指标

项　目	技术要求	技术指标
粒度/mm	≤100	10～100
分散性/%	≥50	90
纳米碳酸钙含量/%	78	80
允许偏差/%	−3%～12%	2
密度/(g/cm³)	≤2.0	0.8
水分及挥发物含量/%	≤0.5	0.1
熔体流动速率/(g/10min)	5.1～20	15
拉伸强度/MPa	≥28.0	58.0
拉伸断裂伸长率/%	≥400	980
缺口冲击强度/(kJ/m²)	≥8.0	29.0
白度/%	≥50	80

5.7.5　刚性粒子增韧改性技术

传统的聚合物增韧改性方法是将聚合物与橡胶、热塑性弹性体等材料进行共混，虽然增韧效果比较理想，但是它们往往牺牲了宝贵的强度、刚度、尺寸稳定性、耐热性以及加工性能。近年来发展起来的刚性粒子增韧聚合物，不但使复合材料的韧性得到提高，同时还可以使其强度、模量、耐热性、加工流动性等得到改善，显示了增韧增强的复合效应。

对于无机刚性粒子的增韧机理目前还没有比较准确的统一解释，一般认为，超细粒子与大粒径粒子相比，它们的表面缺陷少，非配对原子多，与聚合物发生物理或化学结合的可能性大，增强了粒子与聚合物基体材料的界面黏结，因而可以承担一定的载荷，具有某种增韧的可能。

5.7.5.1　影响无机刚性粒子增韧的因素

（1）聚合物基体的韧性

刚性粒子（RF）聚合物的增韧是通过促进聚合物基体发生屈服和塑性变形吸收能量来实现的，因此要求聚合物基体具有一定的初始韧性，即具有一定的塑性变形能力。因此，一般来说，聚合物基体的初始韧性越大，则增韧的效果越明显。

（2）界面黏结性

聚合物基体与刚性粒子表面的黏结力越好，则增韧的效果越佳。提高聚合物基体与无机刚性粒子的相容性以增强界面黏结，可提高复合材料的韧性。通过加入相容剂改善 RF 的表面黏结力，是使聚合物复合材料提高增韧效果的有效方法，在填料与表面处理剂之间形成一个弹性过渡层，可有效的传递和松弛界面上的应力，更好地吸收与分散外界的冲击能，从而提高复合体系的韧性。

（3）刚性粒子的大小及用量

常规使用的大粒径粒子容易在聚合物基体中形成缺陷，尽管能提高聚合物体系的硬度和刚度，但却损害了强度和韧性。比如无机常规填料增韧改性体系，在其模量、硬度、热变形温度提高的同时，拉伸强度与冲击强度的下降幅度与粒子的粒度大小有关，粒度越小，下降幅度越平缓。随着粒子粒度的减小，粒子的表面能增大，复合材料在受到冲击时会产生更多的微裂纹和塑性变形，从而吸收更多的冲击能，具有增韧、增强的可能性。但粒度过小，颗粒间作用力过强容易发生团聚也不利于增韧，因此，纳米级刚性粒子如何消除粒子之间的团聚力是关键技术之一。采用偶联剂处理填料表面，改善界面黏结，可保证填料在聚合物基体中均匀分散。

刚性粒子的加入量也存在一个最佳值，如果加入量太小，分散的浓度太低，则吸收的塑性形变能将会很小，这个时候承担和分散应力的主要是聚合物基体，因此起不到明显的增韧作用；随着粒子含量的增大，共混体系的冲击强度不断提高。但当填料加入量达到某一临界值时，粒子之间距离过于接近，材料受冲击时产生微裂纹和塑性变形太大，几乎发展成为宏观应力开裂，从而使冲击性能下降。

（4）粒子基带厚度

当粒子间基带厚度小于临界基带厚度时，在相对小的应力下，基体产生空化以及大量的局部银纹，强迫基体塑性变形的三维张力能够通过空化而释放，围绕一个粒子周围的应力场已不是简单的增加，而是明显的相互作用，这就导致增强基体的屈服，增大了粒子间基体的塑性变形，从而使体系得到增韧。

（5）分散相模量

模量是影响聚合物共混体系的断裂方式，乃至韧性的重要因素。当分散相的模量比较小，分散相在静压作用下发生屈服形变所需的力非常小，此时冲击能量的消耗主要由基质来承担。随着分散相模量的增加，共混体系受力过程中，基质除了本身产生大量的银纹和形成屈服剪切带吸收能量以外，对分散相要产生静水压力，分散相被迫发生形变而吸收大量的能量。而对于模量较大的刚性粒子而言，即使有静水压力的作用，仍然达不到屈服应力，因此往往发生脆性断裂。所以只有分散相的屈服应力与分散相和基质间的界面黏结接近，分散相能随着基质形变而被迫形变，方可吸收大量的能量而起到较好的增韧作用。

在高聚物/刚性粒子增韧体系中，影响因素往往不只是这些，应该进行综合分析与研究。

5.7.5.2　实用中空吹塑容器刚性粒子增韧母粒

经过多年来的技术研究与市场开发，市场上已有多种牌号的刚性增韧母粒销售，其中南京工业大学张云灿教授团队研制的聚烯烃塑料增韧母料具有较好的综合性能，有一定的代表性，在此进行一些介绍。

强韧牌增韧母料主要技术指标：强韧牌增韧母料是一种以微米或亚微米碳酸钙粒子为主要原料，经特殊的表面处理和精密的制造工艺而制得的用于增韧改性聚烯烃塑料的添加材料。该母料可使 HDPE、共聚 PP 和均聚 PP 材料的常温及低温缺口冲击强度提高至原材料的 2～5 倍，弯曲模量提高 30％～50％，并且改性材料的尺寸稳定性获得显著改善，产品耐环境应力开裂性比未改性料提高 20 倍左右，可明显改善塑料制品的耐久性能。改性材料的混合性能、加工流动性能优良，使用方便，材料性能可根据母料加入量进行控制。其主要品种及技术指标见表 5-48。

表 5-48　强韧牌增韧母料主要技术指标

牌号	填充物	密度/(g/cm³)	增韧 HDPE 悬臂梁缺口冲击强度/(kJ/m²)	熔体流动速率/(g/10min)	色泽[①]	含水率/％
ZR-250G	碳酸钙	≤1.90±0.04	≥20.0	0.5～4	本白	≤0.5
ZR-250B	碳酸钙	≤1.86±0.04	≥24.0	0.5～4	本白	≤0.5
ZR-500A	碳酸钙	≤1.80±0.04	≥28.0	0.5～4	本白	≤0.5
ZR-250Ba	硫酸钡	≤2.40±0.06	≥20.0	0.5～4	本白	≤0.5

① 可根据客户需要配备各种着色品种。

① 增韧母料 250G　主要用于 HDPE 水管、波纹管、吹塑托盘、中空容器、塑料周转箱等塑料制品（用量 30％～50％）。制品冲击强度提高 2～3 倍，刚度提高 15％～30％，塑料制品生产成本降低。

② 增韧母料 250B　主要用于共聚 PP 周转箱、托盘、PPR 管（用量 10％～30％）、PP 集装袋扁丝（用量 8％～10％）等塑料制品。制品冲击强度提高 3～5 倍，刚度提高 30％～50％，塑料制品生产成本降低。

③ 增韧母料 250Ba　硫酸钡粒子具有耐强酸、强碱腐蚀的特点，故该母料主要用于需要耐强酸、强碱腐蚀的 HDPE 包装容器。可提高 50～200L 包装桶的抗跌落强度和刚度，并明显降低改性制品的材料成本。添加量在 15％左右。

④ 增韧母料 500A　主要用于改性 PP，用于制备小汽车保险杠、门板、仪表台（用量 10％～30％），提高冲击韧性和刚性，减少弹性体用量，降低产品成本。也直接应用于制备 PP 周转箱、托盘等具有较高要求的塑料制品之中。

强韧牌增韧母料改性 HDPE 和 PP 的主要技术指标见表 5-49～表 5-60。

表 5-49　强韧牌增韧母料 250B 改性 HDPE JV060 材料性能

序号	母料用量/％	悬臂梁缺口冲击强度/(kJ/m²)	拉伸强度(2mm)/MPa	拉伸强度(4mm)/MPa	弯曲强度/MPa	弯曲模量/GPa	熔体流动速率/(g/10min)
1	0	4.3	26.3	26.7	25.8	1.20	6.2
2	40	11.2	29.1	21.6	25.6	1.31	6.0
3	50	19.8	29.7	21.0	25.8	1.36	5.3
4	60	30.2	29.5	19.8	25.7	1.55	5.0

注：材料经简单混合后直接注塑制样，模具温度 40～60℃，HDPE JV060 为伊朗石化产品。

表 5-50　强韧牌增韧母料 500A 改性 HDPE JV060 材料性能

序号	母料用量/%	悬臂梁缺口冲击强度/(kJ/m²)	拉伸强度(2mm)/MPa	拉伸强度(4mm)/MPa	弯曲强度/MPa	弯曲模量/GPa	熔体流动速率/(g/10min)
1	0	4.3	26.3	26.7	25.8	1.20	6.2
2	40	13.5	30.4	23.4	25.1	1.27	4.9
3	50	19.5	31.2	23.0	25.1	1.28	4.6
4	60	26.6	31.6	22.5	25.4	1.34	3.9

注:材料经简单混合后直接注塑制样,模具温度 40～60℃,HDPE JV060 为伊朗石化产品。

表 5-51　强韧牌增韧母料 250B 改性 HDPE JV060/5000S (2/1) 混合材料性能

序号	母料用量/%	悬臂梁缺口冲击强度/(kJ/m²)	拉伸强度(2mm)/MPa	拉伸强度(4mm)/MPa	弯曲强度/MPa	弯曲模量/GPa	熔体流动速率/(g/10min)
1	0	9.2	27.0	24.6	22.6	0.81	2.8
2	40	27.8	31.4	21.6	24.5	1.10	2.9
3	50	38.6	31.2	20.9	24.6	1.28	2.9
4	60	41.7	33.3	19.3	25.2	1.31	2.8

注:材料经简单混合后直接注塑制样,模具温度 40～60℃,HDPE JV060 和 5000S 分别为伊朗石化和扬子石化产品。

表 5-52　强韧牌增韧母料 500A 改性 HDPE JV060/5000S (2/1) 混合材料性能

序号	母料用量/%	悬臂梁缺口冲击强度/(kJ/m²)	拉伸强度(2mm)/MPa	拉伸强度(4mm)/MPa	弯曲强度/MPa	弯曲模量/GPa	熔体流动速率/(g/10min)
1	0	9.2	27.0	24.6	22.6	0.81	2.8
2	40	29.1	32.2	22.5	23.7	1.04	2.8
3	50	36.5	33.1	22.5	24.2	1.04	2.6
4	60	41.6	36.0	22.4	24.6	1.15	2.2

注:材料经简单混合后直接注塑制样,HDPE JV060 和 5000S 分别为伊朗石化和扬子石化产品。

表 5-53　碳酸钙增韧母料 250G 改性 HDPE 注塑料 5503 性能

序号	母料用量/%	悬臂梁缺口冲击强度/(kJ/m²)	拉伸强度/MPa	弯曲强度/MPa	弯曲模量/GPa	熔体流动速率/(g/10min)
1	0	9.2	23.0	14.4	0.55	2.8
2	30	15.5	27.3	15.9	0.75	2.6
3	40	27.6	29.0	16.2	0.80	2.5
4	50	36.9	31.2	16.4	0.86	2.4

注:材料经简单混合后直接注塑制样,模具温度 40～60℃,HDPE5503 为扬子石化产瓶盖料。

表 5-54　碳酸钙增韧母料 250B 改性 HDPE 拉丝料 5000S 性能

序号	母料品种及用量/%	悬臂梁缺口冲击强度/(kJ/m²)	简支梁缺口冲击强度/(kJ/m²)	拉伸强度/MPa	弯曲强度/MPa	弯曲模量/GPa	熔体流动速率/(g/10min)
1	0	23.5	18.1	28.1	17.6	0.75	1.1
2	30	51.5	33.0	34.0	19.1	0.91	1.1
3	40	51.6	61.0	36.8	19.4	1.01	1.1
4	50	54.3	73.9	42.3	20.1	1.18	1.0

注:材料组分经简单混合后直接注塑制样,模具温度 50～60℃,HDPE5000S 为扬子石化生产的拉丝料。

表 5-55 碳酸钙增韧母料 250B 改性吹塑料 BL3 性能

序号	母料品种及用量/%	悬臂梁缺口冲击强度/(kJ/m²)	拉伸强度/MPa	断裂伸长率/MPa	弯曲强度/MPa	弯曲模量/GPa	熔体流动速率/(g/10min)
1	0	28.4	46.7	15.7	24.7	0.75	0.35
2	10	35.4	46.0	10.9	25.3	1.2	0.3
3	20	40.8	47.9	8.0	25.2	1.2	0.4
4	30	44.6	49.7	9.1	25.2	1.2	0.4

注:材料组分经简单混合后直接注塑制样,模具温度 40~50℃,BL3 为伊朗石化产品。

表 5-56 硫酸钡增韧母料 250Ba 改性吹塑料 BL3 性能

序号	母料品种及用量/%	悬臂梁缺口冲击强度/(kJ/m²)	拉伸强度/MPa	断裂伸长率/MPa	弯曲强度/MPa	弯曲模量/GPa	熔体流动速率/(g/10min)
1	0	28.4	46.7	15.7	24.7	0.75	0.35
2	15	29.2	46.9	11.3	25.3	0.89	0.3
3	20	36.6	49.9	12.5	25.5	0.89	0.3
4	30	48.8	52.7	14.4	25.0	0.92	0.4

注:材料组分经简单混合后直接注塑制样,模具温度 40~50℃,BL3 为伊朗石化产品。

表 5-57 碳酸钙增韧母料 250G 改性 HDPE 管材料 4803 材料性能

序号	母料用量/%	悬臂梁缺口冲击强度/(kJ/m²)	拉伸强度/MPa	弯曲强度/MPa	弯曲模量/GPa	熔体流动速率/(g/10min)
1	0	45.2	44.1	14.6	0.54	1.0
2	30	54.5	40.9	15.7	0.67	1.4
3	40	56.5	40.6	16.1	0.73	1.6
4	50	49.8	41.6	16.1	0.76	1.7

注:材料经简单混合后直接注塑制样,模具温度 40~60℃,HDPE4803 为扬子石化产管材。

表 5-58 碳酸钙增韧母料改性 PP 拉丝料 F401 性能

序号	母料品种及用量/%	悬臂梁缺口冲击强度/(kJ/m²)	简支梁缺口冲击强度/(kJ/m²)	−30℃悬臂梁缺口冲击强度/(kJ/m²)	拉伸强度/MPa	断裂伸长率%	弯曲强度/MPa	弯曲模量/GPa	熔体流动速率/(g/10min)
1	PPF40	3.1	7.0	1.9	43.3	40	37.7	1.4	2.5
2	1	6.9	9.7	2.4		0		6	3.1
3	250B 型 25 500A 型 25	6.3	9.1	2.4	37.0 38.1	650 721	39.5 39.7	1.80 1.82	3.2

注:材料组分经简单混合后直接注塑制样,模具温度 50~60℃。

表 5-59 碳酸钙增韧母料 250B 改性 PP 注塑料 J340 性能

序号	母料品种及用量/%	悬臂梁缺口冲击强度/(kJ/m²)	简支梁缺口冲击强度/(kJ/m²)	拉伸强度/MPa	弯曲强度/MPa	弯曲模量/GPa	熔体流动速率/(g/10min)
1	0	10.5	16.9	36.8	33.1	1.30	2.0
2	10	53.7	18.8	35.2	31.8	1.42	2.1
3	20	58.3	21.6	33.4	31.4	1.47	2.3
4	30	65.1	23.3	31.8	31.7	1.55	2.1

注:材料组分经简单混合后直接注塑制样,模具温度 50~60℃,PPJ340 为扬子石化产共聚 PP 注塑料。

表 5-60　碳酸钙增韧母料 500A 改性 PP 注塑料 J340 性能

序号	母料品种及用量/%	悬臂梁缺口冲击强度/(kJ/m²)	简支梁缺口冲击强度/(kJ/m²)	-30℃悬臂梁缺口冲击强度/(kJ/m²)	拉伸强度/MPa	断裂伸长率/%	弯曲强度/MPa	弯曲模量/GPa	熔体流动速率/(g/10min)
1	0	10.5	16.9	2.5	36.8	138	33.1	1.30	2.0
2	20	51.8	23.9	4.8	34.6		33.0		2.3
3	30	63.4	43.5	6.0	33.2	526	32.4	1.40	2.4
4	40	62.2	48.1	5.4	31.5	525 518	31.5	1.53 1.59	2.8

注：材料组分经简单混合后直接注塑制样，模具温度 50~60℃，PPJ340 为扬子石化产共聚 PP 注塑料。

5.7.6　功能化改性技术

在高分子聚合物材料中添加一些功能性的特殊填料，采用填充混合改性的方法，可形成新的功能性聚合物配方，满足功能化的要求。对于中空吹塑容器来说，目前功能化塑料主要有阻燃、抗静电与导电、导热、抗冲击等功能。

5.7.6.1　阻燃改性

阻燃改性是在塑料中添加阻燃剂改性制备的，阻燃剂是一类能够阻止塑料引燃或抑制火焰传播的助剂。阻燃剂有两类：一类为添加型阻燃剂；另一类为反应型阻燃剂。添加型阻燃剂一般应用于热塑性塑料中，它是在加工过程中添加到塑料中的。在中空吹塑成型工艺中，一般采用添加型阻燃剂。

应用于塑料加工的阻燃剂目前大多已有专用的阻燃母粒，中空吹塑制品厂家可以根据自己产品的需要进行选择。中空吹塑制品阻燃改性主要针对储油箱、化学物品储物罐以及一些危险品储物罐等。

（1）PE 阻燃改性配方实例

PE 包括 LDPE、HDPE、LLDPE 等。PE 的发烟量小，因此只要添加阻燃剂即可，而无需添加消烟剂。主阻燃剂主要有阻燃树脂（如 CPE、EVA 等）、卤系有机阻燃剂（如氯化石蜡、十溴二苯醚等）、无机金属氧化物 [如 Al(OH)$_3$ 和 Mg(OH)$_2$]，这类与 PE 的相容性较差，尽量不要单独使用，需要进行表面处理。

辅助阻燃剂主要有 Sb$_2$O$_3$、三碱式硫酸盐、二碱式磷酸盐、硼酸锌、偏硼酸钡、硬脂酸钡、氧化锌、三氧化钼、八钼酸铵、红磷、聚磷酸酰胺、锡酸锌及有机硅类等。此外交联 PE 的阻燃性好于未交联的 PE，所以在交联 PE 中阻燃剂的添加量可相应减少。

PE 阻燃配方参考实例见表 5-61~表 5-64。

表 5-61　无卤阻燃 LDPE 改性配方

原料		用量/份	原料	用量/份
树脂	LDPE	85	偶联剂 KH-560	2.5
	EVA(VA 含量 14%)	15	热稳定剂硬脂酸钡	2
阻燃剂	氢氧化铝	80	润滑剂 HSt	0.5
	水合硼酸锌	3.5	分散剂	0.5
	聚磷酸铵	15		

表 5-62　低烟无卤阻燃 LDPE 改性配方

原料		用量/份	原料		用量/份
树脂	LDPE	90	偶联剂	KH-560	1.5
	EVA	10	稳定剂	BaSt	2.5
阻燃剂	$Al(OH)_2$	30	润滑剂	HSt	2.5
	$Mg(OH)_2$	30		PE 蜡	1.5
阻燃增效剂		1.5	分散剂	氧化聚乙烯	1.2

表 5-63　HDPE 阻燃改性配方

原料		用量/份	原料		用量/份
树脂	HDPE	100	阻燃剂	硼酸锌	8
	CPE	10	稳定剂	硬脂酸镉	0.5
阻燃剂	十溴二苯醚	10		HSt	1
	Sb_2O_3	5	助剂	铅酸酯	0.5
	$Mg(OH)_2$	10			

表 5-64　膨胀型无烟阻燃 LLDPE 改性配方

原料		用量/份	原料	用量/份
树脂	LLDPE	100	阻燃促进剂 ZEO	1.5
	EVA	15	钛酸酯偶联剂 KR-38S	1.5
阻燃剂	聚磷酸铵(APP)	25	稳定剂　硬脂酸镉	0.5
	季戊四醇(PER)	8	润滑剂 HSt	0.5

(2) PP 阻燃改性配方实例

PP 与 PE 类似，PP 燃烧时发烟小，因此阻燃配方往往也是只要加入阻燃剂即可，而不必加入消烟剂。主阻燃剂通常采用溴系有机阻燃剂，如八溴醚、十溴二苯醚、四溴双酚 A、四溴双酚 A-双（2，3-二溴丙基）；无机金属氢氧化物，如 Al（OH）$_3$ 和 Mg（OH）$_2$ 等，此外还常选用膨胀型阻燃剂。辅助阻燃剂常用 Sb_2O_3，此外还有红磷与硼酸锌等。

PP 阻燃配方参考实例见表 5-65～表 5-68。

表 5-65　无卤阻燃改性 PP 配方

原料	用量/份	原料		用量/份
PP	100	抗氧剂	1010	0.2
膨胀型阻燃剂 EM-82	35		DLTP	0.4
环烷油处理剂 BHY-1	3	稳定剂 ZnSt		0.5

表 5-66　TDBP 阻燃改性 PP 配方

原料		用量/份	原料		用量/份
PP		100	抗氧剂	1010	0.2
阻燃剂	TDBP	8.5		DSTP	0.4
	氧化石蜡	3.5	稳定剂 ZnSt		0.2
	Sb_2O_3	1.5			

表 5-67　抗静电阻燃 PP 改性配方

原料		用量/份	原料		用量/份
PP		100	润滑剂 HSt		0.2
阻燃剂	十溴二苯醚	9	稳定剂	CaSt	0.1
	Sb_2O_3	3		UV-531	0.3
抗静电剂乙氧基烷基胺类		2.0			

表 5-68　阻燃增强改性 PP 配方

原料		用量/份	原料		用量/份
PP		100	偶联剂 KH-550		0.8
阻燃剂	八溴醚	16	稳定剂	CdSt	0.2
	Sb_2O_3	6		BaSt	0.2
增强剂（玻璃纤维）		20	抗氧剂		1.0

5.7.6.2　抗静电与导电改性

大多数塑料的体积电阻率 ρ_v 都在 $10^{12} \sim 10^{18} \Omega \cdot cm$，属于优良的绝缘体。塑料的这种绝缘特性使它在某些应用场所遇到了静电聚集、静电障碍、电磁波干扰等一系列问题。在某些特殊的中空吹塑容器与吹塑制品中，也消除静电、导电、电磁屏蔽的技术要求，如一些特殊制品、塑料燃油箱、便携式塑料燃油桶、一些特殊的危险品塑料包装桶以及一些军工产品的包装箱等。

（1）静电的产生与危害

① 静电的产生　物体本身通常被认为是中性的，当两种化学组成不同或者物理状态不同的材料相互接触摩擦时，它们各自的表面都会产生电荷再分配。当两种物质重新分离后，每种材料上都会带有比接触前过量的正电荷或负电荷，这种形式产生的电荷就是静电。

静电现象在聚合物的生产、加工和使用过程中都会产生，塑料材料在摩擦时容易带上静电，一般带静电的顺序是：（正电）聚氨酯、尼龙、醋酸纤维、聚丙烯、聚酯、聚丙烯腈、聚氯乙烯、氯乙烯-丙烯腈共聚物、聚乙烯、聚四氟乙烯（负电）。按照这个顺序，两种物质摩擦时，位于前面的物质带正电，位于后面的物质带负电。前面的 PU、PA、PP 容易带正电，后面的 PE、PTFE 容易带负电。

塑料产生静电的大小，可用其表面电阻率或体积电阻率来表示。不同类型的塑料制品往往显示不同的表面电阻率和体积电阻率，一般情况下表面电阻率或体积电阻率越大，塑料制品越容易积蓄静电，静电危害也就会越显著。不同塑料产生静电的难易程度是不一样的，尼龙、聚苯乙烯、有机玻璃等最容易产生静电，PO、PVC 较难，而氟塑料是最难产生静电的塑料。

常用塑料的体积电阻率见表 5-69。

表 5-69　常用塑料的体积电阻率

塑料名称	体积电阻率/$\Omega \cdot cm$	塑料名称	体积电阻率/$\Omega \cdot cm$
聚乙烯（PE）	$10^{16} \sim 10^{20}$	聚苯乙烯（PS）	$10^{17} \sim 10^{19}$
聚丙烯（PP）	$10^{16} \sim 10^{20}$	聚四氟乙烯（PTFE）	$10^{15} \sim 10^{19}$

续表

塑料名称	体积电阻率/Ω·cm	塑料名称	体积电阻率/Ω·cm
ABS 树脂	$4.8 \sim 10^{16}$	聚酰胺(PA)	$10^{13} \sim 10^{14}$
聚碳酸酯(PC)	$2.1 \sim 10^{16}$	聚酯(PET、PBT)	$10^{12} \sim 10^{14}$
聚氯乙烯(PVC)	$10^{14} \sim 10^{16}$	环氧树脂(EP)	$10^8 \sim 10^{14}$
聚甲基丙烯酸甲酯(PMMA)	$10^{14} \sim 10^{15}$	酚醛树脂(PF)	$10^9 \sim 10^{12}$
聚氨酯(PU)	$10^{13} \sim 10^{15}$	聚乙烯醇(PVA)	$10^7 \sim 10^9$

② 静电的危害 多数高分子材料的体积电阻率较高（$10^{10} \sim 10^{20} \Omega \cdot cm$），一旦带上静电，就较难消除，这些电荷的集聚容易造成危害。对于某些特殊的中空吹塑制品来说，主要有以下一些危害。

a. 对于包装物是易燃、易爆的危险品来说，由于静电的集聚，在某种特殊的条件下，容易引发爆炸、燃烧等事故。

b. 如果包装物是精密仪器、电子元器件等，由于静电的集聚，容易导致仪器的失灵与失误等。

c. 在某些生产与运输及使用过程中，由于静电的产生与不断集聚，静电电压很高，可能使操作人员触电，并且造成对其他生产设备与运输设备的损害。

（2）抗静电方法

塑料制品是否带静电或带静电的大小可用体积电阻率或电导率来进行评价。

绝缘体：体积电阻率 $>10^{12} \Omega \cdot cm$，电导率 $<10^{-9} S/cm$。

半导体：体积电阻率 $10^{12} \sim 10^6 \Omega \cdot cm$，电导率 $10^{-9} \sim 2S/cm$。

导体：体积电阻率 $<10^6 \Omega \cdot cm$，电导率 $>2S/cm$。

良导体：体积电阻率 $<100 \Omega \cdot cm$。

抗静电塑料要求体积电阻率必须降到 $10^{12} \Omega \cdot cm$，导电塑料则要求其体积电阻率小于 $10^6 \Omega \cdot cm$，或电导率 $>2S/cm$。塑料中空吹塑制品的抗静电实用方法有以下几种。

① 在塑料制品生产过程中使用导电装置消除静电。

② 增加塑料制品加工和使用环境中的空气湿度，有利于抑制静电的产生并促进静电的消除。

③ 在塑料中添加抗静电剂，对材料进行抗静电处理，使其表面活化，提高材料的表面电导率。

④ 在塑料中添加导电性材料，如石墨、炭黑、金属及金属氧化物粉末以及金属纤维等，通过混炼将导电材料均匀分散到塑料聚合物基体中去，使其成为复合导电塑料。对于一些需要长期抗静电要求的吹塑制品，这种方法最为有效。

（3）抗静电导电填料的简单介绍

导电填料主要包括碳类填料、金属粉末、金属氧化物、金属氢氧化物、硅酸盐、硅铝酸盐、金属有机化合物、卤化物等。见表 5-70。

表 5-70 导电填料的种类

填料种类		填料名称
碳类	炭黑	槽法炭黑、炉法炭黑、乙炔炭黑等
	碳纤维	PAN 系碳纤维、沥青系碳纤维
	石墨	各种石墨

续表

填料种类		填料名称
金属类	金属粉末	铜、银、镍、铝等
	金属氧化物	氧化锌、氧化锡、氧化铅、氧化钛等
	金属微片	铝
	金属纤维	铝、镍、不锈钢
其他类	镀金属玻璃纤维及微珠	
	镀金属云母	
	镀金属碳	

（4）中空吹塑制品导电型母粒的选择

由于中空吹塑制品的特殊性，选择导电母粒时，一般不宜选择吹膜用抗静电母粒，在加工过程中，一般应该先进行小样配方的多次试验，再根据试验进行配方的调整与加工工艺的调整与改进。

对于中空吹塑容器与制品而言，目前可供选择的导电型母粒不是太多，如果吹塑制品的表面色彩没有特别的要求，选择炭黑类的导电母粒较为合适，并且制品具有永久抗静电的能力。

对于制品表面色彩有较高要求的制品，建议采用双层或多层中空吹塑成型机，内层可采用炭黑型导电母粒，外层根据制品的色彩要求，可采用不锈钢纤维或铝粉末母粒等。

导电型母粒在塑料聚合物中的加入，可能会影响到吹塑制品的抗冲击强度与拉伸强度等力学性能，需要在实际生产中根据制品的不同抗静电要求，调整配方的构成。

（5）抗静电、导电型中空吹塑制品生产现场的安全保障

一般情况下，采用抗静电、导电型母粒添加后，生产现场的情况基本与常规生产时类似。但是，如果在生产过程中一些厂家为了节约原材料成本，在配方中采用直接添加炭黑类粉末与金属类粉末的方法来进行生产，就需要对生产现场的安全进行特别的关注，进行配方操作时，应该尽量防止这些导电粉末的飞散，可采用白油、松节油进行油化后加入塑料中去，进行充分混合，可有效防止导电粉末的扩散与飞扬。并且需要经常检查与清洁设备的电气零部件，防止发生电气短路事故，生产现场需要进行通风处理，防止导电粉末在某个区域的集聚而引发安全事故。

需要特别提醒的是，历史上在这类生产现场因为没有引起管理人员与操作人员的足够重视，生产车间发生导电粉末意外事故的并不在少数，希望能够引起足够的重视。

5.7.6.3　塑料导热改性

导热塑料的主要应用就是替代金属和金属合金制造热交换器，它可以代替金属应用于需要良好导热性和优良的耐腐蚀性能的环境，如换热器、太阳能热水器、冷却器等产品。

在中空吹塑制品中，一些特殊吹塑容器也需要进行导热改性。

部分塑料的热导率见表 5-71。

表 5-71　部分塑料的热导率

材料	LDPE	HDPE	PVC	PP	PS	PTEF	PMMA	PA
热导率/[W/(m·K)]	0.33	0.33	0.16	0.24	0.08	0.27	0.75~0.25	0.25

（1）导热的影响因素

① 导热填料的影响　导热高分子复合材料的导热性能主要取决于填料在高分子聚合物基体中的分布程度，当填料含量达到某一值时，填料之间相互作用，在体系中形成链状或网状的导热网链结构。导热网链的方向与热流方向一致时，其热阻最小，导热性能最好。导热性能与填料的形状、粒径、尺寸分布和高分子聚合物基体的界面结合特性及两相的相互作用有较大关系。

② 高分子聚合物的影响　高分子聚合物热导率的影响因素较多，主要有化学构成、键能、结构类型、侧基、相对分子量及其分布、结构缺陷、分子链排布、加工过程、温度及结晶度等，主要以结晶度和温度为主。

（2）导热复合材料

导热填料主要有金属、金属氧化物或金属氮化物、炭素材料 3 类。

导热金属粉末主要有 Au、Ag、Cu、Al、Zn 及其合金等。其中 Au、Ag 粉末的市场价格较高，一般很少采用。目前以纳米与微米级的 Cu、Al 粉末在实际生产中应用较多。

导热金属氧化物常用的有 AlN、Al_2O_3、MgO、BeO 等。

炭素材料常用的有石墨、碳纤维、碳纳米管以及石墨烯等。

（3）导热塑料存在的问题

① 热导率不高　高分子聚合物材料与碳纳米材料制备的复合材料的热导率均不够高，主要原因是通用高分子材料作为导热介质本身的热导率较低，并且导热材料之间的间隙较大，无法通过高分子进行传导，因此无法获得高导热的高分子复合材料。

② 填充量高　在高分子聚合物体系中，只有高填充才能满足制品导热性能的要求，但是，高填充会降低制品的力学性能，特别是抗冲击性能，同时高填充复合材料加工时也会增加难度，制品的密度也会受到影响等。为了提高导热复合材料的综合性能，可采用几个方法进行改进：使用纳米导热材料进行填充；采用新型的复合工艺，使填充物形成导热网链；应用新型的填充物表面处理技术，提高填充物与基体树脂的黏结强度；降低填充物与基体树脂界面的热阻，使填充物在基体树脂中更加均匀地分散；在提高导热性能的同时，提高复合材料的力学性能。

③ 韧性较差　导热复合材料具有较高的耐曲挠性能和拉伸刚度，但是抗冲击强度较差，因此限制了其使用范围。

一些吹塑制品通过填充改性后，往往会出现一些外观上的瑕疵，主要体现在吹塑制品合缝处容易出现发白现象，对于这种现象，可以采用以下一些办法进行处理，以改善外观状况。

① 对填充采用的功能料进行着色处理。可将功能料放置在高速混合机内先混合几分钟，使其发热升温，然后将已经调好的着色剂均匀混入功能料中，继续进行混合，使着色剂与功能料充分混匀。这种方法较容易解决吹塑制品合缝处产生的发白现象。

② 加大色母粒的比例。在混合原料时，直接加大色母粒的比例，这种方法也能够解决吹塑制品合缝处发白的问题，但会提高原料配方成本，对于小批量的吹塑制品比较方便。

③ 吹塑制品成型后即可进行边料修饰。可采用焊接塑料用的热风焊枪对准制成品的合缝处吹热风，可以有效地解决合缝处发白现象，对于一些高端吹塑制品来说，是一个可供选择的方法。

5.7.7　晶型改性技术

晶型改性技术对许多从事中空吹塑制品生产的厂家来说，可能是一个非常陌生的技术领域，基于在未来的塑料改性技术研究中，这项技术可能会得到更多的研究与开发，因此，在本节中进行一些较为简单的介绍，以期相关读者能够有一些初步的了解，在中空吹塑改性技术中能够多开辟一种新的思路与方法。

5.7.7.1　晶型改性原理

对于结晶聚合物，结晶行为和晶粒结构直接影响制品的加工和应用性能。而添加成核剂可以影响结晶聚合物的结晶特性，从而影响其力学性能。在聚合物材料中加入少量成核剂能够加快结晶过程，增加成核密度，使晶粒微细化均匀分布，同时对材料的化学结构和其他性能影响很小。

结晶速度的提高可缩短模具循环周期，提高生产效率，还可以降低制品的成型收缩率。球晶尺寸的降低和结晶度的增加可赋予塑料制品良好的力学性能，提高其刚性和抗冲击性能。当球晶尺寸小于光波波长时，可以得到高透明性的聚合物。

成核剂对球晶的晶粒结构和晶胞结构均有影响，但不同的成核剂改性效果明显不同，有的成核剂可提高聚合物的透明性，有的成核剂可提高聚合物的力学性能，而有的成核剂可以提高聚丙烯的耐热性能。

在晶型改性中，聚合物基料较多，成核剂的种类多，改性技术难度相对较低，比较灵活，因此成为研究最为活跃、最常用的聚合物高性能化、高透明化改性方法，目前对聚丙烯的研究与应用较多，在中空吹塑中进行研究的较少，值得更多的同行进行关注。

结晶聚合物与小分子化合物的结晶行为有很大的不同：一方面，由于聚合物的相对分子量大，分子链长，分子链之间的相互作用大，导致高分子链的运动比小分子困难，尤其是对刚性分子链或带有庞大侧基的、空间位阻大的分子链更是这样，所以聚合物的结晶速度较慢；另一方面，由于高分子链结构和相对分子量的不均匀性，以及在结晶过程中由于高分子链的运动松弛时间长，分子链的迁移速度慢，不易形成结构完整的晶体。

聚合物材料结晶度的高低、结晶形态及结晶结构的差异都会影响聚合物材料的性能与应用，因此，控制聚合物的结晶行为就成为提高材料性能以及扩大材料应用范围的一种新的途径。

在聚合物材料中加入某些物质能够提高树脂的结晶速率，并且使球晶变小，或是生成新的晶型，从而改善树脂的光学性能，提高力学性能，还可缩短制品的成型周期，加入的这种物质称为成核剂，这种改性方法就是晶型改性。

5.7.7.2　结晶对高聚物性能的影响

大多数高聚物的结晶度在 50% 左右，只有少数在 80% 以上，结晶度的大小对高聚物的性能有较大影响。

（1）力学性能

结晶度对高聚物力学性能的影响，要根据高聚物的非晶区处于玻璃态还是橡胶态而定。因为就力学性能来说，这两种状态之间的差别是很大的，例如弹性模量、晶态与非晶玻璃态的模量事实上是非常接近的，而橡胶态的模量却要小几个数量级。因而当非晶区处于橡胶态时，高聚物的模量将随着结晶度的增加而升高，硬度也有类似的情况。在玻璃化转变温度以下，结晶度对脆性的影响较大。当结晶度增加，分子链排列趋于紧密，孔隙率下降，材料受到冲击后，分子链段没有活动的余地，冲击强度降低。在玻璃化转变温度以上，结晶度的增加使分子间的作用力增加，因此拉伸强度提高，但断裂伸长率减小。在玻璃化转变温度以上，微晶体可以起物理交联作用，使链的滑移减小，因而结晶度增加可以使蠕变和应力松弛降低。

需要注意的是，结晶对高聚物力学性能的影响，还与球晶的大小有密切关系。即使结晶度相同，球晶的大小和多少也能影响力学性能，而且对不同的高聚物，影响的趋势有可能不同，这使结晶度对高聚物力学性能的影响变得更为复杂。

（2）密度与光学性质

晶区中的分子链排列规整，其密度大于非晶区，因而随着结晶度的增加，高聚物的密度增大。从大量高聚物的统计发现，结晶和非晶密度之比的平均值约为 1.13。

物质的折射率与密度有关，因此高聚物中晶区与非晶区的折射率显然不同。光线通过结晶高聚物时，在晶区界面上必然发生折射和反射，不能直接通过。所以两相并存的结晶高聚物通常呈乳白色，不透明。例如聚乙烯、尼龙等，当结晶度减小时，透明度增加。那些完全非晶的高聚物，通常是透明的，如有机玻璃、聚苯乙烯等。

如果一种高聚物，其晶相密度与非晶密度非常接近，光线在晶区界面上几乎不发生折射和反射，或者当晶区的尺寸小到比可见光的波长还小时，光也不发生折射与反射。所以，即使有结晶，也不一定会影响高聚物的透明性。对于许多高聚物，为了提高其透明度，可以设法减小其晶区尺寸，例如等规聚丙烯，在加工时用加入成核剂的办法，可得到含小球晶的制品，透明度和其他性能明显改善。

（3）耐热变形性能与硬度

结晶度增大，高聚物的耐热变形性能和硬度都会提高。例如聚乙烯，当其结晶度由 65％增加到 95％时，维卡热变形温度（耐热变形性能的一种测试指标）会由 77～98℃增加到 121～124℃，硬度由 61.3MPa 增至 70MPa。

（4）溶解性和透气性

随着结晶度的增大，高聚物的溶解性与透气性减小。这是因为晶相结构越紧密，分子间的作用力越大，分子间空隙越小。故结晶高聚物的溶解性远不如非晶态高聚物。

结晶的结果使分子链更加紧密，分子间作用力增强，使高聚物的强度、硬度、耐热性、抗溶剂性、耐气体渗透性等性能有所提高。同时，使链与链运动受到更大限制，因而高聚物的弹性、断裂伸长率、抗冲击强度等有所降低。

高密度聚乙烯与低密度聚乙烯、线型低密度聚乙烯在一定的结晶度时的性能见表 5-72。

表 5-72　高密度和低密度聚乙烯、线型低密度聚乙烯的性能

性能	结晶度/%	密度 /(g/cm³)	拉伸强度 /MPa	断裂伸长率/%	弹性模量 /GPa	邵尔 D 硬度	热变形温度 /℃	耐有机溶剂性
LDPE	40～50	0.91～0.93	7～16	90～800	110～250	41～46	32～40	60℃以下
LLDPE	50～65	0.915～0.935	8～18	95～850	130～280	45～55	33～41	65℃以下
HDPE	60～80	0.94～0.97	22～39	15～100	420～1100	60～70	43～54	80℃以下

5.7.7.3　成核剂对部分聚合物结晶过程的影响

成核剂对部分聚合物结晶过程的影响主要表现在两个方面：首先是提供了大量的非均相晶核，从而使结晶速率得到提高；其次是提高了结晶温度。其结果是结晶时生成大量微细的

球晶，这对聚合物的光学性能、力学性能等性质都会产生显著的影响。

（1）提高聚合物的强度、刚性、韧性

结晶聚合物的力学性能受球晶大小和分子取向的影响很大，异相成核可使取向皮层厚度增加 3～5 倍，这就赋予材料更高的刚性。由于成核剂增加，聚合物结晶取向和提高结晶速率，可阻碍降温过程中的熔体松弛。球晶尺寸一样时，结晶度增加，断裂韧性下降；结晶度相同时，球晶尺寸越小，断裂韧性越高。另外，当本体聚合物结晶时，考虑到聚合物的热历史及其中的不纯物，多少会无规的产生一些异相晶核，在均相晶核形成之前，这些相当少量的晶核开始长大，最后形成的大球晶将会对制品的力学性能产生不利的影响。加入成核剂可以使聚合物的整体结晶速率提高，并使球晶微细化，避免了大球晶的形成，这有利于提高晶体结构的完整性和稳定性，减少材料内部的缺陷，使得材料在外力作用下的应力分布更为均匀，从而提高制品的力学性能。

（2）提高耐热性

对于高分子材料，由于成核剂的加入，使得结晶温度提高，其耐热性（热变形温度）也会相应得到提高。

（3）缩短制品的成型周期

成核剂的另一个作用是提高聚合物的结晶速率，因此可使制品的成型周期缩短，提高生产效率。

5.7.7.4　结晶对吹塑制品性能的影响

聚合物的结晶度是决定其制品性能的基本因素。对于吹塑成型来说，结晶一方面是有利的，这是因为：结晶可被冻结在拉伸取向中，使取向结构具有稳定性；结晶可提高制品的许多重要性能，如密度、刚度、硬度、拉伸强度、耐化学品性能和阻渗性能等。

但是，另一方面，结晶会降低一些性能，如极限伸长、冲击韧性、透明度与耐环境应力开裂性。当这些性能要求较高时，可采用共聚以降低分子规整性与结晶，还可以通过适当的冷却速率来达到性能要求。

由于聚合物的导热性能较差，把温度较高的型坯吹胀，使之贴紧温度较低的模具型腔时，会形成较大的温度差，制品的表面层会快速冷却，产生较大的结晶度，而内部冷却较慢，形成一定的温差，可能造成制品变形。即吹塑制品壁截面上的结晶度与晶体结构不均匀，这样会影响吹塑制品的性能，这是造成翘曲或者是开裂的重要原因之一，也就是平常说的应力变形。

5.7.7.5　提高 HDPE 吹塑制品耐环境应力开裂（ESCR）和阻渗性能的方法

① HDPE 吹塑容器会因为环境应力开裂、溶剂应力开裂或机械应力开裂而破损，有多种方法可以提高 HDPE 吹塑容器的耐环境应力开裂性（ESCR）。HDPE 吹塑容器的 ESCR 随 M_W 的提高和密度的降低而提高，但是密度过低会导致吹塑容器的刚度不足。采用不同的吹塑级 HDPE 与吹塑级 LDPE、LLDPE、EVA 进行共混，可以有效地提高 HDPE 吹塑容器的 ESCR。

② HDPE 吹塑容器的阻湿气渗透性能很好，但是阻非极性溶剂（如汽油、洗涤剂、农药）O_2 与 CO_2 的渗透性很差。改善 HDPE 吹塑容器阻渗性能的方法如下。

a. 吹塑容器内表面要进行氟化、磺化处理，但是这种方法对环境与人体不利。目前已经较少采用。

　　b. 采用多层共挤方式，吹塑成型多层吹塑容器，如多层燃油箱、多层农药瓶等。这种工艺近年来较常用，吹塑成型设备已经实现国产化。

　　c. 采用层状共混工艺方法，吹塑成型层状共混吹塑容器。

　　d. 采用表面涂覆和表面喷涂的方法对吹塑容器进行处理，这种方法近年来研究有进展。

　　e. 微层吹塑成型工艺的研究给阻渗性能的提高提供了一条新的工艺方法与吹塑设备，随着对微层吹塑成型技术研究的不断深入，对高强度、高刚度、高阻渗性能的吹塑容器的研究也会更加深入。

　　f. 一些纳米级功能材料的加入，也对提高 PE 吹塑容器的阻渗性能，包括强度、刚度有较好的改善作用，这方面的研究工作也在不断的深入之中，值得关注。

5.7.7.6　晶型改性技术在挤出中空吹塑中的应用前景

　　在挤出吹塑成型工艺中，很少有人专门对晶型改性技术进行工艺试验，即使在生产中偶然遇到这类技术问题也没有意识到它的重要性，没有上升到理论高度来认识它的作用，其在吹塑中的重要作用往往被我们忽视了。

　　在 PE 类材料的吹塑中，值得我们特别注意的是，HDPE 与 LDPE 都是结晶度较高的材料，其中 HDPE 结晶率更高一些，LDPE 的结晶率相对低一些。在吹塑制品配方中，怎样去发挥这些不同品种塑料材料的各自优势，也是一个值得深入研究和试验的课题。

　　中空吹塑成型时塑料型坯的温度也是影响结晶度与结晶速率最为主要的因素之一，在吹塑成型过程中，如何通过控制塑料型坯的温度来控制结晶度的大小以及结晶速率是生产中值得具体研究的课题。在结晶度的大小与吹塑容器的抗冲击强度、刚度、耐环境应力开裂时间的关系等的研究与应用方面，从实际应用上来说，还是空白，值得更多的工程技术人员关注，在工业大生产的实际操作中要进行深入研究及探索。特别是在一些大宗吹塑产品方面，如何利用晶型改性的原理，在生产实际中获得较大的理论突破和实际探索，值得关注。

　　成核剂特别是纳米材料的加入对结晶速率的影响以及对吹塑制品力学性能的影响，也值得进行更多的研究与探索。随着各项综合改性技术被更多业内工程技术人员所掌握，整个吹塑成型制品行业制造水平将会得到一个较快的提升。

　　此外聚乙烯改性技术还有氯化、接枝、交联改性等，在中空吹塑成型工艺中目前还应用较少，在此不详细介绍了。

第 6 章

常用吹塑制品成型工艺

吹塑制品在批量生产中往往容易出现一些缺陷或质量方面的瑕疵，如果不能及时处理，会影响到吹塑生产的正常进行，有一些产品质量问题甚至会影响到市场的稳定与客户资源的稳定，所以必须加以重视并且及时进行解决。现将部分缺陷与工艺建议进行整理，见表 6-1。

表 6-1　吹塑制品吹塑成型故障与缺陷分析及工艺建议

缺陷与不足	工艺建议
制品光泽度低,亮度不够	提高原料加工温度 提高模具温度 提高吹塑空气压力 提高吹塑速率 增强模具排气效果
吹塑成型周期长	适当降低原料加工温度 降低模具温度 适当调整和减小壁厚 适当提高吹气压力 调整原料配方 加快吹气循环速度
吹塑制品出现口模线	清理口模,对口模抛光 提高模具温度 提高吹气压力 增强吹气速率 增大吹胀比 改进口模、芯模
吹塑瓶重量轻	适度调大口模与芯模间隙 适当降低工艺温度 提高挤出速率 降低口模处控制温度
吹塑制品表面粗糙	提高原料加工温度 降低挤出速率 提高口模温度 抛光口模流道 改善模具排气 提高模具温度
封口处切不透	调整原料加工温度 增大切刀宽度 减小锁模速度

续表

缺陷与不足	工艺建议
塑料型坯卷曲	调整口模间隙 调整温度的分布,使机头与口模加热均匀
塑料型坯壁厚分布不均	降低原料工艺温度 增大挤出速率或注射压力 采用较低熔体流动速率原料 选用较高密度原料 调整芯模、口模间隙 减小吹胀比 提高机头与口模加热的均匀性 调整口模与芯模间隙 修整芯模或口模(即对芯模、口模修型)
合缝处(分型线)过薄	降低原料加工温度 提高口模温度 提高吹气压力 改善模具排气 减小合模速度 改进模具切口 降低模具切口温度
吹塑制品收缩较大	适当减小壁厚,提高壁厚均匀度 降低模具温度 提高吹气压力 适当降低工艺温度 调整原料配方 适当延长吹气时间
塑料型坯出口膨胀太大	提高工艺加工温度 提高口模、芯模温度 降低挤出速率和注射速度 调整原料配方 减小口模尺寸
型坯翻卷	调整口模、芯模温度 清理口模及芯模下平面
型坯鱼鳞纹	降低注射或挤出速率 抛光口模、芯模表面 改善、调整原料配方 提高机头、挤出机加工温度
吹塑制品质量不稳定	稳定螺杆转速,提高稳定性 调整型坯控制系统 检查挤出机过滤板 检查挤出机与机头温度控制系统 调整注射压力与挤出速率
吹塑制品冲击强度低	调整配方,选用分子量较高的原料 制品壁厚不均,调整壁厚均匀性 减少回用料比例 调整慢合模参数,降低慢合模速度 增加吹塑制品重量
吹塑制品堆码强度不高	调整配方,选用分子量较高的原料 增加制品重量与壁厚 调整成型工艺参数,改善结晶度
耐环境应力开裂性能差	调整配方,选用耐环境应力开裂性能好的原料 调整吹塑工艺参数 改善切口厚度

续表

缺陷与不足	工艺建议
吹塑制品成型性能差,合格率低	改善制品设计,修改模具 调整原料配方,选用容易成型的原料 调整工艺参数,加快吹气速率等

6.1　纯净水 PC 桶

6.1.1　PC 桶的原料选择

通常 PC 饮用水桶可以分为有手柄桶和没有手柄桶（图 6-1～图 6-3），有手柄桶的手柄可以直接吹塑成型，也可以采用注塑机生产的手柄镶件。两种类型的 PC 桶的成型工艺稍微有点不同。有手柄桶需要相对较高的成型工艺，而且手柄桶在灌装前清洗消毒要求复杂。以苏州同大机械有限公司的 PC 纯净水桶吹塑设备销售量来看，手柄桶在国内市场应用比较少，但国外采用比较多。

图 6-4 为手柄桶模具。

图 6-1　无手柄桶

图 6-2　有手柄桶 A

图 6-3　有手柄桶 B

图 6-4　PC 手柄桶模具

纯净水桶用 PC 原材料必须符合国家食品法的规范要求，其卫生性能好，透明度好，抗冲击性能强，加工性能适合挤出吹塑成型工艺要求，现在市面上常用的 PC 料牌号有 LG-DOW 公司的 261-3，BAYER 公司的 MARKLON-1239，GE 公司的 LEXAN-PK2870 等，其他公司也有少量的挤出吹塑 PC 原材料供应，如长风公司、日本三菱、韩国三阳等。市场上供应的通常是蓝色透明颗粒料，也有无色透明颗粒料。PC 原材料（聚碳酸酯）具有吸湿性，能吸收空气中的水分，因此在生产 PC 桶之前，必须对其进行干燥处理，使其水分含量低于 0.02%，一般烘干时间为 4h。

需要特别强调和提醒的是，随着对饮用水包装桶生产的监管工作的加强，一些纯净水制品生产厂家采用二次或多次回收 PC 料来生产饮用水 PC 包装桶的行为将会成为监管重点，也值得饮用水包装桶制品生产行业进行自我规范，同时也是 PC 纯净水桶生产厂家必须具备的社会责任。

6.1.2　挤出吹塑中空成型机的选型

PC 桶的挤出加工一般都采用储料式成型机，分为模头储料式成型机和螺杆储料式成型机，也有连续挤出式成型机。螺杆储料式成型机塑化系统流道顺畅，无死角，型坯应力分布均匀，工艺容易控制，因此得到广泛使用。

苏州同大机械有限公司设计、制造的 TDB-25APC 专用 PC 机见图 6-5。

图 6-5　TDB-25APC 专用 PC 机

6.1.3　PC 桶成型工艺

（1）温度设定

① 塑化系统的温度设定由原材料特性和机器特点决定，同时也受环境温度影响。温度设定的一般规律为螺杆段温度较高，机头径和模头温度稍低，口模温度稍高。这样设定的原理是：螺杆温度高，塑化好，制品透明度高，液压马达负载小，挤料速度快，但料坯温度高且偏软，从螺杆出来的料进入接头颈和模头，冷却后，可改善料坯的硬度和悬垂性。口模温度稍高对制品表面质量和透明度有利。

② 口模温度高低影响管坯的翻边。口模温度高，型坯容易往里翻；口模温度低，型坯容易往外翻。

③ PC 料对温度比较敏感，温度的变化和波动对成型工艺影响很大，塑化系统温度控制精度要求高，周边环境温度也需要相对稳定，工作环境中的降温风扇应避免吹到模头或模头附近，以免影响模头温度的稳定。

④ 生产采用全新料时，其螺杆第 1~7 段温度一般为 250~260℃，第 4 段温度低于螺杆其他各区温度 5~15℃，第 8~11 段温度比螺杆段稍低 5~10℃，第 12 段（口模）温度与螺杆段相近。

⑤ 生产采用新旧混合料时，螺杆段温度一般为 240~250℃。

⑥ 生产采用全回收料时，螺杆段温度一般为 230~240℃。如果是纯净水包装桶，建议不要采用全回收料，特别是一些不知道具体使用状况的回收料更不能使用，防止发生一些不可预见的情况。

（2）压力设定

① 主液压系统最大压力为 13.5MPa（对应的设定分度为 999）

② 挤料压力一般为 10~13MPa。螺杆保持一个较高的转速，有利于保持主液压系统油温恒定。如果螺杆转速太慢，可以适当提高螺杆温度，降低螺杆转动的负载。一般来说，挤料压力应能保证挤料动作在开模预计时间结束前停止，这样有利于挤出机系统工作稳定和成型周期的稳定。

③ 挤料背压保持在适当的数值，一般在 1~2MPa 之间。背压与螺杆转速有关，当背压阀位置固定时，螺杆转速（绞料压力）越高，背压越高。背压低，螺杆负载小，挤料速度快，但制品有可能产生不固定的气泡，背压高则螺杆负载大，挤料速度相对较慢。

④ 自动射料压力一般为 6~7MPa，自动射出时间一般为 5~8s，从第 1 点到 10 点顺序执行。射料速度太快，制品透明度降低，壁厚跟踪不好；射料速度太慢，影响成型周期，型坯有可能严重下垂。

⑤ 射料预压压力一般为 0~2MPa，而且只有在射料预压功能为 ON 时，才起作用。

⑥ 手动射料压力一般为 4~5MPa，手动射料时执行该压力，其他动作压力根据实际情况设定。

（3）时间设定

① 全自动预计　单循环自动（半自动）时，该时间不起作用，多循环自动（半自动）时，该时间一般设定为 2~3s，根据机器的状态和操作人员取制品的熟练程度来确定。

② 射出延时　一般设定为 0~0.3s，当射料预压功能为 OFF 时，动作顺序为：模口启动，射出延时，螺杆前进。时间短，型坯有内翻的趋势；时间长，有外翻的趋势且瓶肩有产生小气泡的可能。当射料预压功能为 ON 时，动作顺序为：螺杆前进，射出延时，模口启，时间长，型坯有内翻的趋势。

③ 低压吹气预计、低压吹气计时　指的是低压吹气开始和持续的时间，低压吹气压力一般为 0.2~0.3MPa，当模具合到合模慢速位置时（合模慢速接近开关 ON），低压吹气预计时间开始，预计时间到，低压吹气开始并计时，计时到或成型吹气开始则低压吹气结束。

④ 开模一段计时、吹针微抽计时　制品成型结束后，模具首先开模一段，开模距离由计时时间决定，微开结束，吹针开始微抽，微抽行程由计时时间决定，计时结束，模具再打开至开模终点，吹针下到底。

⑤ 成型吹气预计、成型吹气计时　当模具完全合拢时，成型吹气开始预计计时，时间

到，成型吹气（高压吹气）开始并计时，进入循环吹放气过程；计时到，成型吹气结束，开模预计计时；继续放气，计时到并且挤料结束，进入开模取制品过程。

⑥ 迫紧计时　当模具完全合拢时，以迫紧压力进行高压锁模，锁模动作执行时间由计时决定，一般为 1～1.5s，计时到，锁模结束，开始挤料。

⑦ 下吹动作计时　指下次升降的动作持续时间，一般为 1s 左右。

（4）功能选择

① 螺杆风机冷却控制通常选为 ON。

② 单循环自动工作模式选为 ON，则每按一次自动射出按钮，机器只自动完成一个生产循环，操作安全性好，适合于不太熟练的操作人员。

③ 多循环自动工作模式选为 ON，则第一次按自动射出按钮，机器完成一个生产循环后，自动进入下一个生产循环，无须再按自动射出按钮，操作人员只需取出制品即可。适合于非常熟练的操作人员和非常良好的机器状态，当多循环和单循环自动工作模式都为 OFF 时，则必须按自动射出按钮，射料结束后，再按自动合模按钮，才能完成一个生产循环。

④ 二段式开模控制　通常选为 ON，即开模过程分一段和二段两步进行。

⑤ 射料预压控制　通常选为 OFF，特殊情况下才选为 ON，需要慎用。

⑥ 预合模控制　通常选为 ON，即自动时，一段合模先合到预合模终点位置，射料结束后再进行二段合模。

⑦ 低吹停顿控制　通常选为 OFF，即低压吹气时，合模动作不会停止；如果选为 ON，则低压吹气时，合模停止，待低压吹气结束，合模动作继续。

（5）壁厚调整

SHOT SIZE 指的是射出量，即一次射出的总质量。一般来说，PC 桶质量为 750g，头尾飞边的质量为 150～200g，则做一个桶需要的原料总质量为 900～950g。所以当机器运行状态稳定后，SHOT SIZE 数值要确定下来并保持相对稳定。总质量不变，壁厚减薄则管坯加长，瓶子质量将减轻；壁厚加厚，则管坯变短，瓶子质量将加大。瓶子的壁厚是图形曲线厚度、管坯下垂拉伸、长度以及吹胀比综合作用的一个结果，是综合对应的关系。

壁厚控制系统小油源的压力一般为 6MPa。

增益倍数（GAIN TIMES）一般设定为 6，保持相对较高的系统灵敏度。

螺杆位置调整：射空位置（EMPTY）设定时，应注意射料液压缸不要射到底，需要留有约 10mm 的缓冲，同时射空极限接近开关应调整为 ON。储量满（FULL）设定时，射料液压缸最大行程为 300mm，一般来说，储料行程 250mm 已足够。储料极限接近开关感应块位置应当调整到略大于正常生产所需的位置。这样做的目的是，为了防止电子尺线路故障时，感应块碰到储料极限接近开关，储料极限变为 ON，挤（绞）料能够终止，从而对螺杆进行有效保护，壁厚控制设定参阅相关说明书。

（6）开机程序

① 原料干燥　一般干燥温度为 110～120℃（由干燥机温度控制准确性决定），推荐为115℃。温度过高，原料容易结块，干燥时间为 4h。干燥机风门开度一般为 1/2～3/4，排风口要足够大，否则料斗内的风压过大，自动上料机落料不顺畅。排风口用管道连接到室外可以排走热气和粉尘。

② 机器加温　机器加温前应打开机筒进料口处的冷却水开关，防止进料口原材料结块。

采用逐段加温的方式，先加热到150℃，然后再以20℃台阶往上加，温度每达到一个台阶后保温10～20min，直到达到正常加工温度后保温30min以上。

③ 模温设定　模温机一般在正式开机前打开，温度在90～115℃之间，模温油选用传热油。

④ 启动机器　先启动手动模口，打开料斗的下料口，启动挤料。挤料压力从50MPa开始，视螺杆转动情况逐步往上加，手动射空3～5次，开始进入制品生产过程，在此过程中逐步调整胶料压力和温度，直到达到稳定的生产过程，一般需要30min左右机器才能完全达到稳定状态。

⑤ 生产过程中　中途停机5min以上，需要降低挤料压力直至7MPa，启动挤（绞）料，待螺杆转动正常后，再逐步将挤料压力加大。

(7) 关机程序

① 关闭料斗下料口，挤空及射空螺杆内部的原料，在此过程中注意观察螺杆转动情况，逐步降低挤料压力。

② 降温至150℃，然后关闭加热电源。

③ 关断干燥机加热电源，待温度下降到100℃，再关断风机电源，关闭主机及辅机电源、水源和气源。

(8) 维护事项

① 在生产过程中，定期检查主副油箱油温，温度一般在40℃以内，最高不超过45℃，并做好记录。

② 定期检查螺杆排气口漏胶，及时清理并调整相关参数。

③ 每周向各润滑点加注润滑脂，建议选用美孚XHP222或同类产品，做好记录。

④ 新机器第一次换液压油时间为500h，以后副油箱（壁厚系统）每3000h换油一次，主油箱每年换油一次，做好记录。

⑤ 空压系统定期排水，定期检查开合模机构及射料座螺钉，定期记录温度、压力、时间等生产参数，以备参考。

(9) 温控表设定

PC料对温度变化较为敏感，螺杆及模头热温度的稳定对PC制品的加工起着关键作用。因此PC桶设备普遍采用温控仪控制加热温度。

6.1.4　吹塑成型过程中的问题及解决方法

PC桶成型过程中的问题及解决方法见表6-2。

表6-2　PC桶成型过程中的常见问题及解决方法

问　题	原　因	解决方法
均匀分布的小气泡	原料干燥不充分	检查干燥温度和干燥时间
	螺杆背压不够	提高螺杆背压
制品透明度不佳	塑化温度不够	提高螺杆温度
	口模温度过低	提高口模温度
	射料速度过快	降低射料压力和速度
	模具温度太低	调高模具温度

续表

问 题	原 因	解决方法
不规则的大气泡	螺杆背压不够	提高螺杆背压
	螺杆进料不畅	调整螺杆段进料温度;调整干燥料斗温度,调整破碎料颗粒大小,防止料斗内原料架桥
瓶身瀑布状条纹	模头温度太高	降低模头及口模温度,必要时降低螺杆温度
	射料速度过慢	提高射料压力和速度
	模头部件不良	检查模头装配状况,必要时更换口模等部件
制品表面有气纹或麻点	模具排气不良	修整模具,增加模具排气,必要时调整吹气工艺
	模具温度太低	提高模具温度
模头不定期喷黑胶及气泡	分流梭与芯棒结合处有缝隙	检查并更换分流梭
	滑动套与内椎体间隙配合不好	检查和调整配合间隙
	模头与机筒连接处密封不好	拆卸,清理并重新安装
	模头温度过高	降低模头温度
管坯射出时,向内或外卷边	口模温度不合适	调整口模温度
	壁厚控制图形不合适	调整壁厚图形形状
	射出速度不合适	调整射料压力
制品抗跌落性能差	原料分子量低或分子结构不好	更换或添加高分子量或分子结构好的原料
	模腔结构不好,有应力集中点	修改模具型腔,查找并消除应力点
	模温不均匀,制品内应力大	修改模具冷却系统设计或延迟成型时间

6.2　常用 PE 塑料包装桶

随着汽车、化工、食品、药品、饮料等诸多行业的迅速发展，各种规格的 PE 吹塑包装桶需求逐年增长。图 6-6 所示为多种塑料包装桶、箱、吹塑托盘、IBC1000L 塑料桶的外观。

图 6-6　常用塑料包装桶的外观

6.2.1 分类与性能要求

6.2.1.1 分类

（1）按塑料一般包装分类

包括开（闭）口塑料桶、开（闭）口塑料罐、塑料箱或其他材质的复合容器等。

塑料桶：是由塑料材料制成的两端为平面或凸面的圆柱形容器。本定义还包括其他形状的容器，例如圆锥形颈容器或提桶形容器。

塑料罐：是横截面呈矩形或多角形的塑料容器。

复合容器：是由一个外容器和一个内储器组成的容器，其构造使内储器和外容器形成一个完整容器。这种容器经装配后，便成为单一的完整装置，整个用于装料、储存、运输和卸空。

塑料箱：是由塑料材料制作的完整矩形或多角形容器。为了便于搬动或开启，或为了满足分类的要求，允许有小的洞口，只要洞口不损害容器在运输时的完整性即可。

闭口桶（罐）：注入口直径不大于70mm的桶（罐），主要用于液体包装。

开口桶（罐）：注入口直径大于70mm的桶（罐），主要用于固态物包装。

聚乙烯吹塑桶主要规格有5L、10L、15L、20L、25L、30L、50L、60L、100L、200L、1000L（IBC）、1500L、2000L、3000L等。

（2）按使用性能分类

包括危险化学品包装物、容器，食品用包装物、容器，普通用包装。

① 危险化学品包装物、容器，用于危险货物的包装。

危险货物（dangerous goods）是指那些对人身安全、公共安全和环境安全有危害的物质或物品。这些物质或物品具有燃烧、爆炸、氧化、毒性、感染性、放射性、腐蚀性、致癌及细胞突变、污染水源及环境等危害性。

化学危险品用包装按包装结构强度和防护性能及内装物的危险程度，分为3个等级。

Ⅰ类包装：适合内装危险性较大的货物。

Ⅱ类包装：适合内装危险性中等的货物。

Ⅲ类包装：适合内装危险性较小的货物。

② 食品用包装、容器指用于包装、盛放食品或食品添加剂的塑料制品和塑料复合制品以及食品或者食品添加剂生产、流通、使用过程中直接接触食品或者食品添加剂的塑料容器等制品。

③ 普通包装用于无特殊要求的包装。

6.2.1.2 吹塑桶的使用性能对树脂的要求

选择PE原料时，要充分考虑制品的使用性能，使用性能包括包装、储存、运输中的环境要求和作业要求。为了达到包装功能，所选原料必须具备相应的特性，以使内装物免受机械性损伤，耐受各种气候和物理化学因素的变化与侵蚀。对不同用途的桶，具体性能要求侧重点不同，应抓住关键影响因素，通常从以下几方面加以考虑。

① 所用的材料能承受正常运输条件下的磨损、撞击、温度、光照以及老化的影响。

② 耐化学腐蚀性，包装内表面与被运输物质接触时，应具有不致发生危险性反应的特性。

③ 卫生法规，包装容器不能用含有损害人体健康物质的材料制成，严格限制包装材料

的物质和色素转移到内容物中，也不允许因包装结构形式的改变影响到内容物的品质、安全性及效力等。

④ 其他要求如下。

a. 容器必须使用适宜的塑料制造，其强度必须与容器的容量和用途相适应。一般要求，不可使用来自非同一制造工序的生产剩料或其他废料、回收料等。

b. 容器必须对老化和由于所装物质或紫外光辐射引起的质量降低具有足够的抗力。

c. 如果需要防紫外光辐射，必须在材料内加入炭黑或其他合适的色素或抑制剂。这些添加剂必须与内装物相容，并在容器的整个使用期间保持其效能。当使用的炭黑、色素或抑制剂与制造试验过的设计型号所用的不同时，如炭黑含量（按重量）不超过 2%，或色素含量（按重量）不超过 3%，则可不再进行试验；紫外光辐射抑制剂的含量不限。

d. 除了防紫外线辐射的添加剂之外，可以在塑料成分中加入其他添加剂，如果这些添加剂对容器材料的化学和物理性质并无不良作用，可免除再试验。

e. 对非活动盖的桶和罐而言，桶身（罐身）和桶盖（罐盖）上用于装货、倒空和通风的开口直径不得超过 70mm。

f. 除非封闭装置本身是防漏的，否则必须使用垫圈或其他密封件。

6.2.1.3　吹塑桶应达到的质量性能要求

(1) 危险货物包装桶性能要求

① 堆码性能

a. 条件。在试样的顶部表面施加一载荷，此载荷质量相当于运输时可能堆码在它上面的同样数量包装件的质量。如果试样内装的液体的相对密度与待运液体的不同，则该载荷应按后者计算。包括试样在内的最小堆码高度应是 3m。

b. 持续时间。当拟装物质为液体时，应在不低于 40℃ 的温度下经受 28d 的堆码试验。当拟装物质为固体时，应在常温下堆码 24h。

c. 要求。桶不应有可能降低其强度或引起堆码不稳定的任何变形和影响运输安全的破损。

② 跌落性能

a. 条件。进行跌落试验前，应将试样及其内装物的温度降至 -18℃ 或更低，试验液体应保持液态，必要时可添加防冻剂。如果模拟物具有相似的相对密度和黏度，则跌落高度见表 6-3。如果以水为内容物，则跌落高度见表 6-4。

表 6-3　跌落高度（模拟物具有相似的相对密度和黏度）

包装类别	Ⅰ 类包装	Ⅱ 类包装	Ⅲ 类包装
跌落高度/m	1.8	1.2	0.8

表 6-4　跌落高度（用水为内容物试验）

包装类别	Ⅰ 类包装	Ⅱ 类包装	Ⅲ 类包装
跌落高度/m	$d \times 1.5$	$d \times 1$	$d \times 0.67$

注：d 为密度。

b. 要求。无破损、不崩盖，撞击时允许桶口部有少量漏液，之后不得再有渗漏。

③ 气密性能（闭口桶、罐）

a. 条件。将有通气孔的封闭装置用相似的无通气孔的封闭装置代替，或将通气孔堵死。

施加的空气压力见表6-5。

表 6-5　施加的空气压力

包装类别	Ⅰ类包装	Ⅱ类包装	Ⅲ类包装
施加的空气压力/kPa	30	20	20

b. 要求。桶不漏气，视为合格。

④ 液压性能（闭口桶、罐）

a. 条件。将有通气孔的封闭装置用相似的无通气孔的封闭装置代替，或将通气孔堵死。

将桶（罐）内注满水，把压力表与加压泵连接，并通过连通部件固定在桶（罐）口上。往桶（罐）内加压，达到表6-6规定的试验压力后，保持30min，支撑容器的方式不应使试验结果无效。试验压力应连续、均匀地施加。

表 6-6　试验压力

包装类别	Ⅰ类包装	Ⅱ类包装	Ⅲ类包装
试验压力/kPa	250	100	100

b. 要求。桶不漏，视为合格。

（2）食品包装桶主要性能要求

① 密封试验

闭口桶（罐）：在试样内注入公称容量的水并拧紧盖，置于平地，4h后检查，不泄漏。

开口桶（罐）：在试样内注入公称容量的水并拧紧盖，置于平地上滚动5m，在20min内滚动2次，然后检查，不泄漏。

② 跌落试验　在试样内注入公称容量的水并拧紧盖，按表6-7规定的高度跌落，使试样底部撞击水泥地面，连续跌落3次。

表 6-7　跌落高度

公称容量/L	1～50	60～100	120～200
跌落高度/m	1.2	1.0	0.8

③ 悬挂试验　按规定负荷将桶悬挂15min后放下，卸去负荷，静置5min后检查，变形量不得超过表6-8规定的残留变形量。

表 6-8　残留变形量

公称容量/L	1～5	10～15	20～40	50～200
残留变形量/mm	≤2	≤3	≤4	不变

④ 堆码试验　将装有公称容量水的试样堆码3只高，四面无依托，常温条件下放置48h，不倒塌。

⑤ 卫生指标要求　卫生指标见表6-9。

表 6-9　卫生指标

项目		指标
感观指标		色泽正常,无异味、无异臭、无异物
蒸发残渣/(mg/L)	4％乙酸,60℃,2h	≤30
	65％乙醇,20℃,2h	≤30
	正己烷,20℃,2h	≤60
高锰酸钾消耗量/(mg/L)	蒸馏水,60℃,2h	≤10
重金属(以 Pb 计)/(mg/L)	4％乙酸,60℃,2h	≤1
脱色试验	乙醇	阴性
	冷餐油或无色油脂	阴性
	浸泡液	阴性

（3）普通用聚乙烯吹塑桶主要性能要求

① 密封试验

闭口桶（罐）：在试样内注入公称容量的水并拧紧盖，置于平地，4h 后检查，不泄漏。

开口桶（罐）：在试样内注入公称容量的水并拧紧盖，置于平地上滚动 5m，在 20min 内滚动 2 次，然后检查，不泄漏。

② 跌落试验　在试样内注入公称容量的水并拧紧盖，按表 6-7 规定的高度跌落，使试样底部撞击水泥地面，连续跌落 3 次。

③ 悬挂试验　按规定负荷将桶悬挂 15min 后放下，卸去负荷，静置 5min 后检查，变形量不得超过表 6-8 规定的残留变形量。

④ 堆码试验　将装有公称容量水的试样堆码 3 只高，四面无依托，常温条件下放置 48h，不倒塌。

⑤ 外观　无塑化不良、无裂纹空洞，不准有穿透性杂质。

（4）各种吹塑桶相关的标准

① GB/T 13508—2011《聚乙烯吹塑桶》

② GB 18191—2008《包装容器　危险品包装用塑料桶》

③ GB 19160—2008《包装容器　危险品包装用塑料罐》

④ GB 19270—2009《水路运输危险货物包装检验安全规范》

⑤ GB 4806.7—2016《食品安全国家标准、食品接触材料及制品通用安全要求》

⑥ GB/T 19161—2016《包装容器　复合式中型散装容器》

6.2.1.4　原材料选用及配方技术

在制品的吹塑中塑料原料牌号的选择很重要，首先要求原料的性能满足制品的使用要求，其次是加工性必须符合吹塑桶成型的要求。中空吹塑包装桶的塑料原材料通常选用高密度聚乙烯（HDPE），根据包装桶的规格以及使用条件选择不同分子量等级的塑料原料。

（1）不同的产品规格、不同形状的桶型、不同的盛装物，选用不同牌号的原料

① 对于大、中型吹塑桶，应选择熔体流动速率偏低的牌号，这样有利于防止型坯下垂，容易得到壁厚均匀的型坯；对于小吹塑桶可以选择熔体流动速率偏高的牌号。

② 对于200L桶，目前200L环塑料桶原料大部采用HMWHDPE，常用原料牌号见表6-10，各种牌号的性能各有差异，有的可以单独使用，有的需要与其他混合使用。建议一般不要单一选用某种原料，最好选用的两种物料性能具有互补性，粉料与粒料掺混。

③ 对于小规格桶、中规格桶，一般选择HDPE，常用原料牌号见表6-11，特殊用途的中规格桶可以添加部分HMWHDPE，以增加其抗冲击、堆码性能。

④ 对盛放活性剂的包装（如洗涤剂）桶，可选择抗应力开裂小的原料生产，基本能满足要求。

（2）吹塑桶常用原料牌号

200L全塑桶常用原料牌号见表6-10。

10～60L全塑桶常用原料牌号见表6-11。

软塑折叠箱常用原料牌号见表6-12。

特别注明：表6-10～表6-12提供的牌号仅供参考。

表 6-10　200L全塑桶常用原料牌号

序号	原料牌号	产地或生产企业
1	DMDY1158	齐鲁石化
2	TR571	Marlex、茂名石化
3	4261A\5261Z	Lupolen
4	1048	—
5	7500	台塑
6	HD5420	新疆独山子

表 6-11　10～60L全塑桶常用原料牌号

序号	原料牌号	产地或生产企业	常用规格/L
1	HHM5502、5401	上海赛科等	5～50
2	HHM50100	上海金菲	20～60
3	5021	中海壳牌	10～30
4	5121、5621、5421	中海壳牌	20～60
5	5831B	茂名石化	10～30
6	6140、6147	泰国	20～60
7	HHM 5502	美国、巴西、埃及等	5～30
8	5300B、6200B、6100M、6400	扬子石化等	5～30
9	5429	沙特	10～30
10	B303、EB0400	韩国	5～50

表 6-12　软塑折叠箱常用原料牌号

序号	原料牌号	产地或生产企业	常用规格/L
1	18D	大庆石化	20～25
2	Z045	上海石化	20～25
3	218W	沙特	20～25

中空吹塑包装桶的塑料原材料通常选用高密度聚乙烯（HDPE），可根据包装桶的规格以及使用条件选择不同分子量等级的塑料原料。典型的原材料举例如下。

① MARLEX-5502、5500B，适于成型 5～20L 容器。

② MARLEX-50100，适于成型 20～60L 容器。

③ MARLEX-TR570，适于成型 60～150L 容器。

④ 齐鲁石化 DMDY1158、独山子石化 HD5420、TR571，适于成型 200L 以上的容器。

不同分子量等级的塑料原料可以进行适当搭配，从而满足不同包装桶物理化学要求以及改善成型工艺等。

6.2.2　挤出吹塑中空成型机的选型

挤出吹塑中空成型机主要分为两大类型：连续挤出式和储料式。

吹塑成型 10L 以下的容器，通常选择连续挤出吹塑中空成型机。

吹塑成型 20～60L 容器，以储料式吹塑中空成型机为主，少量制品也可采用连续挤出吹塑中空成型机。随着智能化双工位吹塑生产线的研制与普及，越来越多的中型容器采用双工位、多层连续式挤出机头的吹塑生产线进行生产。

吹塑成型 60L 以上容器时，通常采用储料式吹塑中空成型机，较少采用连续挤出吹塑中空成型机。目前，苏州同大机械有限公司正在研制可吹塑成型 200L 系列塑料桶的三层（四层）连续式挤出机头、双工位智能化吹塑生产线。

选择挤出吹塑中空成型机，应从单位时间的生产能力、设备能耗、设备安全性能与可靠性、制品的主要质量指标、设备维修费用与大修周期，以及塑料机头换料换色的速度等多方面进行综合比较评价，得出较为准确的性能价格比，以此作为选择设备的基本原则，可保证今后的设备运行费用相应较低。

目前国产吹塑机已经能够满足各种吹塑桶的生产要求，吹塑制品成型厂家可以根据自身的不同需要来选择。

随着智能化吹塑生产线的不断研制和面世，一些大批量、市场容量大的吹塑成型塑料桶的生产将会实现无人化、少人化的操作，从而进一步提高吹塑制品的质量和产量，提高劳动生产率。

6.2.3　20～30L 危包桶配方与成型工艺

6.2.3.1　20～30L 危包桶的配方

20～30L 危包桶的技术要求与其他普通的塑料包装桶相比高很多，特别是在 40℃ 的环境温度条件下，3m 高度 28d 的堆码试验测试，就有可能使塑料桶发生变形或倒塌，因此有必要对这类塑料桶的配方进行研究与试验。

从大量生产实际使用的情况来看，采用高分子量聚乙烯来生产这类危险品塑料包装桶的效果较好。常用配方见表 6-15。

表 6-15 20～30L 危包桶常用配方

序号	牌号	比例/%	序号	牌号	比例/%
1	6098	20～30	4	1158	15～30
2	50100	20～30	5	5420	15～30
3	5401	30～40	6	TR571	15～30

高分子量聚乙烯与一般的中空吹塑级塑料进行适当比例的共混，有利于提高塑料危包桶的质量，具体比例需要吹塑制品厂家工程技术人员进行调整与试验。

此外，为了提高塑料危包桶吹塑成型的生产效率，可选择长径比较大，挤出效率较高，共混性能更好的挤出塑化系统，这样有利于提高塑料共混性能，提高吹塑制品的质量与生产效率。

6.2.3.2 20～30L 危包桶成型工艺

目前，随着化学工业快速发展，20～30L 危险品包装塑料桶得到广泛应用，市场需求量大。该类包装桶的成型工艺经过多年发展，目前比较成熟。

（1）机器选择

生产 20～30L 包装桶的机器按挤出方式分为储料式和连续挤出式。按吹气方式分上吹式和下吹式。通常储料式机器选择下吹成型方式；连续挤出式机器两种吹气方式都适用。这里重点介绍储料下吹式吹塑机组。

（2）动作程序顺序

储料下吹式机器的动作顺序为：子模闭合—预合模—撑料杆闭合、下吹升—射料—撑料开—快速合模—慢速合模、低压吹气—合模到位、高压锁模、高压吹气—下吹上冲切口—循环吹放气—放气——次微开模—下吹针微抽—二次微开模—子模开—快速开模—慢速开模、开模结束—下吹降、制品取出。

（3）型坯壁厚控制

为保证制品的壁厚均匀，生产 20～30L 危险品包装桶的机器通常配有型坯壁厚控制系统。在此类包装桶加工中一般采用轴向型坯壁厚控制系统。径向壁厚控制系统由于硬件结构较为复杂，技术难度较高，价格较高，目前在生产此类包装桶的中空吹塑成型机上配套较少，因此应用相对较少，但随着技术进步，应用会逐步增加。目前国内已有专业公司进行柔性环径向壁厚控制系统的配套服务工作，目前常用机器主要配备轴向壁厚控制系统。

苏州同大机械有限公司近年研制的 TDBⅡ-30FD 全电动多层 30L 单工位、双工位吹塑机智能化生产线实现了 30L 以内塑料危包桶的智能化生产。TDBⅡ-30FD 双工位吹塑机生产线见图 6-7。

图 6-7　TDBⅡ-30FD 双工位吹塑机生产线外形

（4）口模、吹针头、模具

口模结构分为扩张型和收缩型，通常情况下根据制品的几何尺寸大小来确定口模结构和尺寸。针对 20～30L 包装桶，选用扩张型为佳，根据包装桶形状可以将口模加工异形，可改善制品的壁厚均匀性。

吹针头（吹气杆）的设计主要考虑：吹气通径要足够大，以保证吹胀和放气的速度，对于制品表面质量和缩短成型周期有利；冷却水流量足够并对吹针头整体充分冷却，有利于桶口冷却定型；吹针切口位置容易磨损变钝，尽可能将切口位置设计成可更换的切口圈形式，方便更换。此外，将切口位置的零件材料选择为高耐磨的合金钢材料制作也是十分重要的。

包装桶模具通常采用三段组合式设计，模具分为桶底、桶身和桶顶部分，再拼装组合成整体。桶底或桶顶部分根据需要做成可上下活动的子模（由液压缸驱动），方便制品脱模。可活动的子模通常需要良好的导向和同步机构，以保证运动可靠。桶口螺纹镶件及切口圈通常设计成可拆卸及更换方式，方便调整与维修。模具刀口及余料槽的设计对于制品合模线强度非常重要，需要认真考虑。模具的排气设计会影响制品表面质量，冷却系统的设计与制作需考虑制品的几何形状及不同部位的厚度差别的冷却需要。

（5）成型工艺参数的调试

吹塑桶形产品的成型工艺参数主要包括加工温度、挤出机螺杆转速、液压系统压力、吹气压力、吹气时间等。

① 加工温度　瓶形吹塑产品的加工温度主要与所使用的塑料原料及设备的特性有关。一般情况下，中小型桶形吹塑产品普遍会采用流动性较好的 HDPE 或 HDPE 与 LDPE 的共混料，加工成型温度在 130～180℃，少数材料的加工温度可能高于 180℃。温度从挤出机进料口处依次由低到高设置，以利于加工成型的正常进行。

② 挤出机螺杆转速　中型中空成型机的挤出机系统的螺杆直径较小，螺杆转速可相对较高一些，可根据制品与挤出机螺杆的特性进行速度调节，螺杆转速控制在 10～70r/min。

③ 液压系统压力　中小型中空成型机液压系统的压力为 8～14MPa，主要根据吹塑制品的成型特点进行调节，在满足成型吹塑的情况下，可以将液压系统的压力调整在较低的压力状态下工作，有利于节能和延长中空成型机的使用寿命。

④ 吹气压力　注入型坯的压缩空气是可调控的。吹胀气压的高低直接影响型坯的吹胀成型、制品的外观质量、壁厚、切口熔接强度和余料脱离的难易程度。压力过低，不能使制

品紧贴模腔，制品表面会出现褶皱，制品上的文字、图案不清晰等，还会降低制品冷却效率；吹胀气压过高，则会吹破型坯或吹薄型坯。

吹胀气压的大小主要取决于选用原料的牌号、型坯温度、型坯壁厚、模具温度、制品大小、型坯吹胀比等因素。

有些容器，如可以折叠的软塑折叠箱、无夹缝容器、三片模吹塑容器、双层壁吹塑容器等，可采用预吹塑技术，在型坯吹胀前，进行预吹胀，避免型坯粘连，改善容器壁厚的均匀性。这种方法要求在型坯的下口一端安装一密封装置，最好是型坯达到全长时再密封，这样，型坯的撑开装置仍然可以使用，预吹胀压力比吹胀压力要低一些。

多数小型中空成型机也会需要设置为预吹塑与定型吹塑，即平常所说的低压吹气与高压吹气。通常情况下低压吹气压力设置为 0.2～0.3MPa，高压吹气压力一般可以设置为 0.4～0.7MPa，吹气压力的设置以满足成型具有较高质量的桶形产品为原则，在满足成型高质量产品的情况下，适当降低吹气压力可以达到节能的效果。

⑤ 吹气时间　在模具型腔内吹胀的型坯，在一定的压力条件下，保持一定的时间，才能充分地冷却、定型。吹胀时间一般占成型时间的 1/2～2/3。

吹胀时间的长短，与原料的牌号、型坯温度、型坯壁厚、吹胀气压、吹塑容器的容积等因素有关。通常情况下，冷却速率慢的塑料材料，需要较长的吹胀时间；熔体温度低、模具温度低、吹胀气压高，吹胀时间可缩短；熔体体积大，壁厚较厚时，采用较长的吹胀时间。吹胀时间长，有利于制得外观平整光滑、图文清晰、制品收缩率小的吹塑容器，但会使容器脱模困难，延长成型周期，降低容器生产效率。因此，在生产塑料吹塑容器时，应在保证容器质量的前提下，通过试验选出最短的吹胀时间。

⑥ 吹胀速率　在相同的吹胀压力和吹胀时间下，压缩空气的气流速度不同，也会影响型坯的吹胀成型。通常气流速度较低时大量注入型坯，有利于型坯均匀、快速的吹胀。气流速度较高时，不利于型坯的吹胀，会产生两种不正常现象：一种是吹气区周围产生低压形成负压区，使这部分型坯内陷；另一种是压缩空气将型坯在口模处冲断。

吹胀的速度可用进气杆的进气直径来加以控制，在相同条件下，能在较低气流速度下，向型坯注入较多的压缩空气。不同容积的吹塑制品，可参见表 6-16 选用不同的进气孔直径。

表 6-16　容器体积与进气孔直径的选用

容器体积/L	进气孔直径/mm
<1～4	5～20
4～30	8～30
≤30～200	15～50

在型坯的整个吹塑过程中，其型坯的膨胀阶段要求压缩空气以低压、较低速度注入大流量的空气，以保证型坯能均匀、快速的膨胀，缩短型坯在与模腔接触之前的冷却时间，并提高制品的性能。低气流速度还可以避免型坯内出现局部负压区使型坯瘪陷，可通过采用较大的进气孔直径来保证。

（6）制品的冷却

为了缩短生产周期，加快冷却速率，除对模具进行冷却外，还可以对制品进行内冷却，即向制品内通入各种冷介质，进行直接冷却。常见的制品冷却有以下几种。

① 模具冷却　型坯在模具内吹胀时，熔体被紧贴模具型腔壁，熔体的热量经制品壁，

通过模具壁向冷却介质传递而减少，而使容器逐步冷却定型。模具冷却是挤出吹塑成型最常用的冷却方式。

② 内冷却　挤出吹塑成型，只有容器的外壁与吹胀空气接触，传递的热量少，冷却的速率也较慢。挤出吹塑制品内外冷却速率的差异，不仅延长了制品的冷却时间，还易使制品产生翘曲、变形现象。模内的吹胀冷却一般是采用冷却的压缩空气来进行的，现在也有采用液氮气体来进行吹塑的，还有采用深低温压缩空气（$-30 \sim -40℃$）来进行吹塑的。

③ 模外冷却　模外冷却就是将初步冷却定型的制品取出，放在模外冷却装置中继续冷却。这种冷却方式，可以减少制品在模具内的冷却时间，缩短成型周期，提高生产效率。这种方式主要用于大型制品的吹塑成型。

（7）模具温度

模具温度控制原则是吹塑模具的温度设定要保证：制品的性能较高、尺寸稳定性较大、成型周期较短、能耗较低、废品较少。

保证制品的质量。模具的温度应分布均匀，而且在冷却过程中也要使制品受到均匀的冷却，模具温度一般保持在 $20 \sim 30℃$。模温过低，会使夹口处塑料的延伸性降低，不宜吹胀，并使制品在此部分加厚，同时使成型困难，制品的轮廓和花纹也不清楚。模温过高，冷却时间延长，生产周期加长。此时，如果冷却不够，还会引起制品脱模变形，收缩增大，表面无光泽。模温的高低取决于塑料的品种，当塑料的玻璃化温度较高时，可以采用较高的模具温度；反之，则尽可能降低模温。

（8）冷却时间

在挤出吹塑成型过程中，型坯的吹胀与制品的冷却是同步进行的；在极短的放气时间内，型坯的吹胀时间几乎等于制品的冷却时间。冷却时间的长短，直接影响制品的性能及生产效率。冷却不均匀会使制品各部位的收缩率有差异，引起制品翘曲、瓶颈歪斜等现象。

为了防止塑料因产生弹性回复而引起的制品变形，吹塑成型制品的冷却时间一般较长。通常为成型周期的 $1/3 \sim 2/3$，冷却时间的长短视塑料品种和制品的形状而定。通常随着制品壁厚的增加，冷却时间延长。

（9）影响吹塑制品冷却的因素

影响吹塑制品冷却的因素很多，概括如下。

① 与选用的塑料类型有关，不同的材料熔体温度不同。熔体温度高，则需要较长的冷却时间。

② 与成型制品的体积、形状、壁厚有关。形状复杂、体积较大、壁较厚的制品需要较长的冷却时间。

③ 与吹塑模具所选用的材料的导热性、夹坯刃口结构、模具的排气有关。

④ 与吹塑模具冷却通道的设计有关。

⑤ 与吹塑模具温度和模具温度控制的精度有关。

⑥ 与冷却水的入口温度及流量有关，冷却水的入口温度高、流量小，冷却时间长。

⑦ 与吹胀气压及气量有关。

⑧ 与内冷却的类型、内冷却介质的温度和压力有关。

⑨ 与后冷却类型有关。

（10）成型周期

桶形吹塑产品的成型周期一般较短，7～180 秒/次不等，主要依据桶形制品的特点、模具的冷却速度以及挤出机的挤出速度来决定。在满足桶形吹塑产品质量要求的前提下，尽可能地缩短成型周期，有利于提高生产效率，降低能耗和提高设备生产能力与效益。

（11）成型时的注意事项与安全操作

① 模具安装时注意位置的准确，安装牢固。吹气杆位置定位准确，型坯切刀温度调节合适等。防止因为模具、吹气杆等部件安装的不准确产生废品或引发不安全事故。

② 选择合适的塑料原料作为成型材料，防止塑料原料中混入杂质或金属等异物，以防止挤出机的意外损坏。

③ 注意成型温度的设置是否正确，当成型温度没有达到塑料原料的加工温度时，禁止开机，防止挤出机因此发生意外损坏。

④ 开机时，尤其是塑料型坯挤出时，操作人员需要与机头保持一定的安全距离，防止因为加工温度偏高造成塑料熔体异常状态，即通常说的打泡现象，当发现成型温度过高时，可以等冷却温度降低后再开机，开机时禁止人员靠近机头，防止操作人员受到塑料熔体的高温烫伤。

6.2.4 200L 环塑料桶成型工艺

（1）200L 双 L 环塑料桶的特性

200L 双 L 环塑料桶主要用来包装液体类化学危险品，由于该种塑料桶需要满足许多种液态危险化学品的海运要求，所以，必须具有优异的力学性能、优良的抗冲击性能以及良好的耐环境应力开裂性能等特种性能。目前，在国内已经形成了较大的生产和销售能力，共有数十家 200L 塑料危包桶的生产企业。

图 6-8 是一种 200L 塑料危包桶外观。

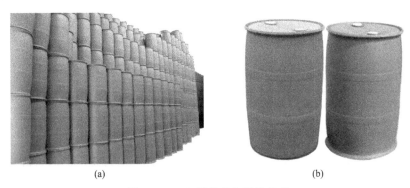

(a)   (b)

图 6-8   200L 塑料危包桶的外观

图 6-9 所示为一种 200L 双 L 环塑料桶在 TDB-250A 大型中空成型机上生产时的现场图片。

（2）设备结构与性能对产品质量的影响与制约

国内在用的 200L 双 L 环塑料桶生产设备中，到目前为止，以秦川发展机械股份公司制造的 SCJ-230 设备应用较多。该种设备的挤出机采用了 IKV 螺杆结构，近年经过螺杆的优化设计及节能改进，将螺杆直径从 150mm 变为 120mm，单位时间的产量不但没有降低，反而有所提高。螺杆的长径比由 30：1 改进为 32：1，螺杆采用了屏障式结构，螺杆头部具有混炼单元，能使 HMWHDPE 粉料充分塑化，混炼均匀。储料机头采用双层流道设计，熔体进入机头后交叉分成两层，在挤入储料缸上端部位时，两层熔体又压缩复合成一层，再挤入储料缸，储料机头采用这种结构设计增强了型坯的强度和型坯的黏合能力。同时该储料机头具有 64 点轴向壁厚控制系统，近年又成功开发出 64 点径向壁厚控制系统（PWDS）。该项技术的应用，可以使 200L 双 L 环塑料桶在周围非对称形状位置获得更加均匀的制品壁厚，可使制品重量降低 10%～15%，同时可以提高制品的跌落性能、堆码性能等指标。此外，该机还对主液压系统采用了节能设计，使主液压系统的功率减少了 18kW，目前主液压系统功率仅为 22kW。由于多项技术的综合运用，做到既节省了电能、塑料原料，还提高了质量和单位时间内的产量。

图 6-9　200L 双 L 环塑料桶生产时的图片

目前国内多家厂家已经具有生产 200L 塑料桶吹塑机生产线的能力，如近年苏州同大机械有限公司设计制造的 TDB-250F 型大型中空成型机采用自主研发的高性能挤出机、高性能储料机头以及经过优化设计的具有高效节能的液压系统，液压系统功率仅为 22kW，采用 100 点高性能壁厚控制系统，通过电液伺服系统控制塑料型坯壁厚，优化设计的下吹装置结构可靠，维修方便。其 200L 系列包装桶吹塑成型时效果良好，设备节能水平已经达到发达国家同类机的水平，成型速度快、产品质量稳定，并且已经有多台设备配套公司设计、生产的高强度粉碎机、脉冲式全自动上料机组成全自动生产线出口到海外。该类型设备可以非常方便地装配该公司独立研发的柔性环径向壁厚控制系统，使成型的 200L 系列塑料桶的周边壁厚获得很好的控制，可以节约塑料原料 10%～15%，并且可提高产品成型质量和缩短成型周期。

苏州同大机械有限公司近年研制的双层单工位智能化 200L 双 L 环 TDB-250F-2 吹塑机生产线，配置了两套 90mm 直径的高性能挤出塑化系统，其长径比达 32：1，每小时塑化挤出量达到 250×2＝500kg 以上。双层储料机头采用独特的进料方式，并且研制了特别的轴向、芯模、口模柔性环径向型坯控制系统，塑料型坯壁厚分布均匀，其吹塑成型的 200L 双 L 环塑料桶周向绝对误差在 0.4mm 以内，每小时生产双层 200L 双 L 环塑料桶 22～25 个。该吹塑机生产线采用主液压系统伺服控制，响应速度快，节能效果明显，达到了高效、节能、稳定生产、吹塑产品质量高等优点，具有较好的效果。

目前，苏州同大机械有限公司正在研发 200L 双 L 环 3 层连续挤出双工位智能化吹塑生产线。

TDB-250F-2 双层储料式吹塑机外观见图 6-10。

（3）产品生产工艺

温度、压力、速度、时间是中空吹塑工艺的最基本参数，需要根据所采用的塑料原料、设备、模具等性能状况，以及操作人员的熟练程度来设定。

图 6-10　TDB-250F-2 双层储料式吹塑机外观

① 成型温度参数的设定　制品加工温度对产品质量会产生明显的影响，当温度过高时，熔体黏度低，型坯强度小，型坯容易出现下坠，从而使型坯的壁厚控制系统控制精度降低或失去控制意义，严重时会使型坯发黄，影响制品的内在和外观质量。当温度过低时，会增加挤出机的扭矩，出现塑化不均匀，挤出和型坯压注时阻力增大，增加挤出机和液压系统的负荷，同时，制品的残余应力较大，容易造成产品变形和抗冲击强度不高。通常情况下，大型中空吹塑的温度从原料进口处开始到储料机头出口处由低向高设定，一般在145～220℃。

表 6-17 是采用 HMWHDPE 塑料原料在 TDB-250F 中空吹塑成型机上生产 200L 双 L 环塑料桶的温度参数表。

表 6-17　温度参数设定

挤出机温度/℃						连接法兰/℃	储料机头温度/℃				
1 区	2 区	3 区	4 区	5 区	6 区	7 区	8 区	9 区	10 区	11 区	12 区
150	175	185	190	195	195	200	195	195	195	195	200

注：温度区段的划分是从挤出机进料段到储料机头口模由低到高排列，即按 1～12 分区。

温度设定的高低与挤出机的转速有关，塑料的塑化是温度与螺杆转动剪切共同作用的结果。螺杆刚开始运转时，主要靠加温来塑化原料，螺杆转速稳定后，主要是靠螺杆剪切产生的摩擦热塑化原料，通常来说，初始加热时温度设定需要高于正常生产温度 10～15℃，当挤出机螺杆转速稳定后，再调整回正常生产温度。

设备加热的时间也会随季节的变化有所不同，夏季所需加热的时间会短一些，冬季所需加热的时间会相对长一些。

② 速度的控制　速度的控制主要包括：挤出机的螺杆转速、成型机的合模及开模速度、四开模的模具上下合模速度、型坯挤出速度等。

螺杆转速主要与成型速度配套，当模具冷却快、成型速度高时，挤出机螺杆的转速可以适当的设置高一些，以满足原料的输送。

成型机的慢合模速度可以适当地调整，这样有助于提高制品合缝处的强度，四开模的模具上下速度也可以适当降低，有助于提高 L 环的强度。在开模速度的调节上，需要与四开模的模具上下开模的速度配套调节，防止使模具发生擦剐、塑料桶口螺纹及 L 环变形。

③ 液压系统的压力调整　主液压系统的压力可以在 12～15MPa 范围内调整，伺服液压系统的压力调整范围与主液压系统类似。从节能的角度和保障设备的长期稳定性来看，可以在保证制品正常成型的前提下，尽量调低液压系统的压力设置。

④ 时间参数的调节　时间参数的调节决定了产品的成型速度和生产周期，通常与模具的冷却速度和挤出机螺杆的挤出速率有关，有时也会与操作人员的水平有关，在不同的塑料配方下，时间参数也会有一些微小的差异，需要操作人员及时修正。

时间参数主要包括：注射至低压吹时间、低压吹时间、高压吹时间、高压吹至上下合模时间、气循环时间、排气时间等。调整这些时间参数的微小区别，可以提高 L 环的成型外观与强度，以及桶口螺纹的成型精度与强度。由于各厂家大型中空成型机的成型时间各有不同，对于时间参数，需要制品生产工厂操作人员针对所采用设备特性进行适当调整。一般一次成型周期控制在 120～180s。

⑤ 压缩空气的压力与吹气量的调节　对于 200L 双 L 环塑料桶的成型来说，通常低压吹气的压力调节范围在 0.25～0.3MPa，高压吹气压力调节范围在 0.45～0.6MPa。为了提高

产品的成型速度，缩短产品的成型周期，可以采用经过制冷的压缩空气。

⑥ 制品的后冷却定型　由于 200L 双 L 环塑料桶的壁厚较厚，吹塑成型的冷却周期较长，为了提高生产效率，缩短生产周期，可以采用后冷却定型装置加快吹塑制品的冷却定型。200L 双 L 环塑料桶的后冷却定型装置设计有单工位和多工位等多种形式，为了保证其桶口螺纹处的冷却定型，宜采用多工位的后冷却定型装置进行冷却。塑料桶内充气可以采用经过冷冻处理的压缩空气。

（4）吹塑工艺调整的注意事项与安全操作

① 塑料原料的选择。由于 200L 双 L 环塑料桶是工业化学品包装桶，多数应用于化学危险品包装，运输距离远，承受的力学性能要求高，因此在塑料原料的选择上范围比较窄，一般需要选择重均分子量在 25 万～40 万之间的 HMWHDPE。不能选择普通的塑料材料进行生产，尤其不能采用加入填充料的办法降低原料成本，可能因此导致成型后的产品出现批量报废的情况。

② 吹塑成型时高压吹气的压力适当调高可以加快成型速度和提高制品表面质量，但是不能将高压吹气的压力调整在 0.9MPa 以上，否则容易导致因为吹气压力过高而出现不安全事故，当吹气压力过高时，可能因为各种因素发生吹塑时容器的自燃现象，此点需要特别注意，近年已经在多家吹塑工厂发生过类似事故。

③ 目前多数生产 200L 塑料桶的厂家普遍采用多种塑料原料混合使用，需要特别注意将各种原料混合均匀，否则容易造成塑料型坯质量的不稳定。此外，保障原料的稳定均匀上料也比较重要；这个情况往往容易被一些刚刚开始生产 200L 塑料桶的厂家被忽视。

（5）常见问题与解决方法

① 型坯挤出下垂严重

a. 选择用料的熔体流动速率偏高，可选择合适的熔体流动速率的原料。

b. 机筒加热温度偏高，应适当降低机身或机头的温度。

c. 螺杆转速偏慢，应加快螺杆转动速度。

d. 闭模速度太慢，应适当加快闭模速度。

e. 原料内含水量太高，可干燥后使用。

f. 机头口模设计不合理，可采用扩散型口模。

② 型坯挤出模口后卷曲

a. 口模出料间隙调节不当，应适当调整口模间隙。

b. 机头加热不均匀，可检查机头加热器及控温有无损坏，并调节机头的温度分布。

c. 口模温度太高，型坯向内卷边，应适当降低口模温度。

d. 模芯温度太高，型坯向外卷边，应适当降低模芯温度。

e. 口模与芯模的口模平面加工不合理，口模平面应略高于芯模平面。

f. 挤出速度太快，可适当减慢。

g. 熔料温度太低，可适当提高。

③ 型坯表面粗糙

a. 型坯模表面光洁度太差，可提高型腔表面光洁度。

b. 机筒加热温度偏低，可提高机身或机头加热温度。

c. 螺杆转速过快，熔体塑化不良，可适当降低螺杆转速，提高机身温度。

d. 吹气压力太低，可适当提高吹气压力或加大吹气针口的直径。

　　e. 吹气针孔周围漏气，可密封漏气部位。

　　f. 机头流道粗糙，流道应有较高的表面光洁度。

　　g. 原料中混入异物，可换用原料，并清理料筒或机头。

　　h. 型坯在口模处被拉伤，可在芯模棱边设计 0.3～0.5mm 半径的圆角，并且对口模进行高度抛光。

　　i. 型坯挤出速度太快，可适当减慢。

　　j. 模具型腔表面有冷凝水，可适当提高模具温度。

　　④ 型坯气泡

　　a. 原料内水分含量太高，可进行预干燥处理。

　　b. 机身或机头温度太高，熔料过热分解，可适当降低机身或机头温度，特别是料筒进料口段温度不能太高，可缩短熔料在料筒中的滞留时间。

　　c. 空气从料斗处进入料筒，可适当加快螺杆转速，提高挤出背压。

　　⑤ 型坯表面凹凸不平

　　a. 熔料温度高，吹塑成型后降温定型时间短，可降低机身温度，增加冷却时间。

　　b. 吹塑用压缩空气的压力不足，没有把熔料完全紧贴在型腔壁上，可适当提高吹气压力或加大吹气针口的直径。

　　c. 制品的成型模具温度偏高，可适当降低模具温度。

　　d. 熔体塑化不良，可调整螺杆转速，增加熔体的塑化。

　　⑥ 型坯表面"鲨鱼皮"

　　a. 挤出速度控制不当，不适当的挤出速度会导致熔体破裂，在连续吹塑成型时，应适当降低挤出速度和压力；在往复吹塑成型时，可适当提高挤出速度。

　　b. 型坯成型温度太低，可适当提高，通常高密度聚乙烯的型坯温度为 170～210℃，低密度聚乙烯的型坯温度为 150～190℃。

　　⑦ 型坯表面条纹

　　a. 挤出机、接套或机头流道内有滞料死角或流线型设计不良，导致熔体积滞、分解和破裂，分解物料停留在流道缝隙内，引起型坯表面产生条纹，可修除流道内的滞料死角。

　　b. 机头流道内有划痕，可抛光流道表面，修除划痕。

　　c. 挤出机与接套、机头与接套间装配不良，产生滞料死角，可重新装配修整。

　　d. 模具内有滞留挂料，可适当提高模具温度及增加吹塑压力。

　　e. 熔料温度太高，过热分解，可适当降低熔料温度，清除分解物料。

　　f. 模具温度与熔料温度的温差太大，可适当提高模具温度，缩小温差。

　　g. 原料中有异物杂质，可净化处理。

　　h. 挤出背压太低，可适当提高。

　　i. 机头加热器损坏，当型坯表面产生清晰的或起伏的条纹时，很可能是机头加热器损坏，使得熔料在机头冷点区被牵拽，从而产生条纹。对此，可检修机头加热器。

　　j. 当慢速挤出大型中空容器时，采用连续慢挤厚壁型坯的大型机头，由于受吹塑周期影响，型坯的挤出速度较慢。在吹塑时，容器表面经常产生沿圆周方向均匀分布的若干条厚薄不匀的条纹，一般 15～40 条不等，条纹的壁厚差 0.2～1mm。这些沿挤出方向圆周均匀分布的条纹俗称"西瓜皮"条纹。其产生原因及处理方法如下：尽量采用熔体流动速率较低的树脂；分段控制机头温度，降低定型段温度，提高过滤板处的温度；机头流道设置尽量对称，避免产生熔料不稳定流动；在机头熔料入口处设置阻流段，在阻流段后面再设置一个形状对称的膨胀区，使熔料在进入机头时，可以得到对称的拉伸；适当提高挤出速度；当掺混使用两种分子量或不同的原料时，尽量混合均匀，必要时可以进行共融造粒处理。

⑧ 型坯表面口模印迹

a. 机头流道内有划痕及损伤，可修磨机头流道。

b. 口模内有滞料，可清理口模。

c. 熔料温度太高，可适当降低机头温度。

d. 吹塑速度太慢，可适当加快。

e. 吹塑压力不足，可适当提高。

f. 模具温度太低，可适当提高。

g. 型腔棱边太锋利，可在棱边处设置小圆角。

⑨ 型坯皱褶

a. 熔体温度太高，可适当降低。

b. 机头定型段太短，可适当加长。

c. 口模出料缝隙调节不当，料流不均匀，可适当调节口模间隙，使出料均匀。

d. 熔体强度太低，其产生的原因及解决方法如下：适当降低熔料温度；适当增加再生料的用量；适当降低挤出机背压；适当减慢型坯的传递速度；适当加快合模速度；型坯放入吹塑模之前，先向型坯内吹入少许空气，进行预吹塑处理。

⑩ 切口难以从容器上取出

a. 切边刀口太宽，可适当修窄，一般为 1.0～2.5mm。

b. 切边刀口不平，可修平刀口。

c. 合模压力不足，可适当提高合模压力。

⑪ 切口部分太薄

a. 吹塑压力及起始吹塑时间参数控制不当，可适当调整。

b. 模具排气不良，型腔表面应喷砂处理，改善模具的排气条件。

c. 飞边太多，可减少飞边。

⑫ 切口部分太厚

a. 吹塑模的切口缝隙调节不当，可适当调整。

b. 切口损坏，可修复损坏的部分。

c. 切口飞边过厚，可适当调整飞边量。

d. 熔料温度太低，可适当调高。

⑬ 切口部分融合不良

a. 型坯温度太低，可适当提高。

b. 切边刀口太锋利，可调整刀口宽度，一般控制在1.0～2.5mm。

⑭ 切口部分强度不足

a. 熔料温度太低，可适当提高。

b. 模具温度太低，可适当提高。

c. 切口结构设计不合理，切口后角应控制在 30°～45°，刀口宽度应控制在1.0～2.5mm。

⑮ 容器表面有气泡

a. 熔料温度过高，原料局部出现分解现象，可适当降低机身与机头温度。

b. 原料中含水量偏高或料中有挥发物，可进行预干燥或重新换料。

c. 机头装配不良，产生流料气泡，可重新装配机头。

d. 口模、芯模设计、制造不合理，可进行修整或重新制作。

⑯ 容器在合模线处破裂

a. 合模力不足，可加大合模力。

b. 模具对位不良，产生错位，可校正对齐。

c. 合模处冷却不良，可改善合模线处的冷却条件。

d. 型坯成型用模具温度控制不当，有熔体结合线，可适当调整模具温度。

e. 成型模具的切口切断部位设计不当或此部位温度过高，应修整成型模具的封口切断部位，适当降低模具温度。

⑰ 容器底部破裂

a. 机身或机头温度太低，可适当提高。

b. 模具冷却不良，可加强冷却。

c. 吹塑压力太低，可适当调整。

d. 开模太快，可待容器内的气压全部消失后才能开模。

⑱ 容器吹破或开裂

a. 熔料温度太低，熔料沿拼缝线或夹断处出现小孔，缝隙部位出现开裂，适当降低熔料温度。

b. 合模力不足，吹塑过程中模具轻微胀开，导致容器吹破，可适当提高模具合模力。

c. 吹塑压力太高，容器在吹胀时急速膨胀，导致容器吹破，可适当降低吹气压力。

d. 闭模速度太快，容器在夹断线处破裂，可适当降低闭模速度。

e. 模具夹断口的切口太锐利或太钝，如切口太锐利会切破型坯，切口太钝会使模具闭合不良，都会导致容器吹破，应适当调整切口的宽窄度。

f. 原料内混有异物杂质，可清除异物杂质，净化原料。

⑲ 容器表面有黑点、黑线

a. 熔料过热，分解炭化，可适当降低机头的注射速度或机头温度。

b. 机头或机头流道内的分解熔料及杂质慢慢脱落后被挤出，可清理流道系统。

c. 原料中混有杂质，可净化原料或更换过滤网。

d. 吹塑空气中有杂质，可检查储气罐，清除罐内的杂质。

⑳ 容器表面粗糙及麻点

a. 熔料温度太低，可适当提高机头温度。

b. 模具温度及环境温度太低，可适当提高模具温度及生产环境温度。

c. 模具型腔表面光洁度太差，可研磨抛光。

d. 模具排气不良，可改善模具排气条件。

e. 吹塑空气压力不足，可适当提高吹塑压力，扩大吹气孔的尺寸。

f. 原料不符合成型要求，熔体流动速率太低，可换用熔体流动速率高的树脂。

㉑ 容器表面有橘皮纹及熔料痕

a. 成型温度控制不当，熔料温度太高或太低，可适当调整成型温度。

b. 模具温度太低，可适当提高。

c. 机头温度太高，可适当降低。

d. 型腔表面渗漏冷却水，可检查模具是否渗漏，并进行封堵处理。

㉒ 容器表面花纹不清晰

a. 熔料温度太低，可适当提高。

b. 吹气压力不足，可适当提高。

㉓ 容器翘曲变形

a. 吹塑时间太短，可适当调整。

b. 吹塑速度太慢，可适当加快，通常合模后应立即吹胀。

c. 熔料温度太高，可适当降低成型温度。

d. 容器冷却不当，如果脱模后的容器温度仍然很高，可适当延长模具的冷却时间。如果容器的顶部或底部翘曲，可在模具的截坯面上加强冷却。如果容器壁厚不同，可在厚壁处加强冷却，并可根据冷却要求来设置模具的冷却回路。

e. 模具冷却水回路堵塞或压力降低，可检查冷却水回路。

㉔ 容器收缩太大

a. 容器壁太厚，可适当减少厚度，尽量使壁厚均匀。

b. 模具温度太高，可适当降低模具温度。

c. 熔料温度太高，可适当降低成型温度。

d. 吹塑压力不足，可适当提高。

e. 吹塑定型时间太短，可适当延长。

f. 原料成型收缩率大，可选用密度和收缩率较低的树脂。

㉕ 容器壁厚不均匀

a. 机头加热不均匀，可检查机头加热器是否损坏，安装位置是否正确，使机头加热均匀。

b. 机头口模间隙调整不当，机头流道内熔体压力不一致，出料不均匀，可根据壁厚分布情况调整机头口模间隙。

c. 机头中心与吹塑模具中心不一致，可重新校正垂直。

d. 机头或模具轴芯不垂直，可重新校正垂直。

e. 挤出机传动皮带打滑，挤出时变化较大，可检修及调紧传动皮带。

f. 挤出速度太慢，可适当加快。

g. 熔料温度太高，可适当降低。

h. 模具设计不合理，可修改模具设计。

i. 模具温度分布不均匀，可调整模具的冷却回路，使温度分布均匀。

j. 原料不符合成型要求，可选用熔体流动速率较低的树脂。

k. 吹塑速度太慢，可适当加快。

l. 吹胀比太大，可适当减小。

m. 挤出机供料不稳定，可检查料斗有无堵塞或螺杆架桥现象。

㉖ 容器的容积减少

a. 型坯的壁厚增大，导致容器的壁厚增厚，应调节型坯壁厚控制装置，使型坯的壁厚减小。

b. 容器收缩率大，导致容器尺寸缩小，应更换收缩率小的原料，延长吹气冷却时间，降低模具冷却温度。

c. 吹胀气压小，容器未吹胀紧贴到型腔壁，应适当提高吹胀压力。

特别提醒：注意吹塑成型时，容器内部冒黑烟，甚至发生燃烧，其主要原因如下。

a. 吹塑时压缩空气的气压过高，可适当调低气压。

b. 吹气嘴内部发生部分堵塞，造成局部的气流速度过高，可清理吹气嘴内部。

c. 原料中可能混入了低熔点的材料，可仔细检查一下。

d. 由于此类事故发生概率较小，发生时可以立即停止吹气，切断气源，必要时关闭电源，并且立即进行灭火，灭火时宜采用干粉灭火器，不能用水冲洗。

6.3 各种异形吹塑产品的成型工艺

异形吹塑产品的成型设备、工艺过程与常规吹塑制品基本相同，但在成型模具、工艺参数、材料配方等方面会有所不同，下面将分别介绍。

6.3.1 汽车配件及各类风管成型工艺

6.3.1.1 制品特点

① 材料　汽车配件和风管的选用材料比较广泛，比较常用有 HDPE、PP、ABS、TPE、以及上述的改性材料。汽车扰流板多采用 ABS，水箱和风管多采用 PP 或 HDPE，也有的采用其他特殊材料（如 PP 加玻纤），防尘软管多采用 TPE 等。

② 形状　汽车件多为不规则形状，模具分型面很多为异形曲面，型坯吹胀拉伸变化大。

③ 镶件和抽芯　由于制品结构或安装的需要，很多汽车配件采用镶件或抽芯设计。

6.3.1.2 工艺特点

① 材料配方　为满足汽车配件的要求，需要对塑料材料进行改性，并改善材料的工艺性能，目前国内外有多种特种塑料原料可供选择。

② 模具　由于汽车塑料吹塑件品种较多，其形状造型不规则，且有些需要镶件和抽芯件，因此在模具的结构设计上要做充分考虑以下一些方面。例如：分型面的选择、模腔排气位置、镶件和抽芯机构、制品顶出、脱模机构、吹针结构和位置以及模腔内表面处理等。目前有的已采用分段合模模具，以实现对一些特殊异形吹塑汽车配件的吹塑。

③ 机器配置　考虑到汽车配件形状及材料的特殊性，在机器的配置方面也需要做相应的配合，如壁厚控制系统、机台及模板加高（细长制品）、液压（气动）顶出、液压（气动）抽芯、自动包封装置、气缸吹针、抽真空功能以及机械手牵引型坯实现三维吹塑等。

6.3.1.3 汽车发动机塑料吹塑进气管成型工艺

图 6-11 为汽车发动机塑料吹塑进气管的外形。

图 6-11　汽车发动机塑料吹塑进气管的外形

如图 6-11 所示，这种汽车发动机塑料进气管采用 HMWHDPE 材料吹塑而成，具有较高的强度和使用寿命。

（1）产品特点

汽车发动机塑料进气管是工业塑料件，要求制品具有使用寿命长、耐候性好、耐腐蚀、耐紫外光、耐应力开裂、力学性能好、强度高、刚性好等特点。

（2）成型特点

进气管制品是长板型结构，两个平面具有一定的弧度，中间一些特定的部位具有加强柱与加强筋等，成型时吹胀比不宜大，一般为 1～1.15。塑料材料宜采用 HMWHDPE。

（3）设备与模具

中空成型机需要采用带有型坯壁厚控制系统的设备，宜选择控制点数 100 点的控制器。储料机头需要具备顶吹功能，利于型坯的预吹胀。并选择自动封口装置，以保证操作人员的安全操作。采用 TDB-80 中空成型机可实现其制品的正常生产。

（4）塑料进气管成型注意事项

① 主体材料不能采用普通 HDPE，多数采用 HMWHDPE。

② 色母粒不能采用耐候性不好的材料，可采用防晒、耐老化色母粒。

③ 吹塑成型设备不能采用没有型坯控制系统的机型，需要采用具有型坯控制系统、成型性能优良的中空成型机。

④ 不能采用没有储料机头及储料量不够的中空成型机。

⑤ 成型时不可采用过高或过低的吹胀气压，以保证成型的正常进行。

⑥ 设置型坯控制曲线时，控制点参数设置差别不能过大，宜在 15 以内。

⑦ 设置成型温度时，不可设置过高或过低，温度误差宜在 ±3℃ 以内，需正确设置挤出机与储料机头各加热区的成型温度。

⑧ 成型时间设置时，不可设置过长或过短，以保证制品的定型顺利进行。

⑨ 模具温度不能设置过高或过低，需进行模具温度的准确控制，模具温度为 20～40℃。

6.3.1.4　汽车扰流板的成型工艺

（1）汽车扰流板的成型特点

汽车扰流板主要采用 ABS 中空原料吹塑成型，成型时要求满足制品表面光洁度高、平整光滑、重心位置稳定、螺钉嵌件连接牢固可靠、重量误差很小等特殊要求。该产品稍作后加工即可进行表面喷漆处理，经过表面喷漆处理的制品可以达到双 A 级外观标准。虽然前几年也采用 PP 原料来成型汽车扰流板制品，但经过几年的装车使用来看，PP 材料对漆膜的附着力相对较差，容易造成漆膜掉落。因此，近年来已经不再采用 PP 来吹塑汽车扰流板制品。

图 6-12 所示为轿车使用的 ABS 吹塑扰流板外形。

图 6-12　轿车使用的 ABS 吹塑扰流板外形

多种 ABS 扰流板与车用塑料工业件如图 6-13 所示。

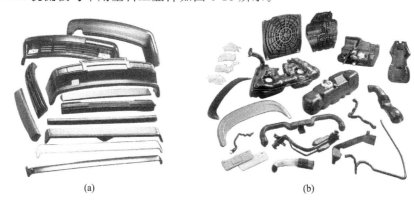

(a)   (b)

图 6-13   汽车扰流板与车用塑料工业件

（2）成型 ABS 扰流板对吹塑设备及模具的要求

① 对中空吹塑成型机的要求

温度控制系统：要求温度控制精度达到±3℃以内。

液压系统：压力可以达到 18MPa 以上。

伺服系统：压力可以达到 18MPa 以上，型坯壁厚控制精度较高。

合模装置：具有足够的合模力，可以方便地安放螺钉等嵌件。

储料机头：流道的光洁度高，无残余死角，利于余料的溢出；机头具有顶吹功能。

吹气装置：吹胀气压在 0.8～1.2MPa。

挤出装置：利于 ABS 原料的输送和挤出时的排气。

② 对吹塑模具的要求   可以快速排气，螺钉嵌件安放、脱模方便，冷却速率高，型腔表面光洁度高，不容易生锈，模具温度可实现精确控制。

（3）汽车扰流板的成型工艺

① 成型温度（表 6-18）

表 6-18   扰流板成型温度控制   单位：℃

挤出机身	1	2	3	4	5	6
设定值	160	165	185	215	220	220
实测值	165	168	188	218	222	225
储料机头	1	2	3	4	5	6
设定值	218	220	220	220	220	220
实测值	220	221	221	221	222	221

② ABS 原料的干燥

a. 干燥料斗除湿，干燥温度为 80～90℃，干燥 4h 以上。

b. 采用高速混合机干燥，根据原料含水量和气候与季节变化来确定设备运转的时间，以保障水分能去除，含水率低于 0.05％。

③ 其他工艺参数

主油泵油压   (p_1)   8～16MPa

锁模油压   (p_2)   14～16MPa

伺服油泵油压（p_3）	8～14MPa
气动系统压力（p_4）	0.6～0.8MPa
低压吹气压力（p_5）	0.2～0.4MPa
高压侧吹压力（p_6）	0.8～1.2MPa

④ 产品的现场检测和工艺点的控制

a. ABS 原料吹塑的汽车扰流板，最重要的指标就是表面外观质量。

汽车扰流板表面不允许有气泡、皮纹和划痕出现，影响外观质量的主要因素有原料的含水量、机头口模、芯模的光洁度、压缩空气的吹胀压力等。在设备要件确定以后，原料含水量、型坯吹胀比和吹气速率是工艺中的关键因素，必须根据实际运行状况仔细选定。

b. 扰流板的重心位置。

扰流板的重心位置在汽车高速运行时很重要，如出现一头重、一头轻的状况，则有可能影响到行车时的安全，主要通过调整型坯控制曲线来控制重心位置的稳定。

c. 尺寸的稳定性。

扰流板尺寸的稳定性会影响到安装的尺寸，要求必须一致。主要通过调整成型时间、吹气压力等来达到要求。

⑤ 需要注意的事项

a. ABS 大型吹塑件的主要质量指标是外观质量，设备的储料机头的流道必须流畅，光洁度高，要利于溢料的清理。口模流道的粗糙度至关重要，对于型坯出口处的粗糙度，最好达到镜面，对口模、芯模流道表面的高度抛光与镀铬处理也是至关重要的，这样对保障 ABS 吹塑制品的表面质量有益处。

b. ABS 原料干燥时，要注意季节和气候的变化，确保含水率在 0.02% 以下，这样才利于提高产品的外观质量。

c. 特别要注意保持生产现场以及周边环境的清洁卫生，防止杂质混入原料之中。

d. 在环境温度较低时，建议设置恒温装置对嵌件螺钉、螺母进行恒温处理，以防止发生嵌件螺钉、螺母镶嵌不牢的现象。

6.3.2　双层壁工具包装箱的成型工艺

双层壁工具包装箱类制品是采用挤吹方法成型的特殊吹塑制品，双层壁包装箱的箱壁成型为双层的中空结构，具有较好的缓冲功能，其制品广泛应用于工具包装、仪器包装、军品包装、电缆接头防护套、桌面板、家具等，制品种类较多，成型技术发展迅速，应用十分广泛。

图 6-14 为两种双层壁中空容器外形。

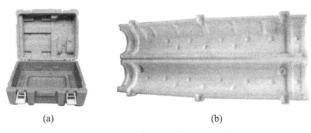

(a)　　　　　　　　　　　　(b)

图 6-14　两种双层壁中空容器外形

图 6-15 为两种吹塑工具箱的使用状态。

(a)   (b)

图 6-15   两种吹塑工具箱的使用状态

（1）模具特点

此类制品的模具通常设计为阴阳模，即一边模具往外凸，一边模具往里凹。多数制品成型时，四周都有飞边，因此模具型腔周边都有刀口和余料槽。有些制品的模具导柱在成型时可被取下，以便于制品生产成型；吹塑成型时采用吹针插入型坯的办法进行吹胀，如果箱盖与箱体一起成型，箱体与箱盖的模具成型部分必须设置各自的吹针，以利于顺利成型。一些吹胀比较大的制品成型时，在其模具局部或全部可采用抽真空的办法辅助成型，以保障制品的壁厚能够达到其基本要求。

（2）塑料原料的选择

箱体材料通常选择吹塑级聚丙烯，密度为 $0.902 \sim 0.915 \mathrm{g/cm^3}$，熔体流动速率以 $0.6 \mathrm{g/}$ 10min 左右为宜，提手、箱扣、卡子通常选择注塑级聚丙烯。对于特殊双层壁吹塑制品，可根据力学性能要求的不同进行塑料材料的改性。

（3）吹胀比的选择

根据双层壁包装箱的成型特点，吹胀比在 $1 \sim 1.1$ 较好。

（4）吹塑成型设备的选择

根据双层壁制品成型特点，吹塑成型宜选择具有机头上吹、开合模速度较快、型坯包封、口模较大、模具具有侧吹与抽芯、抽负压、制品液压及气动顶出等功能的设备；挤出机螺杆、机筒有时需要根据制品所需塑料材料定制。

（5）成型工艺调试特点

① 成型温度   当采用聚丙烯塑料吹塑时，加工温度会比采用 HDPE 温度高。当采用 HDPE5502 或 HDPE0400 等塑料材料时，成型温度不可太高，通常在 $160 \sim 180℃$，保持塑料型坯具有较高的熔体强度，减少型坯下垂性，且在合模过程中不易胀破和黏结在一起。

② 吹胀气压   吹塑级聚丙烯的刚性较强，吹胀气压调整时可高于吹塑 HDPE 的气压，以顺利加工出制品为好。此类产品通常采用侧吹针方式吹气成型。在合模前，型坯的下端通常采用人工或机械方式进行封口，再向型坯内吹入一定量的压缩空气，使其在合模过程中，保证型坯不会黏结在一起，方便吹针扎进型坯内部进行吹气成型。向型坯内部吹气的压力、流量、时间可以进行调整，以控制型坯吹气量的大小，通常型坯内只需要少量的压缩空气即可保持型坯的形状。吹气量太大，型坯在合模过程中容易提前胀破，不利于制品的吹塑

成型。

③ 模具温度　采用吹塑级聚丙烯塑料加工时，模具温度宜选择高一些，以确保制品的成型与表面质量的提高。当模具温度过低时，可能造成制品冷却速度过快，使其耐冲击性能降低；可对模具进行温度控制，以确保制品力学性能的稳定性。

④ 吹针设计与插入速度　吹针插入速度可尽量提高，并在插入后再进行吹胀，吹针在插入型坯时，最好不吹气，否则容易造成型坯局部的快速冷却，使吹塑成型不能正常进行，产生废品。吹针在结构设计上通常需要保证先出针，到位后再吹气，且进退的位置和距离可以根据实际需要做适当的调整。吹针管通常采用不锈钢管制作，直径一般为 3～6mm，头部打磨成注射针头形式的尖锐结构。选择侧吹气缸时，应选择可实现插入和吹气动作分开控制的气缸。

吹针孔在制品上的位置选择非常重要，位置不对吹针可能扎不进，导致制品不能成型。吹针的数量根据制品容积的大小来确定，由于吹针管的直径相对较小，对于具有较大容积的制品，为了迅速吹胀成型，需要增加吹针的数量来满足瞬间大吹气量的要求。

⑤ 口模、芯模尺寸与表面质量　采用吹塑级聚丙烯塑料时，宜采用具有较高表面质量的口模、芯模，以确保制品表面质量的提高。口模尺寸通常根据制品的宽度并且结合制品的变形深度来进行计算。对于圆桶类双层制品，口模尺寸要小一些。口模尺寸决定挤出型坯尺寸，只有型坯足够大，才能保证制品的两个侧面成型良好及制品壁厚均匀性符合要求。通常模具合拢后，模腔的两个侧面应留出少许余料。

⑥ 合模速度　机器的合模速度不能太慢，太慢会导致型坯下垂以及制品和合模线周边表面质量不佳，甚至制品无法吹制成型。对于成型双层壁的工具包装箱类制品，合模速度需要适当加快。

⑦ 对于专门生产 PP 吹塑料的厂家来说，挤出机的螺杆、机筒设计会与 HDPE 塑料有一些差别，制品生产厂家在定制吹塑机时，应该与吹塑设备制造商充分交流，以免影响生产。

6.4　IBC 大型塑料桶的成型工艺

6.4.1　IBC 大型塑料桶的含义

按照联合国《关于危险货物运输的建议书》以及国际海事组织（IMO）发布的《国际海运危险货物规则》等国际法规的规定，中型散装容器（IBC）是一种容积介于桶和大型储罐之间的包装容器。

它必须具备以下 3 个特征。

① 容积在 450～3000L 之间。

② 设计用机械方法装卸。

③ 能经受装卸和运输中产生的应力，该应力由试验确定。

IBC 是一个大类的产品，外形见图 6-16。就 IBC 总体而言，据说已经有 50 年以上的历史了。但是本书所要讨论的，目前在国内外已经广泛使用的 IBC 塑料桶，实际上是整个 IBC 大类中的一个小类别，即编码为 31HA1、用于盛装液体、用吹塑方法生产的硬塑料内胆，外壳为钢结构的中型散装容器。

(a)   (b)

图 6-16　两种 IBC 塑料桶的外形

6.4.2　吹塑内胆的成型

（1）树脂原料

目前生产中型散装容器的企业所采用的高密度聚乙烯原料大致有两类：一类是适用于中型散装容器生产的专用高分子量高密度聚乙烯（HMWHDPE），以德国 BASELL 公司的 Lupolen 4261AG UV60005 为代表。另一类则是仅适用于生产 220L 塑料桶的高密度聚乙烯，以 BASELL 公司的 Lupolen 5261Z HI 为代表，包括中国齐鲁石化的 DMD1158、大庆石化的 4560 等。

这两种树脂的典型性能对比见表 6-19。

表 6-19　材料性能对比

性能试验	试验方法	4261AG UV60005	5261Z HI
特　征		高密度聚乙烯	高密度聚乙烯
		粒料	粉料
			分子量分布宽
		抗氧剂	抗氧剂
		光稳定剂	
		杰出的耐环境应力开裂性能（ESCR）	较好的耐环境应力开裂性能（ESCR）
		高抗冲击强度	高抗冲击强度
			高刚性
		耐紫外线和耐热	
		耐化学品性能好	耐化学品性能好
应　用		挤出吹塑成型	挤出吹塑成型
		塑料罐	
		燃油罐和 IBC	L 环塑料桶
		用于危险品包装	用于危险品包装
密度（23℃）/（g/cm³）	ISO 1183	0.945	0.954

续表

性能试验	试验方法	4261AG UV60005	5261Z HI
堆密度/(g/cm³)	ISO60	＞0.5	＞0.46
熔体流动速率(190/5)/(g/10min)	ISO1133	0.35	
熔体流动速率(190/21.6)/(g/10min)	ISO1133	6	2
Staudinger 指数 J_g/(mL/g)	ISO1628	370	500
拉伸屈服强度/MPa	ISO527	24	28
屈服伸长率/%	ISO527	10	8
拉伸弹性模量/MPa	ISO527	850	1200
缺口冲击强度(23℃)/(kJ/m²)	ISO8256/1B	250	330
缺口冲击强度(−30℃)/(kJ/m²)	ISO8256/1B	170	280
ESCR(Elenac)/h	Elenac	4000	130
球压痕硬度(H132/30)/MPa	ISO2039-1	40	52
熔点/℃	ISO3146	130	
维卡软化温度(A/50)/℃	ISO306	125	133
热变形温度(A)/℃	ISO75	42	44
热变形温度(B)/℃	ISO75	70	75
介质损耗角正切	IEC250	0.0002	0.0002
介电常数	IEC250	2.4	2.4
介电强度(K20/P50)/(kV/mm)	IEC243-1	＞150	＞150
体积电阻率/Ω·cm	IEC93	$1×10^{16}$	$1×10^{16}$
加工(建议的熔体温度)/℃		180～220	190～220

从聚合物的分子组成和结构来看，Lupolen 4261AG 的分子量比 Lupolen 5261Z HI 的分子量稍小，同时 4261AG 的密度也比 5261Z 稍小。导致 4261AG 密度小的原因是：在 4261AG 聚合时，添加了比 5261Z 更多的共聚单体己烯-1，在分子主链上形成了更多的侧链。这样做可以大幅度提高聚合物的 ESCR（耐环境应力开裂性能）性能，但同时降低了它的挠曲模量（与抗弯曲能力有关）。在 IBC 装载时，所受到的堆码负荷全部由外面的钢框架所承载，因此牺牲了少量的抗弯曲性能不会对 IBC 内胆的应用产生多少负面的影响。

按照 BASELL 公司的试验方法，Lupolen 4261AG 的 ESCR 为 4000h，而 Lupolen 5261Z 的 ESCR 仅为 130h，两者相差 30 倍。从价格上来讲，4261AG 类树脂的价格要比 5261Z 等树脂的价格高出 30％以上。但是，对于用于装载具有强环境应力开裂特性的化学品的用户来说，务必使用具有 ESCR 性能优异的树脂。如果中型散装容器装载了化学品以后，在没有受到任何冲击的情况下，内胆突然大面积地出现破裂，那就要怀疑内胆原料的牌号是否合适了。

（2）成型设备

目前国内用于生产 IBC 塑料桶吹塑的设备主要有国产设备与进口设备的区别，基本上都是选择 1000L 的大型中空成型机来进行制品的生产，从满足制品生产的角度来看，设备应该满足以下的制品性能要求。

按照现行的国家标准 GB/T 19161—2016《包装容器 复合式中型散装容器》的规定，用于危险货物包装的容器内胆的最小壁厚应为 1.5mm。国内多家中空成型机设备制造厂家均能制造 1000L 容量的吹塑机，就成型设备的技术性能而言，国内已经能够研发、设计、制造与国外发达国家质量类似的成型设备，并且在节能、径向壁厚调节等方面均有其独特的创新。制品生产厂家可以根据企业的实际需要选择适合自己的设备。

图 6-17 为苏州同大机械有限公司研制的 IBC 塑料桶的专用吹塑机生产线。

图 6-17　TDB-1600F IBC 塑料内胆桶专用吹塑机生产线

该 IBC 塑料内胆桶专用吹塑机生产线，配套 ϕ150mm、长径比 32∶1 的挤出机一套，挤出塑化量为 500kg/h。储料机头采用先进的复合流道设计，流道表面镜面加工，具有换色、换料快等特点，生产的 IBC 塑料内胆桶的单重为 14.5kg 时，八角的厚度达到 1.6mm。

（3）成型工艺要点

由于国内目前制品企业在使用的吹塑设备技术水平相差较大，决定吹塑容器性能的重要一点是产品的最小壁厚。对于 1000L 的中型散装容器内胆来说，最小壁厚应不小于 1.5mm。对于技术性能较优的设备来说，由于配备了一组轴向壁厚调节装置和两组径向壁厚调节装置，在保持最小壁厚 1.5mm 的前提下，整体内胆的重量只有 15.5kg。为了配合轴向和径向壁厚调整，在吹塑生产中，重要的一点是稳定型坯的长度，以便让壁厚分布的调整曲线和制品的实际需求相符。而最简便的监测方法就是监控制品的重量。制品重量的偏差说明了型坯长度的偏差。制品偏轻，说明型坯偏长；反之亦然。型坯长度的偏差说明了壁厚该厚的地方没有厚，没有能准确地起到调整的作用。有一些吹塑机配备了两台电子秤，对内胆重量和桶顶部分的飞边（比桶底部分飞边对型坯长度变化更敏感）逐个称量，并经过计算机在线调整吹塑机驱动用变频电机的转速，以此来稳定型坯的长度，从而可稳定塑料内胆的壁厚分布。

目前一些国产吹塑机可以在生产中调节轴向与柔性环径向壁厚控制系统与注塑液压缸的参数等，也可精确控制型坯的壁厚调整，从而实现 IBC 塑料桶的高质量制造。另外，目前一些在使用的设备上可以通过修整口模或芯模的方法来改善设备没有径向壁厚控制系统的不足，也可以生产出客户比较满意的塑料内胆制品。此外，通过改善模具的部分结构，也可以弥补设备缺乏径向壁厚控制系统的不足。一般可以采用的方法是：在模具上需要制品拉伸变形量较大的地方，进行局部负压处理，以改善制品成型时的壁厚分布。

6.4.3　其他需要注意的事项

由于 IBC 塑料桶的研发与制造均是在国外发达国家首先进行的，在产品的专利权方面，覆盖面较广，特别值得引起国内一些 IBC 塑料桶生产厂家的高度注意，避免侵犯专利权。

6.5　塑料吹塑托盘成型工艺

（1）吹塑型塑料托盘的结构特点

吹塑型塑料托盘大多为双面使用，主要由立柱和条状的加强筋组成。产品吹塑成型以后，需要采用后加工设备对其叉口部分进行切割加工，以方便叉车的叉板进出。而且使用时对吹塑型塑料托盘的受力状况有明确的要求。所以，对吹塑型塑料托盘的加强筋以及叉口的设计的改进，成为该产品近年来技术进步的标志。吹塑托盘外观见图 6-18。

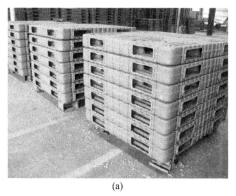

(a)　　　　　　　　　　　　　　　　　　(b)

图 6-18　吹塑托盘外观

从图 6-18 中可看到，该吹塑托盘是四面进叉双面堆码使用的吹塑托盘。

张家港市同大吹塑有限公司已经研制出货架、冷库使用的多款单面一次吹塑的吹塑托盘，该类单面吹塑托盘产品刚度好、耐低温性能好，可满足生产线、冷库、货架使用的各项技术要求，见图 6-19。

图 6-19　一次整体吹塑成型的货架、冷库使用的吹塑托盘

（2）吹塑型塑料托盘的吹胀比

吹塑型塑料托盘的形状如为扁平状，与双重壁工具箱类产品的成型相近。它在吹塑成型时的吹胀比不能过大，通常选择 1～1.5 为宜。

（3）吹塑型塑料托盘的基本设计参数

① 加强筋和立柱的脱模斜度　由于吹塑型塑料托盘的立柱和加强筋比较多，制品脱模时阻力较大，其脱模斜度不能过小，一般脱模斜度选择范围为 4°～8°，制品厚度方向周边的脱模斜度为 1°。

② 加强筋之间的中心距离　加强筋之间的中心距离与制品的成型和产品的承载能力有较大的关系，中心距离过小，成型时容易造成产品的壁厚变薄或不均匀；中心距离过大，则容易造成产品的单位承载能力下降。在制品单个重量一定的情况下，加强筋的多少及布置方式对吹塑托盘质量的影响较大。

图 6-20 所示为吹塑型塑料托盘的产品结构。

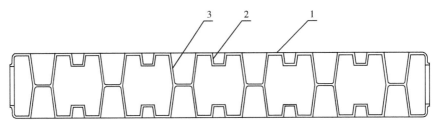

图 6-20　吹塑型塑料托盘产品结构
1—平面；2—加强筋；3—加强柱

一般情况下，比较合适的吹塑型塑料托盘设计参数见表 6-20。

表 6-20　吹塑型塑料托盘设计参数

吹胀比	立柱及加强筋脱模斜度/(°)	厚度方向周边脱模斜度/(°)	加强筋的中心距离/mm	立柱大端直径/mm
0.8～1.5	4～8	0～1	40～120	35～70

（4）吹塑托盘的成型工艺

① 设备基本工艺参数

主液压系统压力 p_1/MPa　　12～18　　　伺服液压系统压力 p_2/MPa　　12～18

压缩空气压力 p_3/MPa　　0.5～0.9　　循环水压力 p_4/MPa　　0.3～0.4

液压油温度 T_1/℃　　25～55　　　　循环水温度 T_2/℃　　20～35

模具冷却水温度 T_3/℃　　7～18

② 成型温度参数的设定（表 6-21）。

表 6-21　成型温度参数的设定

加热区间		1	2	3	4	5
设定值/℃	储料机头	210	210	220	220	220
	挤出机身	170	180	195	200	210
实际值/℃	储料机头	215	215	225	225	225
	挤出机身	175	187	200	205	215

成型温度参数的设定与采用的塑料原料配方以及挤出机螺杆的性能密切相关，在温度参数设定时，需要根据具体情况而定。

生产吹塑托盘的中空吹塑设备比较大，储料机头的体积相应较大，初次升温的时间相对较长，一般在 12～16h。加温过程中，需要注意保障电气控制系统的完好性和储料机头冷却水的畅通。采用电磁感应加热器可使加热时间明显缩短，预加热时间只要6～8h。

③ 产品成型周期　根据产品形状和模具的冷却速率而定，一般在 3～12min。

（5）产品的检测与试验

吹塑托盘出模后，经过修边并称量及钻孔（排水孔），平整堆放在通风的场地上，可以叠放到 15 个左右，待 24h 完全冷却定型后，将叉口部分采用专机进行修整，并进行全部外观检查以及抽样检测。

吹塑托盘主要测试项目见表 6-22。

表 6-22　吹塑托盘主要测试项目

检测项目名称	测试条件	测试结果
角部跌落试验	0.5～1.5m，20℃，－25～40℃，40℃，48h	三次不损坏
滑动试验	20℃，－25～40℃，40℃，48h	无滑动现象
挠曲率≤1%	弯曲试验	（12500±375）N

（6）吹塑托盘设备与新技术

前些年国内应用于吹塑托盘成型的专用设备较少，20 世纪 80 年代国内厂家从日本进口过一套吹塑托盘生产线，设备型号为 IPB-2000C，安装调试生产到现在，设备经过生产厂家多次改进，仍然在生产吹塑托盘，该生产线是国内最早用于生产吹塑托盘的设备。

进入 20 世纪 90 年代，国内相继研发成功 1000L 的吹塑机组，应用于生产 1000L IBC 塑料桶与 1412 规格以内的吹塑托盘，在少数吹塑制品生产厂家初步形成一定批量的生产能力，近年来，国内吹塑托盘的年生产能力与销售量突破 100 万块。

图 6-21 为 TDB-2000L 吹塑托盘专用吹塑机生产线。

该吹塑托盘吹塑机生产线由苏州同大机械有限公司研制成功，可生产 1816 规格以内的全系列吹塑托盘，吹塑托盘单块制品重量可达 55kg 以上。吹塑机生产线在生产扁平类吹塑容器时，具有独特的技术优势和节能优势。

图 6-21　TDB-2000L 吹塑托盘专用吹塑机生产线

该吹塑机生产线可一次整体吹塑成型图 6-22 所示的中空吹塑折叠小型游艇。车载折叠小型塑料游艇与外挂浮筒采用 HMWHDPE 吹塑成型，外挂浮筒内部充填 PU 硬泡，防撞能力较强；折叠状态下可在一般的 SUV 汽车顶部方便携带，船的后部可安装悬挂式动力，组装与折叠非常方便。可乘坐 4 人，稳定性好，可做小型游艇、钓鱼船、水上养殖船、小型武装巡逻艇使用。

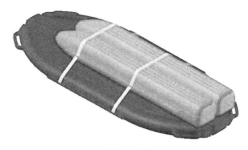

(a) 打开使用状态   (b) 收拢车载状态

图 6-22   车载折叠小型游艇

6.6 三维吹塑制品成型工艺

6.6.1 三维吹塑制品成型方法

随着汽车工业对复杂、曲折的输送管道制件的需求，推动了偏轴挤出吹塑技术的开发，这种技术称为 3D 吹塑或三维吹塑成型（也有的国家叫多维挤出吹塑 MES）。由于利用三维吹塑在加工过程中产生的飞边大为减少，甚至没有飞边产生，所以也称为少废料或无飞边吹塑。其产品见图 6-23。

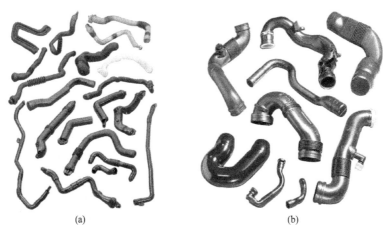

(a)   (b)

图 6-23   汽车用多种塑料吹塑管道

若用常规的吹塑生产工艺生产弯曲类管件，由于型坯的平折宽度远远大于制品的投影宽度，因此会产生大量的飞边（有些高达 50％以上），且夹坯缝较长，不仅影响外观，而且影响制品的强度。如图 6-24 所示，图 6-24（a）为常规吹塑工艺生产得到的制品，图 6-24（b）为三维吹塑工艺生产的制品。

由于三维吹塑的特殊工艺性，与常规有飞边的吹塑工艺相比，具有以下优点。

① 由合模力的选择公式，合模力 $P_合 = 1.2P$，$P = pS$，可知三维吹塑的投影面积远小于常规吹塑的平折宽度，其中 P 为胀模力，p 为吹气压力，S 为合模面上投影面积，故合模力远小于常规吹塑工艺所需要的合模力。

② 切除边料的工作量大大减少。

③ 不必对成型物品的外径重新修整。

④ 成型物品的品质有所提高，因为有壁厚分配设计，不减少合模强度。

⑤ 由于边角料的减少，挤出时间减少，使热敏性材料的降解概率减少。

⑥ 由于飞边大量减少，可以采用更小的挤出机生产。

由于三维吹塑具有以上特点，使得这类方法成为制造汽车弯曲长导管和管道的理想技术。采用三维吹塑可制成的零部件包括：增压柴油机的导气管、特种冷却介质导管、燃料补充管。在一些发达国家，三维吹塑成型技术已经在某些应用领域内替代了其他技术，制成了注油管、无缝门把手等零部件。此外三维吹塑成型技术在越野车辆零部件、家具（椅子靠背和椅子腿）、大型水管装置等领域也具有潜在应用价值，三维吹塑成型技术具有非常诱人的发展前景。

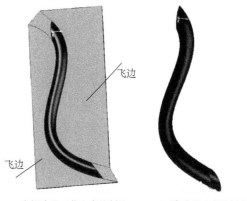

(a) 常规吹塑工艺生产的制品　　(b) 三维吹塑生产的制品

图 6-24　两种不同吹塑工艺对比

三维吹塑成型技术适合于制造复杂的塑料管道零件，制成的零件不会有易导致破坏的分型线，且无飞边，还可提高中空吹塑部件的壁厚均匀性。三维吹塑成型技术可促进零件的整合，无须装配零件，从而可降低成本。目前，该技术正在沿着制造具有顺序（硬-软）结构和夹层结构的零部件的方向发展。三维吹塑成型能较好地提高复杂中空制件的产品质量、生产成本和生产效率，该吹塑成型技术近年来在我国已经有了较大发展。

6.6.2　三维吹塑成型方法的分类

三维（3D）吹塑成型根据所提供的工艺和设备的不同，分为可移动模头模具成型方法、负压成型方法、机械人柔性吹塑方法等。

6.6.2.1　可移动模头（型坯）模具成型方法

根据获得多维形状的型坯的方式不同，可以分为可动模头式结构和可动模头模具式结构两种。前者通过移动模头（或直接移动从模头下方出来的型坯）的方位使已预吹胀的型坯按模具型腔的形状放置并延续到型腔末端。在这个过程中模具是不动的，当型坯完全填好型腔后，下半模在水平方向移动，与上半模闭合，然后完成吹气过程。取出制品完成一次循环过程，见图 6-25。

模具移动方法见图 6-26。由于挤出机机头与挤出机相连，要实现模头绕模具执行多维运动，机构所需动力大，且结构复杂，尤其是当模具型腔复杂的时候。故在实际中使用不多，尤其是型腔复杂的情况下，出现了移动模具的机构，通过模具在 X 和 Y 方向移动，把机头里的物料放在模具的型腔中，然后移动下半模到上半模正上方，合模吹气完成制品的生产。有些厂家为实现更简便快速的填模过程，则有使挤出的型坯同时绕模腔变化的机构，如图 6-26所示，通过模具表面的沟槽摆动，拉动软套运动，形成复杂的多维型坯填满型腔。这是利用一个安装成 $45°$ 角或从 $45°$ 调到 $90°$ 的平面板装置，或右旋板使模具在机头下方沿 X 和 Y 方向移动，将型坯直接安放在型腔里。型坯头处被预夹紧，并且当型坯挤出时模具在机头下移动。这就使得多数型坯料都含在模具内，仅在制品的尾部有飞边。而对汽车用管道来说，此飞边区域常为边角料，因塑料管两头部分将被修饰掉，使制品的两头为开口状态。

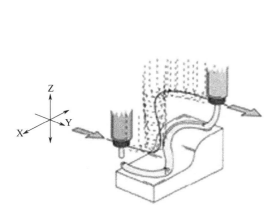

图 6-25　可移动模头 3D 吹塑成型示意图

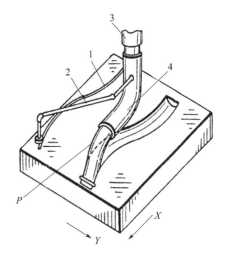

图 6-26　模具移动方法

1—沟槽；2—型坯摆杆；3—塑料型坯成型装置；4—软套

（1）X-Y 加工过程

X-Y 加工过程如下：底部或右板在 X 和 Y 面上移动，以使型坯能按照型腔的形状进入模具的型腔。底板对准中心和顶部，或者左板接近底板，然后气针插入进行吹气成型，一个吹塑成型循环即可开始。上板打开，下板在 Y 方向对着操作者做梭式移动，然后由人工或机械手取出，下板升到最高点而使循环再次开始。采用电气自动控制移动装置，模具能在倾斜模板上沿二维方向随意摆动。

（2）X-Y 成型机器的应用领域

采用 X-Y 加工过程成型的制品主要用作汽车上的管道零件，这些管件用 X-Y 加工方法成型是较好的选择，因为采用常规的吹塑方法成型这类管件时，产生的飞边可达制品质量的2～3倍。采用模具移动方法成型的产品飞边减少较多，可减少下一步的工作量，从而节省了辅助修饰设备。根据设备中挤出机的数量，加工时可同时使用两种或三种不同的塑料材料。

（3）X-Y 加工的特点

X-Y 加工的一个特点是能生产连续的顺序挤出制品，利用一台挤出机生产制品上一个弧形，然后用另一台挤出机生产制品上的第二个弧形。可用两种不同的热塑性弹性聚烯烃材料结合起来生产制品，让制品的两端柔软。硬材料可提供强度，中软材料可防震及装配方便。为增加产品的使用价值而把许多件组装的产品合并成制品，消除了蛇形管端面的缩进和连接部件。X-Y 吹塑的另一个特点是能得到均匀的壁厚。因为型坯在模具内是连续的有夹坯缝，这减少了模塑残余应力，增加了制品的完整性，制品可以有较好的外观。如果 X-Y 制品上需要支架或镶嵌件，可采用注塑成型嵌件在吹塑循环期间进行埋件成型。因为大多数制品是用平板在倾斜位置中生产，所以嵌件在成型时留在模具中。同样，因为模具底板是对着操作者移动的，也方便操作人员在模具中插入镶嵌件。通过程序化地移动型腔也可以在 X-Y 制品上形成压塑法兰，局部型坯在两个之间被夹紧而形成法兰，其他应用包括农业用管道、汽车用燃气管、家具扶手。家具扶手体现了 X-Y 加工过程的变化，为了达到手感好和结构合理的要求，复杂形状的制品可用内层坚硬、外层柔软的材料成型，还可以吹塑成型双重壁塑料制品。

6.6.2.2　负压牵引成型方法

三维负压牵引方法也可以称为吸入式吹塑成型方法，其工作原理是型坯直接从型坯模头的口模中传送（在大多数情况下是储料缸式模头）进入闭合的吹塑模具内，然后通过吹塑模具中的"真空"气流引导通过。这种气流也防止了型坯同模具的过早接触。一旦型坯底部露出吹塑模具，型坯就被上下两个夹紧组件切断，接着吹胀和冷却过程开始启动。吸入式吹塑只需要相对简单和低价的吹塑模具，其工作原理如图 6-27 所示。

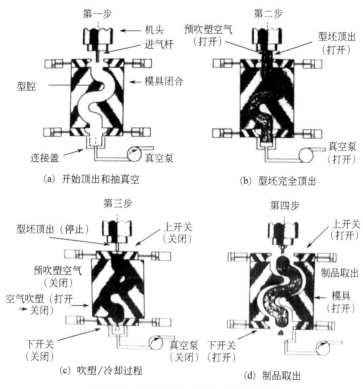

图 6-27　负压牵引成型方法工作原理

采用负压牵引成型的加工方法时，塑料型坯被吸附在闭合的吹塑模具内，同时需要型坯的顶出和在模具内部形成负压，吹塑模具由主要部件和水平滑动的弧形型芯块组成。此加工过程可以分为以下几个步骤。

① 吹塑模具闭合。

② 吸空装置（负压装置）是底部的弧形零件，一旦模具闭合就准备开始工作。

③ 型坯顶出过程和负压作用同时发生。

④ 采用压缩空气预吹塑型坯。

⑤ 当挤出的型坯达到需要的长度时，顶出和抽真空过程自动停止，同时，滑动弧形块闭合。

⑥ 用吹气杆或吹针吹胀制品。

⑦ 当冷却结束时，模具打开，取出制品。

负压吹塑方法能生产出低溢料的三维弯曲制品，与其他加工过程相比，它具有以下特点。

① 设备和模具的投资相对较少，可缩短生产运行周期。

② 生产工艺简单，操作方便。

③ 当模具在循环期间闭合时，无挤压力产生。

④ 模具中的气流防止了型坯和模具表面的过早接触，成型的制品表面质量好。

⑤ 可以加工较低熔体强度的材料，例如尼龙。

⑥ 此加工过程也适用于连续顺序共挤。

图 6-28 为一种三维负压牵引成型的吹塑机与模具。

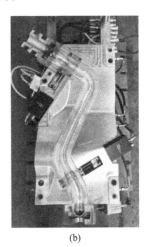

(a)　　　　　　　　　　　　　　(b)

图 6-28　一种三维负压牵引吹塑成型的吹塑机与模具

目前可采用负压牵引吹塑成型的汽车塑料风管规格较多，图 6-29 显示的是两种采用负压牵引吹塑成型制造的塑料风管。

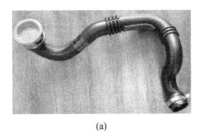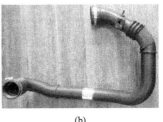

(a)　　　　　　　　　　　　　　(b)

图 6-29　两种不同类型的、采用负压牵引吹塑成型的塑料风管

6.6.3　机器人柔性吹塑成型方法

机械人柔性吹塑成型方法是机器人在工业生产中普遍应用后发展起来的一项新型吹塑工艺，由于可移动模头模具系统是靠移动机头或模具来实现型坯的安放过程，中间过程带着质量庞大的模头挤出系统或模具部件在运动，而且当型腔形状复杂，尤其是当型腔出现突然 90°转弯的时候，简单的 X-Y 系统很难实现其运动轨迹，而机器人超强的柔性单元，通过程序的编制，可以轻松地完成型坯的安放，而且可以完全不移动沉重的模具和模头。

机器人柔性吹塑成型方法的工作原理：当型坯从模头挤出时，由机械手夹持单元预封型坯，并进行预吹，防止物料黏结，型坯在自重及挤出压力下伸长，当达到一定的长度时，机器人夹持住型坯，由模头模口切断型坯，机器人则夹着一定长度的型坯按预先编写的程序轨迹把型坯放到下方的模具中，完成后机器人复位，下半模在滚珠丝杠的作用下向合模部位移动，下半模到位后，在合模机构的作用下合模，吹针进行吹胀，开模取出制品，下半模移动到模头下方位置，等待下一工序的到来，完成一次循环，见图 6-30。

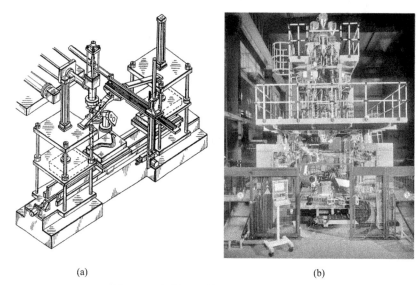

(a)　　　　　　　　　　　　　　　　(b)

图 6-30　机器人柔性吹塑成型方法示例

图 6-30（a）是一种双工位吹塑机采用机器人柔性吹塑成型方法的示意图，图 6-30（b）是一种采用机器人柔性吹塑成型方法的设备外观。从图中可以看出，为了提高吹塑设备的使用率，提高生产效率，可通过在模板挤出机挤出方向垂直的方位安装两个合模机构，成为双工位机型，使双工位设备的模具互换完全没有问题。在型坯直径完全一致的情况下，在两个工位上可生产两种完全不同的制件。由于其紧凑的结构，只需要一个机械手进行集中取出制件。这样可以提高设备的生产使用范围。

6.6.4　三维中空吹塑设备

金纬机械研发了生产异形管件制品的三维中空吹塑成型机 JWZ-BM3D-800，其成型设备外观见图 6-31。该设备对于三维旋转的管状件，如汽车用的进气管或注油管等，能够进行无飞边（或仅有少许飞边）生产。

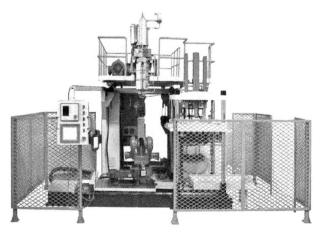

图 6-31　采用机器人操作的柔性吹塑成型设备

6.6.4.1　生产工艺过程

该三维吹塑成型机采用水平吹塑，合模锁模机构在垂直方向开合，移动模具机构在水平方向运动，成型模具下半部分移至边位，则射料开始，直径比较小的型坯通过机械手机构被直接放入模具型腔，然后模具下半部分移动到原位，合模机构闭合锁模，吹塑和冷却过程开始，达到设定时间后开始开模，为安全方便地把制品取出，要求制品留在上模体，待下模体移到边位时，制品被顶出装置顶出，接料盒接住制品，下一循环开始。以 PE 为原料生产汽车风管的工序为：原料→配料→加热挤压→机器人下封口→型坯壁厚控制，射料定长挤出→机器人夹持型坯→切断型坯→机器人下放型坯至下半模→移模→合模→吹气保压→冷却后开模→制品取出→下半模返回至模头下相应部位，等待下一工序。

6.6.4.2　柔性三维中空吹塑成型机组成

（1）挤出系统

根据物料的特性及加工工艺，合理地选择适合生产的螺杆机筒结构，例如，当生产 PE 物料，且为粒料时，可适用 IKV 螺杆结构，已获得稳定而均匀的熔体型坯质量。而生产 PA 物料，则需适用突变型螺杆结构。挤出机规格根据制品生产要求配置。

（2）型坯模头

为了获得均匀稳定的型坯物料，该机采用"先进先出"的原则进行螺旋流道机头生产，为了制品壁厚均匀，消除型坯因自重引起拉伸而带来的影响，型坯的壁厚应根据制品的形状进行优化，通过壁厚的优化，提高制品的质量。壁厚控制系统是对模芯缝隙的开合度进行控制的系统，即位置伺服系统。在生产过程中，为了保证制品的质量，要求被控量能够准确地跟踪设置值，同时还要求响应过程尽可能快速。要达到上述两种要求的控制效果，壁厚控制系统采用闭环反馈设计，其组成部分包括壁厚控制器、电液伺服阀、动作执行机构和作为信号反馈装置的电子尺。操作人员在壁厚控制器的面板上设定型坯壁厚轴向变化曲线，控制器根据曲线输出电压或者电流信号至电液伺服阀，由电液伺服阀驱动执行机构控制芯模的上下移动，从而造成芯模缝隙的变化。电子尺通过测量缝隙的大小得出相应的电压信号反馈给壁厚控制器。这就构成了闭环的壁厚控制系统，口模采用收敛式结构。

（3）机器人部件

机器人部件执行预封及夹住切好定长的型坯的安放工作，要求具有良好的柔性，可以方便地根据型腔的变化编写程序，完成相应的动作。其具有 6 轴运动副，可以到达允许活动区域范围内任何角落。为方便封口和夹持型坯，可设计一个夹手与机械手臂相连。

（4）移模部件

移模部件起着将模具从放料位置移动到合模部件的作用，要求移动平稳，噪声小。采用伺服电机配滚珠丝杠结构来完成相关动作。

（5）开合模机构

开合模的作用是驱动成型模具的开闭，采用垂直方位压机，利用大小油缸液压进行锁模。采用比例阀控制技术，具有锁模力大、开合模速度快、运行平稳、节能环保等优点。

从近年来国产吹塑机的研发情况来看，三维吹塑成型技术应用推广较快，用于吹塑成型轿车塑料风管的吹塑机生产线主要配备如下。

① 高效率挤出塑化系统，以适应高强度塑料的塑化挤出，适于 TPE 类工程塑料的塑化挤出。

② 高效优质成型机头，有多层、单层等特别设计，可以安装柔性环口模径向控制系统，

实现塑料型坯的精确控制；机头与上平台可做 X、Y 方向快速移动，以适应模具位置的变化。

③ 合模机系统有普通的立式，也有卧式结构，适于各种不同风管产品的吹塑成型生产。

④ PE、PP 类塑料可实现微发泡吹塑成型，可单层吹塑发泡，也可以多层吹塑中间层发泡。

⑤ 三维吹塑机生产线可采用负压牵引吹塑成型技术，也可以采用机器人牵引吹塑成型技术，还可以采用机头快速移动吹塑成型技术等。

⑥ 三维吹塑成型生产线可以是一种塑料材料吹塑，还可以采用多种塑料顺序吹塑成型，也可以多种塑料多层吹塑成型等。

6.7　汽车塑料燃油箱成型工艺与设备

图 6-32 为几种多层塑料燃油箱的产品外形。

图 6-32　几种多层塑料燃油箱的外形

（1）塑料燃油箱的吹塑成型工艺

多层（一般 6 层）吹塑成型塑料燃油箱是采用高分子量高密度聚乙烯（HMWHDPE）作原材料，采用多层吹塑机生产线一次整体吹塑成型的。挤出吹塑成型是将熔融软化状态的高分子量高密度聚乙烯用挤出机挤出型坯后放入成型模内，用两半片吹塑模具将塑料型坯夹紧，然后通入压缩空气，利用空气压力使塑料坯料沿模腔变形，经冷却脱模得多层塑料燃油箱。采用的 HMWHDPE 塑料分子量较高，力学性能优异，阻渗性能好，吹塑成型快捷，制品吹塑成型时产量高，质量稳定可靠，是现代化大批量生产的首选。

目前主要有以下 3 种提高塑料燃油箱阻隔性能的工艺。

第一种：在基体中添加阻隔性树脂，这是一种物理方法。

第二种：对燃油箱进行氟化或硫化处理，在箱体表面上形成燃油阻隔层，这是一种化学方法。

第三种：采用多层共挤技术，将阻隔材料与聚乙烯分层同时挤出吹塑成型，是一种物理方法。

多层塑料燃油箱吹塑成型是将各种塑料原料分别加入各自的挤出机料斗中，挤出机分别将几种塑料原料挤到多层连续挤出机头中形成可控的塑料型坯，然后合模机移动至机头下部，塑料型坯放入模具内并且合模，合模机移出，同时在模具合拢的阶段采用预吹和高压吹的方法让塑料型坯在模具内吹塑成型，然后模具打开，取出制品，从而完成一个产品成型周期。

（2）树脂的选择

多层共挤出吹塑成型将各层同时挤出吹塑，其结构从内到外分别为基层、黏结层、功能层、黏结层、回料层、装饰层。可根据各层特点来选择相应的树脂。

① 基层（或称内层，A 层）　基层是 6 层燃油箱的主体。厚度较大，一般占总厚度的37%。其作用是确保制品的强度、刚度及尺寸稳定性，同时也起一定的功能作用。基层原料主要是 HDPE 新料。

② 回收料层（或称 B 层）　在生产燃油箱的过程中，会产生一些工艺飞边的少量废品，将其回收再利用，可降低成本。同时，多次回收通常也不会影响 PE 料的性能。回收料层所用原料可全为 6 层回收料，也可用 6 层回收料和 HDPE 新料的混合物。该层厚度一般占总厚度的 42%。

③ 外层（或称装饰层，C 层）　外层（装饰层）除具有一定强度、刚度外，也可以加入色母粒，以提供燃油箱不同的外部色彩，还可以加入抗紫外线剂等助剂，以改善燃油箱的外部适应性。外层原料主要为 HDPE 新料和各种助剂。该层厚度一般占总厚度的 15%。

④ 功能层（或称阻隔层，F 层）　功能层是 6 层燃油箱起高阻渗作用的关键层。它不仅可以阻止燃油有效成分渗透至燃油箱外，而且可以阻止外界气体或湿气等向燃油箱内的渗透。功能层原料主要是 EVOH。该层厚度一般占总厚度的 1%～3%。

⑤ 黏合层（或称黏结层，D 层、E 层）　黏合层主要解决功能层与基层、回收料层之间的相互黏合不良的问题。多层燃油箱各层之间的黏合是多层共挤机头的关键点。黏合层原料一般用改性聚乙烯。该层厚度一般占总厚度的 2%。

（3）吹塑成型工艺条件

① 基层（HDPE/碳纤维）、黏合层、装饰层挤出机挤出温度：加料段 100～120℃，塑化段 150～170℃，均化段 160～180℃，机头温度 175℃。

② 功能层（EVOH）挤出机挤出温度：加料段 160～180℃，塑化段 210～240℃，均化段 230～250℃，机头温度 235℃。

③ 模具温度：50℃。

④ 吹气压力：0.8MPa。

（4）缩短多层塑料燃油箱吹塑成型周期的方法

① 采用模具冷却装置（冷却水路）降低模具温度，即通常说的冷冻水循环回路。

② 适当降低塑料型坯温度，可采用风环冷却装置冷却塑料型坯。

③ 采用吹胀气体循环回路，可采用复合气嘴吹气，使内部的吹胀气体可以快速循环换气。

④ 采用−35℃冷却气体吹胀，即采用深低温压缩空气进行吹塑成型。

⑤ 采用液氮冷却吹胀，采用这种工艺方法时，吹塑成型成本会提高较多，有必要时可以尝试，可大为缩短吹塑成型周期。

此外，采用塑料型坯径向壁厚度调节装置，使型坯的厚壁部分减小，也可缩短成型周期。如果综合采用深低温冷却压缩空气或液氮气体吹塑成型及径向壁厚度调节装置，则可显著缩短成型周期，提高生产效率。这些技术已经成熟，是否采用主要看制品的批量是否需要。

（5）多层塑料燃油箱的吹塑成型设备

塑料燃油箱成型需要的吹塑机生产线，目前国内应用的主要有：德国考特斯公司、秦川塑料机械厂和江苏大道机电科技有限公司生产的 6 层吹塑机生产线。

图 6-33 为多层塑料燃油箱吹塑机外形。图 6-34 为江苏大道机电科技有限公司研制的多层塑料燃油箱吹塑机生产线，吹塑机设备型号为 DDSJ350×6D-C。

图 6-33　多层塑料燃油箱的吹塑机外形　　　　图 6-34　江苏大道机电科技有限公司研制的
多层塑料燃油箱吹塑机生产线

（6）设备性能参数

DDSJ350×6D-C 6 层中空吹塑机主要由 6 台塑化不同性能材料的高效挤出机组成的挤出系统、连续式共挤机头、成型机、吹胀装置、机械手、预夹机构、机架、安全防护装置、冷却系统、冷水机、集中供料系统、电气控制系统、液压系统、气动系统、失重称重系统等组成。

① 基本参数　制品最大容积（燃油箱）：100L。

挤出系统最大联合挤出能力：≥700kg/h。

塑料型坯挤出能力：≥650kg/h。

塑料型坯质量稳定性：±1%。

口模直径：ϕ250～400mm。

② 挤出系统　挤出机采用新型机筒开槽强制喂料（IKV）结构。熔体输送几乎不受背压和低熔体温度的影响，产量高且波动小，塑化质量好。螺杆采用特殊的分散混炼和分布混炼结构，具有很好的塑化质量。螺杆、料筒等主要零件采用高级氮化钢 38CoMoAlA，经调质氮化、抛光处理，具有极高的耐磨性，保证了挤出机的长使用寿命。氮化层深≥0.5mm，氮化硬度≥HV900。6 台挤出机减速箱采用国产高性能专用减速箱，背压轴承采用大推力轴承，保证可靠性及挤出速度稳定性。挤出机加热段采用铸铝或陶瓷，螺杆加料段水冷，其余各段采用风冷。挤出机采用伺服电机驱动，输出扭矩大，转速稳定。

a. 内（基）层主料挤出机　螺杆直径为 ϕ100mm；长径比为 28∶1；驱动功率为 110kW；加热功率为 30kW；塑化能力为 250kg/h（HDPE）。该挤出机用于塑化汽车燃油箱主料（HDPE），构成多层料坯中的内层骨架。

b. 回料层挤出机　螺杆特殊设计，其混炼段可使回收料中的 EVOH 在回料层中均匀分布，大大提高燃油箱的刚度及尺寸的稳定性。螺杆直径为 ϕ120mm；长径比为 30∶1；驱动功率为 132kW；加热功率为 39.5kW；塑化能力为 350kg/h（回料的粒度需≤6mm，无絮状料），用于塑化在设备生产过程中所产生的飞边、料头、废品等经过粉碎的回收料。在粉碎料熔融状态进入机头前加过滤网。

c. 外（装饰）层料挤出机　螺杆直径为 $\phi75mm$；长径比为 28：1；驱动功率为 55kW；加热功率为 12.5kW；塑化能力为 140kg/h（HDPE）。用于塑化汽车燃油箱最外层料（HMW PE）。可在该层原料中加入一定量的色母粒等添加剂，按比例配制。

d. 阻隔层挤出机　螺杆直径为 $\phi60mm$；长径比为 25：1；驱动功率为 22kW；加热功率为 9.5kW；塑化能力为 35kg/h（EVOH）。该挤出机专门用于塑化 EVOH，作为多层制品的阻透层。

e. 黏结层挤出机　螺杆直径为 $\phi45mm$；长径比为 28：1；驱动功率为 15kW；加热功率为 9.5kW；塑化能力为 25kg/h（改性 PE）。用于黏结剂聚合物（一般为改性 PE）的塑化挤出。

③ 成型机　成型机结构采用双拉杆合模机构，模板移动速度快，节能，开、合速度伺服控制。合模定位精度为 ±0.25mm；锁模力为 1200kN；模板尺寸（宽×高）为 1500mm×1500mm，模板有效尺寸（宽×高）为 1500mm×1500mm；模板间距为 1400～2600mm；模具最小厚度为 1420mm；合模行程为 600mm×2；模具最大重量为 6000kg；成型机开合模速度为 150mm×2/s（可调）；成型机移出行程为 2800mm；成型机移动速度为 400mm/s（可调）。开合模区采用光电安全保护装置。

成型机移进移出采用重型直线导轨，伺服电机驱动，速度控制平稳、可靠、可调、定位精确。重复精度小于 0.5mm，保证机器人安放镶件的准确性。成型机开合模采用伺服油泵控制。速度、压力自动调节控制，运行平稳、可靠、节能。成型机所有焊接零件，均经过时效除应力，保证焊接零件的寿命和可靠性。

④ 6 层共挤机头　最大产量为 650kg/h；挤出速率为 0.2kg/s；型坯控制点数为 100 点；口模直径为 $\phi250～400mm$；根据用户要求的尺寸制作（随机配备一套），伺服缸行程为 25mm；加热功率为 47kW（电磁感应加热）。

⑤ 吹胀机构及预夹机构　主要用于吹制油箱动作的实现，具有底吹、侧吹、顶吹等多种功能。扩张行程为 2×400mm（可调）；扩张杆间距为 150mm；升降调整量为 300mm（可调）；自动升降行程为 150mm。吹胀装置采用同步链传动来调整高度。吹胀装置具有吹胀装置升降、扩张器扩收等功能。预夹为平夹结构（水冷）；预夹距离为 700mm。

⑥ 上平台　上平台升降调整量为 350mm，上平台用于安装和固定挤出机组、共挤机头、集中供料系统，通过梯子可以登上，以便检查和维修伺服泵站、控制电柜等。上平台的升降，不仅便于调整模具和口模之间的距离、减短料头、节约原料，而且方便模具和机头口模、芯模的更换。

⑦ 机械手　用于取出制品，具有升降、进退、夹紧和放松的功能。

a. 主机械手升降调整量为 400mm（可调）；水平行程为 4000mm；水冷或气冷；夹持直径为 600mm。

b. 辅机械手，用于机器正常工作前取出料坯，具有进退、夹紧、放松功能。带有时间调节和长度自检测能力，具有手动和自动可调节功能。

⑧ 安全防护装置　设备配有多种安全连锁装置，用于保护设备和保障操作人员的人身安全。在成型机的工作区安装有下防护栏，以保障操作人员的人身安全。成型机的开合模区域，装有一光栅，用于维修时防止成型机模板意外闭合。每台挤出机于机头连接法兰处安装

有熔体压力传感器，检测熔体压力，压力超过设定的安全值时报警，同时挤出机自动停止。假如某个动作不到位，有检测报警提示，以便快速排除故障。

⑨ 电气控制系统　电气控制系统双 PLC 及 Ether CAT 总线可编程控制器和真彩触摸屏显示器性能可靠，响应速度快。塑料型坯控制点数为 100 点，轴向伺服控制。成型机开合采用安全光栅传感器保护，以保护人身安全。加热系统采用固态继电器。

⑩ 液压控制系统　型坯壁厚轴向伺服控制。主油路电机功率为 22kW＋11kW；伺服系统电机功率为 7.5kW（专供型坯壁厚控制用）。

⑪ 气动控制系统　精确控制机械手夹持动作及提供吹塑过程用气。

⑫ 失重称重系统　每台挤出机配一套失重称重装置，6 台联动。重量重复精度为 ±0.3%～0.5%。

⑬ 集中供料系统　集中供料系统用于 6 台挤出机的自动上料控制。上料能力≥750kg/h。集中供料系统包括：阻隔层料，除湿干燥机预干燥及送料装置；回收料，热风干燥机及送料装置；加磁力棒；外层料、PE 料及添加剂的计量、混配及送料装置；内（基）层主料、黏结层送料装置；集中供料的自动控制系统等。

⑭ 用于模具冷却的冷水机组　冷水机：30kW，冷水机组有水温异常、水压异常、缺水报警等功能。

6.8　TPE 等热塑性弹性体的吹塑成型工艺与设备

TPE 弹性体吹塑成型与常用的塑料吹塑成型有一些差异，主要体现在温度控制的精度、挤出机挤出速度、塑料型坯的注射速度、模具温度控制以及挤出机进料速度等方面。

加工温度控制精度要求较高，一般宜选择 ±1℃。此外加热器接线宜相互错开，以使螺杆机筒与机头加热更加均匀。

吸湿性的 TPE（如 TPU、TPET 类）加工前需要经过干燥处理，其处理方法类似于 ABS、PA、PET 等塑料的干燥处理方法，在加工前对材料进行预加热，使入料温度恒定，有助于确保产品质量和产量的稳定，熔体温度均匀。为了防止料斗内出现架桥现象，料斗出口的尺寸比 PE 料斗要大一些。

挤出机螺杆的长径比宜选择大一些，一般长径比在 25～28，螺杆压缩比选择 3∶1 左右。进料口尺寸需要大一些，由于弹性体材料在工艺温度下，黏弹性较高（即熔体强度较大），一般应该选择大一个型号的减速箱和驱动电动机。在塑化挤出时，挤出速度应该稍微慢一些，使其充分熔融，形成较好的型坯。同时型坯的注射速度可稍微慢一些，以形成优质型坯。吹塑成型的压缩空气压力宜调整大一点，一般为 0.4～0.8MPa。模具温度一般控制在 45～95℃。

型坯机头的流道需要流线型，以缩短熔体在机头内的停留时间。吹塑较小尺寸的 TPE 制品时，可采用连续挤出机头。对于较大尺寸的 TPE 吹塑制品，可采用储料式机头。但是，对于热敏性 TPE，建议不要采用储料式机头。

TPE 塑料型坯的离模膨胀率一般会小于 PE、PP 等塑料，因此，口模、芯模的尺寸需要大一些，此外，型坯的控制精度与精确度也没有加工 HDPE 时高（即型坯控制曲线跟踪性能相对较差），有一些 TPE 材料可能型坯控制精度较差。对于一些 TPE 套管的吹塑生产，建议采用 3D 负压牵引吹塑成型工艺，可减少制品的飞边。

此外，TPE 吹塑件的边料与废品粉碎后，其颗粒尺寸不能过大，基本与新料接近，方便与新料的共混；对于一些吸湿性的 TPE 塑料，其边料应该及时粉碎，并且及时加入新料中去。

挤出吹塑成型的 TPE 吹塑件见图 6-35。

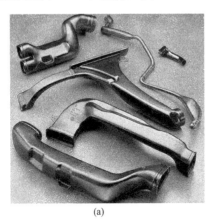

(a)　　　　　　　　　　　　　　(b)

图 6-35　几种 TPE 吹塑件外观

TPE 弹性体吹塑成型设备，由于材料型号不同，吹塑设备也有一定的差异性，一般 TPE 材料的加工温度区间较窄，因此温度控制系统的精度要求较高。机头的流道粗糙度要求较高，挤出塑化的输送能力要求严格。另外，合模机开合模速度的控制精度要求高一些。此外，螺杆的长径比要求大一些，建议采用 28：1 以上的专用螺杆。对于吹塑制品工厂技术人员不熟悉的 TPE 材料，建议先进行相关吹塑成型工艺试验，再订购合适的吹塑设备与机组。

6.9　微发泡吹塑成型技术

中空吹塑微发泡吹塑成型技术最近几年常见于一些专业书籍的介绍，真正应用于吹塑制品生产的较少，特别是系统介绍的更少。中空吹塑微发泡工艺可分为物理发泡和化学发泡。两种发泡技术均可应用于中空吹塑工艺，根据吹塑设备的差别可分别选用。

一般来说，从已经实际应用于中空吹塑生产的情况看，微发泡工艺对 HDPE 类材料吹塑时效果更好一些，对其他材料特别是工程塑料是否能够应用微发泡技术工艺，还值得进行更多的试验与研究。

吹塑微发泡工艺技术对于增加制品壁厚、减轻制品重量、提高冲击强度、提高制品刚度、提高堆码强度等物理机械性能具有一定的优势，值得进行深入研究。

需要特别说明和提醒的是，吹塑微发泡技术可以提高吹塑制品的一些力学性能并具有一定的特殊作用，但是该技术并不是万能的工艺，也不是包治百病的良药。

6.9.1　物理发泡技术

中空吹塑的物理发泡技术是采用物理方法使塑料型坯在挤出注射过程中进行微发泡的一种技术工艺，所以称为物理发泡技术。

物理发泡技术工艺一般应用于多层吹塑成型中，比如，在三层吹塑成型中，一般在中间层中采用物理发泡工艺让中间层型坯进行微发泡，内外表面层不进行发泡，这样生产出的吹塑制品具有较好的冲击强度和堆码强度，以满足不同的技术要求。中空吹塑成型中物理发泡一般采用水蒸气发泡，工艺较好控制，综合性能与各项成本因素较优。一些企业宣称的加入氮气进行吹塑物理发泡的技术在目前的情况来看，应该是没有必要的，可能这些企业本身还没有搞清楚吹塑物理发泡基本的工作原理。

（1）中空吹塑物理发泡技术对吹塑机设备的要求

从物理发泡工艺的生产情况来看，采用多层至少三层的吹塑设备更加有利于进行工艺的控制，三层的制品中对中间层进行物理发泡控制，相对工艺控制更加稳定，制品质量容易得到保障。三层吹塑设备既可选择储料式机头，也可选择连续式挤出机头。从多年实际生产的效果来看，一般采用带储料式机头的吹塑机进行微发泡生产更为稳定，工艺调整方便、快捷。

① 对吹塑机温度控制系统的精度要求。采用微发泡吹塑工艺时，通常对温度控制系统要求比较严格，一般情况下，不论是物理发泡或化学发泡工艺，建议温度控制系统的误差在正负 3℃ 以内比较合适，工艺控制会容易一些。

② 物理发泡吹塑工艺采用水作为发泡的助剂，它是水在高温、高压下形成了高压的水蒸气，使塑料熔体内部产生了分散、致密的微型泡孔，而且每个泡孔相互独立，不与相邻的泡孔相通，这样才能产生较好的效果。一般建议采用洁净的自来水即可，在设备中间层的料斗附近设置精准加水装置，同时确保不对外部漏水；在不需要进行物理发泡时可随时关闭水阀。一般入水孔设置在料斗的下部直段处较好（靠近螺杆进料口）。

③ 对挤出机长径比的要求，在吹塑发泡工艺中，长径比过小的挤出机，由于原料在挤出机停留的时间过短，如果塑料还来不及进行发泡，就已经被挤出机头，则不论是物理发泡还是化学发泡，都不能起到发泡的作用，因此，挤出机螺杆的长径比也会决定吹塑发泡工艺的优劣。从生产中的具体情况来看，采用长径比 28：1 以上的挤出机对于吹塑发泡工艺来说，其工艺的稳定性会好很多；长径比为 24：1 时，其吹塑发泡工艺则很难进行控制；通常情况下，长径比过小的挤出机很难进行吹塑发泡工艺的试验与正常生产。

（2）物理发泡吹塑工艺的控制

就物理发泡吹塑工艺而言，一般情况下，控制非常方便与简单，在制品已经能够正常生产的情况下，进行物理发泡吹塑即可。一般来说，只是需要打开进水阀门，适当控制进水量即可。比较直接的办法是，通过观察塑料型坯的发泡状况来确定微发泡的状况，当型坯发泡泡孔过大时，表明发泡太过；当型坯发泡泡孔过小时，表明发泡不足，只要适当调节进水量即可。以产品的发泡断面肉眼看不到微发泡泡孔为好，而型坯断面能够清晰地观察到微发泡的泡孔。并且可将微发泡后的制品壁厚与发泡前的制品壁厚进行比较，一般情况下，微发泡后的制品壁厚应该是发泡前的壁厚的 1.1～1.5 倍，壁厚增加过多，表明发泡过大，会损失相关的力学性能，如果发泡不足，则没有起到发泡的作用，即没有发泡效果。

此外，制品吹塑成型时的压缩空气气压的调节也是关键，吹气气压不可过低，过低时，难以形成比较致密的内外表面，而影响产品的质量和力学性能。另外，单层吹塑制品建议不要采用物理发泡技术。

6.9.2 化学发泡技术

中空吹塑的化学发泡技术是采用化学发泡方法使塑料型坯在挤出注射过程中进行微发泡的一种工艺。这种发泡工艺采用在主配方中加入发泡母粒的方法，使塑料型坯产生化学发泡。其发泡机理在此不做详细介绍。

化学发泡技术可应用于多层与单层吹塑成型工艺中，成型方便，控制简易，对吹塑制品的成型没有不好的影响，可使吹塑制品的壁厚增加或减轻吹塑制品的单重，对提高力学性能有一定的效果。

（1）吹塑成型化学发泡工艺中发泡母粒的用量

目前市场可用于中空吹塑使用的发泡母粒生产较少，从已经使用的情况来看，一般应用于中空吹塑成型工艺的发泡母粒用量以 0.3～5.0kg/t（主体原料）为好，具体用量的多少需要根据产品特点与天气情况确定。

湿度状况对发泡倍率影响较大，当湿度较小时，其发泡母粒的加入量需要大一些；湿度较大时，其发泡母粒的加入量需要小一些。当制品壁厚较厚时，其发泡母粒的比例也可适当加大。

（2）中空吹塑微发泡成型工艺的控制要点

中空吹塑微发泡成型工艺的主要影响因素有发泡母粒的分散性、成型温度、环境空气湿度等。

① 发泡母粒的分散性。发泡母粒在吹塑原料的配方中所占比例很小，分散性如果不好，将直接造成产品的不合格或出现大量的报废产品。改善分散性的方法如下。

a. 减小发泡母粒的颗粒直径。由于发泡母粒是厂家直接提供的，颗粒直径比较一致，为了提高在吹塑原料中的分散性，减小发泡母粒的颗粒直径是一个行之有效的方法，可采用市面销售的小型中药材磨粉机进行二次加工，因为每天配方时用量较少，一般可根据用量，采用现场加工的方法进行，加工后的颗粒大小一般呈细沙样即可。

b. 改善原料混合方法。可先将发泡母粒加入适量的白油、色母粒与少量原料进行共混均匀，然后再加入其他原料进行充分混合，一定要确保各种原料的充分混合均匀才能进行生产。

② 精确控制挤出机、成型机头的工艺温度。对于中大型吹塑制品来说，控制工艺温度的偏差在±3℃以内较为合适，对于小型吹塑制品，工艺温度的偏差宜选择在±2℃以内较好。

同一中空吹塑制品的微发泡工艺的实用图片见图 6-36 和图 6-37。

从图 6-36 和图 6-37（放大 300 倍）可以看出，塑料型坯的微发泡孔径明显大于制品的微发泡孔径，在吹塑制品中已经明显看不到微发泡的泡孔，只是看到比较致密的显示白色的带状，而在塑料型坯的断面放大图（图 6-37）中可看到明显的微发泡孔，这些微发泡孔在吹气压力的吹制下，形成了微发泡状态，微发泡孔已经非常致密，泡孔很小，分布均匀，因此微发泡吹塑制品具有较好的力学性能。

中空吹塑微发泡工艺技术在实际吹塑生产工艺中出现的时间不长，对工艺技术中许多细节还需要进行更多的研究与探索，此外，许多定量的分析与研究仅仅是进行了一些初始的工作。需要提出的是，中空吹塑微发泡成型工艺不是将吹塑制品做成 PU 类泡沫的结构断面，只是在它的内部形成比较致密的微发泡孔，而这些微孔相互之间没有形成相互穿透，这样才会对微发泡吹塑制品起到较好的增强作用。

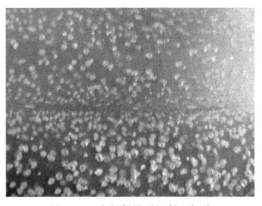

图 6-36　吹塑制品断面微发泡切片　　　　　　图 6-37　吹塑制品型坯断面切片

　　目前从已经取得的研究成果来看，挤出中空吹塑采用微发泡工艺技术，对许多吹塑成型产品的性能提高与改善具有较好的效果，值得更多的工程技术人员进行深入的研究。

附录

《直接接触药品的包装材料和容器生产洁净室（区）要求》

在吹塑制品厂家的生产实践中，会遇到食品、药品、电子元器件包装容器与吹塑制品等对生产环境的不同要求，考虑到一些吹塑制品生产厂家管理人员和工程技术人员对这方面的具体要求不是很熟悉，因此，将《直接接触药品的包装材料和容器生产洁净室（区）要求》的资料录入附录，供吹塑制品厂家参考。

此外，随着时代的进步，这些相关规定会有较大变化，请及时关注政府相关规定的发布。

一、说明

1. 本规定对直接接触药品不清洗即用的包装材料和容器的生产企业洁净室（区）提出了具体要求，明确了对洁净室（区）进行检测的有关项目。

2. 凡生产直接接触不洗即用的包装材料和容器的企业应按本要求组织生产。洁净级别的设置应遵循与所包装的药品生产级别相同的原则。

3. 对于洁净室（区）内使用的压缩空气或各类气体，也应列入受控范围。

4. 生产工序的排列，企业可根据实际状况、布局来定，但应符合使污染降低至最低限度的原则。当生产技术不能保证药包材生产不受污染或不能有效排除污染时，该生产区域的洁净级别应在条件许可的前提下提高。

5. 洁净工作服的洗涤干燥、工具清洗存放应符合《药品生产质量管理规范》中的相关规定。

6. 每一个级别的洁净室（区）都应设有更衣、换鞋缓冲区域。

7. 直接接触药品的包装材料和容器生产洁净室（区）图例如附图 1-1 所示。其中生产控制区应为密闭空间，具备粗效过滤的集中送风系统，内表面应平整光滑，无颗粒物脱落。墙面和地面能耐受清洗和消毒，以减少灰尘的集聚。

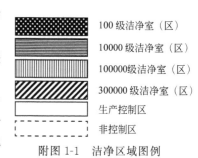

附图 1-1 洁净区域图例

二、洁净室（区）检测项目

（一）洁净室（区）检测项目和检测方法如附表 1-1 所示。

附表 1-1　洁净室（区）检测项目

序号	检测项目	检测方法
1	温度/℃	GB 50591—2010《洁净室施工及验收规范》
2	相对湿度/%	GB 50591—2010《洁净室施工及验收规范》

序号	检测项目	检测方法
3	静压差/Pa	GB 50591—2010《洁净室施工及验收规范》
4	换气次数/(次/时)	GB 50591—2010《洁净室施工及验收规范》
	单向流风速/(m/s)	GB 50591—2010《洁净室施工及验收规范》
5	尘粒最大允许数/(粒/m³)	GB/T 16292—2010《医药工业洁净室(区)悬浮粒子的测试方法》
6	微生物最大允许数/(个/m³)	GB/T 16293—2010《医药工业洁净室(区)浮游菌、沉降菌的测试方法》
7	照度/lx	GB 50591—2010《洁净室施工及验收规范》

注:1. 检测时应注明当天室外的温度和相对湿度。
2. 检测状态分静态和动态两种。

（二）洁净室（区）检测标准见附表1-2。

附表1-2　洁净室（区）检测标准

序号	检测项目			检测标准
1	温度/℃			18～26(或与生产工艺相适应)
2	相对湿度/%			45～65(或与生产工艺相适应)
3	静压差/Pa	对室外		＞10
		不同洁净级别		＞5
		对非洁净区		＞5
4	换气次数/(次/h)	10000 级		≥20
		100000 级		≥15
		300000 级		≥12
	单向流风速/(m/s)	100 级		垂直≥0.3,水平≥0.4
5	尘粒最大允许数/(粒/m³)	100 级	≥0.5μm	3500
			≥5μm	0
		10000 级	≥0.5μm	350000
			≥5μm	2000
		100000 级	≥0.5μm	3500000
			≥5μm	20000
		300000 级	≥0.5μm	10500000
			≥5μm	60000
6	微生物最大允许数	100 级	浮游菌	5 个/m³
			沉降菌	1 个/皿(φ90mm 培养皿,30min 以上)
		10000 级	浮游菌	100 个/m³
			沉降菌	3 个/皿(φ90mm 培养皿,30min 以上)
		100000 级	浮游菌	500 个/m³
			沉降菌	10 个/皿(φ90mm 培养皿,30min 以上)
		300000 级	浮游菌	500 个/m³
			沉降菌	15 个/皿(φ90mm 培养皿,30min 以上)
7	最低照度/lx			≥150(或与生产工艺相适应)

三、药包材产品的生产受控区域

药包材产品的生产受控区域如附图 1-2～附图 1-14 所示。

1. 药用丁烯橡胶塞（包括丁基橡胶抗生素瓶塞、输液瓶塞、冷冻干燥输液瓶塞和冷冻干燥注射剂瓶塞）

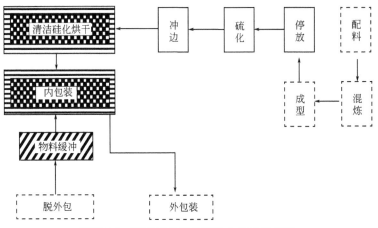

附图 1-2　药用丁烯橡胶塞的生产受控区域

2. 药品包装用 PTP 铝箔

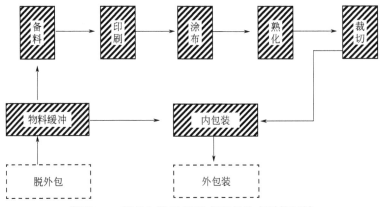

附图 1-3　药品包装用 PTP 铝箔的生产受控区域

3. 药用 PVC 硬片及各种复合硬片

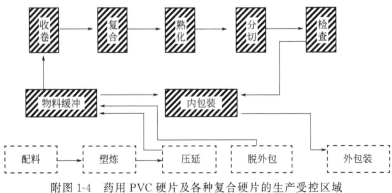

附图 1-4　药用 PVC 硬片及各种复合硬片的生产受控区域

4. 药用复合膜（片）、复合膜（袋）

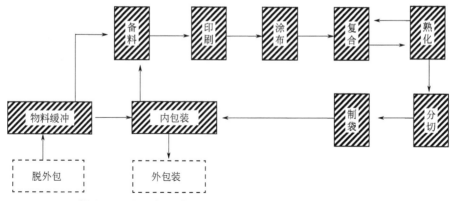

附图 1-5 药用复合膜（片）、复合膜（袋）的生产受控区域
注：其中"复合"工序可以为干法、湿法、流延、共挤等数种。

5. 塑料输液瓶（袋）

（1）塑料输液瓶

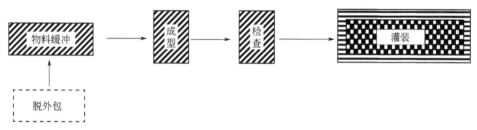

附图 1-6 塑料输液瓶的生产受控区域

（2）塑料输液袋（包括注射剂用塑料容器）

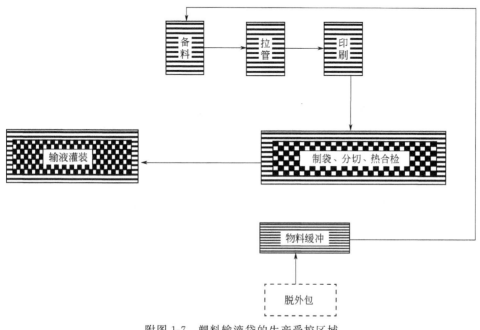

附图 1-7 塑料输液袋的生产受控区域

（3）塑料输液膜

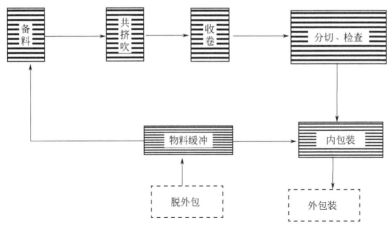

附图1-8　塑料输液膜的生产受控区域

6. 固体、液体药用塑料瓶

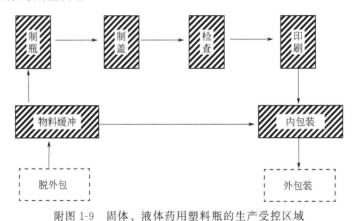

附图1-9　固体、液体药用塑料瓶的生产受控区域
注：如果用于特殊用途或更高洁净级别的场合，该工序的洁净级别必须与之适应。

7. 滴眼剂用塑料容器

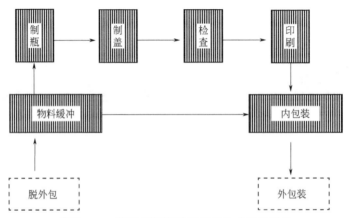

附图1-10　滴眼剂用塑料容器的生产受控区域
注：如果用于特殊用途或更高洁净级别的场合，该工序的洁净级别必须与之适应。

8. 药用软膏管

（1）药用软膏铝管

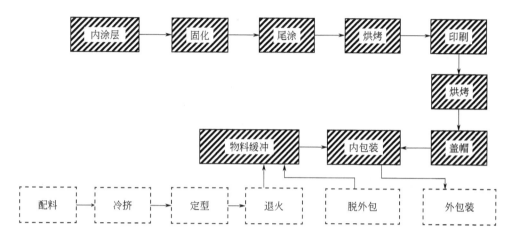

附图 1-11　药用软膏铝管的生产受控区域

（2）药用复合软管

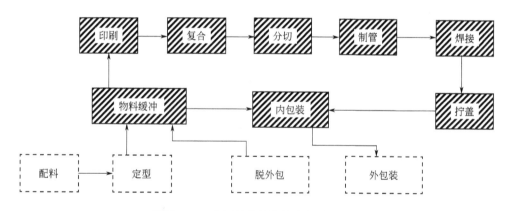

附图 1-12　药用复合软管的生产受控区域

9. 药用气雾剂喷雾阀门

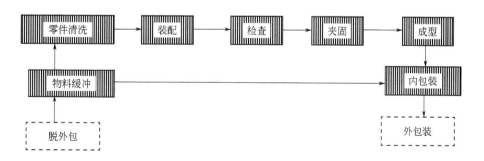

附图 1-13　药用气雾剂喷雾阀门的生产受控区域

10. 药用铝塑复合盖

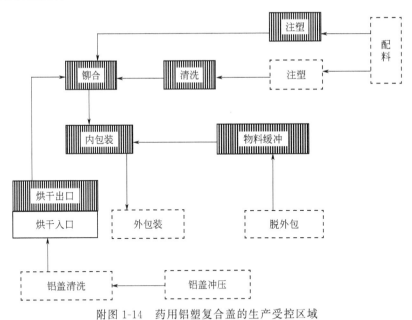

附图 1-14　药用铝塑复合盖的生产受控区域

注：洁净区内注塑的塑件可直接铆合，非控制区内注塑的注塑件应清洗后铆合。

参考文献

[1] 陆望龙．实用塑料机械液压传动故障排除［M］．长沙：湖南科技出版社，2002．

[2] 《塑料模具设计手册》编写组．塑料模具设计手册［M］．北京：机械工业出版社，1981．

[3] 《塑料模具技术手册》编写组．塑料模具技术手册［M］．北京：机械工业出版社，1997．

[4] 《塑料工程手册》编委会，黄锐等．塑料工程手册［M］．北京：机械工业出版社，2000．

[5] 黄汉雄．塑料吹塑技术［M］．北京：化学工业出版社．1996．

[6] 史永红．大型中空机节能技术的发展［J］．塑料包装，2007，17（2）：50-52．

[7] 张玉龙．塑料制品吹塑成型实例［M］．北京：机械工业出版社［M］，2005．

[8] 王文广．塑料配方设计［M］．北京：化学工业出版社，2004．

[9] 邱建成．节能式大型中空成型机的液压、气动系统的设计［J］．塑料包装，2007，17（2）：53-56．

[10] 邱建成．大型工业塑料件吹塑技术［M］．北京：机械工业出版社，2009．

[11] 邱建成，曾令萍，唐彬．塑料中空成型加工禁忌［M］．北京：机械工业出版社，2009．

[12] 邱建成，黄万平．挤出吹塑中空成型机的调试与修理技术［M］．北京：机械工业出版社，2009．

[13] 邱建成，朱义华，陆文正．塑料挤出吹塑中空成型技术［M］．北京：化学工业出版社，2010．

[14] 齐贵亮．塑料改性实用技术［M］．北京：机械工业出版社，2015．

[15] 杨明山．塑料改性工艺、配方与应用［M］．北京：化学工业出版社，2013．

[16] 张玉龙．塑料品种与性能手册［M］．北京：化学工业出版社，2012．

[17] 刘殿凯．塑料弹性材料与加工［M］．北京：化学工业出版社，2013．